21世纪先进制造技术丛书

多轴数控加工几何学优化理论与技术

吴宝海　张定华　张　莹　著

科学出版社

北　京

内 容 简 介

本书系统地总结了作者在多轴数控加工几何学优化理论与技术方面的研究成果。全书共9章，主要内容包括：多轴数控加工几何学优化的基础理论；面向加工的工艺曲面建模方法；多轴数控加工中的刀具轨迹生成及刀轴控制优化方法；多轴数控加工后置处理及运动学优化方法；关于航空发动机叶片、叶轮及整体叶盘等零件的数控加工工艺，以及作者团队开发的多轴数控加工编程软件系统。

本书内容具有先进性、新颖性和实用性，对数控加工、智能加工、高速精密切削、CAD/CAM、计算机图形学等领域的科研和工程技术人员具有重要的参考价值，同时适合作为高等院校相关专业的研究生教材或参考书。

图书在版编目(CIP)数据

多轴数控加工几何学优化理论与技术 / 吴宝海，张定华，张莹著. —北京：科学出版社，2024.3

(21世纪先进制造技术丛书)

ISBN 978-7-03-076475-1

Ⅰ. ①多…　Ⅱ. ①吴…　②张…　③张…　Ⅲ. ①数控机床-加工
Ⅳ. ①TG659

中国国家版本馆CIP数据核字(2023)第187609号

责任编辑：陈　婕 / 责任校对：任苗苗
责任印制：肖　兴 / 封面设计：蓝正设计

科学出版社 出版
北京东黄城根北街16号
邮政编码: 100717
http://www.sciencep.com
北京中科印刷有限公司印刷
科学出版社发行　各地新华书店经销
*
2024年3月第　一　版　开本：720 × 1000　1/16
2024年3月第一次印刷　印张：18 3/4
字数：375 000

定价：168.00 元

(如有印装质量问题，我社负责调换)

“21世纪先进制造技术丛书”编委会

“21 世纪先进制造技术丛书”序

21 世纪，先进制造技术呈现出精微化、数字化、信息化、智能化和网络化的显著特点，同时也代表了技术科学综合交叉融合的发展趋势。高技术领域如光电子、纳电子、机器视觉、控制理论、生物医学、航空航天等学科的发展，为先进制造技术提供了更多更好的新理论、新方法和新技术，出现了微纳制造、生物制造和电子制造等先进制造新领域。随着制造学科与信息科学、生命科学、材料科学、管理科学、纳米科技的交叉融合，产生了仿生机械学、纳米摩擦学、制造信息学、制造管理学等新兴交叉科学。21 世纪地球资源和环境面临空前的严峻挑战，要求制造技术比以往任何时候都更重视环境保护、节能减排、循环制造和可持续发展，激发了产品的安全性和绿色度、产品的可拆卸性和再利用、机电装备的再制造等基础研究的开展。

“21 世纪先进制造技术丛书”旨在展示先进制造领域的最新研究成果，促进多学科多领域的交叉融合，推动国际间的学术交流与合作，提升制造学科的学术水平。我们相信，有广大先进制造领域的专家、学者的积极参与和大力支持，以及编委们的共同努力，本丛书将为发展制造科学，推广先进制造技术，增强企业创新能力做出应有的贡献。

先进机器人和先进制造技术一样是多学科交叉融合的产物，在制造业中的应用范围很广，从喷漆、焊接到装配、抛光和修理，成为重要的先进制造装备。机器人操作是将机器人本体及其作业任务整合为一体的学科，已成为智能机器人和智能制造研究的焦点之一，并在机械装配、多指抓取、协调操作和工件夹持等方面取得显著进展，因此，本系列丛书也包含先进机器人的有关著作。

最后，我们衷心地感谢所有关心本丛书并为丛书出版尽力的专家们，感谢科学出版社及有关学术机构的大力支持和资助，感谢广大读者对丛书的厚爱。

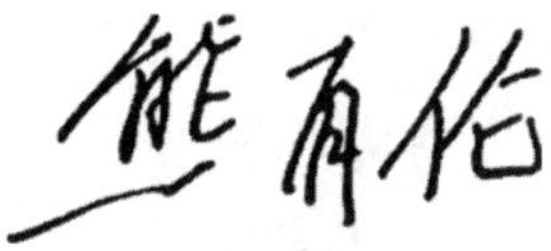

华中科技大学

2008 年 4 月

前　言

多轴数控加工技术是航空航天、船舶、汽车等装备制造领域的重要加工手段和制造技术的发展方向，其主要加工对象是复杂薄壁零件，如航空发动机叶片、飞机大型结构件、船用螺旋桨等。这些产品关系到国民经济与国防安全，其制造技术水平是衡量一个国家制造能力的重要标志。随着我国大型飞机、载人航天与探月工程、高档数控机床与基础制造装备等国家科技重大专项的启动和实施，多轴数控加工技术面临着前所未有的机遇和挑战。

几何学优化理论与技术是多轴数控加工技术的基础，也是近年来智能加工蓬勃发展的先决条件。作者及其团队成员经过三十余年的系统性研究，建立了面向多轴数控加工的优化理论框架，设计开发了一系列几何学优化方法及算法，取得了如下主要研究成果：

(1) 提出了自由曲面非球头刀具多轴加工的刀位轨迹规划方法。根据不同刀具的几何特性，分别建立了有效切削轮廓模型、二阶泰勒逼近优化模型、广域空间逼近优化模型等，计算了允许残留高度下的精确加工带宽，实现了平底刀五轴端铣加工、环形刀五轴宽行加工和鼓形刀五轴侧铣加工的刀具方位优化。

(2) 提出了具有几何适应性的复杂加工特征刀具轨迹生成方法。针对加工特征约束分解，首先生成了适应多曲面岛屿几何拓扑结构的清根加工、螺旋加工刀具轨迹；然后，按照叶片特征分类，建立了单曲面叶片、组合曲面叶片和叶片通道的螺旋加工刀具轨迹生成方法；最后，考虑复杂通道易干涉的结构特点，进行可加工性分析，设计规划了复杂通道插铣、侧铣加工的刀具轨迹。

(3) 以距离监视算法为基础，建立了多轴数控加工刀轴约束的统一处理方法，以解决加工中的几何约束处理难题。定义刀具不变量、临界点和临界角等，将临界约束思想应用于刀轴控制，并以此建立四轴、五轴加工的刀轴优化方法。构建层次有向包围盒树，提出了多轴加工中的碰撞干涉精确检测方法。

(4) 建立了典型五轴加工机床的运动学模型，提出了多轴加工过程中的走刀步长、刀轴矢量、加工轨迹和进给速度等的运动学控制及优化方法，为复杂薄壁零件的高效、精密加工提供了新理论与技术。

相关的一系列几何学模型及优化方法现已成功应用于航空发动机压气机叶片、整体叶轮，以及开、闭式整体叶盘的实际加工中，并取得了良好的应用效果。

本书是航空发动机高性能制造工业和信息化部重点实验室与航空发动机先进

制造技术教育部工程研究中心多年来在数控加工研究方向研究成果的总结。在本书完成之际，作者衷心感谢各位学术前辈和同事们的支持与帮助，以及在实验室航空宇航制造工程专业取得学位的学生，主要有罗明、任军学、单晨伟、田荣鑫、梁永收等老师，白瑀、王军伟、周续、王晶、韩飞燕、杨建华、唐明、侯尧华、张阳等硕士、博士研究生。

感谢国家重点研发计划项目(2020YFB1710400)、国家 973 计划项目(2013CB035802)、“高档数控机床与基础制造装备”国家科技重大专项(2015ZX04001202、2015ZX04001203)、国家自然科学基金项目(52175436、51475382、51305353、51305354)、西北工业大学精品学术著作培育项目等对相关工作的支持！

由于作者水平有限，书中难免存在不妥之处，敬请读者批评指正。

吴宝海　张定华　张　莹

2023 年 8 月

目　录

第1章 绪　　论

1.1　多轴数控加工技术概述

制造业是国民经济的主体，是立国之本、兴国之器、强国之基。2015年5月，我国明确指出将大力推动发展“高档数控机床和机器人”。而在“十四五”开局之初，工业和信息化部等八部门联合印发的《“十四五”智能制造发展规划》中提出，到2035年，规模以上制造业企业全面普及数字化网络化，重点行业骨干企业基本实现智能化[1]。

可以看出，制造业正逐步从数字化网络化向智能化方向发展。这其中的基础数控加工技术，尤其是多轴数控加工技术，是航空航天、船舶、汽车等高端装备制造领域的重要加工手段，其主要加工对象为复杂薄壁零件，如航空发动机叶片叶盘、飞机大型结构件、船用螺旋桨等。这些产品不仅关系着国民经济与国防安全，其制造技术水平更是衡量一个国家制造能力的重要标志[2-5]。

从数学的角度来考虑，多轴数控加工理论与技术实质上是曲线曲面几何学在机械制造工业中的应用[6-8]。到目前为止，绝大多数数控编程系统都是基于产品几何模型来生成数控加工轨迹的，所解决的主要问题是走刀轨迹规划与运动干涉的处理[3, 5, 9]。然而单一的曲线曲面分析建模已无法适应复杂结构、自由曲面类零件的加工，必须从几何学优化的角度开展面向加工的曲线曲面建模、刀位轨迹规划、刀具轨迹生成，以及刀轴优化控制等方面的研究[2]。

通过对几何学优化方面的研究与探索，建立面向多轴加工的优化理论框架，形成面向自由曲面多轴加工工程应用的理论基础和编程平台，同时在国防、运载、能源等行业重大装备的制造中进行推广应用，可满足我国重大装备对复杂结构曲面类零件多轴数控加工技术的需求，进而推动制造业的发展。

1.2　国内外研究现状及发展趋势

现代工业的飞速发展对产品的性能、外观提出了更高的要求，因此自由曲面在航空航天、造船、汽车、能源、国防等行业获得了广泛的应用。对于自由曲面的数控加工，传统的方法主要是用球头刀在三轴数控机床上完成。随着计算机技术和数控技术的发展，为了克服球头刀加工效率低、加工质量差等缺点，研究者提出了自由曲面的多轴加工理论和加工方法。

多轴加工是指在三轴联动及以上的数控机床上完成加工。多轴数控加工理论与技术包括面向加工的曲线曲面建模、加工过程中刀具轨迹的规划、刀轴矢量的控制与优化，以及加工过程中几何学与运动学的优化等方面[4, 5, 8, 10-12]。近年来，各学者针对自由曲面的多轴加工理论及技术展开了深入研究。

1.2.1 曲线曲面建模

自由曲面是指那些不能由初等解析曲面组成，而以复杂方式自由变化的曲面，如飞机、汽车、船舶的零件外形。自由曲面不仅促使了数控加工技术的产生，而且也一直是数控加工的主要研究和应用对象[10]。

计算机辅助设计(computer aided design, CAD)/计算机辅助制造(computer aided manufacturing, CAM)技术与自由曲线曲面造型技术紧密相联。许多年来，人们不断探索方便、灵活、实用的曲线曲面造型构造方法。从 Coon、Bézier 等于 20 世纪 60 年代提出样条函数至今，曲线曲面造型经历了参数样条、Coons 曲面、Bézier 曲线曲面和 B 样条(B-spline)，形成了以有理 B 样条曲面(rational B-spline surface)参数化特征设计和隐式代数曲面(implicit algebraic surface)表示两类方法为主体，以插值(interpolation)、拟合(fitting)、逼近(approximation)三种手段为骨架的几何理论体系[13, 14]。

随着工业生产的发展，B 样条显示出明显的不足，同时由于非均匀有理 B 样条(non-uniform rational B-spline，简称 NURBS)方法具有可以精确地表示二次规则曲线曲面、通过权因子易于控制和实现、可以在四维空间直接推广等突出优点，国际标准化组织(International Organization for Standardization, ISO)于 1991 年颁布了关于工业产品数据交换的产品模型数据交互规范(standard for the exchange of product model data, STEP)国际标准，将 NURBS 方法作为定义工业产品几何形状的唯一数学描述方法，从而使 NURBS 方法成为曲面造型技术发展趋势中最重要的基础[14]。

近年来，随着图形工业和制造工业迈向一体化、集成化和网络化的步伐日益加快，曲面造型技术得到了长足的发展，已从传统的研究曲面表示、曲面求交和曲面拼接扩充到曲面变形(surface deformation or shape blending)、曲面重构(surface reconstruction)、曲面简化(surface simplification)、曲面转换(surface conversion)和曲面等距。尤其是随着数控加工技术的发展，对强有力的曲面造型技术的需求越来越迫切，如飞机、汽车、船舶和叶轮等，所有复杂三维形体的几何表示各方面都涉及曲面造型技术[8, 13]。

多轴数控加工中涉及的曲线曲面建模主要是面向复杂结构零件的被加工曲面造型，即根据被加工曲面的几何特征，结合曲线曲面造型技术构造面向加工的曲线曲面模型或者构造一些辅助加工的曲线曲面模型。这种面向加工的曲线曲面建模方法已成为 CAD/CAM 中最关键的技术之一[3, 15, 16]。

1. 曲面变形

传统的 NURBS 曲面模型仅允许通过调整控制顶点或权因子来局部改变曲面形状，最多利用层次细化模型在曲面特定点进行直接操作；一些简单的基于参数曲线的曲面设计方法，如扫掠法(sweeping)、蒙皮法(skinning)、旋转法和拉伸法等，也仅允许通过调整生成曲线来改变曲面形状[13]。计算机动画业和实体造型业迫切需要发展与曲面表示方式无关的变形方法或形状调配方法，即产生了自由变形(free-form deformation, FFD)、基于弹性变形或热弹性力学等物理模型的变形法、基于求解约束的变形法、基于几何约束的变形法等曲面变形技术，以及基于多面体对应关系或基于图像形态学中 Minkowski 和操作的曲面形状调配技术[13, 16]。

2. 曲面重构

在精致的轿车车身设计或人脸类雕塑曲面的动画制作中，常先用油泥制模，再进行三维型值点采样。在医学图像可视化中，也常用计算机断层扫描(computed tomography, CT)切片来得到人体脏器表面的三维数据点[17]。根据曲面上的部分采样信息来恢复原始曲面的几何模型，称为曲面重构[8, 13]。根据重构的形式，其可以分为函数型曲面重构和离散型曲面重构。

近年来，曲面重构技术的研究集中在逆向工程领域，主要有两种曲面重构方案：①以 B 样条或 NURBS 曲面为基础的曲面重构方案；②以三角 Bézier 曲面为基础的曲面重构方案。两种曲面重构方案采用的曲面重构模型分别为矩形参数域 NURBS 曲面和三角参数域三角 Bézier 曲面。两种曲面造型方法对数据点的要求不同，在曲面构造中，应充分考虑数据点的不同特征，并以此为依据选择相应的曲面模型：对于带有截面线信息的数据点(有序数据点列)，采用矩形参数域曲面重构；针对无规则的散乱数据，首先构造三角拓扑关系，再进行三角参数域的曲面重构。

目前，面向加工的曲面建模方法的研究甚少，许多学者对逆向工程中曲面建模技术开展了深入研究，并发展了许多新的方法，如基于点云数据的 B 样条曲面拟合、基于截面曲线的曲面重构、基于散乱数据的曲面重构等[8]。实际上，这些方法都可应用于面向加工的曲面建模中[12]。

3. 曲面简化

与曲面重构一样，曲面简化研究领域目前也是研究热点之一。曲面简化的基本思想为：从二维重建后的离散曲面或造型软件的输出结果(主要是三角网络)中去除冗余信息并保证模型的准确度，以利于图形显示的实时性、数据存储的经济性和数据传输的快速性[18]。对于多分辨率曲面模型，这一技术还有利于建立曲面的层次逼近模型，以进行曲面的分层显示、传输和编辑。具体的曲面简化方法有网格顶点剔除法、网格边界删除法、网格优化法、最大平面逼近多边形法以及参数化重新采样法[13]。

4. 曲面转换

同一张曲面可以表示为不同的数学形式，这一思想不仅具有理论意义，而且具有工业应用的现实意义。例如，NURBS 这种参数有理多项式曲面虽然包括参数多项式曲面的一切优点，但也存在着微分运算烦琐费时、积分运算无法控制误差的局限性。而在曲面拼接及物性计算中，这两种运算是不可避免的。这就提出了将一张 NURBS 曲面转化成近似的多项式曲面的问题。同样的要求更体现在 NURBS 曲面设计系统与多项式曲面系统之间的数据传递和无纸化生产工艺中。再如，在两张参数曲面的求交运算中，如果把其中一张曲面的 NURBS 形式转化为隐式，就容易得到方程的数值解。近几年来，国际图形界对曲面转换的研究主要集中在以下方面：①NURBS 曲面用多项式曲面来逼近的算法及其收敛性；②Bézier 曲线曲面的隐式化及其反问题；③CONSURF 飞机设计系统的 Ball 曲线向高维推广的各种形式比较及相互转化；④有理 Bézier 曲线曲面的降价逼近算法及误差估计；⑤NURBS 曲面在三角域上的互相快速转换。

可以看出，曲线曲面建模方法日益发展成熟，广泛应用于商用化的 CAD/CAM 软件。然而，随着制造业技术的进步，产品零件的结构越来越复杂，性能要求越来越高，数控加工工艺的多样性和过程的复杂性导致通用的建模方法难以满足要求，因此有必要发展面向加工的工艺曲面建模方法，同时这也是近年来测量-加工一体化、薄壁零件加工变形控制与补偿技术的重要支撑[3, 8, 12]。

1.2.2 刀具轨迹生成

多轴数控加工中被加工曲面涉及自由曲面、多曲面岛屿、通道类曲面等。根据不同的曲面特征，数控加工的刀具轨迹生成方法也不同[2, 4, 5, 9]。

自由曲面一般形状复杂、精度要求高，且难以用数学表达式精确表示，其加工一直是生产中的难题。常用的自由曲面轨迹生成方法以等参数法、等截面法为主[5, 9, 19]。Suresh 等[20]首次将等残留高度加工的概念系统地引入自由曲面的三轴球头刀加工中，根据曲面的一阶泰勒展开式，推导出了走刀步距、残留高度以及曲面曲率之间的关系，提高了加工效率。Sarma 等[21]在球头刀的等残留高度加工方法中引入了刀具扫掠截面(切削轮廓)的概念，并发展至多轴加工中。经过与等距离方法的比较发现，等残留高度的刀具轨迹最短，并且可以方便地控制加工精度。Lo[22]基于等残留高度方法发展了一种自适应的刀倾角确定方法，在不发生干涉的情况下尽量减小刀倾角的角度，以获得更高的加工效率。加拿大滑铁卢大学 Bedi 教授课题组的 Rao 等[23, 24]和 Warkentin 等[25-28]分别提出了主轴法(principle axis method)和多点法(multi-point machining)，并应用于自由曲面的五轴端铣加工中。Yoon 等[29]提出了自由曲面五轴环形刀端铣加工不发生过切的充要条件，以及刀轴姿态选取的优化方法。而对于五轴侧铣加工的研究，过去主要集中在直纹面的研究[30]。另外，国内外也发展了一系列针对自由曲面五轴侧铣加工的刀具轨迹生成方法[31-35]。

不仅如此，随着数控加工对象设计要求的不断提高，刀具轨迹生成方法不再局限于单张曲面，更多地将结合加工对象的结构特征生成轨迹[36-39]，且不断融入与多轴数控加工过程相关的运动学、动力学元素，各种刀具轨迹生成方法层出不穷[5, 40]。

1.2.3 刀轴控制优化

根据刀具在加工过程中所用的切削刃不同，数控加工方式可分为多轴端铣加工和多轴侧铣加工。球头刀、环形刀和平底刀主要用于多轴端铣加工中，而圆柱或圆锥形的平底棒铣刀、环形棒铣刀及球形棒铣刀主要用于多轴侧铣加工中。在不同加工方式下，根据刀具类型发展了大量的刀轴控制方法[9, 37, 41-49]。

刀具干涉通常分为两种：局部干涉(local gouging)和碰撞干涉(global interference)。局部干涉是指刀具切削表面同被加工零件曲面在切触点附近的干涉。这主要是由刀具曲率小于被加工曲面曲率引起的，刀具将会在切触点附近过切被加工曲面。球头刀具有法向矢量(下文简称“法矢”)自适应性，其编程及局部干涉的避免相对简单，因此获得了广泛的应用。平底刀通过调整刀倾角和刀摆角来调整刀具姿态，因此更加符合被加工曲面的形状，切削效率更高。同时，平底刀采用外圆切削，不存在切削速度为零的点，加工表面质量更高[50]。环形刀加工与平底刀加工不同之处在于其切削刃是一个光滑曲面，在切触点处刀具同被加工曲面始终保持相切。因此，在切平面各个方向上环形刀都有可能过切曲面，而不像平底刀，仅需保证在垂直于切削方向上刀具不过切曲面即不会有过切的发生[29]。Glaeser 等[51]引入正向杜邦指标线的概念，并基于此对具有严格凸切削刃刀具的三轴加工进行了干涉检测及刀具选取。Lee 等对环形刀的五轴端铣加工进行了系统的研究，通过引入有效切削轮廓的概念，对五轴平底刀加工中的局部干涉进行了研究[29, 43, 52]。

西北工业大学的吴宝海[18]引入一种新型刀具，即橄榄型刀，利用等残留高度法实现了自由曲面多轴侧铣加工刀具轨迹的生成，并提出了一种自由曲面叶轮多轴数控加工的碰撞干涉检查和修正方法。大连理工大学的宫虎[53]提出了利用圆柱刀具加工自由曲面的三点偏置方法，首先分析了刀具运动包络面与刀轴运动轨迹面的等距关系，然后评估了包络面与原始设计曲面的偏差，最后在原始设计曲面的等距面上提取三条曲线来定位刀具，当刀轴与这三条曲线同时相交时，刀具位置即可确定[53]。

在刀轴碰撞干涉的控制及优化方面，西北工业大学的张定华及其课题组讨论了四轴和五轴加工的刀位计算、走刀步长计算，以及加工误差和干涉修正方法，并提出了临界约束与距离监视相结合的方法来确定最佳的刀轴方向[19, 54-56]。Ho 等[57]提出了刀轴光顺方法，该方法首先确定典型位置符合机床运动学特性的刀轴矢量，然后采用四元数插值算法进行中间位置刀轴矢量计算，并进行碰撞干涉检查，最后得到较为均匀的机床转动坐标运动速度与变化均匀的刀轴矢量。罗明[58]对该方法进行了改进，并在叶片加工的刀轴光顺控制中进行了应用。Lartigue 等[59, 60]结合运动学原理利用直纹面对自由曲面进行包络，并引导刀具沿此直纹面平稳运动，从而实现了对自由曲面的侧铣加工。Castagnetti 等[61]提出了 DAO 的概念，即通过使用一个以四个极限点构成的矩形为底座的棱锥来确定刀轴的摆动范围，在其中确定曲率最小的光滑曲线，以实现刀轴的优化。

多轴加工中的刀轴控制不再局限于几何学方面的优化，越来越多地融入机床运动学、工件装夹定位等多重因素，以实现更为高效、高性能的复杂结构零件多轴数控加工[8, 44, 62, 63]。

1.2.4 运动学优化

在复杂零件的多轴加工和高速加工中，机床运动惯性对伺服电机驱动力的影响越来越受到关注。大量实际加工结果表明，仅满足零件几何特征约束的刀具轨迹在这种情况下不一定能获得平稳高效的机床运行状态和好的加工质量。同时有研究表明，几何上光滑连续的轨迹和刀轴矢量分布在后置处理完成之后不一定能够获得平稳的机床运动状态。因此，好的刀具轨迹分布不仅要满足加工过程精确和无干涉等几何方面的要求，还要保证机床加工过程中刀具与工件的相对运动平稳光滑。为达到上述目的，近年来越来越多的学者和相关企业开始对多轴加工中的运动学优化问题进行研究[58]。

目前有关运动学优化的研究可以分为两类：一类是在线控制优化，另一类是离线优化。在线控制优化是指在机床上连接相关的软件与硬件设备，通过软件和硬件功能进行实时优化。现有的高端数控系统一般都具备预读功能，数控系统通过预读加工代码进行加减速控制以调整机床的运行，使其尽可能地平稳[64, 65]。但是一般数控系统在预读时只能预读不超过 10 行的指令，因此机床运行控制也只能在很小的范围内进行，往往对提高机床运行效率作用不大。此外，数控系统的加减速控制产生的合成运动会导致刀具和机床硬件上产生一定的应变，并激发机床本身的低频振动[66]。英国 NEE 控制有限公司(简称 NEE 公司，现被美国

CMC 公司收购）针对机床的运动控制开发了一系列的运动控制系统和运动控制器，将这些运动控制系统和运动控制器与机床相连接，可以实现机床运动的实时控制[67]。与数控系统的预读功能相比，NEE 公司开发的运动控制系统可以预读多达 100 行的指令，从而可以有效地在更大的范围内对机床的运动进行控制和优化。除了更强的预读功能，该系统还可以在误差范围内对运动轨迹进行平滑处理，消除可能导致大的加减速的尖角位置，以尽可能地保证机床在较大的切削效率下平稳运行。同时，NEE 公司在开发中还充分考虑了机床速度、加速度的约束，以及运行过程中机床惯性的影响，通过调整加速度的变化率来调整实际运行的进给率。

离线优化是指在不与机床相连接的情况下对机床运动进行控制优化，机床直接执行优化后的代码。离线优化包含从机床的运动分析、轨迹规划中的刀轴光滑处理到后置处理，以及进给速度优化等多方面的内容，优化方式较多且易于实施。现有的商业通用 CAM 软件在规划零件加工轨迹时均未充分考虑机床的运动特性问题，而有研究发现，机床的加工误差在一定程度上依赖于刀具和工件之间的角度变化，大的角度变化会引起较大的加工误差[68, 69]，并且刀具运动过程中的一些速度与加速度的突变会严重影响加工效率，甚至会破坏零件表面的加工质量[41, 62]。为了更好地对机床运动进行控制，以弥补现有 CAM 软件的不足，从而获得更高的加工效率，很多学者分别从不同方面对离线的优化方法进行了研究。Ho 等[41]研究了切削误差改进方法（CEI 方法）与刀轴光顺方法（TOS 方法），首先确定典型位置符合机床运动学特性的刀轴矢量，然后采用四元数插值算法进行中间位置的刀轴矢量计算，并进行碰撞干涉检查，最后得到较为均匀的机床转动坐标运动速度与变化均匀的刀轴矢量。Lartigue 等[70]在研究中指出，优秀的刀具轨迹应首先保证加工中刀具的运动光顺，不会出现突变的情况。为此，Lartigue 等结合运动学原理利用直纹面对自由曲面进行包络，并引导刀具沿此直纹面平稳运行，从而实现对自由曲面的侧铣加工。该方法综合考虑了刀具运动学原理和被加工曲面的几何性质，最终获得平稳的机床运行状态。针对在机床运动过程中可能出现奇异的位置，Affouard 等[71]在规划刀具轨迹时考虑：在可能出现奇异锥的位置，控制刀轴矢量对应的曲面在奇异锥处光滑过渡，使刀具在运行时不经过奇异锥，从而避免了实际加工过程中机床运动的突变和奇异现象。为尽可能精确地描述刀具的运动学参数，Fleisig 等[72]将刀轴矢量投影至单位球面，从运动学特性的角度分析机床运动中的角速度、角加速度等运动学参数的变化；构造刀尖点和刀轴矢量球面投影对应的样条曲线，并对刀位数据进行插值，实现机床以较恒定的进给速度和较小的角加速度运行。Xu 等[73, 74]研究了平面及空间刀轨中角度的插值方法，采用多项式曲线描述刀轨，以提高加工速度，改进加速度等运动学参数，改善机床的运行状态。

可以看出，上述研究都只是对一些简化的情况进行了处理，尚未提出较为系统的刀具轨迹优化解决方案。为此，Wang 等[62]对每一个给定的切触点均计算了对应的无干涉区域和在角速度限制条件下的可达区域，在确定当前刀轴矢量之后，对于下一个切触点，采用该点的无干涉区域和前一点的可达区域求交，在该区域中的刀轴矢量应既满足无干涉的要求，又能够保证相邻刀轴之间的转角在允许的最大角度范围内。该研究较为系统地探讨了满足机床运动学要求的刀轴矢量优化方法，但在无干涉区域及刀轴矢量的可达区域计算方面较为烦琐。Kim 等[75]将机床运动轴允许的最大速度作为约束条件，在规划刀轨时沿最佳运动性能方向进行，但这种方法没有考虑数控系统的特性。Sencer 等[76]研究发现，若机床运行过程中各轴速度、加速度等超过了最大物理限制值，则加工时会在被加工表面留下破坏性的加工痕迹或导致控制器不稳定；若采用较低的保守恒定进给速度加工，则会大大降低加工效率。为对进给速度进行优化，提高加工效率并得到较高的加工质量，Sencer 等提出将机床各轴的速度、加速度等作为约束条件，将刀具沿刀轨的进给速度趋势用三次 B 样条表示，从而得到变化较为均匀的进给速度，并且消除速度的突变点，将加速度限定在给定的机床物理限制值之内。

在多轴加工机床运动优化中，初始轨迹生成部分可以通过通用 CAM 软件和一些专用加工编程软件实现，这部分主要是几何轨迹层面上的研究，目前现有研究成果较多。初始轨迹生成可以考虑机床运动学特性，也可以不考虑。刀位数据优化包含轨迹优化和刀轴优化两部分。轨迹优化主要是结合机床运动特性，消除轨迹中可能会导致较多加减速的位置，从轨迹上为机床实现连续、高效运行提供前提条件。刀轴优化主要是从整体上光顺刀轴矢量，尽量避免相邻刀位之间刀轴变化过大而导致最终的机床运动中产生过大的加减速。另外，刀位数据处理主要是对前面生成的刀位数据进行插值、重新拟合以及重新采样等操作，进而对局部位置或所有刀位数据进行修正的过程，这部分工作可以与后置处理结合起来[58]。

进给速度优化部分也是机床运动优化的重要组成部分，目前研究较多[5, 11]。但是单纯的进给速度优化存在一定的局限性，它只能对生成的刀位轨迹进行较小的修改，而无法从根本上对轨迹本身存在的缺陷进行优化。因此，在机床运动优化流程中，进给速度优化是对之前优化结果的有效补充与完善。对于离线控制优化，机床运动分析是所有分析优化方法的基础。对于初始刀位轨迹的生成，也可侧重于几何轨迹的生成而不参考机床的运动分析结果。对于通过离线控制优化方式生成的刀位数据，可以直接用于实际加工，也可以结合在线控制优化方式进行实时加工优化[11]。

1.3　多轴数控加工技术应用现状

随着我国航空航天、汽车、能源以及数控机床产业的迅猛发展，复杂结构零件的加工制造技术面临着前所未有的机遇和挑战。多轴联动数控加工集计算机控制、高性能伺服驱动以及精密加工技术于一体，是航空航天、船舶、能源动力等军用和民用工业迫切需要的关键技术。近年来，以数控机床为代表的大型制造装备产业不断取得突破，国产化率不断提高，在若干重大工程项目中发挥着重要作用，如新一代高性能航空发动机及大飞机发动机、大型汽车精密模具、船舶动力关键零件等复杂结构零件的加工。

1.3.1　工业应用现状

在工业应用领域中有各式各样形状复杂、通道狭窄的复杂结构零件，其加工制造一直是人们关注的难点和热点，其中以自由曲面叶片类零件为代表。叶片类零件具有种类多、数量大、型面复杂、几何精度要求高等特点。这类零件的设计涉及空气动力学、流体力学等多个学科，曲面加工手段、加工精度和加工表面质量对其性能参数都有很大的影响[77]。叶片类零件由于其特殊用途通常选用弹性模量较大、机械性能较好的合金材料，材料加工性能特殊，且叶片薄，悬壁长度相对较长，同时由于复杂的空间几何结构，其加工需使用细长刀具和多轴联动机床。因此，叶片类零件从产品设计、加工制造到维修，长期以来一直是困扰广大科技人员的技术难题，其加工技术也一直受到国外严密封锁。目前，航空、航天等领域具有重要用途的叶片类零件都是由非可展直纹曲面和自由曲面构成的，须采用多轴数控机床进行加工，因此叶片类零件的数控加工集中反映了数控加工相关领域的技术和水平，是数控领域的研究热点之一[12, 58, 78, 79]。

为此，美国等西方发达国家在 20 世纪 90 年代已经将精密数控加工技术用于航空发动机叶片类零件的制造，并取得了明显的效益。经过精密数控加工的叶片类零件无须人工去除余量，并且精度高、制造周期短，与传统的制造工艺相比有很大的先进性。我国对叶片类零件精密数控加工技术的研究也取得了长足的进步，以叶片锻造毛坯为基础，经过粗、半精、精加工等多道加工工序，以数控铣削方式将叶型加工至最终尺寸。与传统抛光工艺相比，其数控加工技术要实现叶身曲面的“无余量”加工，对数控加工工艺和编程技术提出了更高的要求。

为实现叶片类零件的无余量数控加工，国外许多机床公司研制并开发了叶片类零件专用的五轴联动加工中心，以及相应的叶片类零件加工专用软件，如瑞士 Starrag 公司、Liechti 公司、Willemin 公司，美国 Bostomati 公司，意大利 Ferrari 公司等。其中，瑞士 Starrag 公司生产五轴联动叶片加工专用机床历史悠久，其典型代表产品有 XH151、XH154 和 SX051 系列五轴叶片加工中心，并配备其专用软件 RCS。采用这类专用机床，可以快速完成典型叶片类零件的叶身加工，其加工效率和加工质量均明显高于普通机床。

英国 Rolls-Royce 公司的 Inchinnan 工厂是目前世界上规模最大、综合技术水平最高、生产自动化程度最高的压气机叶片专业生产厂商之一，其压气机叶片数控加工可通过柔性制造单元实现自动加工。标准的数控加工制造单元包括机器人手臂、标准化工装、测具及刀具、待加工零件，以及相应于不同工序的自适应制造工艺与数控加工程序。每个制造单元都有读码器或者射频装置，零件进入生产工区后实现无人值守加工，零件的装夹、找正、周转、测量、数控加工，以及零件在不同制造工区的周转均自动完成。由此可见，Inchinnan 工厂的零件与制造资源编码体系、标准化快装快卸自动化工装、数控编程与在线测量技术、标准的零件制造工艺与数控加工技术等非常成熟和完善。为保证叶片类零件的加工质量，普遍采用坐标测量机(coordinate measuring machine，CMM)在线测量手段，在各个工序中实现加工过程的自动在线检测。三坐标测量机是数控加工柔性制造单元的组成部分，三坐标测量编程、工件装夹找正、零件测量、测量数据处理、基于测量数据的数控加工程序补偿与修正均自动完成[79]。

同国外先进的数控加工工艺相比较，我国精密数控加工技术已逐渐实现从普通机床加工向数控加工转变。但由于编程手段和工艺工装比较落后，其加工效率和质量远不能满足实际应用要求，因此迫切需要解决。而从目前国外多轴数控加工现状来看，其主要朝着专用设备和专用软件方向发展，其开发和应用对象具有明显的针对性，能够大大降低对操作人员能力和素质的要求，同时又提高了加工效率和加工质量，因此这也是我国目前多轴数控加工技术的发展趋势。

1.3.2　现有多轴加工编程软件

随着数控加工理论和算法的发展与完善，涌现出了各式各样的 CAD/CAM 软件。根据加工对象的不同，可将这类软件分为两大类，即通用 CAD/CAM 软件和专用 CAD/CAM 软件。其中，比较著名的通用 CAD/CAM 软件主要有美国机械行业软件先驱 SDRC 公司的 I-DEAS，它集产品设计、工程分析、数控加工、模具仿真分析、样机测试及产品数据管理于一体，是高度集成化的 CAD/计算机辅助工程(computer aided engineering, CAE)/CAM 一体化工具，它的 Command 模块具有强大的曲面加工功能，在国内有不少用户。UG 系统起源于美国麦道飞机公司，于 1991 年并入美国电子数据系统公司。多年来，UG 系统汇集了美国航空航天与汽车工业的经验，发展成为世界一流的集成化 CAD/CAE/CAM 软件系统，被多家世界著名公司选定为企业计算机辅助设计、分析和制造的标准。Pro/Engineering 是美国参数技术公司的软件产品，最早实现了参数化设计功能，在 CAD/CAM 领域具有领先技术，并取得很大的成功。它包含70多个专用功能模块，被认为是新一代的CAD/CAM系统。另外，还有美国洛克希德公司的CADAM、CV公司的CADDS、法国Dassault System公司研制的CATIA等很多软件，都是功能较强的通用CAD/CAM系统软件[79]。

利用通用软件实现自由曲面多轴数控加工主要有以下缺点：

(1)不能很好地实现刀具与被加工曲面之间的曲率匹配，导致加工效率及表面质量的下降。

(2)加工缺乏柔性。大部分商用系统实现五轴加工的方法都是基于三轴型腔加工技术，如MasterCAM、CAMAX、AlphaCAM、ProManufacture都可进行五轴加工，但是它们的搜索空间总是局限于三自由度，另外两个自由度需要用户自己定义。在这些商用系统中，确定刀轴矢量常用的方法是沿法矢方向加工和导动面方式加工，这种缺陷导致加工中不可避免地发生局部干涉和全局干涉。

(3)过多的用户干预。为实现一个零件的加工，需要进行很多的人机交互操作，如刀具的选择、切削策略的选择以及刀具顺序的选择等。

(4)干涉检查及避免。大多数的商用软件仅进行碰撞干涉的检查，通过切削仿真确定是否有碰撞发生，对于存在干涉的区域需要进行人工修正。

(5)后续处理烦琐。商用软件加工的零件不能达到高的表面质量，因此常需要进行打磨、抛光等操作，这不仅增加了加工成本，更为重要的是零件不能再保持原有的精度。

为弥补上述通用CAD/CAM软件的缺点，又出现了许多专用软件，如瑞士Starrag公司的叶片专用软件RCS、美国NREC公司的叶轮专用软件CAM等。采用这些专用软件具有一系列的优点，这是因为专用软件的生产厂商通常有多年从事相关零件加工和数控编程的经验，软件中针对不同特征的结构设计了刀具路径模板，对于加工中最易出现的干涉问题也进行了充分的考虑，这些都是通用软件所不具备的。同时，专用软件通常集成性高，可以实现设计结果和工艺设计的直接相连，界面更为简洁，利于实际操作人员掌握。

随着数控技术的发展，我国一些生产厂家也开始逐渐引进一些专用机床和相应的专用软件。实际运行结果表明，无论加工效率还是加工质量，专用加工设备的加工结果均明显优于普通设备。但是存在的显著问题是专用软件的加工路径规划、后置处理以及机床运行对用户完全封闭，造成编程结果不能适用其他多轴加工设备，并且软件及设备成本巨大，同时由于国外对一些关键航空航天零件生产专用机床和软件进行了技术封锁，国外专用机床和软件仍无法满足我国生产厂家的实际生产需求。

基于上述原因，利用国内生产厂家现有的软硬件条件开发专用的高效精密数控编程系统，对于提高数控加工质量、生产效率和提升现有设备的加工能力具有很大的意义。近年来兴起的智能加工技术也迫切需要先进理论和软件作为基础。然而，上述专用软件的开发需要相应先进理论的支持。因此，对多轴数控加工理论与技术的研究显得尤为重要。

1.4 本书的内容编排

本书是作者及其课题组成员多年来从事数控加工技术研究中，涉及几何学优化理论与技术方面的研究成果总结，后续内容编排如下。

第 2 章阐述多轴数控加工几何学优化的基础理论，包括计算机几何造型技术、加工特征的定义与几何建模、刀具及刀具运动扫掠包络面定义与建模、多轴数控加工过程的几何学描述及其优化实现技术等内容。

第 3 章介绍面向加工的工艺曲面建模方法，包括曲线、曲面重新参数化，曲面逼近与重构方法，并以叶片为对象，分别介绍正向、逆向造型中的缘头拼接方法和叶片曲面的防扭曲造型方法。

第 4 章～第 6 章是本书的核心内容，主要介绍作者所提出的自由曲面、多曲面岛屿、通道等复杂加工特征的刀具轨迹生成和刀轴控制优化方法。

第 4 章介绍自由曲面多轴加工的刀位轨迹规划方法，包括平底刀五轴端铣加工、环形刀五轴宽行加工和鼓形刀五轴侧铣加工刀位轨迹规划等内容。

第 5 章介绍复杂特征多轴加工的刀具轨迹生成方法，包括多曲面体清根加工、多曲面岛屿螺旋加工、叶片螺旋铣加工、复杂通道多轴加工的刀具轨迹生成等内容。

第 6 章介绍多轴数控加工中的刀轴控制及优化方法，包括基于距离监视的刀轴约束统一处理算法、基于临界约束的刀轴控制和优化方法、基于层次有向包围盒树的碰撞干涉检测方法和基于几何约束模型的刀轴优化方法等内容。

第 7 章和第 8 章结合机床运动及结构特性，介绍多轴数控加工后置处理及运动学优化方法。其中，第 7 章介绍正交、非正交刀具摆动+工作台旋转结构的五轴机床后置处理方法，以及正交、非正交双转台结构的五轴机床后置处理方法。第 8 章介绍走刀步长计算方法、刀轴矢量的运动学控制及优化方法、加工轨迹区间优化和进给速度优化方法等内容。

第 9 章总结了多轴数控加工优化技术在实际工程中的应用。通过分析航空发动机叶片、叶轮和整体叶盘的数控加工工艺，简要介绍作者及其所在课题组开发的叶片、叶轮和整体叶盘多轴数控加工编程软件系统。

参 考 文 献

[1] 李培根, 高亮. 智能制造概论[M]. 北京: 清华大学出版社, 2021.

[2] 吴宝海, 罗明, 张莹, 等. 自由曲面五轴加工刀具轨迹规划技术的研究进展[J]. 机械工程学

报, 2008, 44(10): 9-18.

[3] 丁汉, 朱利民. 复杂曲面数字化制造的几何学理论和方法[M]. 北京: 科学出版社, 2011.

[4] 樊文刚, 叶佩青. 复杂曲面五轴端铣加工刀具轨迹规划研究进展[J]. 机械工程学报, 2015, 51(15): 168-182.

[5] Sun Y W, Jia J J, Xu J T, et al. Path, feedrate and trajectory planning for free-form surface machining: A state-of-the-art review[J]. Chinese Journal of Aeronautics, 2022, 35(8): 12-29.

[6] 刘雄伟. 数控加工理论与编程技术[M]. 北京: 机械工业出版社, 2001.

[7] 周济, 周艳红. 数控加工技术[M]. 北京: 国防工业出版社, 2002.

[8] 孙玉文, 徐金亭, 任斐, 等. 复杂曲面高性能多轴精密加工技术与方法[M]. 北京: 科学出版社, 2014.

[9] Lasemi A, Xue D Y, Gu P H. Recent development in CNC machining of freeform surfaces: A state-of-the-art review[J]. Computer-Aided Design, 2010, 42(7): 641-654.

[10] Tang T D. Algorithms for collision detection and avoidance for five-axis NC machining: A state of the art review[J]. Computer-Aided Design, 2014, 51: 1-17.

[11] 吴宝海, 张阳, 郑志阳, 等. 数控加工进给速度参数优化研究现状与展望[J]. 航空学报, 2022, 43(4): 86-105.

[12] 张莹. 叶片类零件自适应数控加工关键技术研究[D]. 西安: 西北工业大学, 2011.

[13] 朱心雄. 自由曲线曲面造型技术[M]. 北京: 科学出版社, 2000.

[14] 施法中. 计算机辅助几何设计与非均匀有理B样条[M]. 北京: 高等教育出版社, 2001.

[15] Davim J P. Machining of Complex Sculptured Surfaces[M]. London: Springer, 2012.

[16] 韩飞燕. 多态演化工序模型建模方法及其应用研究[D]. 西安: 西北工业大学, 2016.

[17] 张定华, 黄魁东, 程云勇. 锥束CT技术及其应用[M]. 西安: 西北工业大学出版社, 2010.

[18] 吴宝海. 自由曲面离心式叶轮多坐标数控加工若干关键技术的研究与实现[D]. 西安: 西安交通大学, 2005.

[19] 张定华. 多轴NC编程系统的理论、方法和接口研究[D]. 西安: 西北工业大学, 1989.

[20] Suresh K, Yang D C H. Constant scallop-height machining of free-form surfaces[J]. Journal of Engineering for Industry, 1994, 116(2): 253-259.

[21] Sarma R, Dutta D. The geometry and generation of NC tool paths[J]. Journal of Mechanical Design, 1997, 119(2): 253-258.

[22] Lo C C. Efficient cutter-path planning for five-axis surface machining with a flat-end cutter[J]. Computer-Aided Design, 1999, 31(9): 557-566.

[23] Rao N, Bedi S, Buchal R. Implementation of the principal-axis method for machining of complex surfaces[J]. The International Journal of Advanced Manufacturing Technology, 1996, 11(4): 249-257.

[24] Rao N, Ismail F, Bedi S. Tool path planning for five-axis machining using the principal axis

method[J]. International Journal of Machine Tools and Manufacture, 1997, 37(7): 1025-1040.

[25] Warkentin A, Bedi S, Ismail F. Five-axis milling of spherical surfaces[J]. International Journal of Machine Tools and Manufacture, 1996, 36(2): 229-243.

[26] Warkentin A, Ismail F, Bedi S. Intersection approach to multi-point machining of sculptured surfaces[J]. Computer Aided Geometric Design, 1998, 15(6): 567-584.

[27] Warkentin A, Ismail F, Bedi S. Comparison between multi-point and other 5-axis tool positioning strategies[J]. International Journal of Machine Tools and Manufacture, 2000, 40(2): 185-208.

[28] Warkentin A, Ismail F, Bedi S. Multi-point tool positioning strategy for 5-axis mashining of sculptured surfaces[J]. Computer Aided Geometric Design, 2000, 17(1): 83-100.

[29] Yoon J H, Pottmann H, Lee Y S. Locally optimal cutting positions for 5-axis sculptured surface machining[J]. Computer-Aided Design, 2003, 35(1): 69-81.

[30] Liu X W. Five-axis NC cylindrical milling of sculptured surfaces[J]. Computer-Aided Design, 1995, 27(12): 887-894.

[31] Gong H, Cao L X, Liu J. Improved positioning of cylindrical cutter for flank milling ruled surfaces[J]. Computer-Aided Design, 2005, 37(12): 1205-1213.

[32] Ding H, Zhu L M. Global optimization of tool path for five-axis flank milling with a cylindrical cutter[J]. Science in China Series E: Technological Sciences, 2009, 52(8): 2449-2459.

[33] Gong H, Wang N. Optimize tool paths of flank milling with generic cutters based on approximation using the tool envelope surface[J]. Computer-Aided Design, 2009, 41(12): 981-989.

[34] Zheng G, Bi Q Z, Zhu L M. Smooth tool path generation for five-axis flank milling using multi-objective programming[J]. Proceedings of the Institution of Mechanical Engineers, Part B: Journal of Engineering Manufacture, 2012, 226(2): 247-254.

[35] Harik R F, Gong H, Bernard A. 5-axis flank milling: A state-of-the-art review[J]. Computer-Aided Design, 2013, 45(3): 796-808.

[36] Li Y G, Lee C H, Gao J. From computer-aided to intelligent machining: Recent advances in computer numerical control machining research[J]. Proceedings of the Institution of Mechanical Engineers, Part B: Journal of Engineering Manufacture, 2015, 229(7): 1087-1103.

[37] Liang Y S, Zhang D H, Chen Z C, et al. Tool orientation optimization and location determination for four-axis plunge milling of open blisks[J]. The International Journal of Advanced Manufacturing Technology, 2014, 70(9): 2249-2261.

[38] Meng F J, Chen Z T, Xu R F, et al. Optimal barrel cutter selection for the CNC machining of blisk[J]. Computer-Aided Design, 2014, 53: 36-45.

[39] Xu J T, Sun Y W, Zhang L. A mapping-based approach to eliminating self-intersection of offset

paths on mesh surfaces for CNC machining[J]. Computer-Aided Design, 2015, 62: 131-142.

[40] Hu P C, Chen L F, Tang K. Efficiency-optimal iso-planar tool path generation for five-axis finishing machining of freeform surfaces[J]. Computer-Aided Design, 2017, 83: 33-50.

[41] Ho M C, Hwang Y R, Hu C H. Five-axis tool orientation smoothing using quaternion interpolation algorithm[J]. International Journal of Machine Tools and Manufacture, 2003, 43(12): 1259-1267.

[42] Jun C S, Cha K, Lee Y S. Optimizing tool orientations for 5-axis machining by configuration-space search method[J]. Computer-Aided Design, 2003, 35(6): 549-566.

[43] Chiou J C J, Lee Y S. Optimal tool orientation for five-axis tool-end machining by swept envelope approach[J]. Journal of Manufacturing Science and Engineering, 2005, 127(4): 810-818.

[44] Sun Y W, Bao Y R, Kang K X, et al. A cutter orientation modification method for five-axis ball-end machining with kinematic constraints[J]. The International Journal of Advanced Manufacturing Technology, 2013, 67(9): 2863-2874.

[45] Zhao J B, Zhong B, Zou Q, et al. Tool orientation planning for five-axis CNC machining of open free-form surfaces[J]. Journal of Systems Science and Complexity, 2013, 26(5): 667-675.

[46] Liang Y S, Zhang D H, Ren J X, et al. Accessible regions of tool orientations in multi-axis milling of blisks with a ball-end mill[J]. The International Journal of Advanced Manufacturing Technology, 2016, 85(5): 1887-1900.

[47] Mi Z P, Yuan C M, Ma X H, et al. Tool orientation optimization for 5-axis machining with C-space method[J]. The International Journal of Advanced Manufacturing Technology, 2017, 88(5): 1243-1255.

[48] Zhu Y, Chen Z T, Ning T, et al. Tool orientation optimization for 3+2-axis CNC machining of sculptured surface[J]. Computer-Aided Design, 2016, 77: 60-72.

[49] Wu B H, Liang M C, Zhang Y, et al. Optimization of machining strip width using effective cutting shape of flat-end cutter for five-axis free-form surface machining[J]. The International Journal of Advanced Manufacturing Technology, 2018, 94(5): 2623-2633.

[50] Rao A, Sarma R. On local gouging in five-axis sculptured surface machining using flat-end tools[J]. Computer-Aided Design, 2000, 32(7): 409-420.

[51] Glaeser G, Wallner J, Pottmann H. Collision-free 3-axis milling and selection of cutting tools[J]. Computer-Aided Design, 1999, 31(3): 225-232.

[52] Lee Y S. Admissible tool orientation control of gouging avoidance for 5-axis complex surface machining[J]. Computer-Aided Design, 1997, 29(7): 507-521.

[53] 宫虎. 五坐标数控加工运动几何学基础及刀位规划原理与方法的研究[D]. 大连: 大连理工大学, 2005.

[54] 吴宝海, 张莹, 张定华. 基于广域空间的自由曲面宽行加工方法[J]. 机械工程学报, 2011, 47(15): 181-187.

[55] 王晶, 张定华, 吴宝海, 等. 基于临界约束的四轴数控加工刀轴优化方法[J]. 机械工程学报, 2012, 48(17): 114-120.

[56] 王晶, 张定华, 罗明, 等. 复杂曲面零件五轴加工刀轴整体优化方法[J]. 航空学报, 2013, 34(6): 1452-1462.

[57] Ho S, Sarma S, Adachi Y. Real-time interference analysis between a tool and an environment[J]. Computer-Aided Design, 2001, 33(13): 935-947.

[58] 罗明. 叶片多轴加工刀位轨迹运动学优化方法研究[D]. 西安: 西北工业大学, 2008.

[59] Lavernhe S, Tournier C, Lartigue C. Kinematical performance prediction in multi-axis machining for process planning optimization[J]. The International Journal of Advanced Manufacturing Technology, 2008, 37(5): 534-544.

[60] Pechard P Y, Tournier C, Lartigue C, et al. Geometrical deviations versus smoothness in 5-axis high-speed flank milling[J]. International Journal of Machine Tools and Manufacture, 2009, 49(6): 454-461.

[61] Castagnetti C, Duc E, Ray P. The Domain of Admissible Orientation concept: A new method for five-axis tool path optimisation[J]. Computer-Aided Design, 2008, 40(9): 938-950.

[62] Wang N, Tang K. Automatic generation of gouge-free and angular-velocity-compliant five-axis toolpath[J]. Computer-Aided Design, 2007, 39(10): 841-852.

[63] Hu P C, Tang K. Improving the dynamics of five-axis machining through optimization of workpiece setup and tool orientations[J]. Computer-Aided Design, 2011, 43(12): 1693-1706.

[64] 富大伟, 刘瑞素. 数控系统[M]. 北京: 化学工业出版社, 2005.

[65] 卢胜利, 王睿鹏, 祝玲. 现代数控系统: 原理、构成与实例[M]. 北京: 机械工业出版社, 2006.

[66] Gian P R, Lin M S T W, Lin P A C. Planning of tool orientation for five-axis cavity machining[J]. The International Journal of Advanced Manufacturing Technology, 2003, 22(1): 150-160.

[67] Cleveland Motion Controls. Industrial control, automation solutions and control system integrators[EB/OL]. https://www.cmccontrols.com[2023-05-10].

[68] Hwang Y R, Liang C S. Cutting errors analysis for spindle-tilting type 5-axis NC machines[J]. The International Journal of Advanced Manufacturing Technology, 1998, 14(6): 399-405.

[69] Hwang Y R, Ho M T. Estimation of maximum allowable step length for five-axis cylindrical machining[J]. Journal of Manufacturing Processes, 2000, 2(1): 15-24.

[70] Lartigue C, Duc E, Affouard A. Tool path deformation in 5-axis flank milling using envelope surface[J]. Computer-Aided Design, 2003, 35(4): 375-382.

[71] Affouard A, Duc E, Lartigue C, et al. Avoiding 5-axis singularities using tool path

deformation[J]. International Journal of Machine Tools and Manufacture, 2004, 44(4): 415-425.

[72] Fleisig R V, Spence A D. A constant feed and reduced angular acceleration interpolation algorithm for multi-axis machining[J]. Computer-Aided Design, 2001, 33(1): 1-15.

[73] Xu H Y. Linear and angular feedrate interpolation for planar implicit curves[J]. Computer-Aided Design, 2003, 35(3): 301-317.

[74] Xu H Y, Zhou Y H, Zhang J J. Angular interpolation of bi-parameter curves[J]. Computer-Aided Design, 2003, 35(13): 1211-1220.

[75] Kim T, Sarma S E. Toolpath generation along directions of maximum kinematic performance; a first cut at machine-optimal paths[J]. Computer-Aided Design, 2002, 34(6): 453-468.

[76] Sencer B, Altintas Y, Croft E. Feed optimization for five-axis CNC machine tools with drive constraints[J]. International Journal of Machine Tools and Manufacture, 2008, 48(7/8): 733-745.

[77]《透平机械现代制造技术丛书》编委会. 叶片制造技术[M]. 北京: 科学出版社, 2002.

[78] 单晨伟. 叶片类零件螺旋铣削切触点轨迹规划问题研究[D]. 西安: 西北工业大学, 2004.

[79] 吴宝海. 航空发动机叶片五坐标高效数控加工方法研究[D]. 西安: 西北工业大学, 2007.

第2章　多轴数控加工几何学优化基础理论

目前，多轴数控加工技术广泛应用于结构复杂、需多次装卡以及曲面类零件的加工中[1, 2]。其中，自由曲面零件如叶片、叶轮、整体叶盘等，一直是多轴加工尤其是五轴加工的主要研究和应用对象[3, 4]。这类零件的工作型面复杂，一般由自由曲面组成；相邻叶片构成的流道往往扭曲狭长，极易发生碰撞干涉。为了适应这类零件的结构形状特点，需要在加工过程中优化刀具轨迹分布，并控制刀具姿态随切削位置的不同而实时改变。因此，这类零件对数控机床的联动性能要求非常高，也一直被视为五轴加工中心的标志性产品[1, 5-8]。

切削加工成形实际上是通过刀具切除材料实现零件毛坯到最终结果的形状传递，其几何实质表现为刀具切削刃的包络面在运动过程中逐渐逼近零件理论形状的过程[6]。为了快速准确地完成这一逼近过程，需要有高质量的几何模型、合理的刀具形状和尺寸，以及刀具运动过程的光滑稳定。对应于上述几个方面，在数控加工几何学优化中，需要解决几何建模、轨迹生成、刀轴控制、后置处理以及运动学优化等问题。

为此，本章首先给出加工特征的定义与几何建模方法；然后，以通用自动编程刀具(automatically programmed tools，简称 APT 刀具)为例，介绍多轴加工刀具、刀具扫掠包络面的定义与建模方法；最后，通过对多轴数控加工过程的几何学描述，归纳刀具选择、轨迹生成、刀轴控制及运动学等方面的几何学优化实现技术，从而构建完整的多轴数控加工几何学优化基础理论。

2.1　加工特征定义与几何建模

加工特征是多轴数控加工编程及优化的主要对象。本节简要介绍计算机几何造型技术，给出加工特征的定义及常用的曲线曲面建模方法，并以航空发动机叶片类零件为例，介绍几类典型的复杂加工特征几何建模方法。

2.1.1　计算机几何造型技术

计算机几何造型是 CAD/CAM 系统的核心，通过对点、线、面、体等几何元素进行平移、旋转、变比等几何变换，以及并、交、差等集合运算，得到实际的或想象的物体模型[9]。三维几何形体在计算机中的表示主要包含几何和拓扑两类信息，常用线框、表面和实体三种模型表示。而特征造型是以实体造型为基础，用具有一定设计或加工功能的特征作为造型的基本单元建立的零部件几何模型。下面逐一介绍。

1. 实体造型技术

在几何造型中，线框模型是 CAD/CAM 领域中最早使用的形体表示模型，采用顶点和邻边表示形体，其特点是结构简单，易于理解。但线框模型不能明确定义给定点与形体的关系，无法应用于 CAD/CAM 中的干涉检测和加工处理。表面模型是用有向棱边围成的部分定义形体表面，由面的集合定义形体，虽然其可以应用于曲面表面的刀具轨迹规划，但是由于其缺乏形体表示的完整性，并不适用于复杂形体的数控编程。实体模型是完全记录形体几何和拓扑信息的表示模型，同时也是特征造型的基础。常用的实体造型方法有基于构造的实体几何(constructive solid geometry, CSG)表示方法、基于边界表示(boundary representation, B-rep)方法及混合表示方法[9]。

1)基于构造的实体几何表示方法

CSG 表示的含义是将任何复杂的实体表示为简单实体(体素)的组合。通常以正则集合运算(构造正则实体的集合运算)来实现这种组合，其中可配合执行有关的几何变换。实体的 CSG 表示可看成一棵有序的二叉树，其终端节点或是体素，或是刚体变换的运动参数。非终端节点或是正则的集合运算，或是刚体的几何变换，这种运算或变换只对紧接着的子节点(子实体)起作用。每棵子树(非变换子节点)表示其下两个节点组合及变换的节果，树根表示最终的节点，即整个实体[9]。

CSG 表示的优点有：①数据结构比较简单，数据量小，内部数据的管理比较容易；②每个 CSG 表示都和一个实际的有效实体相对应；③CSG 表示可以方便地转换为 B-rep，从而可支持广泛的应用；④比较容易修改 CSG 表示实体的形状。其缺点在于：①产生和修改实体的操作种类有限，基于集合运算对实体的局部操作不易实现；②实体的边界几何元素(点、边、面)隐含表示在 CSG 中，因此显示与绘制 CSG 表示的实体需要较长的时间。

2)基于边界表示方法

边界表示详细记录了构成实体的所有几何元素的几何信息及其相互连接关系拓扑信息，以便直接存取构成实体的各个面、面的边界以及各个顶点的定义参数，有利于以面、边、点为基础的各种几何运算和操作[9]。

B-rep 的优点为：①表示实体的点、边、面等几何元素是显示表示的，进而使绘制 B-rep 实体的速度较快，而且比较容易确定几何间的连接关系；②对实体的

B-rep 可有多种操作和运算。其缺点为：①数据结构复杂，需要大量的存储空间，维护内部数据结构的程序比较复杂；②修改实体的操作较难实现；③B-rep 并不一定对应一个有效实体，需要专门的程序保证 B-rep 实体的有效性和正则性等。

3)混合表示方法

从用户角度来看，形体表示以 CSG 表示较为方便，而从计算机对实体的存储管理和操作运算角度来看，以 B-rep 最为实用。因此，在复杂实体的造型中，常采用 CSG 表示与 B-rep 的混合表示法，即以 CSG 表示作为外部数据结构，用于描述复杂形状零件的几何造型具体过程；而以 B-rep 作为内部数据结构，用于描述复杂零件具体的几何及拓扑信息。这样就综合利用了 CSG 表示与 B-rep 各自的优点，方便灵活地对复杂实体进行精确描述[9]。

2. 特征造型技术

为了解决传统几何建模中产品信息定义的不完备性和低层次的抽象性问题，特征建模技术应运而生。基于特征的产品建模将特征作为产品定义模型的基本构造单元，描述产品为特征的有机集合。建立基于特征的产品定义模型，使用特征集来定义零件，能很好地反映设计意图并提供完整的产品信息，使计算机辅助工艺规划(computer aided process planning, CAPP)系统能够直接获取所需的信息，实现 CAD/CAPP/CAM 在较高层次上的集成[10]。

可以看出，基于特征的产品建模具有能够反映设计意图、易于处理的特点，能够提供一种完备的信息描述，方便后续的分析、设计、评估及加工制造系统自动理解产品模型。利用特征描述零件，不仅可以提供如几何、拓扑、功能、尺寸公差及加工制造要求等信息，而且因其具有语义功能，还适用于知识处理。

基于特征的零件信息描述方法并非按照传统构造实体几何的体素来描述零件，而是根据零件的几何特征、工艺特征及管理特征来描述零件，含有几何形状信息和制造信息。其中，形状特征是特征模型中最基本的特征。除形状特征外，完整的特征模型的基本特征还包括精度特征、材料特征、技术特征、加工特征、管理特征、装配特征以及其他的附加特征，可进行如下分类[10]。

(1)形状特征：描述与零件几何形状、尺寸相关的信息集合，根据形状特征在构造零件中的不同作用，又可分为主形状特征和辅助形状特征。

(2)精度特征：描述零件几何形状、尺寸的许可变动量的信息集合，包括公差(尺寸公差和形位公差)和表面粗糙度等。

(3)材料特征：描述与零件材料和热处理有关的信息，如材料性能、热处理方式、表面处理方式等。

(4)技术特征：指零件的性能、工艺要求、功能特征等。

(5)加工特征：指与加工相关的制造和工艺特征，包括加工方法、切削用量、加工设备型号、数控系统种类、刀具种类及尺寸、夹具类型、辅具和量具等与加工环境相关的信息。

(6)管理特征：指管理信息，如设计者、日期、批量和质量等信息。

(7)装配特征：指用于表达在装配中需要使用的信息，包括装配时的位置、装配方向、装配顺序、配合表面、公差配合和装配工艺要求等。

(8)附加特征：指其他有用的信息。

目前，应用效果最好和最为成熟的基本特征是形状特征，如在商业化软件 UG NX 中的孔、槽、凸台、拉伸等。形状特征的基础是实体模型，但是实现了工程语义的抽象，即语义 + 形状特征。而在多轴数控加工编程中，主要应用的是加工特征。

计算机特征造型系统非常复杂，对于不同的 CAD/CAM 系统，即使底层几何核心平台相同，开发的系统也有很大的不同。例如，基于 Parasolid 几何核心的 UG NX 和 SolidWorks 系统，它们的功能、特点、风格各不相同。开发一基于特征造型的 CAD/CAM 系统，除了实体造型的核心，还需要融合先进的特征设计方法、参数化技术、图形学技术、交互式技术等[11-13]。

2.1.2　加工特征定义与表示

计算机集成制造系统(computer integrated manufacture system, CIMS)中一个关键的问题是实现 CAD/CAPP/CAM 在高层次上的集成，而特征是实现 CAD/CAPP/CAM 集成的有效途径。特征表达的产品信息完备，含有丰富的语义信息。根据特征在 CAD、CAPP、CAM 中的作用不同，在 CAD 中称为设计特征单元，而在 CAPP、CAM 中称为加工特征(单元)，它是特征在零件制造阶段的表现形式之一[14]。以设计特征单元为基本单位进行零件设计，可以直接将设计意图记录到设计文档中，便于自动推理和做出修改，提高零件造型的自动化程度，达到较高的智能水平；同时又便于 CAPP 之前的零件工艺分析、工装设计分析等，使工艺过程设计易于实现。经过 CAPP 之后的加工特征单元，可以获得加工所用的加工方法、刀具、切削用量、加工基准等，便于自动生成刀具轨迹。特征单元是表达设计和工艺知识的有力工具，有助于 CAD、CAPP、CAM 的信息化、集成化、自动化和智能化。现阶段，基于特征的数字化设计、加工与测量一体化技术发展迅速，这也将是未来 CAD 建模技术的重要发展方向[15]。

1. 加工特征概念模型

加工特征是联系 CAD 与 CAPP、CAM 的纽带，其概念模型是集成工艺设计过程与编程系统设计的重要内容，同时也是加工特征类型划分的基础。

现有的集成工艺设计过程与编程系统设计的重要标志是规划设计、推理模型与知识表示、概念模拟和加工特征(单元)，如图 2-1 所示。

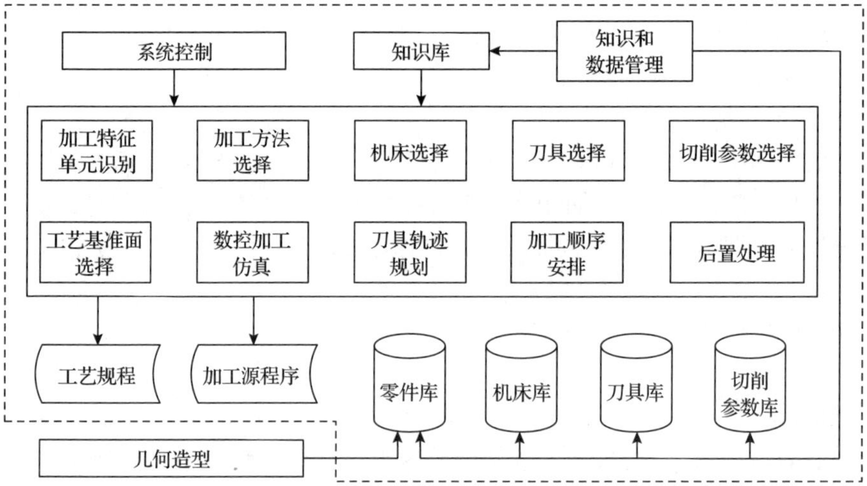

图 2-1　集成工艺设计过程与编程系统结构

通常零件概念模型所包含的内容必须满足工艺过程设计和数控编程的要求，包括零件名、零件类型、毛坯尺寸、毛坯状态、零件材料、硬度、批量、边界表示模型、加工特征单元。

加工特征作为可独立加工的实体[14]，包括加工特征名、主面、加工特征类型、位置隶属度、刀具、工艺基准面、工序号、加工方法、公差、加工余量、切削深度、切削速度、进给速度。可以看出，加工特征是制造工艺过程中的重要概念，具有以下显著优点：

(1)加工特征是零件简易的分解单元，也是高层次工艺规划的处理单元。

(2)基于加工特征，可以直接规划刀具轨迹。

(3)刀具参数和切削参数的选择可以直接参照已定义的知识库。

(4)加工特征隐含定义了可达方向和可达体积或区域。

2. 多轴加工特征定义

零件从毛坯到产品的加工过程可分解为若干零件特征单元的独立加工工序。在零件特征单元加工中被刀具切除的实体称为加工单体。可以认为，产品是从毛坯中切除一个个加工单体后的最后形状。

针对多轴加工，加工单体的加工过程描述定义为多轴加工特征[16]，它是与加工相关的制造和工艺特征，包括加工方法、切削用量、加工设备型号、数控系统种类、刀具种类及尺寸、夹具类型、辅具和量具等与加工环境相关的信息。

加工特征是零件的组成单元，由面向加工单体的加工信息集合构成，包含几何信息和加工信息，且是这些信息有机结合的载体，即一个零件的几何实体造型可以通过加工特征所含几何信息的布尔运算来获得，并且通过对组成零件的加工特征的加工成形就能获得一个实际的成形零件[16]。其中，自由曲线曲面是几何形状和空间关系较为简单的一种多轴加工特征。

3. 多轴加工特征表示

加工特征是联系 CAD 与 CAPP、CAM 的纽带，其建模过程应尽量与制造加工过程一致。首先选择合适的毛坯形状，以其定位尺寸插入加工子特征，进行布尔减运算，然后通过一步一步地去除材料，得到最终的工件模型。

如图 2-2 所示，加工特征按工序号排列，并按加工部位(交线、表面、内腔等)划分为若干工步。工步记录包含加工对象、加工方法、刀具号等参数。通过零件号和加工单体号可以获得零件的总体参数，加工单体的几何、拓扑信息，以及加工单体各表面之间的空间关系[16]。

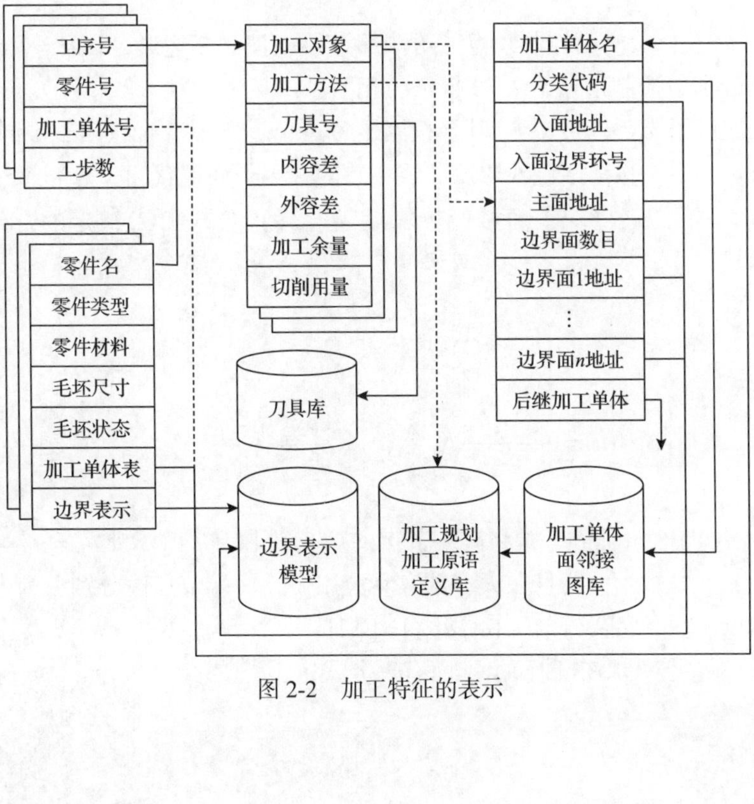

图 2-2　加工特征的表示

可以看出，多轴加工特征不但包含刀具轨迹规划的几何和拓扑信息，还包含刀具参数、切削参数等加工信息，将此模型应用于后续的数控加工几何学优化研究中具有重要的参考意义。

2.1.3 自由曲线曲面几何建模

自由曲线曲面是一类简单的多轴加工特征，同时也是构成复杂加工特征的基本元素。非均匀有理 B 样条(NURBS)方法是定义工业产品几何形状的唯一数学方法[17]，它除可包容有理与非有理 Bézier 和 B 样条曲线曲面，还可对二次曲线、曲面进行精确表达。

1. NURBS 曲线曲面定义

一条 k 次 NURBS 曲线可表示为一分段有理多项式矢函数[17, 18]：

$$\boldsymbol{p}(u)=\frac{\sum_{i=0}^{n}\omega_i\boldsymbol{d}_i N_{i,k}(u)}{\sum_{i=0}^{n}\omega_i N_{i,k}(u)} \tag{2-1}$$

式中，$\boldsymbol{d}_i(i=0,1,\cdots,n)$ 为控制顶点，可顺序连接成控制多边形；$\omega_i(i=0,1,\cdots,n)$ 为权因子，分别与控制顶点 $\boldsymbol{d}_i(i=0,1,\cdots,n)$ 相联系。

首末权因子 $\omega_0>0,\omega_n>0$，其余权因子 $\omega_i\geqslant 0$，且顺序 k 个权因子不同时为零，以防止分母为零、保留凸包性质及曲线不致因权因子而退化为一点。$N_{i,k}(u)$ 是由节点矢量 $\boldsymbol{U}=[u_0,u_1,\cdots,u_{n+k+1}]$ 按德布尔-考克斯递推公式(2-2)决定的 k 次规范 B 样条基函数：

$$\begin{cases} N_{i,0}(u)=\begin{cases}1, & u_i\leqslant u<u_{i+1}\\ 0, & \text{其他}\end{cases} \\ N_{i,k}(u)=\dfrac{u-u_i}{u_{i+k}-u_i}N_{i,k-1}(u)+\dfrac{u_{i+k+1}-u}{u_{i+k+1}-u_{i+1}}N_{i+1,k-1}(u)\end{cases} \tag{2-2}$$

对于 NURBS 开曲线，常将两端节点的重复度取为 $k+1$，即 $u_0=u_1=\cdots=u_k$，$u_{n+1}=u_{n+2}=\cdots=u_{n+k+1}$，且在大多数实际应用中，两端节点值分别取为 0 与 1。因此，NURBS 曲线定义域 $u\in[u_k,u_{n+1}]=[0,1]$。

一张 $k\times l$ 次 NURBS 曲面由下面有理分式定义[17, 18]：

$$p(u,v)=\frac{\sum_{i=0}^{m}\sum_{j=0}^{n}\omega_{i,j}\boldsymbol{d}_{i,j}N_{i,k}(u)N_{j,l}(v)}{\sum_{i=0}^{m}\sum_{j=0}^{n}\omega_{i,j}N_{i,k}(u)N_{j,l}(v)} \tag{2-3}$$

此时控制顶点 $\boldsymbol{d}_{i,j}(i=0,1,\cdots,m;j=0,1,\cdots,n)$ 呈拓扑矩形阵列，形成一个控制网格。$\omega_{i,j}$ 是与控制顶点 $\boldsymbol{d}_{i,j}$ 联系的权因子，规定四角顶点处用正权因子，即 $\omega_{0,0}>0$, $\omega_{m,0}>0,\omega_{0,n}>0,\omega_{m,n}>0$，其余 $\omega_{i,j}\geqslant 0$；$N_{i,k}(u)$ 和 $N_{j,l}(v)$ 分别为 u 向 k 次和 v 向 l 次的规范 B 样条基，它们分别由 u 向和 v 向的节点矢量 $\boldsymbol{U}=[u_0,u_1,\cdots,u_{n+k+1}]$ 与 $\boldsymbol{V}=[v_0,v_1,\cdots,v_{n+k+1}]$ 决定。

2. NURBS 曲线曲面特点及其应用

NURBS 曲线曲面既覆盖多项式，也覆盖有理 B 样条曲线曲面。因此，NURBS 在 CAD/CAM 领域中获得了广泛的应用，其主要优点如下[18]：

(1) 可用一个统一的表达式同时精确地表示标准的解析形体(如圆锥曲线、旋转面等)和自由曲线、曲面。

(2) 为了修改曲线曲面的形状，既可借助调整控制顶点，又可利用权因子，因此具有较大的灵活性。

(3) 对插入节点、修改、分割、几何插值等的处理工具比较有利。

(4) 具有透视投影变换和仿射变换的不变性。

然而，NURBS 也存在如下一些缺点：

(1) 当应用 NURBS 定义解析曲线曲面时，需要额外的存储空间。

(2) 权因子的使用不当可能导致很坏的参数变化，甚至破坏曲面结构，因此权因子的应用对设计人员和用户提出了更高的要求。

(3) 在 NURBS 曲面的求交计算方面尚存在许多障碍，某些基本算法可能导致数值计算的不稳定性。

虽然 NURBS 存在一些缺点，但其突出的优点使其成为计算机辅助几何设计(computer aided geometric design, CAGD) 和 CAD/CAM 中的自由曲线曲面数据表达标准[17]。

3. NURBS 曲线曲面建模

1) NURBS 曲线建模

NURBS 曲线建模有两种实现方法：一种是由设计人员输入曲线控制顶点来设计曲线，此时曲线的建模是上面所述的曲线正向计算过程；另一种则是由设计人员输入曲线上的型值点来设计曲线，此时的曲线建模就是曲线的反算过程，也称为曲线的插值，其详细计算步骤可参考文献[1]。

2) NURBS 曲面建模

NURBS 曲面建模方法[18]通常可分为两大类：蒙皮曲面生成法(又称放样法)和扫描曲面生成法。不论哪一种方法，其核心都是曲面的反算技术[1]。下面简单介绍蒙皮曲面生成法，其推广的扫描曲面生成法可参考相关的文献[1]。

利用蒙皮技术生成曲面实质上是拟合一张光滑曲面，使其通过一组有序的截面曲线的空间曲面。蒙皮曲面形成的关键在于设计出 $n+1$ 条具有统一次数与节点矢量，且参数化情况良好的截面曲线，其主要步骤如下[18]：

(1) 构造截面曲线。首先，根据给定的型值点和曲线的几何形状构造各截面的 NURBS 曲线。当曲线由不同幂次的曲线段构成时，以幂次最高者为准，将低幂次曲线段升阶，而后以统一幂次的 NURBS 曲线表示该曲线。

(2) 统一各截面曲线的幂次。

(3) 统一各截面曲线的节点矢量。对各截面曲线的节点矢量(设为 u 向)做并运算，使其具有统一的节点矢量。为保证截面曲线的形状不变，常采用插入节点的算法。在统一节点矢量后，再计算各截面曲线的控制顶点。

(4) 计算 v 向的节点矢量。v 向节点矢量由求得的控制顶点确定，应取统一数值，一般可取各截面曲线节点矢量的平均值作为 v 向节点矢量。

(5) 以步骤(3)所求得的控制顶点为型值点，应用步骤(4)所求得的 v 向节点矢量计算基函数，逐个截面反算 v 向的控制顶点。

(6) 步骤(5)所求得的控制顶点即为蒙皮曲面生成法构造 NURBS 曲面的控制顶点。

图 2-3 为利用蒙皮曲面生成法构造的航空发动机叶片 NURBS 曲面的实例。

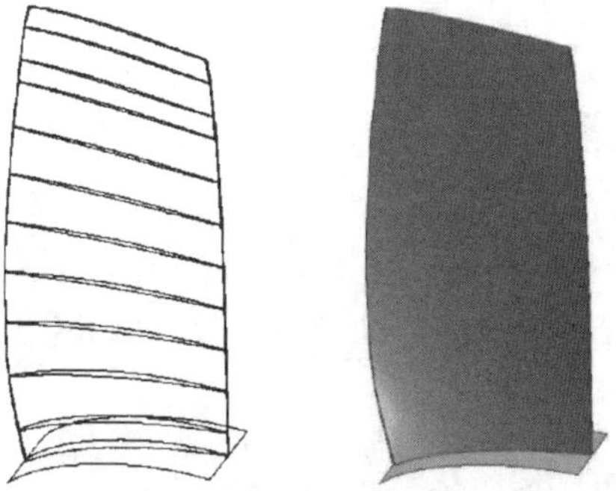

图 2-3 蒙皮曲面生成法构造的叶片 NURBS 曲面

2.1.4 复杂加工特征几何建模

随着现代工业的发展，越来越多的复杂结构零件采用多轴数控加工的方式完成其成形加工，如航空发动机叶片类零件。这类零件包含很多不同的复杂加工特征，下面重点介绍几类典型加工特征。

1. 多曲面体或多曲面岛屿

多曲面体或多曲面岛屿是指由多张自由曲面片经过裁剪、连接等操作后所建立的实体几何模型，如航空发动机叶片阻尼台，如图 2-4 所示[19]。

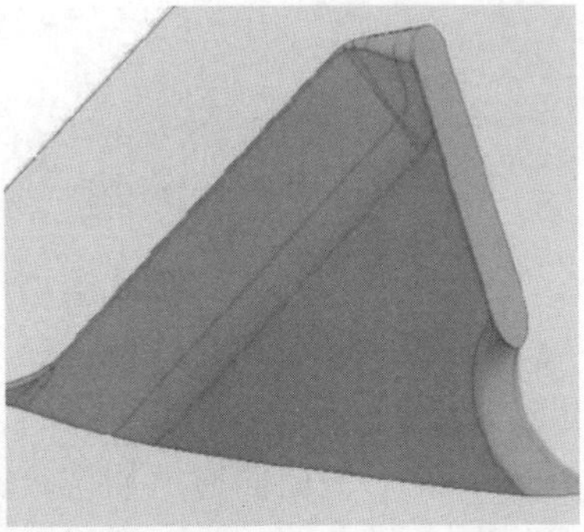

图 2-4　叶片阻尼台多曲面岛屿模型

由于曲面片间的拓扑关系复杂，传统的轨迹生成算法如参数线法、投影法等已不再适用于多曲面体或岛屿的整体加工[20-22]。而常用的截平面法因为具有偏置曲面不易构造、平面之间刀位轨迹存在大量进退刀操作的缺点，也不利于多曲面体或岛屿的加工实现[23-25]。因此，针对多曲面体或岛屿加工特征，必须开发适应其形体结构的刀具轨迹及刀轴控制优化方法，以减少数控编程时大量辅助操作[19]。此外，为简化轨迹计算过程，提高编程和加工效率，在多曲面体(岛屿)与其相连曲面间的清根轨迹生成时一般也以加工特征实体为对象进行计算，而不是单独考虑每张自由曲面片[19, 26, 27]。

2. 叶片/叶身曲面

叶片是一类典型的多轴数控加工零件，广泛应用于国防、运载、能源等领域，如航空发动机压气机叶片、风扇叶片、汽轮机叶片、水轮机叶片等[28]。

叶身是叶片的主要工作型面，包括叶盆、叶背、进排气边等。对于多轴数控加工，叶片/叶身曲面加工特征可分为单一自由曲面、裁剪曲面、组合曲面以及叶片通道等几何模型的形式。与设计模型不同，为了满足叶片加工精度与效率要求，必须采用合适的几何建模方法完成其高质量造型[29, 30]。

3. 复杂多曲面通道

复杂多曲面通道定义为多张自由曲面相交而成的复杂加工特征，一般为封闭或半封闭的气体流道。如图 2-5 所示，按照结构特征划分通道类型有开式叶盘通道(图 2-5(a))、闭式叶盘通道(图 2-5(b))和整体叶轮通道(图 2-5(c))。

(a) 开式叶盘通道　(b) 闭式叶盘通道　(c) 整体叶轮通道

图 2-5　复杂多曲面通道类型

多曲面通道结构复杂，开敞性差，刀具的有效摆动范围不易确定，有时甚至出现刀具长径比过大、难以加工的情形[28, 31]。因此，在刀位轨迹规划之前，根据通道加工特征模型进行辅助的几何分析是非常有必要的，具体包括基本工艺参数和可加工性信息的确定。另外，针对多曲面通道插铣、侧铣、端铣不同的加工方式，轨迹规划的方法也各不相同，其共同的难点在于刀轴矢量的控制及优化，包括刀具干涉的判断、调整，以及刀轴矢量的局部和整体优化等[28]。

4. 曲面三角网格模型

曲面三角网格模型是以三角化网格表示自由曲面加工特征。通过曲面的三角化表示，刀具与被加工曲面及相邻曲面之间的碰撞检测问题可转化为若干三角面片之间的相交检测问题。另外，三角网格模型可以统一表示凸和非凸的物体，甚至不需要物体的连续一致性，因此成为若干碰撞检测算法的构造基础，如 C-space 方法、可视锥方法、八叉树方法以及包围体积法等[3]。

目前，自由曲面三角网格生成方法主要有 Delaunay 方法和波前法(advancing front method，AFM)，二者时间复杂度相当，但波前法生成的网格质量更高，并且可控性更好，表现出了良好的曲面适应能力，其基本流程为：①离散待剖分区域的边界，使其成为首尾相连的有向线段，该集合称为波前；②从波前开始，依次插入一个节点，并连接生成一个新的单元；③更新波前，向待剖分区域推进；④循环进行插入节点、生成新单元、更新波前的过程，当波前为空时表明整个域剖分结束，如图 2-6 所示。

然而，这种常规的波前法并不一定总能取得理想的结果，原因在于曲面角点处并不总是能够被分成两个三角形。图 2-7 为从两侧推进的改进波前法示意图，图 2-8 和图 2-9 分别给出了应用改进方法建立的自由曲面整体叶轮叶片面和轮盘面的三角网格模型[3]，该特征模型可用于检测分析叶轮加工时刀具的碰撞干涉情况，进而在此基础上实现整体叶轮多轴数控加工的刀轴矢量控制与优化。

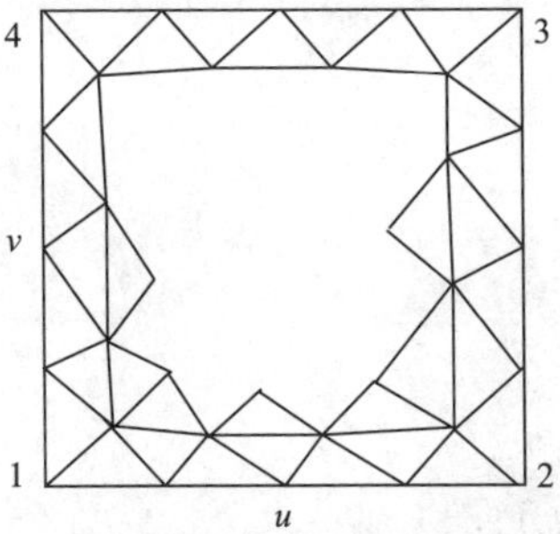

图 2-6　波前法生成三角网格模型示意图

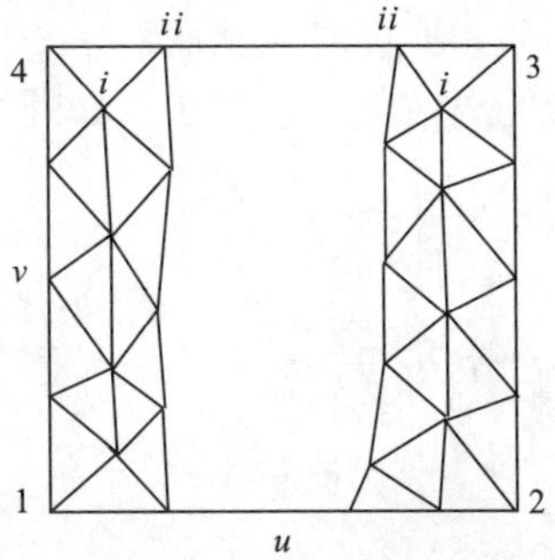

图 2-7　参数平面内从两侧推进的波前法

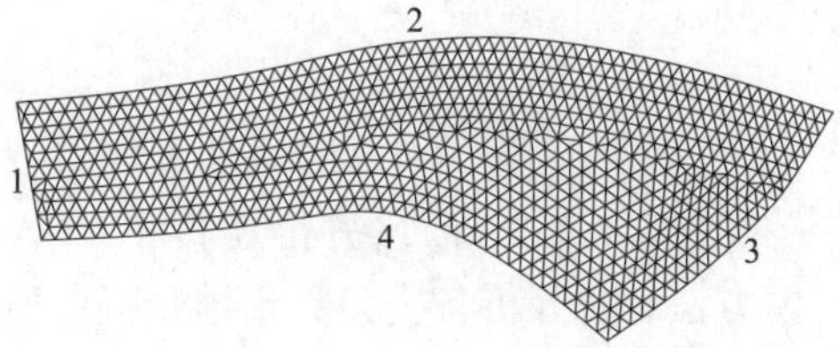

图 2-8　叶片面的三角网格模型

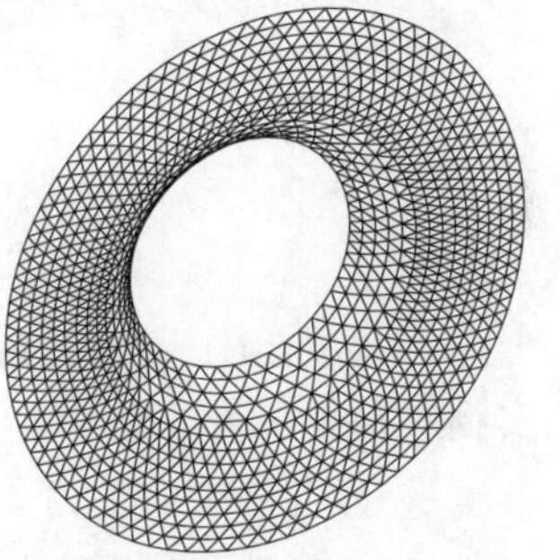

图 2-9　轮盘面的三角网格模型

5. 曲面离散点模型

复杂加工特征的几何建模方法种类繁多，在刀具干涉分析与轨迹生成中常采用离散点集形式表示加工特征模型，这样有利于简化距离的计算。按如下方法可建立 NURBS 曲面离散点模型。

设 NURBS 曲面 $\boldsymbol{p}(u,v)$ 参数满足 $u,v\in[0,1]$（若为裁剪曲面，则采用归一化或重新参数化的方法使参数满足要求），则曲面离散点集为 $\{\boldsymbol{s}_k, k=1,2,\cdots,M\times N\}$，其中，

$$\begin{cases} \boldsymbol{s}_k=\boldsymbol{p}(u_i,v_j) \\ u_i=\dfrac{i-1}{M-1} \\ v_j=\dfrac{j-1}{N-1} \\ k=(i-1)\times N+j \end{cases},\quad i=1,2,\cdots,M;\ j=1,2,\cdots,N \tag{2-4}$$

式中，M、N 分别表示曲面 u、v 方向的离散点数目。另外，也可设定离散精度参数，用以精确控制曲面离散过程；还可进行分层存储，有效减少存储空间和提高运算效率。这里的 NURBS 曲面可能是被加工曲面，也可能是相邻的约束曲面。

当存在多张曲面时，依次对单一曲面进行离散，其他形式的复杂加工特征均可采用类似的离散点表示方法，如图 2-10 所示。

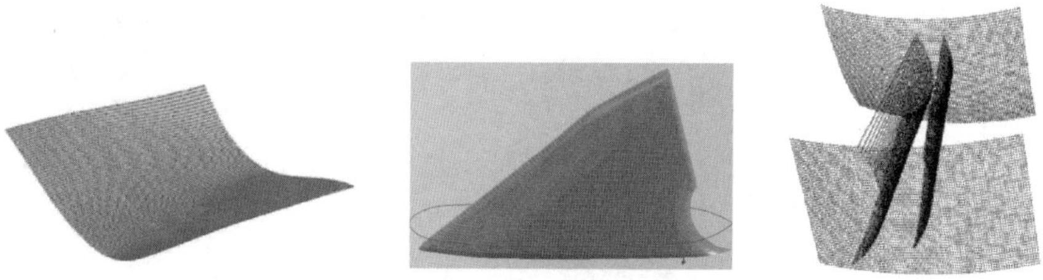

(a) 自由曲面离散点模型 (b) 岛屿离散点模型 (c) 通道离散点模型

图 2-10 复杂加工特征离散点模型

2.2 刀具及刀具运动扫掠包络面定义与建模

刀具直接作用于零件切除多余的材料，零件则借助于刀具的运动完成由毛坯到实物的加工过程。为了实现复杂结构零件的多轴数控加工，并描述其加工过程，本节着重介绍通用 APT 刀具的定义与建模方法，并分析各类刀具干涉特征，最后给出刀具运动扫掠包络面的定义与建模方法。

2.2.1 通用 APT 刀具定义与建模

通用 APT 刀具能够统一描述多轴加工中的各类不同刀具，因此广泛应用于多轴数控加工优化及仿真算法中。通用 APT 刀具定义如图 2-11 所示。

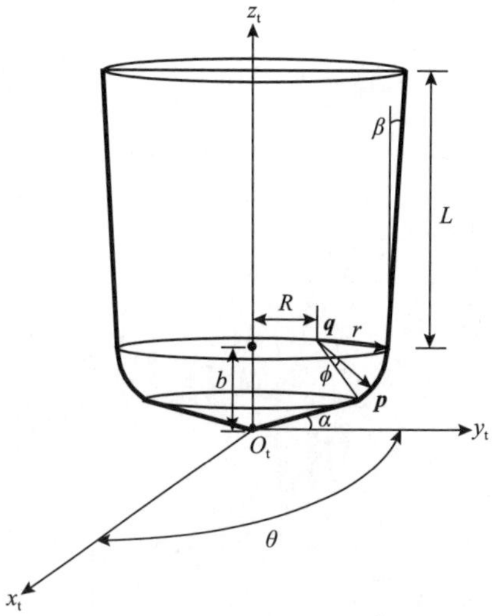

图 2-11 通用 APT 刀具定义

设通用 APT 刀具的坐标系为 $O_t\text{-}x_t y_t z_t$，则其定义表达式[32]为

$$\Psi(\theta,\phi,a_1,a_2)=\begin{pmatrix}(a_1R+r\sin\phi+a_2L\tan\beta)\cos\theta\\(a_1R+r\sin\phi+a_2L\tan\beta)\sin\theta\\a_1R\tan\alpha+r(1-\cos\phi)+a_2L\end{pmatrix}\tag{2-5}$$

式中，R、r 为刀具半径参数；α、β 分别为刀具底部和刀杆圆锥角度；L 为刀杆长度参数；a_1、a_2 分别为刀具底部和刀杆部分参数，$0\leqslant a_1<1$，$0\leqslant a_2<1$；ϕ 为刀具圆角弧度，$\alpha\leqslant\phi<\pi/2-\beta$；$\theta$ 为刀具旋转弧度，且满足 $0\leqslant\theta<2\pi$。

通常多轴铣削加工刀具的刀底锥角参数 $\alpha=0$，常用的多轴铣削加工刀具如图 2-12 所示。

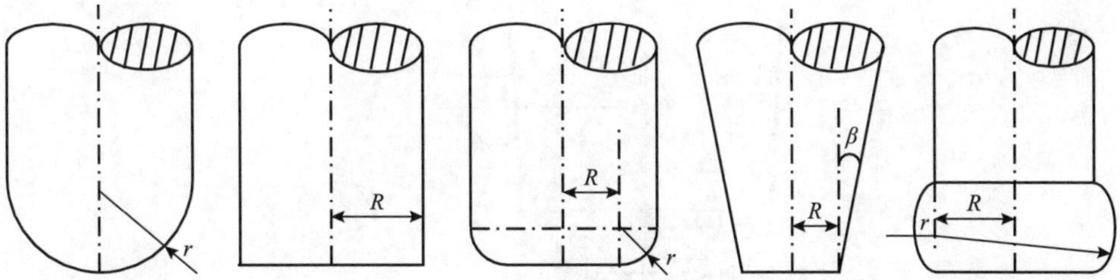

图 2-12　常用的多轴铣削加工刀具

常用的球头刀（$\beta=0,\ R=0$）、平底刀（$\beta=0,\ r=0$）、环形刀（$\beta=0$）、锥形刀（$\beta>0,\ r=0$）以及鼓形刀（$\beta=0,\ R<r$）都是 APT 刀具的特殊形式。

2.2.2　刀具干涉特征分析

在图 2-11 所示的通用 APT 刀具坐标系中，原点 O_t 定义为刀位点 $\boldsymbol{a}$(后文采用 $\boldsymbol{O}_t$ 表示原点位置矢量)，$\boldsymbol{p}$ 为切触点，$\boldsymbol{n}$ 为曲面法矢，初始刀轴矢量为 $\boldsymbol{l}$，设 $\boldsymbol{t}_z=\boldsymbol{l}$，$\boldsymbol{t}_y=\dfrac{(\boldsymbol{n}\cdot\boldsymbol{l})\boldsymbol{l}-\boldsymbol{n}}{|(\boldsymbol{n}\cdot\boldsymbol{l})\boldsymbol{l}-\boldsymbol{n}|}$，并取 $\boldsymbol{t}_x=\boldsymbol{t}_y\times\boldsymbol{t}_z$，则坐标轴 x_t、y_t、z_t 单位矢量分别为 $\boldsymbol{t}_x$、$\boldsymbol{t}_y$、$\boldsymbol{t}_z$；设 $\boldsymbol{q}$ 为刀具参考点，以 z_t 轴方向参数可将 APT 刀具划分为三部分，即刀杆、刀刃(切削刃或圆角)及刀底，如图 2-13 所示。

若令

$$\begin{cases}z_0=0\\z_1=R\tan\alpha\\z_2=(R+r\sin\alpha)\tan\alpha\\z_3=R\tan\alpha+r\sec\alpha-r\sin\beta\\z_4=R\tan\alpha+r\sec\alpha-r\sin\beta+L\end{cases}\tag{2-6}$$

则根据任意点在刀具坐标系下 z_t 轴方向参数即可判定它位于刀具的哪个部分，进而计算截面距离，判断该点是否与刀具发生干涉。根据干涉部位的不同，定义刀具干涉特征为以下三种类型[28]：

(1)刀具切削刃与曲面的干涉，称为曲率干涉或局部干涉(local gouging)。

(2)刀具底部与曲面的干涉，称为刀底干涉或后角干涉(rear gouging)。

(3)刀杆部分与曲面的干涉，称为碰撞干涉或全局干涉(global interference)。其中，第一种和第二种干涉类型对应的可能干涉区域是切触点的邻近区域，而刀杆碰撞干涉可能发生于全局的任何区域，包括被加工曲面本身及其相邻的曲面。

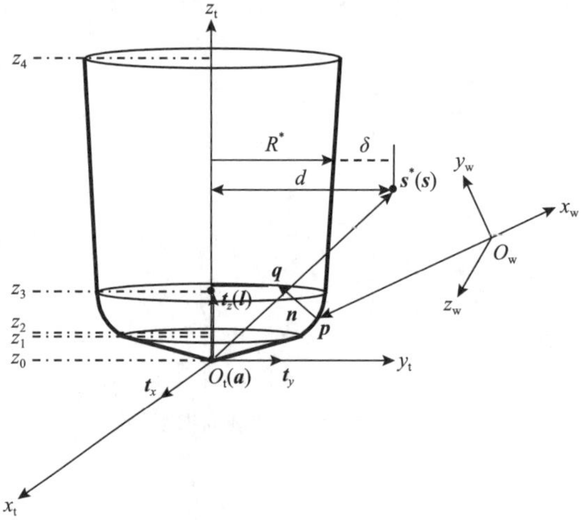

图 2-13 刀具干涉特征分析示意图

2.2.3 刀具运动扫掠包络面定义与建模

自由曲面的加工成形是通过刀具切削刃的运动扫掠面逼近设计曲面实现的，因此刀具空间运动的扫掠包络面是描述刀具切削曲面加工过程的核心与关键，也是多轴加工的特征曲面。下面首先给出包络面的定义，然后介绍一般回转面(刀具)在任意刚体运动下的扫掠包络面解析表达[6, 33]。

定义 2-1 给定一个单参数正则曲面族 $\{S_\lambda\}:\boldsymbol{S}(u,v,\lambda)$，其中 λ 是参数，当 λ 变化时得到族中不同的曲面 S_λ。如果给定一张曲面 S，它的每一个点是 $\{S_\lambda\}$ 族中的一个曲面 S_λ 上的点，并且在 S 和 S_λ 的公共点它们有相同的切平面；反之，对于 $\{S_\lambda\}$ 族中每一张曲面 S_λ，在曲面 S 上有一点 $\boldsymbol{p}_\lambda$，使 S_λ 与 S 在点 $\boldsymbol{p}_\lambda$ 有相同的切平面，则称 S 为单参数曲面族 $\{S_\lambda\}$ 的包络面。

其中，包络面 S 上与族中曲面 S_λ 相切的曲线称为特征线。当 λ 固定时，特征线的方程为 $\boldsymbol{S}(u,v(u,\lambda),\lambda)$。曲面族中每一曲面沿特征线相切于包络面，特征线的轨迹即是包络面。

假设曲面 $\boldsymbol{q}(u,\theta)$ 经过空间刚体运动 $\boldsymbol{g}(t)=\{\boldsymbol{p}(t);\boldsymbol{R}(t)\}\in \mathrm{SE}(3)$ 生成一单参数面族，即

$$\{S_t\}:\boldsymbol{S}(u,\theta,t)=\boldsymbol{R}(t)\boldsymbol{q}(u,\theta)+\boldsymbol{p}(t) \tag{2-7}$$

其中，$\mathrm{SE}(3)=\mathbb{R}^3\times \mathrm{SO}(3)$, $\mathrm{SO}(3)=\{\boldsymbol{R}\in\mathbb{R}^{3\times3}\mid \boldsymbol{R}^{\mathrm{T}}\boldsymbol{R}=\boldsymbol{I},|\boldsymbol{R}|=1\}$，因此有

$$\begin{cases}\boldsymbol{S}_u=\boldsymbol{R}(t)\boldsymbol{q}_u\\ \boldsymbol{S}_\theta=\boldsymbol{R}(t)\boldsymbol{q}_\theta\\ \boldsymbol{S}_t=\boldsymbol{R}'(t)\boldsymbol{q}+\boldsymbol{p}'(t)\end{cases}$$

根据包络面与对应单参数曲线族特征线相切的原理，曲面族 $\{S_t\}$ 中一点属于包络曲面 S 的必要条件为

$$(\boldsymbol{S}_u,\boldsymbol{S}_\theta,\boldsymbol{S}_t)=(\boldsymbol{S}_u\times\boldsymbol{S}_\theta)\cdot\boldsymbol{S}_t=[\boldsymbol{R}(t)(\boldsymbol{q}_u\times\boldsymbol{q}_\theta)]\cdot\boldsymbol{S}_t=0 \tag{2-8}$$

令 $\boldsymbol{n}(u,\theta)=\boldsymbol{q}_u\times\boldsymbol{q}_\theta$ 表示原始曲面上一点处的法矢，代入式(2-8)得

$$\begin{aligned}&[\boldsymbol{R}'(t)\boldsymbol{q}(u,\theta)+\boldsymbol{p}'(t)]\cdot[\boldsymbol{R}(t)\boldsymbol{n}(u,\theta)]\\ &=[\boldsymbol{R}(t)^{\mathrm{T}}\boldsymbol{R}'(t)\boldsymbol{q}(u,\theta)+\boldsymbol{R}(t)^{\mathrm{T}}\boldsymbol{p}'(t)]\cdot\boldsymbol{n}(u,\theta)\\ &=[\boldsymbol{\omega}(t)\times\boldsymbol{q}(u,\theta)+\boldsymbol{v}(t)]\cdot\boldsymbol{n}(u,\theta)\\ &=\boldsymbol{\omega}(t)\cdot[\boldsymbol{q}(u,\theta)\times\boldsymbol{n}(u,\theta)]+\boldsymbol{v}(t)\cdot\boldsymbol{n}(u,\theta)\\ &=0\end{aligned} \tag{2-9}$$

其中，$\boldsymbol{\omega}(t)$ 和 $\boldsymbol{v}(t)$ 为曲面做刚体运动时的物体速度，表达式[6]为

$$\boldsymbol{\omega}(t)=\begin{pmatrix}\omega_x(t)\\ \omega_y(t)\\ \omega_z(t)\end{pmatrix}=\left[\boldsymbol{R}(t)^{\mathrm{T}}\boldsymbol{R}'(t)\right]^{\wedge},\quad \boldsymbol{v}(t)=\begin{pmatrix}v_x(t)\\ v_y(t)\\ v_z(t)\end{pmatrix}=\boldsymbol{R}(t)^{\mathrm{T}}\boldsymbol{p}'(t)$$

现设曲面 $\boldsymbol{q}(u,\theta)$ 为一般回转面(刀具)，表达式为

$$\boldsymbol{q}(u,\theta)=\left[\rho(u)\cos\theta\quad \rho(u)\sin\theta\quad z(u)\right]^{\mathrm{T}},\quad (u,\theta)\in[u_0,u_1]\times[0,2\pi) \tag{2-10}$$

通用 APT 刀具表达式(2-5)通过参数变换可转化为此形式,则回转面(刀具) $\boldsymbol{q}(u,\theta)$ 的法矢为

$$\boldsymbol{n}(u,\theta)=\left[-z'(u)\cos\theta\quad -z'(u)\sin\theta\quad \rho'(u)\right]^{\mathrm{T}} \tag{2-11}$$

将式(2-10)和式(2-11)代入式(2-9)得

$$\begin{aligned}&\left\{v_x(t)z'(u)+\omega_y(t)\left[\rho(u)\rho'(u)+z(u)z'(u)\right]\right\}\cos\theta\\&+\left\{v_y(t)z'(u)-\omega_x(t)\left[\rho(u)\rho'(u)+z(u)z'(u)\right]\right\}\sin\theta=v_z(t)\rho'(u)\end{aligned}\tag{2-12}$$

令

$$\begin{cases}a\overset{\text{def}}{=\!=}v_x(t)z'(u)+\omega_y(t)\left[\rho(u)\rho'(u)+z(u)z'(u)\right]\\b\overset{\text{def}}{=\!=}v_y(t)z'(u)-\omega_x(t)\left[\rho(u)\rho'(u)+z(u)z'(u)\right]\\c\overset{\text{def}}{=\!=}v_z(t)\rho'(u)\end{cases}$$

则式(2-12)变为

$$a\cos\theta+b\sin\theta=c\tag{2-13}$$

当$\left|\dfrac{c}{\sqrt{a^2+b^2}}\right|\leqslant 1$时，由式(2-13)可求得

$$\theta=\begin{cases}\arcsin\left(\dfrac{c}{\sqrt{a^2+b^2}}\right)-\phi\\\pi-\arcsin\left(\dfrac{c}{\sqrt{a^2+b^2}}\right)-\phi\end{cases}\tag{2-14}$$

其中，

$$\sin\phi=\frac{a}{\sqrt{a^2+b^2}},\quad\cos\phi=\frac{b}{\sqrt{a^2+b^2}}$$

这样对每个时刻$t^*\in[t_0,t_1]$给定一个$u^*\in[u_0,u_1]$，就能由式(2-14)求出两个$\theta^*=\theta(t^*,u^*)$(如果有解)，$\boldsymbol{S}(u^*,\theta^*,t^*)$给出了包络面上一点的坐标。若$u$在$[u_0,u_1]$之间连续变化，则$\boldsymbol{S}(u,\theta(t^*,u),t^*)$给出了包络面上对应于参数$t^*$的特征线方程。若$t$在$[t_0,t_1]$之间连续变化，则$\boldsymbol{S}(u,\theta(t,u),t)$给出了包络面方程。

可以看出，扫掠包络面由刚体空间运动路径所决定。在多轴数控加工中，一般回转刀具的运动可由空间B样条曲线的Frenet活动标架描述，图2-14给出了环形刀及鼓形刀沿某一曲线运动的扫掠包络面。

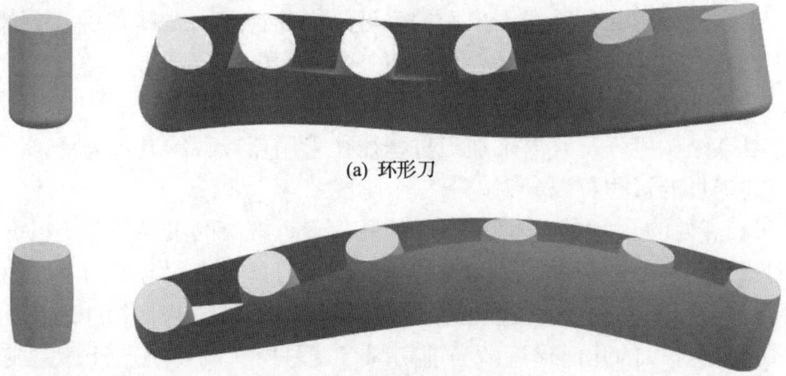

(a) 环形刀

(b) 鼓形刀

图 2-14　刀具运动扫掠包络面

2.3　多轴数控加工过程几何学描述

多轴数控加工的几何实质是刀具切削刃的扫掠包络面在运动过程中逐渐逼近零件理论形状的过程。本节通过建立材料切除过程模型，从切削体—切削行—切削段—切削点逐层分解，分析刀具与曲面的接触状态、刀具运动扫掠体及真实加工误差的形成，从而完整地从几何学角度描述多轴数控加工过程。

2.3.1　材料切除过程建模

多轴数控加工过程是刀具对零件毛坯进行材料切除、形成最终产品的过程，从几何上表现为零件毛坯到产品的形状传递，如图 2-15 所示。

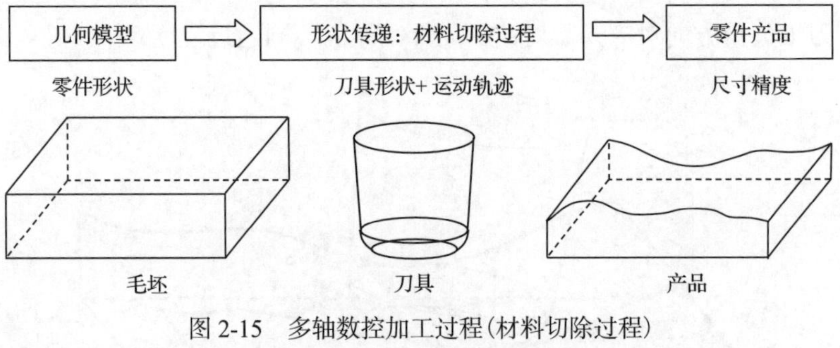

图 2-15　多轴数控加工过程(材料切除过程)

由图 2-15 可以看出，基于零件几何模型，根据所采用的刀具形状和所规划的刀具运动轨迹，完成刀具对毛坯多余材料的切削，形成最终满足一定尺寸和精度要求的零件产品。在此过程中，零件产品成形是通过刀具切削刃的运动扫掠包络面逼近设计曲面实现的，真实的加工误差是刀具包络面相对于设计曲面的法向误差[6, 34]。因此，材料切除过程模型的关键是构建合理的刀具运动包络面，精确控制加工误差，以满足零件设计要求。刀具包络面的形成则与刀具形状、运动轨迹相关，必须从几何学、运动学等多方面进行控制及优化。

对于复杂结构零件，其多轴加工过程往往采用点接触的方式进行，因此其几何形状传递逼近的过程可以分为以下三个阶段。

(1) 切触点处的几何逼近。切触点处的几何逼近解决的主要问题是根据选定的刀具类型和几何尺寸，利用微分几何的知识确定刀具包络面与被加工曲面的几何切触关系，并在此基础上进行过切的判断、走刀步长与加工带宽的确定等。

(2) 切削行(段)的几何逼近。当前切削行(段)所有的切触点计算完成之后，连接这些切触点，即可构成当前切削行(段)。这一阶段要解决的问题一方面表现为结合零件加工工艺特点切削行的连接方式，也即走刀方式，如单向走刀、之字形走刀以及螺旋走刀等；另一方面，为保证零件的加工质量，多轴加工的刀具轨迹不仅要求切触点连线光滑连续，同时更要求相邻切触点之间的刀轴矢量变化均匀。

(3) 切削空间(体)的几何逼近。切削空间的几何逼近主要解决的是零件加工的工艺性问题，如刀具类型、刀具尺寸、可加工性确定、碰撞干涉分析等。

2.3.2　刀具与曲面接触状态分析

多轴加工过程是刀具对曲面点—段—行—体的材料切除连续切削过程。为控制加工过程，首先分析刀具与曲面在单点处的接触状态。

如图 2-16 所示，设 O_w-$x_wy_wz_w$ 为工件坐标系(或称设计坐标系)，p-$x_Ly_Lz_L$ 为局部坐标系，由切触点、进给方向、法矢方向以及行进给方向所确定，O_t-$x_ty_tz_t$ 为刀具坐标系，由刀位点及刀轴矢量方向所确定；刀具与曲面在切触点 p 处相切触，不同的刀轴矢量方向对应刀具对曲面局部区域的不同逼近程度。

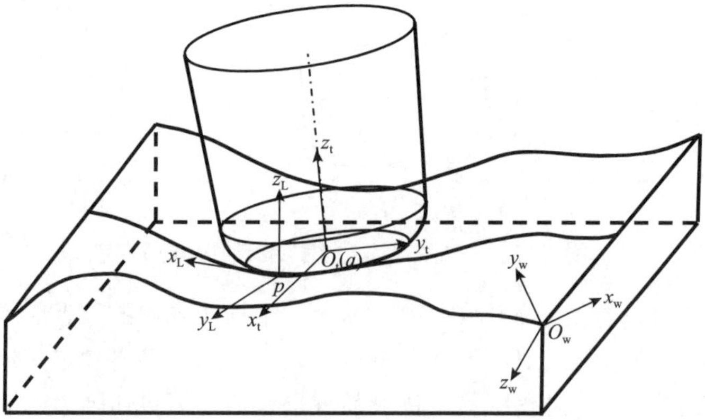

图 2-16　刀具与曲面接触状态及各坐标系定义

可以看出，针对不同类型的刀具，为防止刀具无局部干涉产生，同时保证刀具与曲面的最佳逼近状态，达到最大的切削带宽，可通过局部曲率或干涉误差分析，建立有效的刀具切削轮廓，并优化刀轴倾角，规划适应曲面形状变化的刀位轨迹，实现满足精度和效率双重要求的曲面的宽行加工。

除此之外，对于复杂加工特征，刀具刀杆还可能与相邻结构发生全局碰撞干涉，因此必须对刀轴矢量进行干涉特征分析，并结合各种约束进行统一处理，合理控制并优化刀轴矢量。同时，刀具轨迹的分布应适应复杂加工特征拓扑结构变化，需要优化生成。

2.3.3 刀具运动扫掠体形成与误差分析

刀具与曲面在切触单点的接触状态及干涉分析对多轴加工过程而言是必要条件，是形成刀具运动扫掠体包络的前提。如图 2-17 所示，刀具在单点处的瞬时包络曲面是由刀位点和刀轴矢量所确定的[34]。

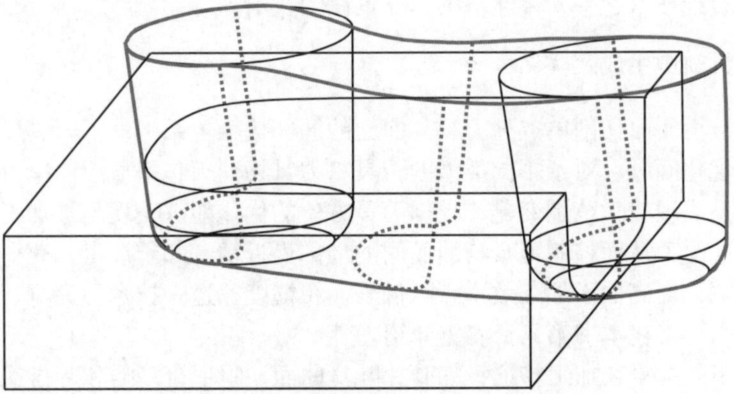

图 2-17　刀具运动扫掠包络面形成

要完成零件产品的加工过程，刀具需要按照所规划的运动轨迹(刀位点+刀轴矢量)，由单点至两点间至切削行到切削体运动。因此，零件成形的加工误差是刀具运动扫掠包络面对设计曲面沿法向的逼近误差[6]。

对于单一的自由曲面，切削行单点处刀具与被加工曲面的接触关系引发了刀具局部干涉处理及轨迹规划问题；而对于复杂加工特征，切削行单点处不仅涉及刀具局部干涉问题，还涉及全局(碰撞)干涉的刀轴控制及轨迹生成问题；扩展至切削行两点间以及整个切削行，则涵盖刀轴矢量的运动学优化问题。这一系列的几何学优化问题及实现技术构成了多轴数控加工几何学优化理论从连续到离散的具体实施过程。

2.4　几何学优化问题及其实现技术

针对单一自由曲面及复杂加工特征的多轴加工过程描述，涉及的几何学优化问题及其实现技术主要包含刀具的优化选择、刀具轨迹生成及优化、刀轴矢量控制及优化、刀轴矢量运动学优化等方面。

2.4.1　刀具的优化选择

刀具的类型和尺寸是影响多轴加工精度和效率的关键因素之一，如何选择合适的刀具类型、确定合理的刀具尺寸是多轴数控加工几何学优化的问题之一。

特别对于复杂加工特征，如多曲面通道，刀具摆动空间狭窄，导致可用刀具直径缩短、刀具长度增加，甚至有些刚性不足，难以满足加工要求。因此，对于此类结构特征，在刀具轨迹规划之前必须进行必要的可加工性分析，计算最大可用刀具直径，划分加工区域，并判定通道是否可加工。刀具的优化选择技术是几何学优化实现技术之一，将在本书第 5 章详细介绍。

2.4.2　刀具轨迹生成及优化

单一自由曲面切削单点处刀具与曲面的局部接触关系引发了刀具局部干涉处理与逼近优化问题。对于不同类型的刀具，刀具切削刃包络截形曲率可通过刀具姿态的调整实现较大范围变化，根据刀具方位的优化能够实现与被加工曲面曲率的自适应匹配，从而控制刀具与曲面间的局部逼近精度和干涉量，获得尽可能大的加工带宽，提高曲面加工效率，降低表面粗糙度。这一技术称为宽行加工几何学优化技术，将在本书第 4 章着重介绍。

对于不同的复杂加工特征，如叶片叶身曲面、阻尼台岛屿和叶盘通道，刀具轨迹的生成和各类干涉的判定处理是其几何学优化的关键问题。一般根据加工特征拓扑结构要求，生成并优化适应其形状变化的刀具轨迹，这也是几何学优化实现技术之一，将在本书第 5 章加以介绍。

2.4.3　刀轴矢量控制及优化

刀具干涉类型多种多样，且处理较为困难，如何结合多轴数控加工特征结构，判定各类干涉特征并进行约束处理是几何学优化问题之一。针对四轴、五轴，正交、非正交不同的加工方式，研究不同的刀轴矢量控制及优化技术是几何学优化的又一关键技术，将在本书第 6 章重点介绍。

2.4.4　刀轴矢量运动学优化

刀具运动扫掠包络面与设计模型的逼近误差不仅与刀具形状、刀具轨迹相关，还与刀轴矢量变化的速度、加速度相关[35]。针对不同的机床结构，开发相应的后置处理算法，建立机床运动模型，研究刀轴矢量的运动学优化控制也是多轴加工几何学优化的关键技术之一，将在本书的第 7 章和第 8 章详细介绍。

参 考 文 献

[1] 周济, 周艳红. 数控加工技术[M]. 北京: 国防工业出版社, 2002.

[2] Zhu Y, Chen Z T, Ning T, et al. Tool orientation optimization for 3+2-axis CNC machining of sculptured surface[J]. Computer-Aided Design, 2016, 77: 60-72.

[3] 吴宝海. 自由曲面离心式叶轮多坐标数控加工若干关键技术的研究与实现[D]. 西安: 西安交通大学, 2005.

[4] 吴宝海, 罗明, 张莹, 等. 自由曲面五轴加工刀具轨迹规划技术的研究进展[J]. 机械工程学报, 2008, 44(10): 9-18.

[5] 刘雄伟. 数控加工理论与编程技术[M]. 北京: 机械工业出版社, 2001.

[6] 丁汉, 朱利民. 复杂曲面数字化制造的几何学理论和方法[M]. 北京: 科学出版社, 2011.

[7] Sun Y W, Jia J J, Xu J T, et al. Path, feedrate and trajectory planning for free-form surface machining: A state-of-the-art review[J]. Chinese Journal of Aeronautics, 2022, 35(8): 12-29.

[8] Liang Y S, Zhang D H, Ren J X, et al. Accessible regions of tool orientations in multi-axis milling of blisks with a ball-end mill[J]. The International Journal of Advanced Manufacturing Technology, 2016, 85(5): 1887-1900.

[9] 孙家广. 计算机图形学[M]. 3 版. 北京: 清华大学出版社, 2000.

[10] 曾议. 计算机集成制造系统中若干重要技术的研究[D]. 合肥: 中国科学技术大学, 2006.

[11] Li Y G, Lee C H, Gao J. From computer-aided to intelligent machining: Recent advances in computer numerical control machining research[J]. Proceedings of the Institution of Mechanical Engineers, Part B: Journal of Engineering Manufacture, 2015, 229(7): 1087-1103.

[12] Gao J, Zheng D T, Gindy N. Extraction of machining features for CAD/CAM integration[J]. The International Journal of Advanced Manufacturing Technology, 2004, 24(7): 573-581.

[13] Liu C Q, Li Y G, Wang W, et al. A feature-based method for NC machining time estimation[J]. Robotics and Computer-Integrated Manufacturing, 2013, 29(4): 8-14.

[14] 曾定文, 杨彭基. 集成化工艺设计图象编程智能系统研究[J]. 航空学报, 1991, 12(8): B403-B410.

[15] Huang N D, Bi Q Z, Wang Y H, et al. 5-Axis adaptive flank milling of flexible thin-walled parts based on the on-machine measurement[J]. International Journal of Machine Tools and Manufacture, 2014, 84: 1-8.

[16] 张定华. 多轴 NC 编程系统的理论、方法和接口研究[D]. 西安: 西北工业大学, 1989.

[17] 施法中. 计算机辅助几何设计与非均匀有理 B 样条[M]. 北京: 高等教育出版社, 2001.

[18] 朱心雄. 自由曲线曲面造型技术[M]. 北京: 科学出版社, 2000.

[19] 张莹, 吴宝海, 李山, 等. 多曲面岛屿五轴螺旋刀位轨迹规划[J]. 航空学报, 2009, 30(1): 153-158.

[20] 吴福忠, 柯映林. 组合曲面参数线五坐标加工刀具轨迹的计算[J]. 计算机辅助设计与图形学学报, 2003, 15(10): 1247-1252.

[21] 石宝光, 雷毅, 闫光荣. 曲面映射法生成等残留环切加工刀具轨迹[J]. 工程图学学报, 2005, 26(3): 12-17.

[22] Chen Z C, Fu Q. A practical approach to generating steepest ascent tool-paths for three-axis finish milling of compound NURBS surfaces[J]. Computer-Aided Design, 2007, 39(11): 964-974.

[23] Ding S, Mannan M A, Poo A N, et al. Adaptive iso-planar tool path generation for machining of free-form surfaces[J]. Computer-Aided Design, 2003, 35(2): 141-153.

[24] Feng H Y, Teng Z J. Iso-planar piecewise linear NC tool path generation from discrete measured data points[J]. Computer-Aided Design, 2005, 37(1): 55-64.

[25] Ding S, Mannan M A, Poo A N, et al. The implementation of adaptive isoplanar tool path generation for the machining of free-form surfaces[J]. The International Journal of Advanced Manufacturing Technology, 2005, 26(7): 852-860.

[26] Tang M, Zhang D H, Luo M, et al. Tool path generation for clean-up machining of impeller by point-searching based method[J]. Chinese Journal of Aeronautics, 2012, 25(1): 131-136.

[27] 罗明. 叶片多轴加工刀位轨迹运动学优化方法研究[D]. 西安: 西北工业大学, 2008.

[28] 张莹. 叶片类零件自适应数控加工关键技术研究[D]. 西安: 西北工业大学, 2011.

[29] 王军伟. 叶片类曲面造型中的参数网格优化技术研究[D]. 西安: 西北工业大学, 2003.

[30] 白瑀. 叶片类零件高质高效数控加工编程技术研究[D]. 西安: 西北工业大学, 2004.

[31] 任军学, 张定华, 王增强, 等. 整体叶盘数控加工技术研究[J]. 航空学报, 2004, 25(2): 205-208.

[32] Chen Z C, Liu G. An intelligent approach to multiple cutters of maximum sizes for three-axis milling of sculptured surface parts[J]. Journal of Manufacturing Science and Engineering, 2009, 131(1): 1-5.

[33] 乔咏梅, 张定华, 杨海成. 数控加工仿真中刀具扫描体算法研究[J]. 西北工业大学学报, 1995, 13(2): 231-234.

[34] Chiou J C J, Lee Y S. Optimal tool orientation for five-axis tool-end machining by swept envelope approach[J]. Journal of Manufacturing Science and Engineering, 2005, 127(4): 810-818.

[35] Zhu L M, Zheng G, Ding H. Formulating the swept envelope of rotary cutter undergoing general spatial motion for multi-axis NC machining[J]. International Journal of Machine Tools and Manufacture, 2009, 49(2): 199-202.

第3章　面向加工的工艺曲面建模方法

从数学的角度来看，多轴数控加工及数控编程理论实质上是曲线曲面几何学在机械制造工业中的应用[1]。随着现代工业的迅速发展，不仅简单的自由曲线曲面零件获得了广泛的应用，更为复杂的产品零件如航空发动机叶片、叶轮、整体叶盘等也获得了广泛的应用[2, 3]。为了实现这些零件的多轴数控加工与编程，必须进行加工特征的几何建模与分析处理。与单一的自由曲线曲面不同，复杂的产品零件往往需要结合多轴数控加工工艺的要求，采用更为合适的几何建模方法，建立加工特征的工艺模型，以满足实际工程应用中加工的需要。

目前，曲线曲面的计算机辅助几何设计，即 CAGD 技术已形成一套较为完整的理论和方法体系，同时其应用技术也取得了较好的发展[4, 5]。而曲线曲面的几何形态分析涉及的是经典数学理论——微分几何学，详细的内容可查阅相关的专业数学书籍[6]。

在此，本章主要从数控加工的角度出发，针对多轴加工特征所特有的工艺曲面建模方法进行叙述。首先简要介绍曲线曲面的重新参数化方法；然后重点论述曲面逼近与曲面重构的建模方法；其次以航空发动机叶片加工特征为例，对叶片正向和逆向造型中的缘头拼接方法加以讨论；最后详细阐述叶片的防扭曲造型方法，进一步说明面向加工的工艺曲面几何建模的重要性。

3.1　重新参数化方法

目前大多产品零件都是通过两个或多个实体单元的裁剪或延伸等布尔操作建立其加工特征模型，此时原始的参数化曲线曲面可能无法满足多轴加工工艺要求。例如，航空发动机自由曲面叶片，它是一类典型的 NURBS 裁剪曲面，原始的等参数曲线无法保证边界的一致性，同时也难以满足空气动力学要求，即刀具轨迹的流线型要求[7, 8]。

因此，重新参数化自由曲线曲面，以满足加工编程刀具轨迹规划的需要，是一种有效的工艺曲线曲面建模方法。下面主要介绍曲线、曲面的重新参数化方法，并以裁剪曲面为例，阐述基于 Coons 曲面的重新参数化建模方法。

3.1.1　曲线重新参数化

曲线重新参数化仅改变曲线的参数间隔，并不改变曲线的形状和位置。最简单的重新参数化形式是曲线的走向变反，其他形式包括参数曲线的截断、分割、复合以及归一化等[5, 9]。

在多轴数控加工刀具轨迹规划的某些特殊场合，必须应用曲线的重新参数化。例如，生成螺旋加工刀具轨迹时，参数曲线可能需要反向处理，而针对多约束的曲面加工，参数曲线可能需要采用分割或截断处理。

曲线重新参数化的不同形式，对应不同的曲线特征工艺建模方法。在实际应用中，通过分析具体的刀具轨迹工艺及规划要求，从而确定具体的曲线重新参数化形式，并建立相应的面向加工的曲线特征工艺模型[10]。

3.1.2 曲面重新参数化

$k\times l$ 次 NURBS 参数曲面如式(2-3)所定义，其中最简单的曲面重新参数化形式是将参数变量 u 或 v 的方向变反，这种方式不改变曲面的形状[9]。而一般的曲面重新参数化形式是参数区间的变化，如从参数 u_i 变到 u_j，或从参数 v_k 变到 v_l。其中，最具代表性的是曲面的归一化处理，即变换曲面参数 $(u,v)\in[0,1]\times[0,1]$，该方法可应用于曲面离散点模型的建模。其他的参数化形式还包括参数曲面的分割等。

曲面重新参数化的一种特例是曲面重新生成方法。通过提取原始曲面的参数曲线，重新离散生成新的控制曲线，并由蒙皮法构造新的曲面。生成的曲面可能与原始曲面存在形状差异，但在一定精度要求范围内有时是被允许的[11]。该方法通常应用于原始曲面造型不光顺或曲面曲率变化比较大的情形，并能有效去除原始曲面附加的冗余信息。

重新参数化后的曲面即为被加工曲面的工艺几何模型，该模型修正了曲面造型的不足，同时也为刀具轨迹的规划带来了便利。

3.1.3 裁剪曲面重新参数化

裁剪曲面重新参数化是曲面重新参数化的特殊情形。以自由曲面叶片为例，常用的等参数线刀具轨迹生成方法无法直接应用于此类裁剪曲面的加工[8]。为了生成满足加工要求的 NURBS 裁剪曲面刀具轨迹，重新参数化裁剪曲面建立面向加工的工艺曲面模型是一种有效的途径。

目前，针对裁剪曲面的重新参数化方法主要有基于 Coons 曲面、Laplace 曲面和曲线曲面变形的方法，均可实现等参数线刀具轨迹规划[7, 8, 12]。另外，还可以利用特殊的等距函数划分待加工区域生成裁剪曲面刀具轨迹，该曲面区域划分方法不同于曲面的参数分割，可看成一种新的曲面参数化方法[13]。本节主要介绍基于 Coons 曲面的重新参数化方法，其他详细内容可参考相关的文献[7, 8, 12, 13]。

裁剪曲面的边界曲线一般由原始曲面参数线裁剪或拼接而成。设裁剪曲面 S_λ 的边界曲线为 $(\boldsymbol{c}_0,\boldsymbol{c}_1)$ 和 $(\boldsymbol{d}_0,\boldsymbol{d}_1)$，对应的二维参数平面曲面为 $\boldsymbol{q}(s,t)$，其边界参数

曲线为$(\boldsymbol{c}_0'(s,0),\boldsymbol{c}_1'(s,1))$和$(\boldsymbol{d}_0'(0,t),\boldsymbol{d}_1'(1,t))$，四个角点的位置矢量分别为$\boldsymbol{q}_{00}$、$\boldsymbol{q}_{01}$、$\boldsymbol{q}_{10}$、$\boldsymbol{q}_{11}$，如图 3-1 所示。

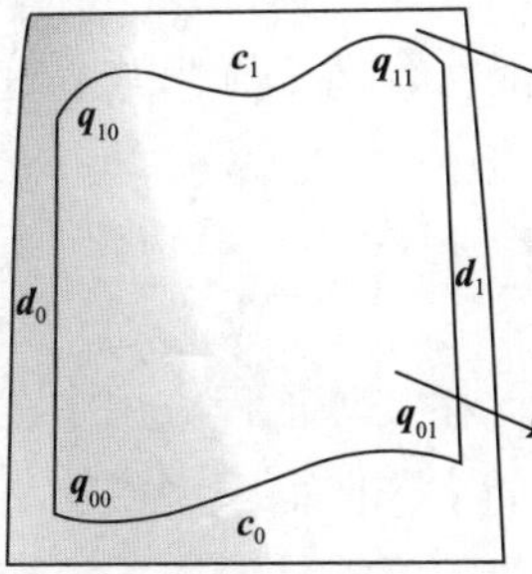

(a) 裁剪曲面与边界曲线

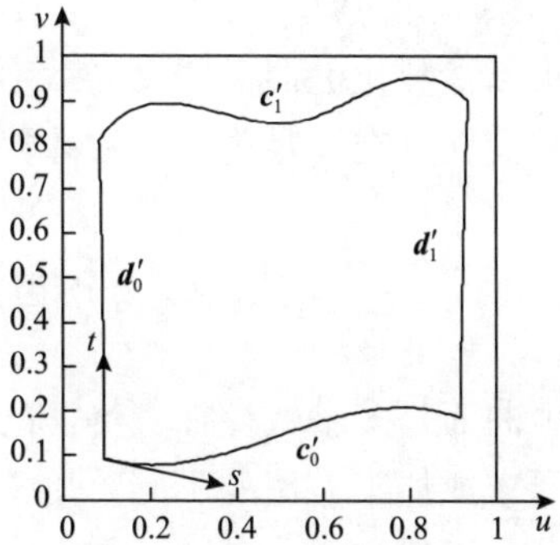

(b) 参数平面边界曲线

图 3-1　裁剪曲面及参数平面边界曲线

基于 Coons 曲面的重新参数化方法是一种代数插值方法，即采用 Coons 曲面的双线性插值表示参数平面曲面$\boldsymbol{q}(s,t)$，则有

$$\boldsymbol{q}(s,t)=\boldsymbol{q}_A(s,t)+\boldsymbol{q}_B(s,t)-\boldsymbol{q}_C(s,t) \tag{3-1}$$

其中，

$$\boldsymbol{q}_A(s,t)=(1-s\quad s)\begin{pmatrix}\boldsymbol{d}_0'(0,t)\\ \boldsymbol{d}_1'(1,t)\end{pmatrix},\quad \boldsymbol{q}_B(s,t)=(\boldsymbol{c}_0'(s,0)\quad \boldsymbol{c}_1'(s,1))\begin{pmatrix}1-t\\ t\end{pmatrix}$$

$$\boldsymbol{q}_C(s,t)=(1-s\quad s)\begin{pmatrix}\boldsymbol{q}_{00} & \boldsymbol{q}_{01}\\ \boldsymbol{q}_{10} & \boldsymbol{q}_{11}\end{pmatrix}\begin{pmatrix}1-t\\ t\end{pmatrix}$$

图 3-2 对比了原始曲面参数线与基于 Coons 曲面重新参数化的曲面参数线。

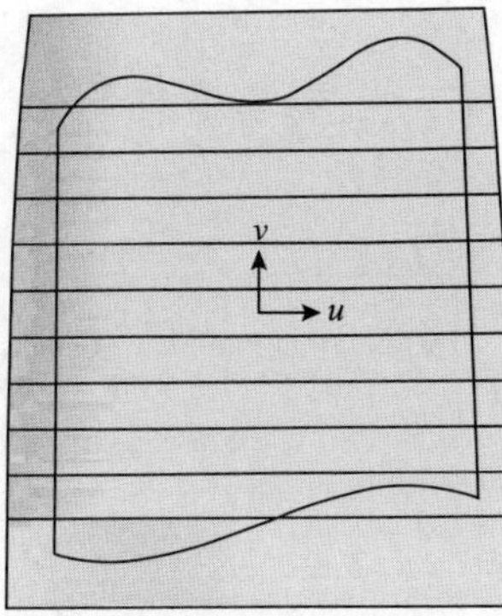

(a) 原始曲面参数线

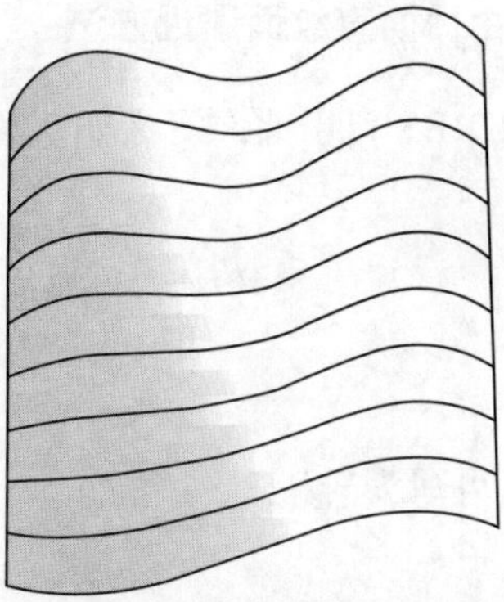

(b) 重新参数化的曲面参数线

图 3-2　曲面参数线对比

可以看出，重新参数化后的曲面参数线能够保证边界的一致性，并且过渡均匀。基于 Coons 曲面的重新参数化方法的主要特点是计算效率高，但在处理复杂边界时效果不理想[8]。

将重新参数化的曲面定义为裁剪曲面的工艺几何模型，依此模型规划刀具轨迹，能够使轨迹在满足边界一致性要求的同时，还能符合加工流线型要求。

3.2 曲面逼近与重构方法

自由曲面是多轴数控加工特征的主要组成部分。在实际工程应用中，根据加工工艺要求或加工方法的不同，用于规划刀具轨迹的工艺曲面模型可能不再是原始的设计曲面模型[3]。例如，在粗铣加工中，工艺曲面可能是附加一定加工余量的原始曲面的等距曲面，也可能是原始曲面的逼近曲面，如简单的直纹面或二次曲面逼近[14]。为了优化多轴数控加工工艺刚度，工艺曲面还可能是包含非均匀余量的曲面，也称余量优化曲面。为了减小加工“让刀”变形误差，此时用于轨迹规划的工艺曲面模型是迭代变形误差补偿量的重构曲面[15]。当原始曲面由多张曲面组合而成时，各个曲面在连接处可能存在曲率变化较大的情形，容易导致刀具轨迹存在冗余进退刀、接痕严重等问题，此时需将原始的多张曲面进行重构，在误差允许的范围内生成单张曲面，以满足刀具轨迹规划要求。

上述这些模型均为原始被加工曲面的等距、逼近或重构曲面，将这些曲面真正用于刀具轨迹规划的模型称为面向加工的工艺曲面模型。可以看出，曲面的等距计算、逼近与重构算法是工艺曲面几何建模的基本方法。其中，等距计算可参考相关的 CAGD 书籍[1, 16]，本节主要介绍自由曲面直纹面逼近方法、非均匀余量曲面重构方法，以及基于截面线的曲面重构方法。

3.2.1 自由曲面直纹面逼近方法

设 NURBS 自由曲面定义如式(2-3)所示，引入双变量有理基函数：

$$R_{i,k;j,l}(u,v)=\frac{\omega_{i,j}N_{i,k}(u)N_{j,l}(v)}{\sum_{r=0}^{m}\sum_{s=0}^{n}\omega_{r,s}N_{r,k}(u)N_{s,l}(v)} \tag{3-2}$$

则式(2-3)可写为

$$\boldsymbol{p}(u,v)=\sum_{i=0}^{m}\sum_{j=0}^{n}\boldsymbol{d}_{i,j}R_{i,k;j,l}(u,v) \tag{3-3}$$

给定两条 NURBS 曲线：

$$c_1(u)=\sum_{i=0}^{m_1}\boldsymbol{d}_i^1 R_{i,k_1}(u),\quad c_2(u)=\sum_{i=0}^{m_2}\boldsymbol{d}_i^2 R_{i,k_2}(u),\quad 0\leqslant u\leqslant 1 \tag{3-4}$$

在节点矢量$\boldsymbol{U}_1$与$\boldsymbol{U}_2$上，两曲线之间的直纹面定义为

$$\boldsymbol{p}(u,v)=\sum_{i=0}^{m}\sum_{j=0}^{1}\boldsymbol{d}_{i,j}R_{i,k;j,l}(u,v) \tag{3-5}$$

此时，v 向的节点矢量$\boldsymbol{V}=[0,0,1,1]$。确定参数u的次数k、u向节点矢量、控制顶点$\boldsymbol{d}_{i,j}$与权因子$\omega_{i,j}$，使得

$$\boldsymbol{p}(u,0)=\sum_{i=0}^{m}\boldsymbol{d}_{i,0}R_{i,k}(u)=\boldsymbol{c}_1(u),\quad \boldsymbol{p}(u,1)=\sum_{i=0}^{m}\boldsymbol{d}_{i,1}R_{i,k}(u)=\boldsymbol{c}_2(u) \tag{3-6}$$

因此，找到$\boldsymbol{c}_1(u)$与$\boldsymbol{c}_2(u)$的k次有理基函数表示，两者采用公共的节点矢量$\boldsymbol{U}$且具有相同数量$(m+1)$的控制顶点。

一般自由曲面为三次曲面，因此可取$k_1=k_2=k=3$。目前主要问题是如何确定$\boldsymbol{c}_1(u)$与$\boldsymbol{c}_2(u)$两条曲线相同数量的控制顶点，并求出两条曲线。在此，首先确定$\boldsymbol{c}_1(u)$与$\boldsymbol{c}_2(u)$两条曲线通过的相同数量的型值点，反算出相同数量的控制顶点，然后采用累积弦长参数法或向心参数法求出节点矢量$\boldsymbol{U}$，即可构造出曲线$\boldsymbol{c}_1(u)$与$\boldsymbol{c}_2(u)$，最终生成直纹面，如图 3-3 所示。

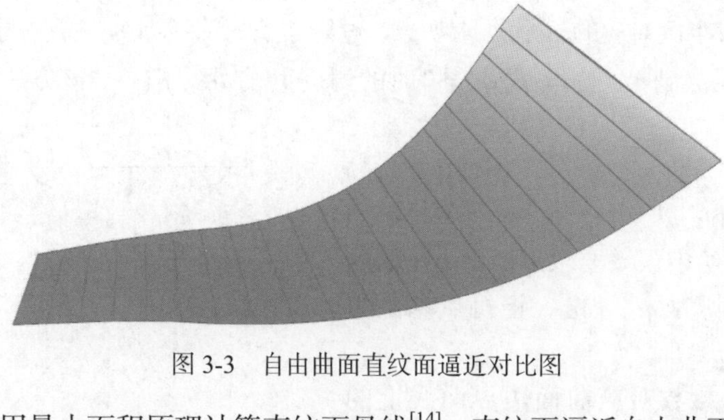

图 3-3　自由曲面直纹面逼近对比图

本节应用最小面积原理计算直纹面母线[14]。直纹面逼近自由曲面的条件是：直纹面与自由曲面存在切点，没有其他交点或最多一个交点，且自由曲面不穿过直纹面。设三次自由曲面截面线为三次样条曲线（平面曲线），其参数方程为$f(x), x\in[a,b]$，则该方程具有一阶导数$\dot{f}(x)$和二阶导数$\ddot{f}(x)$。曲线$f(x)$在点x_k处的切线方程为

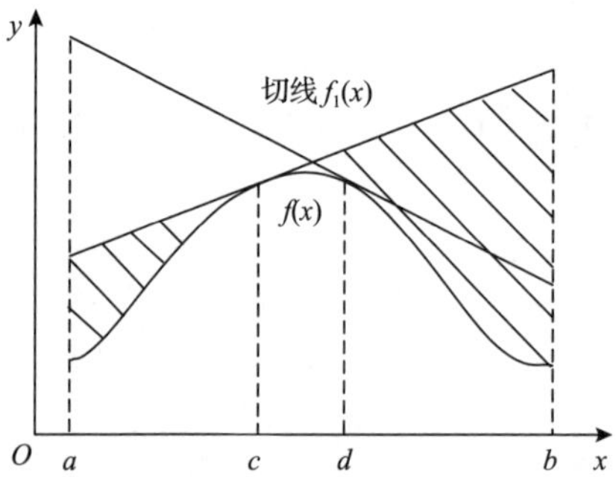

图 3-4　最小面积原理示意图

$$f_1(x)=\dot{f}(x)(x-x_k)+f(x_k),\quad x_k\in[a,b] \tag{3-7}$$

为保证上述条件，式(3-7)要求：

$$f_1(x)-f(x)\geqslant 0 \tag{3-8}$$

联立式(3-7)和式(3-8)可得 x_k 的取值范围，假定为 $[c,d]$，如图 3-4 所示。

根据凸函数性质，$f(x)$ 在区间 $[c,d]$ 上必为凸函数，且 $\ddot{f}(x)\leqslant 0$，则该切线方程与截面线 $f(x)$ 所包围的面积为

$$S=\int_a^b[\dot{f}(x)(x-x_k)+f(x_k)-f(x)]\mathrm{d}x \tag{3-9}$$

对式(3-9)中的 x_k 求偏导，可得

$$\frac{\partial S}{\partial x_k}=\frac{b-a}{2}\ddot{f}(x_k)(a+b-2x_k) \tag{3-10}$$

S 存在驻点的条件是式(3-10)等于零，此时存在两种情况：

(1) $\ddot{f}(x_k)=0$。

(2) $a+b-2x_k=0$。

因此，当 x_k 满足 $\ddot{f}(x_k)=0$ 或 $x_k=(a+b)/2$ 时，S 取得最小值。比较两处的 S 值大小，取较小值对应的 x_k 为所求切点，过该切点的切线即为一条直母线。若上述两个条件都无法满足，则取 $\dot{f}(x_k)=0$ 时的切点生成切线 $f_1(x)$，该方法即为最小面积原理。

基于此，自由曲面直纹面逼近方法的具体步骤如下：

(1) 根据给定误差要求，将自由曲面的 u 向参数分割为 n 等份，记每点参数为 $u_i(i=0,1,\cdots,n-1)$。

(2) 以 u_i 参数对应曲面边界曲线上的一点为基点作为参考平面，求该平面与自由曲面的交线即截面线，如图 3-5 所示的曲线 CDE。

(3) 根据最小面积原理，计算出曲线 CDE 上对应切点面积最小的切线 HI。

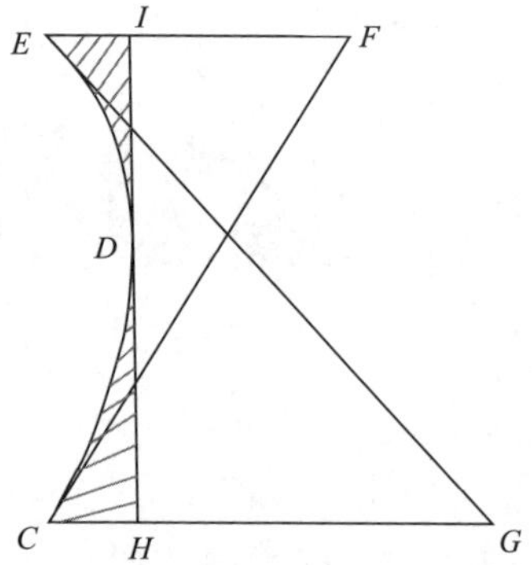

图 3-5　截面线与切线示意图

(4) 重复步骤 (2) 和 (3)，求出 n 条切线，切线的端点构成了 $c_1(u)$ 与 $c_2(u)$ 两条曲线通过的相同数量的型值点。

(5) 反算曲线 $c_1(u)$ 与 $c_2(u)$ 的 n 个控制顶点，求出节点矢量，构造两条曲线 $c_1(u)$ 与 $c_2(u)$。

(6) 根据求出的曲线 $c_1(u)$ 与 $c_2(u)$ 构造一张直纹面，该直纹面即为原始自由曲面的最佳逼近直纹面。

自由曲面的逼近直纹面定义为对应被加工特征的工艺曲面模型，该模型不仅可以应用于粗铣加工的切触点轨迹规划，还可以应用于侧铣或插铣粗铣加工的刀轴控制[14, 17]。作者曾提出刀轴约束直纹面、叶片最佳逼近直纹面、通道边界面的逼近直纹面等思想控制多轴加工刀轴，以简化刀位轨迹的计算[18, 19]。

可以看出，自由曲面的直纹面逼近方法不仅是面向加工的工艺曲面建模的有效方法，同时也可以作为面向加工的辅助工艺曲面建模方法之一。

3.2.2　非均匀余量曲面重构方法

在航空发动机薄壁叶片的多轴加工中，合理设计叶片半精加工余量的分布状态是增强精加工过程中工艺系统刚度和提高切削稳定性的重要途径[20]。一般地，叶片的半精加工余量分布状态有两种不同的形式，即等厚度分布 (均匀余量) 和变厚度分布 (非均匀余量)。采取均匀余量的工艺方式，建模简单、操作方便，但是不利于编程人员控制刀具轨迹的质量；而采取非均匀余量的工艺方式，虽然操作相对复杂，但可以获得高质量的数控加工代码。

均匀半精加工余量分布曲面可直接由叶型设计曲面等距计算得到，并作为生成半精加工刀具轨迹时的工艺曲面模型。而规划叶片半精加工非均匀余量分布所遵循的原则为：前后缘的余量小，叶背和叶盆中部的余量大；叶尖的余量小，叶根的余量大。这样，在减少叶片前后缘和叶尖部位精加工切除量及减小切削力大小的同时，还可以使薄壁叶片的整体工艺刚度分布达到最优[21]。

通过工艺系统刚度分析，计算叶片多轴加工优化的余量分布，如图 3-6 所示。本节仅从几何建模的角度阐述如何重建非均匀余量曲面，并将其作为薄壁叶片的工艺曲面模型，依据此模型规划刀具轨迹，即可获得最优薄壁叶片加工的整体工艺刚度分布。

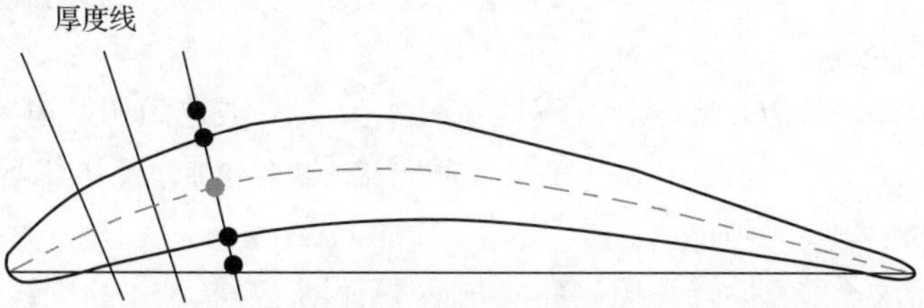

图 3-6　叶型非均匀余量分布设计

叶片截面的实际余量分布设计采用图 3-6 所示的方式进行规划，沿曲面法矢方向进行各个截面的余量优化。基于余量优化后的叶型截面曲线，按照蒙皮法重构生成叶片曲面，图 3-7 即为面向加工的非均匀余量叶片曲面示意图。

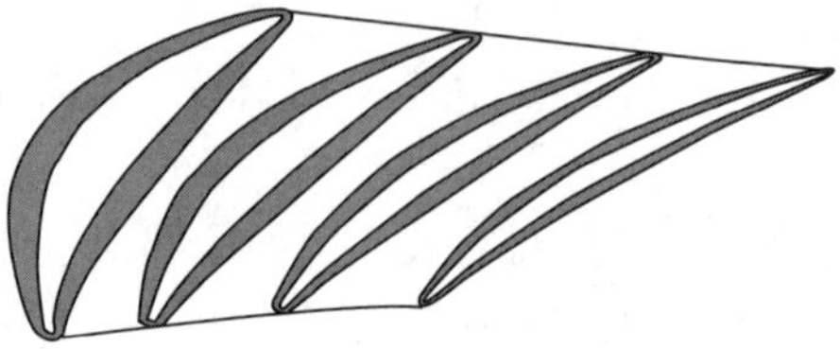

图 3-7　非均匀余量叶片曲面示意图

除了叶片加工，非均匀余量曲面的重构方法还可应用于其他薄壁零件的工艺刚度优化控制和变形误差补偿的工艺曲面建模中。

3.2.3　基于截面线的曲面重构方法

在多张曲面构成的原始曲面加工中，由于相邻曲面间的低阶连续性易引起刀具轨迹产生冗余进退刀，且接痕明显、表面质量差等问题，常采用基于截面线的曲面重构方法生成工艺曲面模型。其基本思路是：首先，合理定义引导线；然后，根据引导线及原始曲面形状，依次生成一组截平面，利用曲面求交算法获得一系列截面线；最后，基于截面线拟合生成一张曲面，并借助原始曲面的外边界裁剪新生成的曲面，从而得到重构曲面。具体方法如下。

1) 定义辅助几何特征

截面线：平面或曲面与原始曲面相交的曲线，如图 3-8 中的曲线 *ABD*。

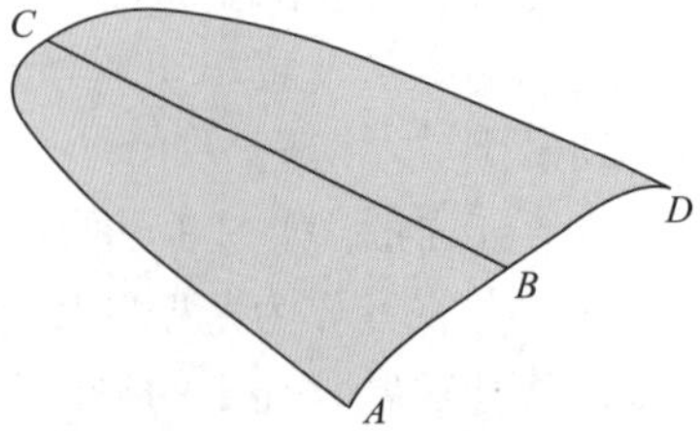

图 3-8　多曲面构成的原始曲面

引导线：生成截面线的导向线，可以是直线段或曲线段，如图 3-8 中的直线段 *BC*。

初始边界：生成截面线的初始位置，也是生成引导线起点的依据。一般为直线或曲线，既可以是曲面上的曲线，也可以是外部曲线，如图 3-8 中的曲线 *ABD*。

终止位置：引导线的终止位置，通常定义为距初始边界最远的位置点，如图 3-8 中的 *C* 点。

2) 截面线生成

根据初始边界 *ABD*，首先计算引导线起点 *B*，一般选为初始边界的中点。以引导线划分截平面的位置，以引导线方向为截平面法向，依次生成一组截平面 $\{S_1,S_2,S_3,\cdots\}$，如图 3-9 所示。

利用曲面求交算法，计算原始曲面与截平面 $\{S_1,S_2,S_3,\cdots\}$ 的交线 $\{l_1,l_2,l_3,\cdots\}$。

原始曲面为多张曲面组合模型，因此同一截平面可能与曲面相交成多条交线，此时需要通过 NURBS 曲线重新拟合生成一条光顺的曲线，如图 3-10 所示。

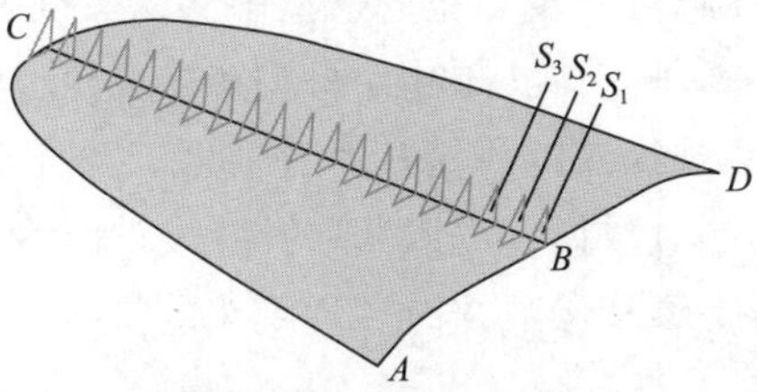

图 3-9　截平面的生成

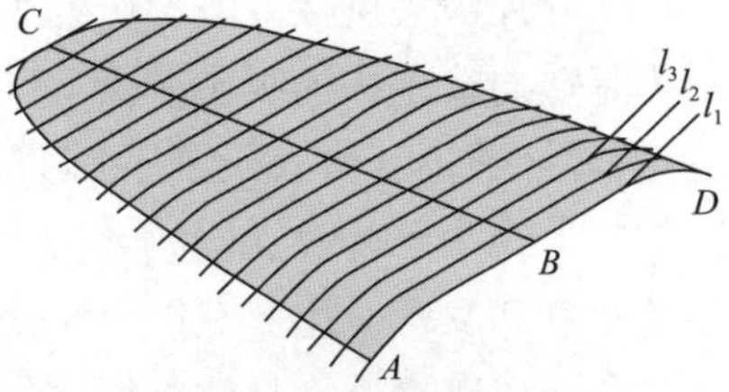

图 3-10　截面线的生成

截面线生成之后，需要比较截面线的长度，以一定的准则判断相邻截面线是否出现长度突变。对于突变的截面线，采用自然或线性延拓方式延伸，使所有的截面线均匀一致，以防止生成的曲面出现扭曲、折痕或缺口等缺陷。

局部曲面可能存在尖角或者棱角，导致重构的曲面无法完全覆盖原有曲面。因此，通常在引导线起点与终点位置分别延长一定的长度。当截平面与原始曲面不相交时，以最邻近处的截面线沿着引导线方向或者反方向进行偏置，如图 3-11 所示，从而获得偏置后的截面线 l_1'、l_n'、l_n''、l_n'''。

3）曲面重构

将所有截面线拟合生成一张曲面，借助于原始曲面的外边界裁剪新生成的曲面，获得重构后的曲面，如图 3-12 所示。

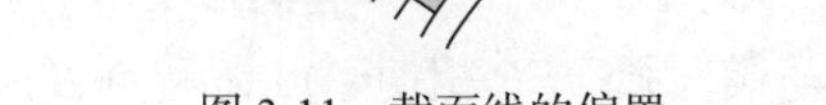

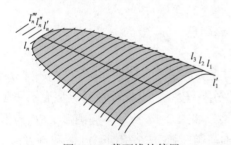

图 3-11　截面线的偏置

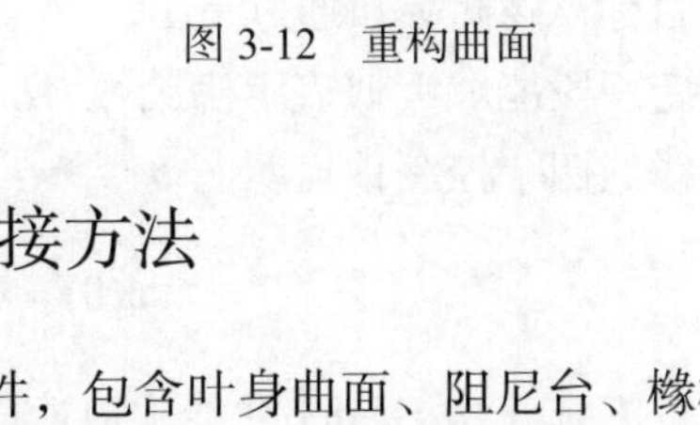

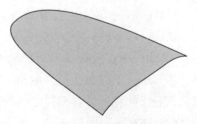

图 3-12　重构曲面

3.3　叶片缘头拼接方法

航空发动机叶片是一类典型的多轴加工零件，包含叶身曲面、阻尼台、榛板等多个复杂加工特征。目前，通常采用截面曲线放样的方法进行叶身曲面造型，而缘头拼接是其截面线造型过程中较难解决的关键问题。缘头拼接质量直接影响截面线质量，进而影响截面线放样得到的叶身曲面质量，可能引起曲面相应区域的曲率不连续。这不但容易造成叶片零件数控加工精度的降低，甚至影响其气动性能[22]。

总结叶片缘头拼接方法的研究主要分为两类：一类是正向造型中的缘头拼接，另一类是逆向造型中的缘头拼接。针对第一类研究，已知叶片缘头和叶身(叶盆、叶背)的设计数据，可直接利用 Bézier 曲线实现缘头的拼接；而对于第二类研究，仅已知叶片缘头和叶身(叶盆、叶背)的实际测量数据，难以获取叶片设计时缘头的拼接类型和参数，因此只能假定缘头拼接类型和参数才能实现缘头的拼接。下面针对这两类研究进行具体分析。

3.3.1 叶片正向造型缘头拼接方法

Bézier 曲线与简单二次曲线相比，具有形状表示的优势；与 B 样条曲线、NURBS 曲线相比，具有计算简单的优势[5]。因此，本节应用单段和双段三次 Bézier 曲线实现叶片正向造型中的缘头拼接[22]。

1. 单 Bézier 曲线缘头拼接

单 Bézier 曲线拼接如图 3-13 所示，曲线 $\boldsymbol{s}_1$、$\boldsymbol{s}_2$ 分别表示叶片的叶背曲线和叶盆曲线，$\boldsymbol{s}_3$ 为该截面线的中弧线，圆 O 为前缘定义圆；点 A、点 B 分别为曲线 $\boldsymbol{s}_1$、$\boldsymbol{s}_2$ 的起始点，点 C 为中弧线的起始点，点 D 为曲线 $\boldsymbol{s}_3$ 在点 C 处的切线与圆 O 的交点，定义为叶片的前缘点；$\boldsymbol{t}_1$、$\boldsymbol{t}_2$ 分别为曲线 $\boldsymbol{s}_1$、$\boldsymbol{s}_2$ 起始点处的切向矢量(下文简称“切矢”)。拼接曲线弧应尽可能满足以下拼接条件：

(1) 曲线弧在点 A、点 B 处与曲线 $\boldsymbol{s}_1$、$\boldsymbol{s}_2$ 满足 G^1 连续。

(2) 曲线弧通过叶片前缘点 D。

(3) 曲线弧在前缘点 D 处的曲率半径与缘头定义圆半径相等。

单 Bézier 曲线缘头拼接的指导思想是采用一段三次 Bézier 曲线近似表示一段圆弧，完成叶背、叶盆型线之间的过渡连接。如图 3-14 所示，椭圆弧 AEB 为拟合目标，该椭圆弧通过点 E，AF 与 BF 分别与椭圆弧 AEB 相切于点 A 和点 B。为确定一段能够近似表示椭圆弧 AEB 的三次 Bézier 曲线弧，首先需要定义该 Bézier 曲线的四个控制顶点 $\boldsymbol{b}_0$、$\boldsymbol{b}_1$、$\boldsymbol{b}_2$、$\boldsymbol{b}_3$。其中，$\boldsymbol{b}_0$、$\boldsymbol{b}_3$ 为已知条件，

$$\boldsymbol{p}(0)=\boldsymbol{b}_0=\boldsymbol{r}_A, \quad \boldsymbol{p}(1)=\boldsymbol{b}_3=\boldsymbol{r}_B \tag{3-11}$$

设点 E 在三次 Bézier 曲线上对应的参数为 u，则有

$$\boldsymbol{p}(u)=\sum_{j=0}^{3}\boldsymbol{b}_j B_{j,3}(u)=\boldsymbol{r}_E \tag{3-12}$$

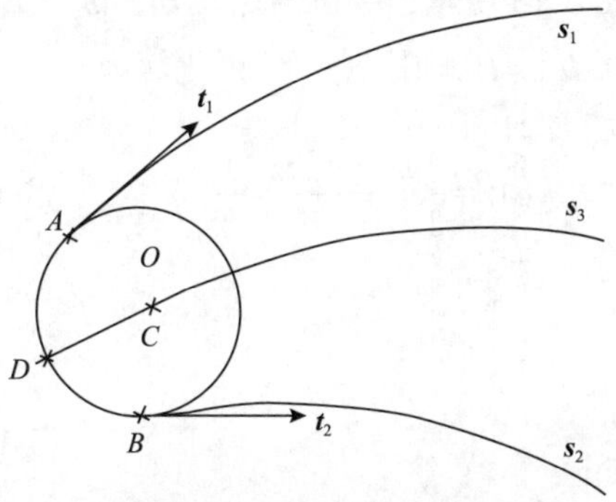

图 3-13　单 Bézier 曲线拼接

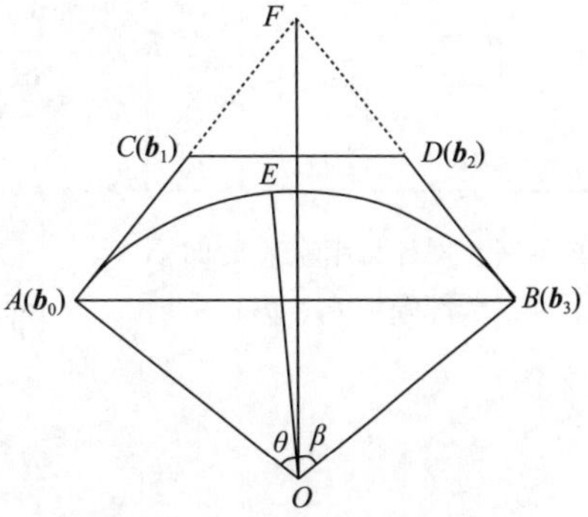

图 3-14　Bézier 曲线拟合圆

根据 Bézier 曲线和圆弧的对称性，有 $AC = BD$, $AB /\!/ CD$，设 $|AC| = \lambda$，则

$$\boldsymbol{b}_1 = C = \boldsymbol{b}_0 + \lambda \frac{AC}{|AC|},\ \ \boldsymbol{b}_2 = D = \boldsymbol{b}_3 + \lambda \frac{BD}{|BD|} \tag{3-13}$$

联立式(3-12)和式(3-13)，即可解得

$$\lambda = \frac{\left| E - \boldsymbol{b}_0 \left[(1-u)^3 + 3u(1-u)^2 \right] - \boldsymbol{b}_3 \left[u^3 + 3u^2(1-u) \right] \right|}{3\left| u(1-u)^2 \dfrac{AC}{|AC|} + u^2(1-u) \dfrac{BD}{|BD|} \right|} \tag{3-14}$$

经过拟合得到的曲线与圆弧非常接近，其弧长之比与各自对应的中心角之比相等。三次 Bézier 曲线一般采用规范化参数，其参数定义域为[0, 1]，因此有

$$u = \frac{\theta}{\theta + \beta} \tag{3-15}$$

在确定 λ 后，即可应用式(3-13)方便地计算控制顶点 $\boldsymbol{b}_1$ 和 $\boldsymbol{b}_2$。

以上是直接根据 Bézier 曲线的伯恩斯坦基函数表示形式确定控制顶点的方法，也可采用德卡斯特里奥算法确定控制顶点 $\boldsymbol{b}_1$、$\boldsymbol{b}_2$[22]。

采用单段三次 Bézier 曲线进行叶片截面缘头拼接的方法能够保证曲线通过缘点，但无法保证缘点处的曲率变化。以曲线弧在首末端点处的曲率与给定的缘头定义圆的曲率相等为拟合条件，也可确定控制顶点 $\boldsymbol{b}_1$、$\boldsymbol{b}_2$。

令缘头定义圆 O 的半径为 r，根据式(3-11)得

$$k(0) = \frac{2}{3} \frac{\left| (\boldsymbol{b}_1 - \boldsymbol{b}_0) \times (\boldsymbol{b}_2 - \boldsymbol{b}_1) \right|}{\left| \boldsymbol{b}_1 - \boldsymbol{b}_0 \right|^3} = \frac{1}{r} \tag{3-16}$$

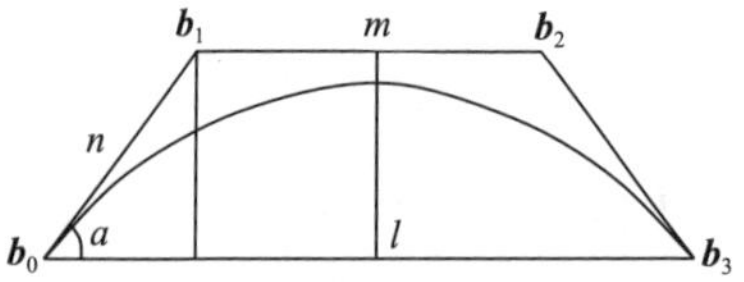

图 3-15 保证首末端点的曲率条件确定 $\boldsymbol{b}_1$、$\boldsymbol{b}_2$

如图 3-15 所示，令 $|\boldsymbol{b}_1-\boldsymbol{b}_0|=n$，$|\boldsymbol{b}_2-\boldsymbol{b}_1|=m$，$|\boldsymbol{b}_3-\boldsymbol{b}_0|=l$，则式(3-16)可化简为

$$k(0)=\frac{2}{3}\frac{mn\sin\alpha}{n^3}=\frac{1}{r} \tag{3-17}$$

即有

$$m=\frac{3}{2}\frac{n^2}{r\sin\alpha} \tag{3-18}$$

根据图 3-15 所示的几何关系，可得

$$n\cos\alpha=(l-m)/2 \tag{3-19}$$

联立式(3-18)和式(3-19)，可得一关于 n 的二次方程：

$$3n^2+4rn\sin\alpha\cos\alpha-2rl\sin\alpha=0 \tag{3-20}$$

由于 $n>0$，有

$$n=\frac{-2r\sin\alpha\cos\alpha+\sqrt{4r^2\sin^2\alpha\cos^2\alpha+6rl\sin\alpha}}{3} \tag{3-21}$$

进一步即可确定控制顶点 $\boldsymbol{b}_1$ 和 $\boldsymbol{b}_2$。

上述两种单段 Bézier 曲线缘头拼接方法均能保证拼接条件(1)。其中，第一种方法能够保证拼接条件(2)，但无法保证拼接条件(3)。第二种方法虽然可以保证曲线弧在首末端点处的曲率，但对于拼接条件(2)、(3)均不能保证。因此，在进行缘头拼接时，推荐采取第一种方法。当然，通过相关方法处理，这些方法也可同时保证拼接条件(2)、(3)，但由于算法实现过于复杂，不予采纳。

采用单段三次 Bézier 曲线进行叶片缘头拼接，具有算法实现简单、计算量小、执行速度较快等优点，但由于不能同时保证拼接条件(2)、(3)，其精度随着缘头曲率半径的减小而增加，所以仅在一些缘头尺寸相对较小(缘头定义圆半径：叶身截面弦长<0.01mm)的叶片造型中使用。

2. 双 Bézier 曲线缘头拼接

双段三次 Bézier 曲线缘头拼接法，是指采用三次 Bézier 曲线拟合两段曲线弧，这两段曲线弧以缘点为公共点，分别实现与叶背曲线和叶盆曲线之间圆弧过渡，且在首末端点处的曲率半径与缘头定义圆的半径相等，如图 3-16 所示。

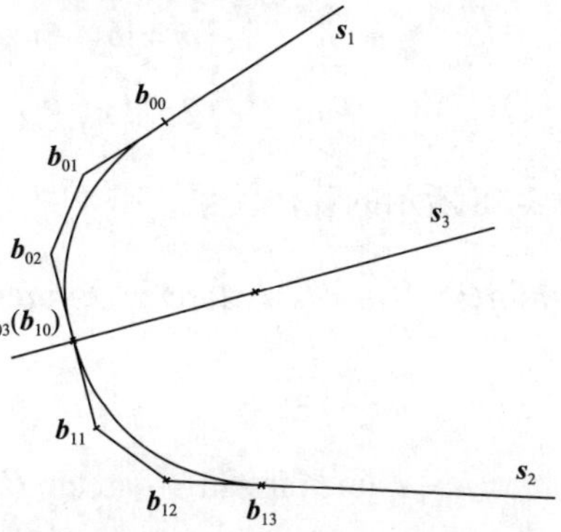

图 3-16　双段三次 Bézier 曲线缘头拼接

一种方法[22]是利用单段三次 Bézier 曲线缘头拼接的结果，以缘点 $\boldsymbol{E}$ 为界，分割三次 Bézier 曲线，得到两段三次 Bézier 曲线 $\boldsymbol{s}_1$ 和 $\boldsymbol{s}_2$，其控制顶点分别为 $\boldsymbol{b}_0$、$\boldsymbol{b}_0^1$、$\boldsymbol{b}_0^2$、$\boldsymbol{b}_0^3$ 和 $\boldsymbol{b}_0^3$、$\boldsymbol{b}_1^2$、$\boldsymbol{b}_2^1$、$\boldsymbol{b}_3$，如图 3-17 所示。适当调整两个矢量 $\boldsymbol{b}_0^3-\boldsymbol{b}_0^2$ 和 $\boldsymbol{b}_0^2-\boldsymbol{b}_0^1$ 的大小和方向，使曲线 $\boldsymbol{s}_1$ 在点 $\boldsymbol{E}$ 处的曲率半径满足拼接条件(3)。

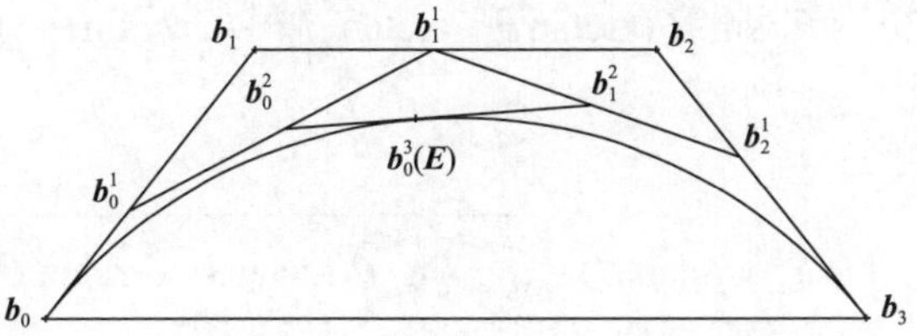

图 3-17　Bézier 曲线分割

另一种方法是直接确定拼接 Bézier 曲线控制顶点，如图 3-18 所示。已知控制顶点 $\boldsymbol{b}_0$、$\boldsymbol{b}_3$，以及 Bézier 曲线在首点处的切矢、末点处的切矢和末点处的曲率半径，确定控制顶点 $\boldsymbol{b}_1$、$\boldsymbol{b}_2$ 的具体算法如下。

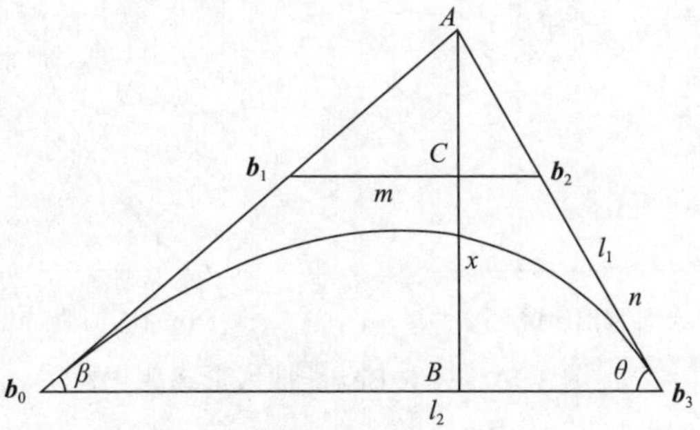

图 3-18　控制顶点确定方法

首先，令矢量 $\boldsymbol{b}_2-\boldsymbol{b}_1 /\!/ \boldsymbol{b}_0-\boldsymbol{b}_3$，同时令

$$\begin{cases} l_1 = |\boldsymbol{b}_3 - \boldsymbol{A}| \\ l_2 = |\boldsymbol{b}_3 - \boldsymbol{b}_0| \end{cases}, \quad \begin{cases} m = |\boldsymbol{b}_2 - \boldsymbol{b}_1| \\ n = |\boldsymbol{b}_3 - \boldsymbol{b}_2| \end{cases}$$

设 $BC = x$，根据图 3-18 所示的几何关系，有

$$x = n\sin\theta, \quad m = l_2 - x(\arctan\theta + \arctan\beta) \tag{3-22}$$

推导可得

$$m = l_2 - n\sin\theta(\arctan\theta + \arctan\beta) \tag{3-23}$$

设缘头定义圆的半径为 r，则

$$k(1) = \frac{2}{3}\frac{|(\boldsymbol{b}_2 - \boldsymbol{b}_1)\times(\boldsymbol{b}_3 - \boldsymbol{b}_2)|}{|\boldsymbol{b}_3 - \boldsymbol{b}_2|^3} = \frac{2m\sin\theta}{3n^2} = \frac{1}{r} \tag{3-24}$$

联立式(3-23)和式(3-24)，可得关于 n 的一元二次方程：

$$3n^2 + 2r\sin^2\theta(\arctan\theta + \arctan\beta)n - 2rl_2\sin\theta = 0 \tag{3-25}$$

解得

$$n = \frac{-r\sin^2\theta(\arctan\theta + \arctan\beta) + \sqrt{\left[r\sin^2\theta(\arctan\theta + \arctan\beta)\right]^2 + 6rl_2\sin\theta}}{3} \tag{3-26}$$

但当 $n > l_1$ 时，将出现图 3-19 所示的两种情况，曲线形态急剧恶化，拼接失败。

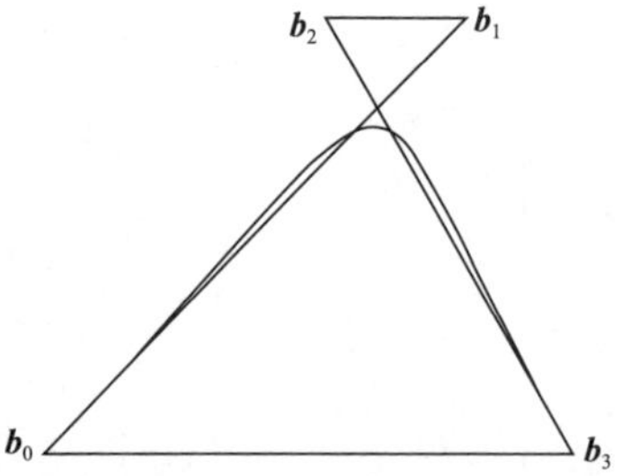

(a) Bézier曲线出现拐点

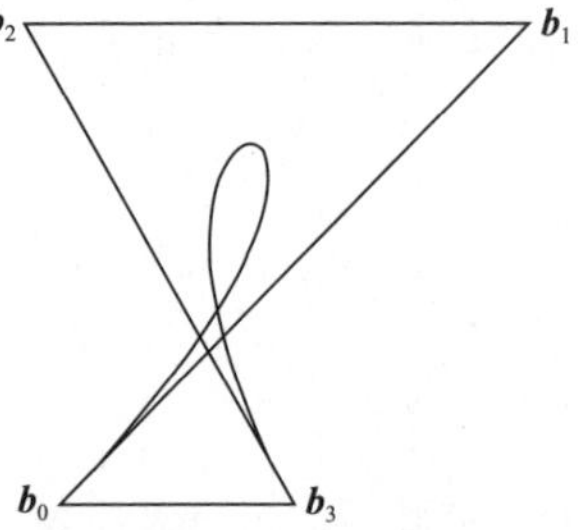

(b) Bézier曲线出现二重点

图 3-19　三次 Bézier 曲线形态恶化

采用双 Bézier 曲线进行缘头拼接能够同时满足拼接曲线过缘点和拼接曲线弧在缘点处的曲率两个条件。但经上述分析可知，能否使用双 Bézier 曲线进行拼接还需视具体情况而定。

3.3.2　叶片逆向造型缘头拼接方法

在叶片逆向造型中，已知截面测量点，但不清楚设计人员造型时缘头拼接曲线的类型及相关参数，因此不能直接采用正向造型中的缘头拼接方法。根据经验，一般设计时缘头曲线由圆弧、椭圆弧、二次抛物线或双曲线等二次曲线构成，因此可采用二次曲线在最大限度地考虑测量点的基础上实现叶片逆向造型缘头拼接，将其描述为下面的数学问题进行讨论。

给定平面上 n 个点的坐标 $\boldsymbol{s}_i(x_i, y_i)(i=1,2,\cdots,n)$，这些点相当于一条叶片截面线缘头上的实际测量点，要求采用一条二次曲线(隐式方程形式表示)对这 n 个数据点进行拟合，使之在最小二乘意义下误差最小。

一般二次曲线隐式方程可写为

$$Q(x,y)=Ax^2+Bxy+Cy^2+Dx+Ey+F=0 \tag{3-27}$$

问题的关键是确定合适的目标函数 I(I 与 x_i 和 y_i 有关)，解得二次曲线隐式方程的 6 个系数，使求得的二次曲线对已知的 n 个点满足 I 最小。

获得平面数据点的二次曲线拟合问题的目标函数通常有两种办法：基于代数距离和基于垂直距离，由于垂直距离拟合计算复杂性较高，实际中一般不被采用。本节主要讨论基于代数距离的拟合[23]，定义目标函数：

$$I=\sum_{i=1}^{n}Q^2(x_i,y_i) \tag{3-28}$$

同时，为避免求 I 最小时出现齐次方程组零解情形，一般可定义约束条件：①令 $A+C=1.0$；②令 $A^2+B^2+C^2+D^2+E^2+F^2=1.0$；③令 $F=1.0$；④给出一般二次约束条件 $\boldsymbol{D}^{\mathrm{T}}\boldsymbol{D}\boldsymbol{p}=\lambda\boldsymbol{C}\boldsymbol{p}$，其中

$$\boldsymbol{D}=(\boldsymbol{v}_1 \quad \boldsymbol{v}_2 \quad \cdots \quad \boldsymbol{v}_n)^{\mathrm{T}},\quad \boldsymbol{v}_i=(x_i^2 \quad x_iy_i \quad x_i^2 \quad x_i \quad y_i \quad 1)^{\mathrm{T}}$$

$$\boldsymbol{p}=(A \quad B \quad C \quad D \quad E \quad F)^{\mathrm{T}}$$

$\boldsymbol{C}$ 为表明约束条件的矩阵。由二次曲线理论

$$I_1=A+C,\quad I_2=\begin{vmatrix} A & B/2 \\ B/2 & C \end{vmatrix}$$

是二次曲线的两个不变量，取不变量 $I_1^2-2I^2=A^2+B^2/2+C^2$ 为常数 1.0。但上述方法存在各自的缺陷[24]，因此本节采用下述方法进行约束的建立。

首先取 $A=1.0$，将 $A=1.0$ 代入 I 中，然后解方程组：

$$\begin{cases}\partial I/\partial B = 0 \\ \partial I/\partial C = 0 \\ \partial I/\partial D = 0 \\ \partial I/\partial E = 0 \\ \partial I/\partial F = 0\end{cases} \tag{3-29}$$

由式(3-29)可得正规方程组：

$$\begin{pmatrix} \sum_{i=1}^{n} x_i^2 y_i^2 & \sum_{i=1}^{n} x_i y_i^3 & \sum_{i=1}^{n} x_i^2 y_i & \sum_{i=1}^{n} x_i y_i^2 & \sum_{i=1}^{n} x_i y_i \\ \sum_{i=1}^{n} x_i y_i^3 & \sum_{i=1}^{n} y_i^4 & \sum_{i=1}^{n} x_i y_i^2 & \sum_{i=1}^{n} y_i^3 & \sum_{i=1}^{n} y_i^2 \\ \sum_{i=1}^{n} x_i^2 y_i & \sum_{i=1}^{n} x_i y_i^2 & \sum_{i=1}^{n} x_i^2 & \sum_{i=1}^{n} x_i y_i & \sum_{i=1}^{n} x_i \\ \sum_{i=1}^{n} x_i y_i^2 & \sum_{i=1}^{n} y_i^3 & \sum_{i=1}^{n} x_i y_i & \sum_{i=1}^{n} y_i^2 & \sum_{i=1}^{n} y_i \\ \sum_{i=1}^{n} x_i y_i & \sum_{i=1}^{n} y_i^2 & \sum_{i=1}^{n} x_i & \sum_{i=1}^{n} y_i & N \end{pmatrix} \begin{pmatrix} B \\ C \\ D \\ E \\ F \end{pmatrix} = -\begin{pmatrix} \sum_{i=1}^{n} x_i^3 y_i \\ \sum_{i=1}^{n} x_i^2 y_i^2 \\ \sum_{i=1}^{n} x_i^3 \\ \sum_{i=1}^{n} x_i^2 y_i \\ \sum_{i=1}^{n} x_i^2 \end{pmatrix} \tag{3-30}$$

从而得到一组解 $\boldsymbol{g}_1 = (A_1 \quad B_1 \quad C_1 \quad D_1 \quad E_1 \quad F_1)$，$A_1$=1.0。同理，分别取 B=1.0，C=1.0，D=1.0，E=1.0 和 F=1.0，可得到以下 5 组解：

$$\boldsymbol{g}_2 = (A_2 \quad B_2 \quad C_2 \quad D_2 \quad E_2 \quad F_2), \quad B_2 = 1.0$$

$$\boldsymbol{g}_3 = (A_3 \quad B_3 \quad C_3 \quad D_3 \quad E_3 \quad F_3), \quad C_3 = 1.0$$

$$\boldsymbol{g}_4 = (A_4 \quad B_4 \quad C_4 \quad D_4 \quad E_4 \quad F_4), \quad D_4 = 1.0$$

$$\boldsymbol{g}_5 = (A_5 \quad B_5 \quad C_5 \quad D_5 \quad E_5 \quad F_5), \quad E_5 = 1.0$$

$$\boldsymbol{g}_6 = (A_6 \quad B_6 \quad C_6 \quad D_6 \quad E_6 \quad F_6), \quad F_6 = 1.0$$

这样最终可得到 6 组解。每组解都可单独构成拟合二次曲线，但在一些情况下会产生误差过大的问题。例如，若给定的数据点拟合后实际二次曲线的系数 $A \to 0$，则用第一组解拟合会产生较大的误差。为避免这一问题，可对 6 组解进行线性组合，组合系数即权的确定方法如下。

令

$$I_j = \sum_{i=1}^{n} (A_j x_i^2 + B_j x_i y_i + C_j y_i^2 + D_j x_i + E_j y_i + F_j)^2$$

$$S=\left[\sum_{j=1}^{5}\alpha_j I_j+(1-\alpha_1-\alpha_2-\alpha_3-\alpha_4-\alpha_5)I_6\right]^2$$

为使 S 最小，列方程组：

$$\begin{cases}\partial S/\partial\alpha_1=0\\ \partial S/\partial\alpha_2=0\\ \partial S/\partial\alpha_3=0\\ \partial S/\partial\alpha_4=0\\ \partial S/\partial\alpha_5=0\end{cases}\tag{3-31}$$

由式(3-31)可得正规方程组：

$$\begin{pmatrix}I_1-I_6\\ I_2-I_6\\ I_3-I_6\\ I_4-I_6\\ I_5-I_6\end{pmatrix}\begin{pmatrix}I_1-I_6 & I_2-I_6 & I_3-I_6 & I_4-I_6 & I_5-I_6\end{pmatrix}\begin{pmatrix}\alpha_1\\ \alpha_2\\ \alpha_3\\ \alpha_4\\ \alpha_5\end{pmatrix}=-I_6\begin{pmatrix}I_1-I_6\\ I_2-I_6\\ I_3-I_6\\ I_4-I_6\\ I_5-I_6\end{pmatrix}\tag{3-32}$$

解式(3-32)可得 $\alpha_i\,(i=1, 2, 3, 4, 5)$。令 $\alpha_6=1-\alpha_1-\alpha_2-\alpha_3-\alpha_4-\alpha_5$，现取

$$A'=\sum_{j=1}^{6}\alpha_j A_j\,,\quad B'=\sum_{j=1}^{6}\alpha_j B_j\,,\quad C'=\sum_{j=1}^{6}\alpha_j C_j$$

$$D'=\sum_{j=1}^{6}\alpha_j D_j\,,\quad E'=\sum_{j=1}^{6}\alpha_j E_j\,,\quad F'=\sum_{j=1}^{6}\alpha_j F_j$$

求得的 A'、B'、C'、D'、E'、F'构成拟合二次曲线的 6 个系数，从而得到拟合二次曲线的隐式方程。同时，可由二次曲线的三个不变量及在坐标系旋转变换的不变量判断二次曲线的类型。在确定曲线类型后，可进行相关曲线参数的求取，从而获得缘头拼接的二次曲线方程。

对比分析每一截面的前缘、后缘曲线类型，从而确定最终的前后缘曲线类型，实现前后缘曲线的拟合。在获得前后缘拟合曲线后，后续工作是分别实现缘头曲线与叶身(叶盆、叶背)曲线之间的拼接。按照逆向造型方式得到的曲线在缘头与叶身(叶盆、叶背)曲线之间一般不是相切的关系，而会存在间隙或者相交的现象。下面以前缘和叶背曲线的拼接为例，介绍相关处理方法[25]。

如图 3-20(a)所示，首先在前缘测量点中找到两个边界点，并选出叶背一侧的边界点 A，然后计算点 A 在前缘曲线上的最近点 B 作为前缘曲线上叶背曲线一侧

的端点，再过端点 B 作前缘曲线的切线交叶背曲线于点 C；在切线上和靠近点 C 的叶背曲线上各插入等距适量点(一般 3～4 个)，然后裁减掉切线和点 D 右侧的叶背曲线，过这些点利用三次样条插值构造一条样条曲线，将新生成的样条曲线和叶背曲线合并为一条曲线作为新的叶背截面线，如图 3-20(b)所示。

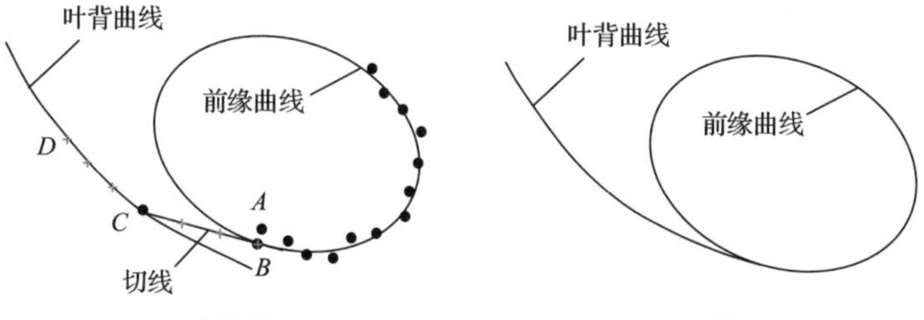

(a) 拼接前　　(b) 拼接后

图 3-20　叶片逆向造型缘头拼接

3.4　叶片防扭曲造型方法

航空发动机叶片零件本身具有一定的特殊性，一般的截面曲线放样方法并不能完全保证叶片加工工艺曲面的质量。在实际应用中，叶片工艺曲面模型常存在以下缺陷和问题[26]。

(1)叶片截面线造型结果不光顺，尤其是在缘头区域(前缘、后缘)存在不光顺。在缘头处，截面线局部凹凸性发生变化，当对叶片进行数控加工编程时，此处易发生啃切或欠切现象。这类现象往往是由提供的原始设计数据或实际测量数据不合理造成的，对缘头造型方法的改进可改善或避免此类问题，如 3.3 节所述。

(2)叶片型面在缘头区域扭曲。对叶片来讲，设计阶段对缘头形状的要求很高，致使在制造阶段需严格保证缘头加工精度。当同一叶片上各截面上的前(后)缘点不在同一条纵向参数线上时，前(后)缘曲面极易发生扭曲。

(3)叶片型面存在起伏现象。虽然每条截面线都非常光顺，但各条截面线之间可能有起伏，造成叶片曲面整体不光顺。实际应用中，截面线的起伏和截面厚度变化不规则都可能造成曲面整体不光顺，提高原始设计数据质量或增加截面数量能够改善此类问题。

(4)叶片截面线无法准确反映设计时的中弧线、厚度特征等气动外形参数。在叶片设计中，常常对截面弦长、进排气边等有严格要求，而按照一般的造型方式造型，其结果无法满足上述参数要求。

(5)叶片曲面在参数域 v 方向上无明显工程含义。叶片曲面在参数域 u 方向为截面线，可以根据造型理论提取各处截面线形状，但在参数域 v 方向没有实际工程意义，难以与叶片厚度或设计参数建立对应关系。

可以看出，叶片曲面质量问题并不是放样技术本身造成的，而是叶片的设计方法、数据表示和叶片型面几何特点等多种因素共同作用的结果。低质量的叶片特征工艺造型不但无法准确表达设计人员的意图，同时还给数控编程带来困难，使基于曲面理论的刀具轨迹计算存在跳跃，导致加工质量差、精度低等问题。因此，针对已有叶片造型方法的不足，本节介绍一种新的叶片防扭曲造型方法[26]。通过对截面线数据离散等关键技术的突破，可以从设计角度解决单张叶片曲面的造型问题[22, 27]。同时，为了满足叶片螺旋加工刀具轨迹规划的需要，本节还提出了组合曲面的叶片造型方法[28]。下面逐一进行介绍。

3.4.1　截面线数据离散

叶片造型的主要问题是叶片曲线拼接不光滑使曲面扭曲，以及刀位轨迹计算不规整导致表面加工产生缺陷。这些问题并不是叶片设计数据本身造成的，而是叶片造型参数“不规整”导致的。

缘头部位与叶身(叶盆、叶背)经过拼接得到的叶身截面线，由多段曲线组成，图 3-21 为采用缘头拼接技术得到的叶身截面线。该截面线由四段曲线 $\boldsymbol{s}_1$、$\boldsymbol{s}_2$、$\boldsymbol{s}_4$、$\boldsymbol{s}_5$ 组成，对多个截面线采用蒙面法进行曲面造型，即可获得叶身曲面。但如此简单处理，叶身曲面的参数网格扭曲现象仍然十分严重。因此，在进行曲面放样之前，必须实现截面数据重新参数化，使各截面线定义数据点的参数按照弧长均匀分布，同时还应规整缘头部位控制点[22]。

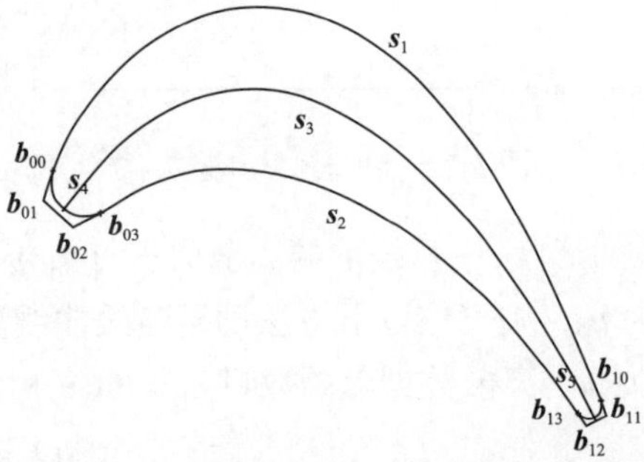

图 3-21　采用单 Bézier 曲线法拼接的截面线

1. 叶身型线离散

叶身截面线的组成曲线分为两类：叶身型线和缘头拼接曲线。根据两类曲线性质的不同，采取不同的离散方法。叶身型线由叶背和叶盆两条曲线组成，由叶身截面中弧线的定义可知，叶背、叶盆和中弧线三条曲线上的点存在一一对应的关系。为了简化离散过程，采用基于中弧线的叶身型线离散方法，具体如下。

(1) 对中弧线采用一定的参数曲线离散方法进行离散，得到离散数据点序列 $\boldsymbol{m}_i (i=0,1,\cdots,n)$。

(2) 求取以点序列 $\boldsymbol{m}_i (i=0,1,\cdots,n)$ 为圆心的叶身截面内切圆，获得两组切点序列，即叶背切点序列 $\boldsymbol{b}_i (i=0,1,\cdots,n)$ 和叶盆切点序列 $\boldsymbol{p}_i (i=0,1,\cdots,n)$。

所得到的两组切点序列即为叶背、叶盆曲线的离散数据点序列。该方法易于实现叶身型线与缘头拼接曲线离散数据点合并，而后采用适当的参数化方法，能够插值生成封闭的叶身截面线。为了保证最终的截面线质量，要求离散后相邻两段曲线的弧长之比不能过大，此时一般采用等参数离散法离散中弧线，并以叶身截面最大内切圆圆心为界分为两段曲线进行。

如图 3-22 所示，圆 O 为叶身截面最大内切圆，直径为 $R_{\max}$，该圆与叶背和叶盆曲线分别切于 A、B 点。根据叶片设计理论，最大内切圆直径为叶身截面的重要参数之一，必须给予保证。通过保证 A、B 两点的位置来保证这一重要参数，对中弧线的离散将以点 O 为界分为两段进行。

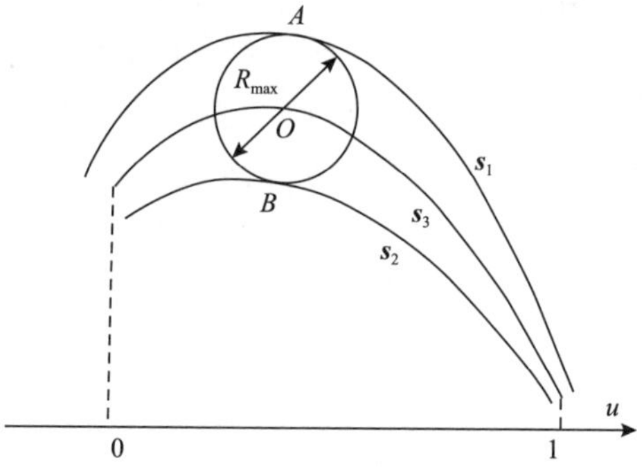

图 3-22　叶身型线离散方法

为了保证叶身型线的形状，中弧线上的离散数据点数 n 一般取大于 15 的整数。设 O 点对应曲线参数为 u_o，则可按以下方法确定各段曲线离散数据点数目。

(1) 在参数区间 $[0,u_o]$ 上离散数据点的数目 $n_1=\text{int}(u_o n+0.5)$。

(2) 在参数区间 $[u_o,1]$ 上离散数据点的数目 $n_2=\text{int}\left(\dfrac{1-u_o}{u_o}n_1+0.5\right)$。

此时，参数区间 $[0,u_o]$ 上各离散点之间的参数增量 $\Delta u_1=u_o/n_1$，参数区间 $[u_o,1]$ 上各离散点之间的参数增量 $\Delta u_2=(1-u_o)/n_2$。

在进行中弧线离散时，必须首先确定最大内切圆圆心 O 的位置，一般在叶片设计时 O 点就已经给出；在没有给出的情况下，可在中弧线 $u=0.5$ 的参数对应点附近采用种子点邻域算法求得[22]。

2. 缘头拼接曲线离散

缘头区域是叶身截面线中曲率最大的部位。为了保证截面线在该区域处的形状要求，采用数据点加密方法。一般选用等参数曲线离散方法，选用的数据点数目为区间 [7,15] 内的整数。另外，根据所选用缘头拼接方法的不同，缘头拼接曲线的离散方法也有所区别[22]。

3. 中弧线离散自适应调整

上述介绍的叶身型线和缘头拼接曲线的离散是相互独立的。然而，一般情况下叶身型线的弧长远大于缘头曲线（$s_x / s_y > 10$），而各自的离散数据点数目相当（$n_x / n_y < 5$），因此截面曲线极易出现形状不稳定的情形，必须对中弧线的离散参数序列加以适当调整。

其主要思想是在中弧线的两端各形成一过渡区域，在过渡区域内离散点之间的参数增量遵循等比递增规律。下面介绍比例因子 q 和首项 Δu_0 的确定方法。

分析可知，当相邻两段曲线弧长之比(大弧长/小弧长)小于某一比例 q 时，对应的曲线外形是稳定的。根据 CAGD 的相关理论和工程实践经验，q 一般在区间 (1,1.5] 中取值，此处取 $q = 1.2$ 。

如图 3-23 所示，A、B 和 C、D 分别为拼接曲线离散后的首末端点，E、F 为中弧线分段离散后的首、末端数据点。令 $l_1 = |CD|, l_2 = |AB|, l_3 = |EF|$，并假设 AB 和 CD 在中弧线上存在共同投影 GE，则 G、E 两点间的参数差即为首项 Δu_0 。

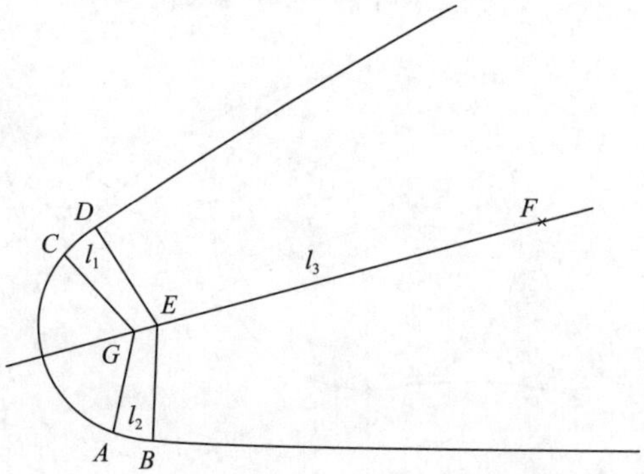

图 3-23　参数增量等比数列首项确定

令

$$l_4 = |GE| = (l_1 + l_2) / 2$$

根据中弧线离散方法，设 E、F 两点间参数差为 Δu_1，中弧线两点间的参数差与这

两点之间的弦长成正比，则有

$$\frac{\Delta u_0}{l_4} = \frac{\Delta u_1}{l_3} \tag{3-33}$$

所以有

$$\Delta u_0 = \Delta u_1 \cdot l_4 / l_3 \tag{3-34}$$

基于相同的原因，中弧线末端也必须调整离散参数序列，以保证截面线质量。具体方法与首端方法相同，在分别对中弧线的首末端过渡区域离散数据点的参数进行调整后，如图 3-24 所示，需要对 O 点附近的离散情况判断参数增量 Δu_1 和 Δu_2 之比是否满足以下关系：

$$\frac{1}{q} \leqslant \frac{\Delta u_1}{\Delta u_2} \leqslant q \tag{3-35}$$

若不满足上述关系，则应对 O 点某一侧的中弧线段重新进行离散。

(1)若对定义在参数区间 $[0,u_o]$ 上的曲线重新离散，则有

$$n_1 = \text{int}\left(\frac{u_o}{\Delta u_2} + 0.5\right), \quad \Delta u_1 = \frac{u_o}{n_1} \tag{3-36}$$

(2)若对定义在参数区间 $[u_o,1]$ 上的曲线重新离散，则有

$$n_2 = \text{int}\left(\frac{1-u_o}{\Delta u_1} + 0.5\right), \quad \Delta u_2 = \frac{u_o}{n_2} \tag{3-37}$$

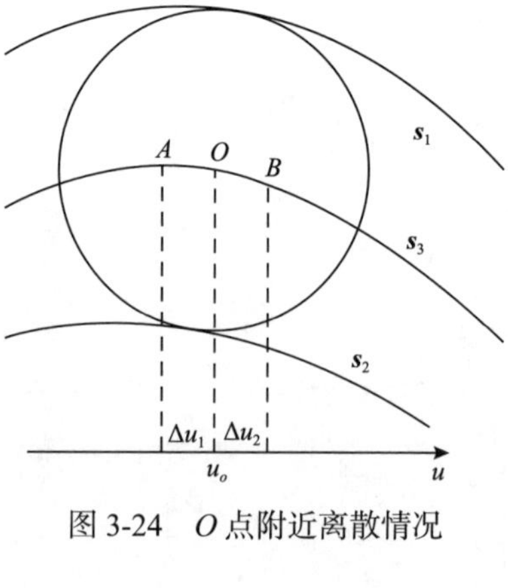

图 3-24　O 点附近离散情况

4. 截面线离散数据组成与排序

经过上述自适应调整，可获得合理的中弧线离散数据点参数序列 $u_i(i=0,$

$1,\cdots,n)$；以参数序列 u_i 对应的数据点为圆心，计算叶背和叶盆型线的公共内切圆，分别与叶背、叶盆相切于点 $p_{b,i}$ 和点 $p_{p,i}$，最终得到叶背离散数据点序列 $\boldsymbol{p}_{b,i}(i=0,1,\cdots,n)$ 和叶盆离散数据点序列 $\boldsymbol{p}_{p,i}(i=0,1,\cdots,n)$。

缘头拼接曲线经过离散后，在前后缘头处各形成两个以缘点为公共点的数据点集。如图 3-25 所示，前缘处为前缘一区点集 $\boldsymbol{p}_{q1,i}(i=0,1,\cdots,n_{q1})$ 和前缘二区点集 $\boldsymbol{p}_{q2,i}(i=0,1,\cdots,n_{q2})$；后缘处为后缘一区点集 $\boldsymbol{p}_{h1,i}(i=0,1,\cdots,n_{h1})$ 和后缘二区点集 $\boldsymbol{p}_{h2,i}(i=0,1,\cdots,n_{h2})$。

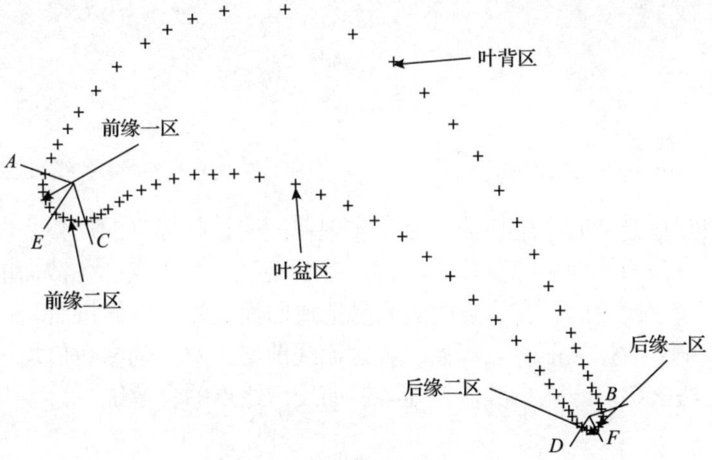

图 3-25　叶身截面离散数据点

由图 3-25 可知，叶片截面曲线数据离散的参数由六部分组成，满足均匀分布要求；同时，各部分的数据点集相互独立，均按照参数递增的顺序有序排列。

为使这些点插值出一条完整的叶身截面线，还需要对其进行排序。定义截面线的数据点按照前缘点→前缘一区→叶背区→后缘一区→后缘点→后缘二区→叶盆区→前缘二区→前缘点的顺序排列，这样即可得到一条完整的叶身截面曲线上的数据点序列。

3.4.2　单曲面叶片造型方法

叶身曲面是一类三维空间自由曲面，一般设计时仅以截面线数据形式给出。因此，叶身曲面加工特征的造型过程是：根据截面线设计数据，采用参数曲线造型方法进行截面线造型，再对截面线进行放样处理，从而获得叶身曲面。

然而，按照上述方法进行造型时，若叶身曲面参数不规整，则曲面网格中的 v 线局部将产生扭曲，从而致使曲面参数网格发生扭曲。产生此现象的主要原因是沿 v 向分布的各截面线上的参数 u 沿弧长方向分布不均匀。扭曲的参数网格不仅会对曲面的曲率产生重要影响，而且当对曲面采用参数线法进行加工时，参数线的形状将直接影响刀具轨迹(图 3-26 和图 3-27)。这种刀位轨迹对加工效率和加工质量都极其不利，因此在曲面造型时应该尽量避免。

图 3-26　曲面曲率图

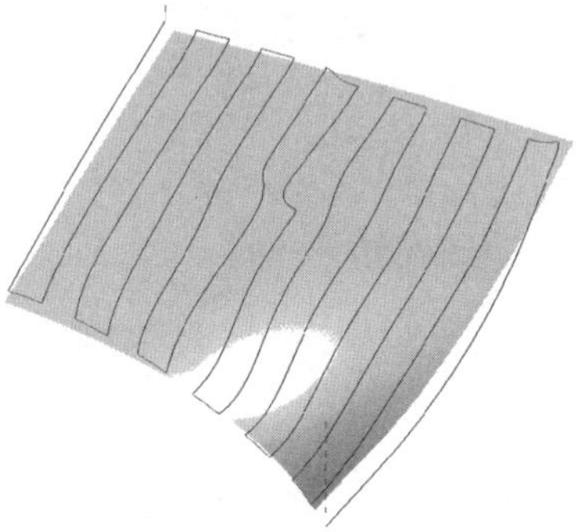

图 3-27　参数线加工刀位轨迹

为克服叶片造型时产生扭曲，必须实现截面线在临界点的规整，即重新参数化截面线。以截面线前后缘点作为叶背、叶盆型线的分界点，各截面前后缘点应选取相同的参数；否则，在缘点附近容易造成曲面参数网格的扭曲。

首先，定义数据从前缘点开始，各截面线前缘点对应的参数值均设为零。采取平均值方法求解后缘点参数值，即各截面线后缘点的参数统一为

$$u_{\mathrm{h}}=\frac{\sum\limits_{i=0}^{m-1}u_{\mathrm{h},i}}{m} \tag{3-38}$$

式中，$u_{\mathrm{h},i}(i=0,1,\cdots,m-1)$ 为各截面线后缘点的参数；m 为截面线数目。

然后，对各叶背和叶盆型线数据点进行参数域变换。设截面线数据点参数序列为 $u_j(j=0,1,\cdots,n)$，其中，叶背数据点数为 n_{b}，叶盆数据点数为 $n-n_{\mathrm{b}}-2$，则参数变换后新的数据点参数序列为 $t_j(j=0,1,\cdots,n)$，叶背数据点的参数变换为

$$t_j=\frac{u_{\mathrm{h}}}{u_{\mathrm{h},j}}u_j,\quad j=1,2,\cdots,n_{\mathrm{b}} \tag{3-39}$$

叶盆数据点的参数变换为

$$t_j=u_{\mathrm{h}}+\frac{1-u_{\mathrm{h}}}{1-u_{\mathrm{h},j}}\left(u_j-u_{\mathrm{h},j}\right),\quad j=n_{\mathrm{b}}+1,n_{\mathrm{b}}+2,\cdots,n-1 \tag{3-40}$$

随后，合并调整后的各数据点参数，得到截面线数据点的参数序列 $u_i(i=0,$

$1,\cdots,n)$。对所有的截面线数据点均采用同样的方法进行参数调整，并各自重新插值生成截面线。

最后，对调整后的截面线进行放样，即可获得叶身曲面。所有的截面线在后缘点处的参数值相等，因此叶身曲面后缘点区域的参数网格扭曲现象得到有效改善。另外，为防止叶背和叶盆曲面的参数网格发生扭曲，还需要对截面线叶背和叶盆部分的数据点参数进行进一步的弧长参数化调整。

至此获得的防扭曲叶身曲面即可定义为面向加工的叶片特征造型曲面。其参数网格得到了大幅改善，曲面的质量也得到了很大的提高。图 3-28 显示了采用近似弧长参数化后的曲面参数网格(图 3-28(a))、参数线加工刀心轨迹(图 3-28(b))和曲面曲率图(图 3-28(c))。

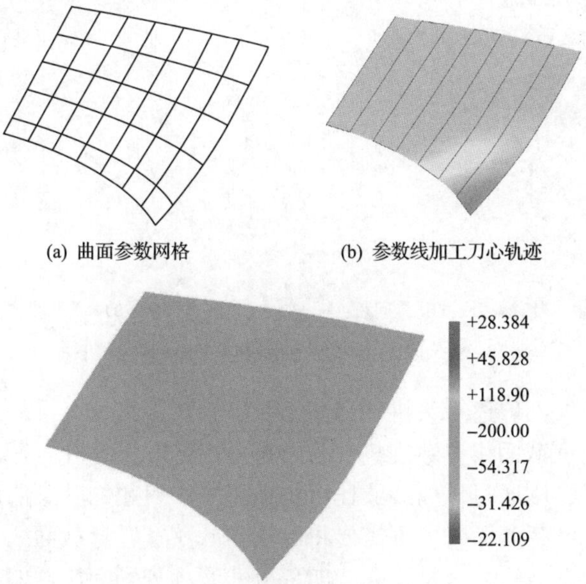

(a) 曲面参数网格 (b) 参数线加工刀心轨迹

(c) 曲面曲率图

图 3-28 参数网格校正后的效果图

截面线参数离散不仅能够保证截面线的形状满足设计参数的要求，而且可以保证曲线的连续性。弧长参数化可以有效改善参数网格的扭曲现象。通过这两步的优化计算，可实现叶片曲面防网格扭曲的参数化造型，从而为后续的刀具轨迹计算建立参数规整的叶片工艺曲面模型。

3.4.3 组合曲面叶片造型方法

叶片防扭曲造型获得的叶片模型为一张曲面。为提高叶片的加工质量和改进现有的螺旋加工方法，单晨伟等[28]提出了一种新的组合曲面造型叶片的四轴螺旋加工方法。该方法在叶片曲面造型过程中，将叶片曲面分割为叶盆、叶背、前缘和后缘四个区域。针对组合曲面叶片造型，研究了组合曲面叶片螺旋加工刀位轨迹生成方法。这里仅简要介绍组合曲面叶片的工艺曲面造型方法，而相应的刀具轨迹生成方法将在第 5 章具体讨论。

一般叶片设计时缘头部分和叶盆(叶背)的连接应是一种相切关系，然而实际情况并非如此，如图 3-29(a)所示，缘头和叶身截面线之间出现了间隙或相交的现象，并不是理想的相切关系。如果完全按照原叶片的设计数据点进行造型，将难以完成，且该模型也无法作为刀具轨迹规划的工艺曲面模型。因此，缘头拼接问题必须得到合理的解决。同时，有些叶片的设计数据是通过逆向工程方法获得的，难免产生测量误差，还需要在造型之前修正数据点。图 3-29(b)为光滑拼接后的缘头和叶盆、叶背截面线。

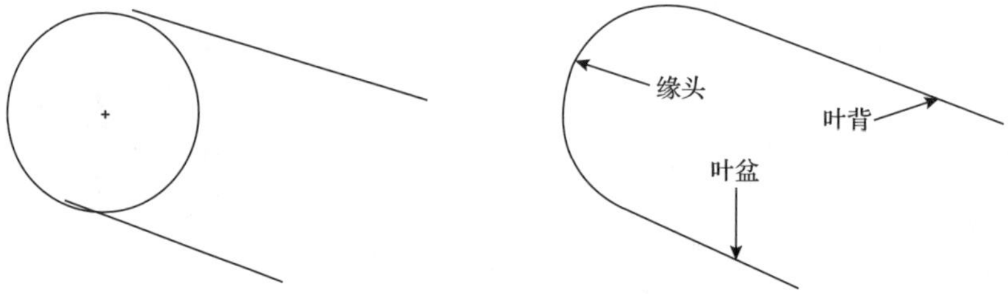

(a) 缘头和叶盆、叶背截面线的拼接问题　　(b) 光滑拼接后的缘头和叶盆、叶背截面线

图 3-29　缘头与叶盆、叶背截面线的光滑拼接

本章前面已详细叙述缘头拼接和截面线数据离散方法，目的是获得光顺的截面曲线，同时保证截面线参数规整。若将拼接后的叶盆、叶背截面线和缘头曲线合并为一条曲线，则通过该曲线放样可构造出一张封闭的叶身曲面。当需要构造多张曲面组成的叶片曲面时，不需要将缘头与叶盆、叶背截面线合并，此时的截面线可分为前缘、后缘、叶盆及叶背四部分曲线。分别利用这四部分曲线进行放样，即可获得由四张曲面片组成的叶身曲面，如图 3-30 所示。

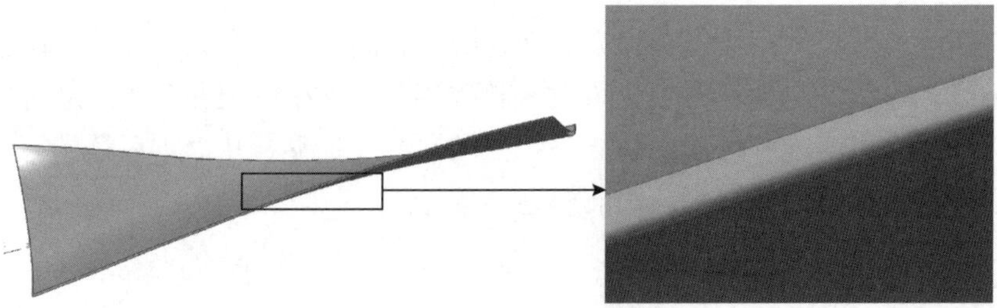

(a) 组合叶片造型　　(b) 局部放大图

图 3-30　组合叶片造型示意图

这种组合叶片造型结果便于将缘头部分和叶盆、叶背部分区分开，易于实现叶片数控加工中缘头部分的单独加工[29]。

参 考 文 献

[1] 刘雄伟. 数控加工理论与编程技术[M]. 北京: 机械工业出版社, 2001.

[2] 任军学, 张定华, 王增强, 等. 整体叶盘数控加工技术研究[J]. 航空学报, 2004, 25(2): 205-208.

[3] 张莹. 叶片类零件自适应数控加工关键技术研究[D]. 西安: 西北工业大学, 2011.

[4] 朱心雄. 自由曲线曲面造型技术[M]. 北京: 科学出版社, 2000.

[5] 施法中. 计算机辅助几何设计与非均匀有理 B 样条[M]. 北京: 高等教育出版社, 2001.

[6] 梅向明, 黄敬之. 微分几何[M]. 3 版. 北京: 高等教育出版社, 2003.

[7] Yang D C H, Chuang J J, Han Z, et al. Boundary-conformed toolpath generation for trimmed free-form surfaces via Coons reparametrization[J]. Journal of Materials Processing Technology, 2003, 138(1/2/3): 138-144.

[8] Yang D C H, Chuang J J, OuLee T H. Boundary-conformed toolpath generation for trimmed free-form surfaces[J]. Computer-Aided Design, 2003, 35(2): 127-139.

[9] 孙家广. 计算机图形学[M]. 3 版. 北京: 清华大学出版社, 2000.

[10] Luo M, Zhang D H, Wu B H, et al. Optimisation of spiral tool path for five-axis milling of freeform surface blade[J]. International Journal of Machining and Machinability of Materials, 2010, 8(3/4): 266.

[11] 吴宝海. 航空发动机叶片五坐标高效数控加工方法研究[D]. 西安: 西北工业大学, 2007.

[12] Ding S, Yang D C H, Han Z. Flow line machining of turbine blades[C]. International Conference on Intelligent Mechatronics and Automation, Chengdu, 2004: 140-145.

[13] Li C L. A geometric approach to boundary-conformed toolpath generation[J]. Computer-Aided Design, 2007, 39(11): 941-952.

[14] 单晨伟, 任军学, 张定华, 等. 开式整体叶盘四坐标侧铣开槽粗加工轨迹规划[J]. 中国机械工程, 2007, 18(16): 1917-1920.

[15] Zhang Y, Zhang D H, Wu B H, et al. A unified geometric modeling method of process surface for precision machining of thin-walled parts[C]. IEEE International Symposium on Assembly and Manufacturing, Xi'an, 2013: 285-287.

[16] 尼古拉斯 M, 巴利卡拉克斯, 前川卓. 计算机辅助设计与制造中的外形分析[M]. 冯结青, 叶修梓, 译. 北京: 机械工业出版社, 2005.

[17] 胡创国, 张定华, 任军学, 等. 开式整体叶盘通道插铣粗加工技术的研究[J]. 中国机械工程, 2007, 18(2): 153-155.

[18] 张定华. 多轴 NC 编程系统的理论、方法和接口研究[D]. 西安: 西北工业大学, 1989.

[19] 何卫平, 张定华. 复杂曲面边界槽五座标数控加工的刀位计算[J]. 航空学报, 1994, 15(2): 175-180.

[20] 胡创国. 薄壁件精密切削变形控制与误差补偿技术研究[D]. 西安: 西北工业大学, 2007.

[21] Luo M, Zhang D H, Wu B H, et al. Material removal process optimization for milling of flexible workpiece considering machining stability[J]. Proceedings of the Institution of Mechanical Engineers, Part B: Journal of Engineering Manufacture, 2011, 225(8): 1263-1272.

[22] 王军伟. 叶片类曲面造型中的参数网格优化技术研究[D]. 西安: 西北工业大学, 2003.

[23] 丁汉, 朱利民. 复杂曲面数字化制造的几何学理论和方法[M]. 北京: 科学出版社, 2011.

[24] 刘海香, 张彩明, 梁秀霞. 平面上散乱数据点的二次曲线拟合[J]. 计算机辅助设计与图形学学报, 2004, 16(11): 1594-1598.

[25] 贾晓飞, 蔺小军, 单晨伟, 等. 基于等高测量数据点的叶片型面建模关键技术[J]. 航空制造技术, 2011, 54(10): 81-85.

[26] 白瑀, 张定华, 任军学, 等. 叶片高质量造型方法研究[J]. 机械科学与技术, 2003, 22(3): 447-449.

[27] 白瑀. 叶片类零件高质高效数控加工编程技术研究[D]. 西安: 西北工业大学, 2004.

[28] 单晨伟, 张定华, 刘维伟. 组合曲面叶片的螺旋加工刀位轨迹生成[J]. 计算机集成制造系统, 2008, 14(11): 2243-2247.

[29] 罗明. 叶片多轴加工刀位轨迹运动学优化方法研究[D]. 西安: 西北工业大学, 2008.

第 4 章　自由曲面多轴加工刀位轨迹规划方法

自由曲面是指那些不能由初等解析曲面组成，而以复杂方式自由变化的曲面，如飞机、汽车、船舶的外形零件等[1]。自由曲面不仅促进了数控加工技术的产生与发展，而且一直是四轴/五轴加工的主要应用对象，是构成多轴加工特征的基本元素。其中，刀位轨迹规划是自由曲面多轴加工的重要内容，其研究是近十几年来人们持续关注的热点[2-13]。

自由曲面刀位轨迹规划是针对不同类型的刀具，通过建立多轴加工过程中刀具与被加工曲面的几何切触模型，分析局部干涉情形，优化加工带宽的计算，在此基础上以最大化加工带宽为目标优化刀具方位(刀轴矢量)，实现不同加工方式下的刀位轨迹规划。可以看出，轨迹规划的重点是刀具方位的几何学优化，涉及的内容主要包括刀具与被加工曲面的几何切触模型建立、加工带宽和刀轴倾角的确定，以及局部干涉的分析等[14-17]。

本章以单一的自由曲面为例，按照平底刀、环形刀和鼓形刀等非球头刀具分类逐一阐述多轴加工中的刀位轨迹规划方法。本章首先针对平底刀五轴端铣加工，介绍基于有效切削轮廓的轨迹规划方法；然后，重点讨论环形刀五轴宽行加工刀位轨迹规划方法，包括二阶泰勒逼近和广域空间逼近两种刀具方位的优化方法；最后，推广介绍鼓形刀五轴侧铣加工的刀位轨迹规划方法。

4.1　平底刀五轴端铣加工刀位轨迹规划方法

在利用平底刀进行五轴加工时，加工带宽(走刀行距)和刀具倾斜角度的确定是规划刀位轨迹的基础。五轴加工中平底刀与加工表面的几何啮合关系非常复杂，一般精确确定两个刀轴倾角参数十分困难。

有效切削轮廓概念的提出将平底刀与被加工曲面之间复杂的三维几何啮合关系简化成一个二维问题，因此在五轴端铣加工中获得了广泛应用[3]。但目前有效切削轮廓的应用仅限于切触点处微观几何形态的分析，如加工误差分析、过切检测等，尚未涉及更为宏观的几何性质分析和应用。在真实的三维分析方法实用化之前，有效切削轮廓是目前研究平底刀端铣加工最为有效的工具，有必要对其进行更为深入的研究[18]。

本节通过建立平底刀有效切削轮廓的数学模型，并利用沿行进给方向曲面法截线的偏置曲线与有效切削轮廓求交给出一种加工带宽的计算方法。基于该模型，分析刀具姿态对有效切削轮廓及加工效率的影响，给出刀具后跟角和侧偏角的优化选取原则，以提高自由曲面平底刀五轴端铣加工的效率。

4.1.1 有效切削轮廓模型建立

实际上，由于自由曲面局部几何形态和刀具形状的复杂性，精确描述刀具与被加工曲面的几何切触关系非常困难。为了简化计算的难度，人们通常采用近似的方法处理该问题。一般来说，在垂直于走刀方向的截面内，刀具轮廓与被加工曲面的法曲率对加工效率和质量的影响最为关键，因此人们通常在该截面内研究二者之间的几何关系。

有效切削轮廓是指平底刀切削刃在垂直于走刀方向的平面上的投影。图 4-1 为平底刀五轴端铣加工的示意图，其中，$\boldsymbol{p}$ 为切触点，$\boldsymbol{f}$ 为走刀方向，$\boldsymbol{n}$ 为切触点处的曲面法矢，取 $\boldsymbol{v}=\boldsymbol{f}\times\boldsymbol{n}$，则 $\boldsymbol{v}$ 确定的方向即为行进给方向。以 $\boldsymbol{f}$、$\boldsymbol{n}$、$\boldsymbol{v}$ 所在方向分别为 x_L、y_L、z_L 轴建立局部坐标系 $p\text{-}x_Ly_Lz_L$；在加工过程中，刀具往往先绕 z_L 轴旋转一个角度 λ（后跟角），再绕 y_L 轴旋转 ω（侧偏角）。为避免顶刀加工，有 $\lambda\in(-\pi/2,0)$，$\omega\in(-\pi/2,\pi/2)$。

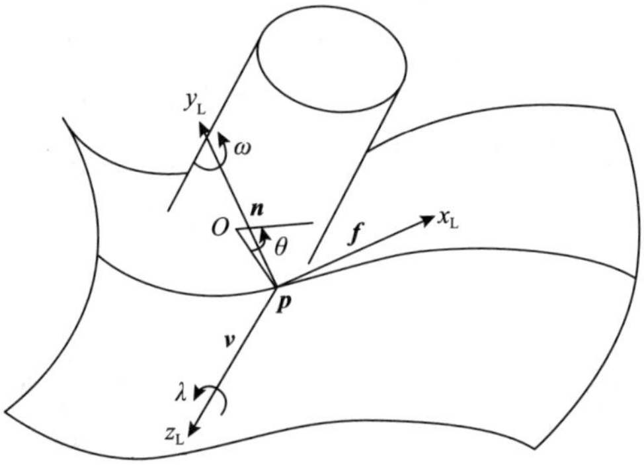

图 4-1 平底刀五轴端铣加工示意图

假设刀具初始位置与 y_L 轴一致，则在局部坐标系 $p\text{-}x_Ly_Lz_L$ 中平底刀切削刃的表达式为

$$\boldsymbol{F}_0=(-r+r\cos\theta \quad 0 \quad -r\sin\theta)^{\mathrm{T}}$$

式中，θ 为切削刃上一点与切触点 $\boldsymbol{p}$ 构成的圆心角。刀具经历后跟角、侧偏角旋转后的切削刃表达式为

$$\boldsymbol{F}(\lambda,\omega,\theta)=\begin{pmatrix}\cos\omega & 0 & \sin\omega\\ 0 & 1 & 0\\ -\sin\omega & 0 & \cos\omega\end{pmatrix}\begin{pmatrix}\cos\lambda & -\sin\lambda & 0\\ \sin\lambda & \cos\lambda & 0\\ 0 & 0 & 1\end{pmatrix}\begin{pmatrix}-r+r\cos\theta\\ 0\\ -r\sin\theta\end{pmatrix}$$

将切削刃投影到垂直于 x_L 轴的平面 $y_L z_L$ 上，则刀具的有效切削轮廓为

$$\boldsymbol{F}_p(\lambda,\omega,\theta)=(0 \quad -r\sin\lambda+r\sin\lambda\cos\theta \quad r\cos\lambda\sin\omega-r\cos\lambda\sin\omega\cos\theta-r\cos\omega\sin\theta)^{\mathrm{T}} \tag{4-1}$$

由式(4-1)，并结合 $\sin^2\theta+\cos^2\theta=1$，得到有效切削轮廓的表达式为

$$z_{\mathrm{L}}^2\sin^2\lambda+y_{\mathrm{L}}^2(\cos^2\omega+\sin^2\omega\cos^2\lambda)+2z_{\mathrm{L}}y_{\mathrm{L}}\cos\lambda\sin\lambda\sin\omega+2ry_{\mathrm{L}}\sin\lambda\cos^2\omega=0 \tag{4-2}$$

在式(4-2)表示的二次曲线中，令

$$a_{11}=\sin^2\lambda,\quad a_{12}=\cos\lambda\sin\lambda\sin\omega,\quad a_{22}=\cos^2\omega+\sin^2\omega\cos^2\lambda$$

$$a_{13}=0,\quad a_{23}=r\sin\lambda\cos^2\omega,\quad a_{33}=0$$

考虑到 λ、ω 的取值范围，该曲线的不变量为

$$\begin{aligned}
I_1&=a_{11}+a_{22}=\sin^2\lambda+\cos^2\omega+\sin^2\omega\cos^2\lambda>0\\
I_2&=a_{11}a_{22}-a_{12}^2=\sin^2\lambda\cos^2\omega>0\\
I_3&=\begin{vmatrix}a_{11}&a_{12}&a_{13}\\a_{12}&a_{22}&a_{23}\\a_{13}&a_{23}&a_{33}\end{vmatrix}=-r^2\sin^4\lambda\cos^4\omega<0
\end{aligned} \tag{4-3}$$

由 $I_2>0$ 和 $I_1I_3<0$ 可知，平底刀的有效切削轮廓为一椭圆。以 E 表示该椭圆，其特征方程为

$$\zeta^2-I_1\zeta+I_2=0 \tag{4-4}$$

可得 $\zeta_1=\cos^2\omega\sin^2\lambda$，$\zeta_2=1$。因此，椭圆 E 的长轴对应 ζ_1 所属的方向，与 z_L 轴的夹角 φ 为

$$\tan\varphi=-\frac{a_{11}-\zeta_1}{a_{12}}=-\tan\lambda\sin\omega \tag{4-5}$$

其主半径即椭圆 E 的长半轴和短半轴分别为

$$a=\sqrt{-\frac{I_3}{\zeta_1 I_2}}=r,\qquad b=\sqrt{-\frac{I_3}{\zeta_2 I_2}}=r\left|\sin\lambda\cos\omega\right|$$

在局部坐标系 $p\text{-}x_L y_L z_L$ 中，椭圆 E 的中心坐标为

$$z_0 = \frac{a_{12}a_{23} - a_{22}a_{13}}{a_{11}a_{22} - a_{12}^2} = r\cos\lambda\sin\omega, \quad y_0 = \frac{a_{12}a_{13} - a_{11}a_{23}}{a_{11}a_{22} - a_{12}^2} = -r\sin\lambda$$

如图 4-2 所示，以椭圆 E 的长轴为 z' 轴，短轴为 y' 轴，坐标原点为 $O(z_0, y_0)$，则在坐标系 $z'Oy'$ 中，平底刀有效切削轮廓的方程为

$$\left(\frac{z'}{r}\right)^2 + \left(\frac{y'}{r\sin\lambda\cos\omega}\right)^2 = 1 \tag{4-6}$$

其中，

$$\begin{cases} z' = (z_{\mathrm{L}} - r\cos\lambda\sin\omega)\cos\varphi + (y_{\mathrm{L}} + r\sin\lambda)\sin\varphi \\ y' = -(z_{\mathrm{L}} - r\cos\lambda\sin\omega)\sin\varphi + (y_{\mathrm{L}} + r\sin\lambda)\cos\varphi \end{cases}$$

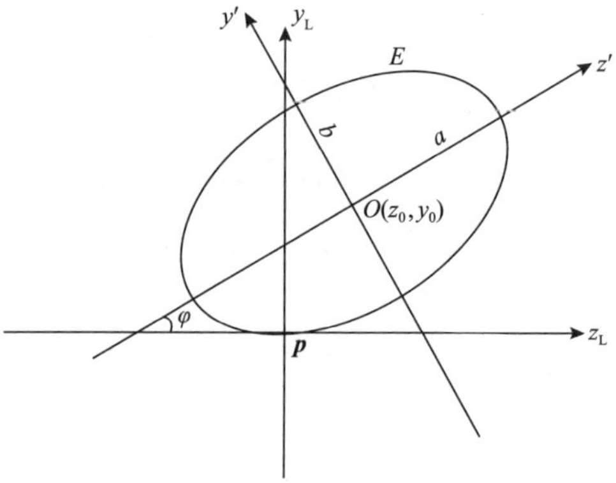

图 4-2　平底刀有效切削轮廓形成的椭圆

根据椭圆的几何性质容易得到切触点(局部坐标系的坐标原点)处有效切削轮廓的曲率半径为 $r_{\mathrm{e}} = \dfrac{r\cos^2\omega}{|\sin\lambda|}$，$r_{\mathrm{e}}$ 被定义为平底刀的有效切削半径。

下面分析刀具姿态对有效切削轮廓的影响。当平底刀刀具半径 r=10mm 时，图 4-3 给出的是侧偏角 $\omega = 0$ 时有效切削轮廓随后跟角 λ 的变化情况，此时椭圆 E 的中心位于曲面外法矢对应的 y_{L} 轴上。可见，随着后跟角的增大，有效切削轮廓的短轴长度增加而长轴保持不变，因此刀具参与切削的区域和切触点处刀具的有效切削半径随后跟角的增大而减小。

图 4-4 给出的是后跟角 $\lambda = -5°$ 时有效切削轮廓随侧偏角 ω 的变化情况。ω 的增大将使椭圆 E 的圆心朝 z_{L} 轴正向偏移，并且椭圆长轴与 z_{L} 轴夹角增大，短轴减小，椭圆变得狭长、倾斜，导致刀具切削区域减小，切触点处有效切削半径随着侧偏角的增大而减小。

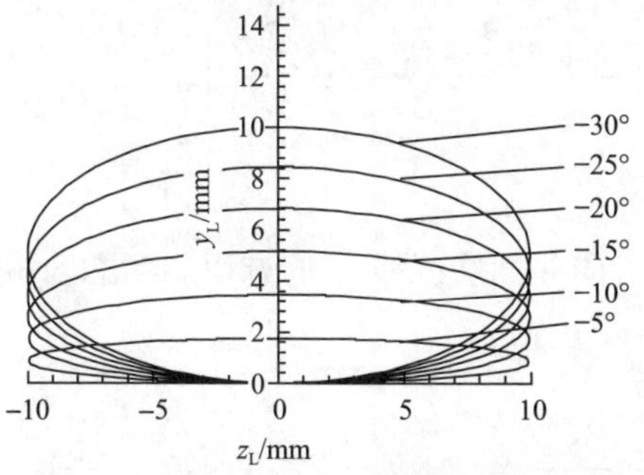

图 4-3　有效切削轮廓随后跟角λ的变化

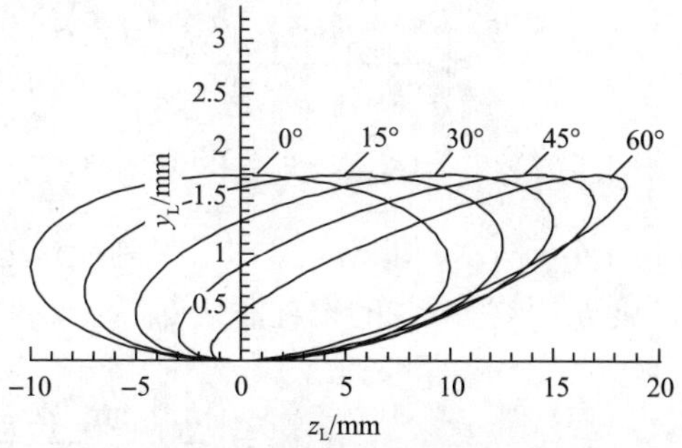

图 4-4　有效切削轮廓随侧偏角ω的变化

4.1.2　平底刀端铣加工带宽计算

自由曲面多轴加工中加工带宽是影响加工效率和质量的重要因素。加工带宽过小，将导致走刀次数增加，降低加工效率；加工带宽过大，将使相邻轨迹间残留高度过大，加工表面质量下降[19]。因此，在满足给定精度的前提下，实现对加工带宽的优化计算是多轴加工刀位轨迹规划中最为重要的一个环节。

在传统的平底刀加工带宽计算中，通常是将平底刀等效为具有相同切削半径的球头刀，然后根据球头刀的带宽确定方法进行计算。由分析可知，平底刀不具有曲率不变性，即刀具有效切削轮廓的曲率半径不恒等于切触点处的有效切削半径，传统的带宽计算方法必然会导致误差的产生。因此，基于平底刀有效切削轮廓的数学模型，在带宽方向对应的法截面内，利用被加工曲面法截线的偏置曲线(偏置距离为残留高度)同有效切削轮廓求交给出一种加工带宽的计算方法。

首先确定被加工曲面沿加工带宽方向的法截线方程。如图 4-5 所示，在切触点 $\boldsymbol{p}$，$\boldsymbol{e}_1$、$\boldsymbol{e}_2$ 分别为曲面的最大、最小主方向，对应的主曲率分别为 $k_{\max}$、$k_{\min}$，走刀方向 x_L 与最大主方向的夹角为 α。在主方向形成的坐标系 $p\text{-}x_1x_2y_L$ 中，被加工曲面的密切抛物面为

$$y_L = \frac{k_{\max}}{2}x_1^2 + \frac{k_{\min}}{2}x_2^2 \tag{4-7}$$

在切平面上，沿 $\boldsymbol{e}_1$、$\boldsymbol{e}_2$ 方向分别有

$$\begin{cases} x_1 = x_L\cos\alpha - z_L\sin\alpha \\ x_2 = x_L\sin\alpha + z_L\cos\alpha \end{cases} \tag{4-8}$$

因此，被加工曲面的密切抛物面在局部坐标系 $p\text{-}x_Ly_Lz_L$ 中的表达式为

$$y_L = \left(\frac{k_{max}\cos^2\alpha + k_{min}\sin^2\alpha}{2}\right)x_L^2 + \left(\frac{k_{max}\sin^2\alpha + k_{min}\cos^2\alpha}{2}\right)z_L^2 \\ -(k_{max} - k_{min})\sin\alpha\cos\alpha x_L z_L \tag{4-9}$$

如图 4-6 所示，取 $x_L = 0$ 即可得到沿行进给方向曲面法截线 g 的方程。考虑残留高度 h，该法截线的偏置曲线 g_o 为

$$y_L = \left(\frac{k_{max}\sin^2\alpha + k_{min}\cos^2\alpha}{2}\right)z_L^2 + h \tag{4-10}$$

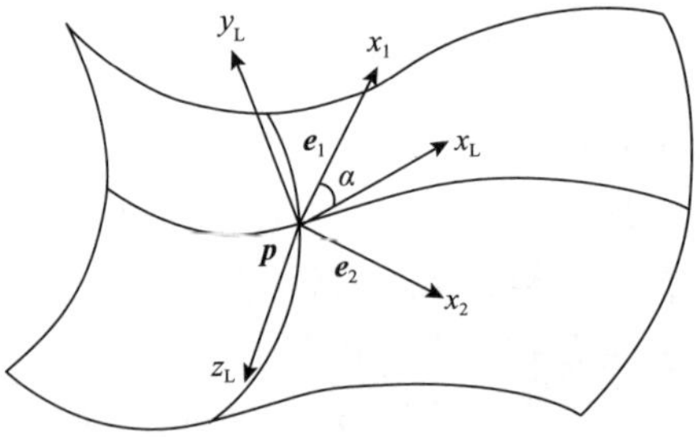

图 4-5　曲面的法截线

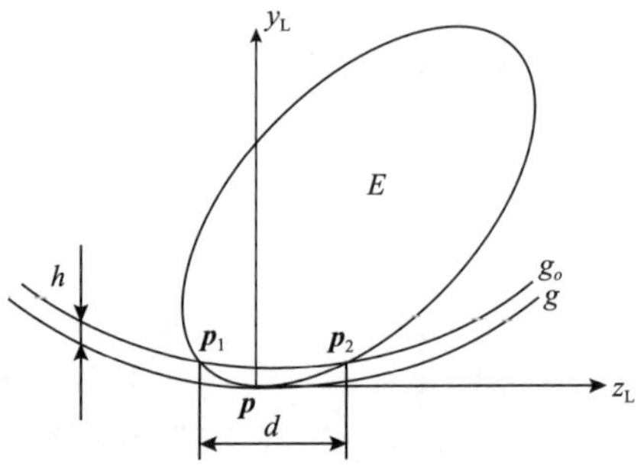

图 4-6　加工带宽的计算

然后，将式(4-10)代入式(4-2)得到一个四次多项式 $f(z)=0$，求解该四次多项式可以得到被加工曲面法截线的偏置曲线 g_o 与刀具有效切削轮廓 E 的交点 $\boldsymbol{p}_1(y_1, z_1)$、$\boldsymbol{p}_2(y_2, z_2)$，如图 4-6 所示，可得此时的加工带宽为

$$d = |z_1 - z_2| \tag{4-11}$$

可以看出，有效切削轮廓、曲面法截线形状和残留高度都会影响加工带宽的大小。除刀具几何参数，平底刀有效切削轮廓对刀具姿态的变化非常敏感。由图 4-3 和图 4-4 可以发现，给定相同的残留高度，$|\lambda|$、$|\omega|$ 的减小将增大刀具的切削区域，从而提高加工带宽。因此，在不发生干涉的前提下，应选取较小的 $|\lambda|$、$|\omega|$，以提高加工效率。另外，曲面法截线的形状与刀具的有效切削轮廓吻合程度越高，加工带宽越大，残留高度越小。而曲面法截线的形状取决于曲面的几何形态和走刀方向的选择。由图 4-6 可以看出，对应相同的刀具几何参数和刀具姿态，当法截线为凹曲线、直线、凸曲线时，加工带宽依次减小。

4.1.3　平底刀端铣刀轴倾角优化

在自由曲面多轴加工中，刀轴矢量(刀轴倾角)的选取不仅影响加工的效率和质量，同时还会影响加工过程的稳定性、刀具的受力状态，以及机床运动的连续

性，尤其是对非球头刀具。因此，如何控制刀轴矢量的分布，以充分发挥多轴加工的优势，一直是人们关注的热点问题。

平底刀多用于加工各种形状的大型叶片(如透平机械的转子叶片)、某些大型曲面零件和模具等开阔曲面。为获得高切削效率，常设置侧偏角 $\omega = 0$ ，根据椭圆的几何性质，由式(4-6)可以直接得到此时平底刀的有效切削半径为 $r_e = \dfrac{r}{|\sin\lambda|}$ 。Rao 等[3]的研究表明，平底刀加工不发生过切的充要条件是沿带宽方向，平底刀的有效切削半径小于曲面的曲率半径。由前述分析可知，在垂直于走刀方向上(z_L 方向)的曲面的法曲率为

$$k_z = k_{\max} \sin^2\alpha + k_{\min}\cos^2\alpha \tag{4-12}$$

则平底刀加工不发生过切的充要条件是

$$|\lambda| > \arcsin(rk_{\max}\cos^2\alpha + rk_{\min}\sin^2\alpha) \tag{4-13}$$

一般后跟角的余量取为 2°，因此后跟角的自动选取可如下计算。

(1) 当 $k_z > 0$ 时，法截线朝向曲面法矢正向弯曲，后跟角取为

$$\lambda = -\arcsin(rk_z) - 2° \tag{4-14}$$

(2) 当 $k_z \leqslant 0$ 时，法截线朝向曲面法矢反向弯曲，此时不会有过切的产生，后跟角取为

$$\lambda = -2° \tag{4-15}$$

4.1.4　算例分析

在确定加工带宽及优化的刀轴矢量后，即可规划平底刀五轴端铣加工刀位轨迹。本节按照等残留高度的方法规划，图 4-7 给出了一自由曲面叶片的切触点轨迹计算结果。其中，平底刀半径 $r = 10$ mm，残留高度 $h = 0.1$ mm，取侧偏角 $\omega = 0$ ，后跟角根据式(4-14)、式(4-15)进行自动计算，得到切触点轨迹总长为 2099.3mm。图 4-8 给出了某条切触点轨迹线上后跟角 λ 的变化情况，可以看出后跟角变化连续，没有突变的产生，能够满足实际加工的需要。

为比较不同的后跟角和侧偏角对加工效率的影响，本节同时计算二者取固定值时的切触点轨迹分布。这种方法在目前商用软件中广泛采用，如 UG NX 中相对于驱动、相对于工件的刀轴矢量确定方式。图 4-9(a) 给出了相同残留高度下后跟角 $\lambda = -10°$ 、侧偏角 $\omega = 0°$ 时的切触点轨迹分布，轨迹总长 2893.5mm。后跟角

的增大，导致加工带宽减小，轨迹线数目大大增加，切触点轨迹线总长度增加了 37.8%。因此，固定后跟角、侧偏角的刀轴矢量确定方法并不是一种理想的加工方式。图 4-9(b)给出的是 $\lambda=-10°$、$\omega=20°$ 时的切触点轨迹分布，轨迹线总长 3055.4mm。在相同后跟角的情况下，侧偏角的增大造成加工效率进一步下降，但侧偏角的变化对加工效率的影响较后跟角要小得多，从而验证了文献[20]的结论，即平底刀的加工效率主要取决于后跟角的选取。

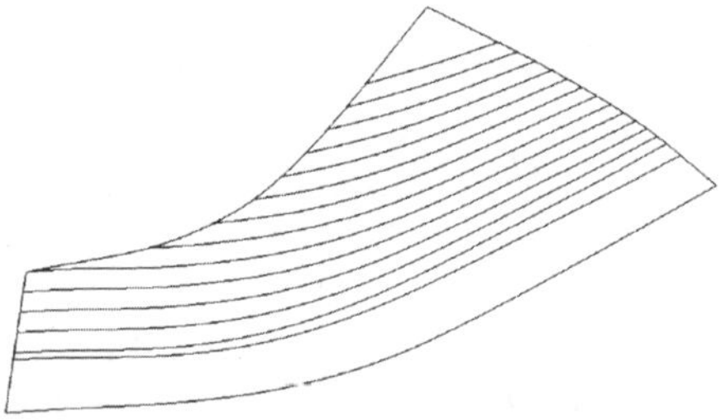

图 4-7　自由曲面叶片切触点轨迹分布

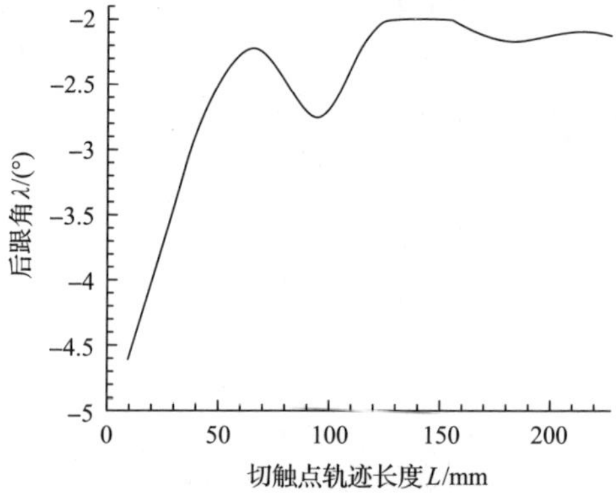

图 4-8　某条切触点轨迹线上后跟角的分布

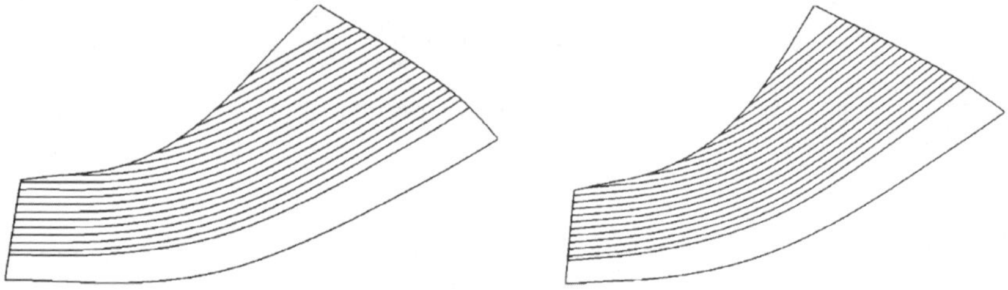

(a) $\lambda=-10°, \omega=0°$　　(b) $\lambda=-10°, \omega=20°$

图 4-9　相同残留高度下叶片切触点轨迹分布

图 4-10 为一条切触点轨迹线上传统方法与本节方法加工带宽计算的结果比较。可以看出，由传统方法得到的带宽均大于本节方法的计算结果，最大误差为 8.2%。传统的平底刀带宽计算实际上是将平底刀等效为在切触点处具有相同切削半径的球头刀实现的，平底刀有效切削轮廓的曲率不恒定，从而导致误差的产生。从几何角度可以分析传统方法产生误差的原因，如图 4-11 所示，其中，d 为本节方法计算所得带宽，d' 为具有相同切削半径的球头刀对应的加工带宽，即传统方法的计算结果。

综上可知，基于平底刀有效切削轮廓的加工带宽计算方法比传统的带宽计算方法具有更高的精度；表示刀具方位的后跟角和侧偏角对加工带宽具有重要影响，二者的增大将导致加工带宽的减小。因此，在不发生干涉的前提下，应优化选择较小的后跟角和侧偏角，以提高自由曲面平底刀的加工效率。

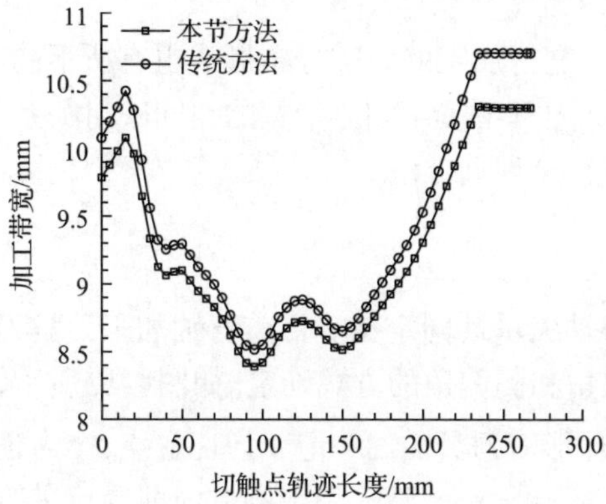

图 4-10　传统方法与本节方法计算结果比较

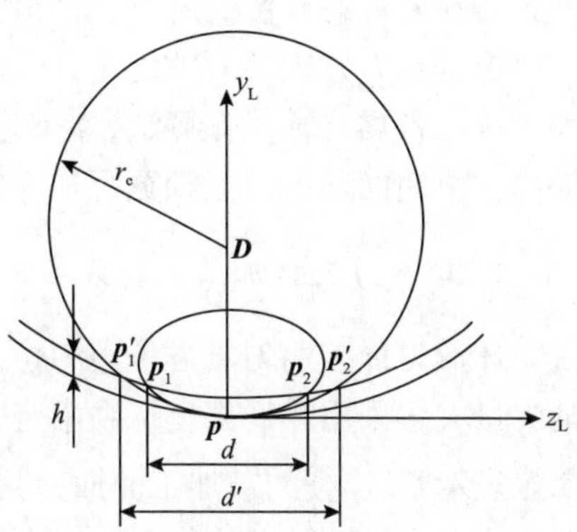

图 4-11　传统方法产生误差的原因

4.2　环形刀五轴宽行加工刀位轨迹规划方法

宽行加工是为适应自由曲面的几何形状变化而提出的一种高效精密加工方法。其原理是利用环形刀圆环面的切削刃包络截形曲率可通过刀具姿态的调整实现较大范围变化的特点，根据刀具方位优化实现与被加工曲面曲率的自适应匹配，从而控制刀具与被加工曲面间的局部逼近精度和干涉量，获得尽可能大的加工带宽，以提高自由曲面加工效率，降低表面粗糙度[21]。

研究与实践表明，环形刀加工能够有效地提高自由曲面的加工效率和加工质量[6, 10, 22, 23]。但是，现有的方法大多以单个切触点的局部几何性质优化刀具方位，导致刀具难以适应自由曲面广域空间中的形状变化，一定程度上限制了刀轴的摆动，使对应的加工带宽过于保守，无法实现真正意义上的宽行加工。

为此，本节在刀具方位优化的基础上，介绍一种基于多空间映射的宽行加工刀位轨迹自适应规划方法，以现有的刀具方位二阶泰勒逼近优化方法为基础，建立刀具方位的广域空间逼近优化方法。通过构建切触点邻近广域空间中刀具的实际切削轮廓，计算允许残留高度下精确的加工带宽，并以加工带宽最大化为目标，实现环形刀五轴宽行加工刀具方位的自适应优化。算例与加工结果表明，与传统的基于曲面局部微分性质的刀位轨迹规划方法相比，本节方法得到的轨迹长度明显缩短，大幅度提高了自由曲面的加工效率和质量。

4.2.1　环形刀五轴宽行加工基础理论

加工带宽是指两相邻切削行刀具轨迹之间的距离，其大小是影响曲面加工精度和效率的关键因素，与刀具方位的控制密切相关。单一自由曲面刀轴的摆动空间相对开阔，此时轨迹规划的重点是控制优化刀轴，使其能够有效地避免刀具干涉，并在允许的残留高度下获得最大的加工带宽[10, 11, 23]。

根据走刀方式及刀轴优化方式的不同，宽行加工的轨迹分布形式也有所不同。为了统一各类刀轴优化算法，本节通过建立刀具-曲面-刀位-带宽的空间映射关系，提出自由曲面环形刀五轴宽行加工的刀位轨迹规划方法。

1. 环形刀五轴加工刀具方位的定义

环形刀加工的刀具方位由刀位点与刀轴矢量共同定义。目前五轴加工刀具刀轴矢量大多采用在局部坐标系中定义后跟角和侧偏角的方式确定。如图4-12所示，令 S 表示 C^2 连续的被加工曲面，Σ 表示环形刀刀具曲面，记 $\boldsymbol{p}$ 为切触点，$\boldsymbol{f}$ 为走刀方向，$\boldsymbol{n}$ 为切触点的曲面单位法矢，取 $\boldsymbol{v}=\boldsymbol{n}\times\boldsymbol{f}$，则 $\boldsymbol{v}$ 确定的方向即为行进给方向。以 $\boldsymbol{f}$、$\boldsymbol{v}$、$\boldsymbol{n}$ 所在方向分别为 x_{L}、y_{L}、z_{L} 轴建立局部坐标系 $p\text{-}x_{\mathrm{L}}y_{\mathrm{L}}z_{\mathrm{L}}$。

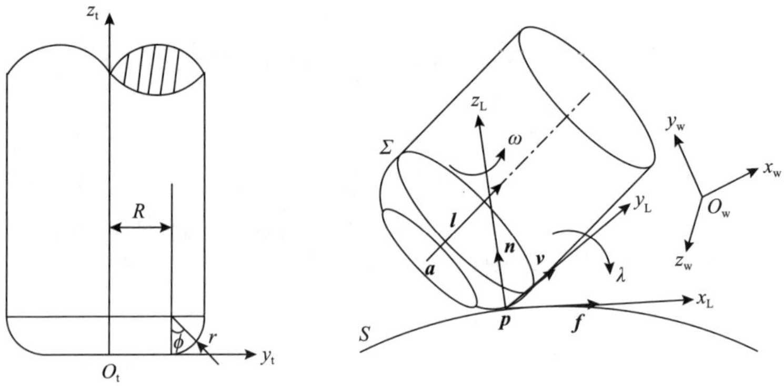

图 4-12　环形刀及刀具方位定义的示意图

设 $\Sigma_l(\boldsymbol{p})$ 表示切触点 $\boldsymbol{p}$ 处刀轴矢量为 $\boldsymbol{l}$ 的刀具方位，其中，单位矢量 $\boldsymbol{l}$ 由二元组 (λ,ω) 确定，λ 为刀具绕 y_{L} 轴旋转的后跟角 $(0\leqslant\lambda\leqslant\pi/2)$，$\omega$ 为刀具绕 z_{L} 轴旋转的侧偏角 $(-\pi/2\leqslant\omega\leqslant\pi/2)$，则对应的环形刀刀位点（刀尖点）为

$$\boldsymbol{a}=\boldsymbol{p}+r\cdot\boldsymbol{n}+R\cdot\frac{\boldsymbol{n}-(\boldsymbol{n}\cdot\boldsymbol{l})\boldsymbol{l}}{|\boldsymbol{n}-(\boldsymbol{n}\cdot\boldsymbol{l})\boldsymbol{l}|}-r\cdot\boldsymbol{l}\tag{4-16}$$

式中，R、r 为环形刀刀具参数，如图 4-12 所示。因此，刀具方位的优化主要指刀轴矢量，即刀轴倾角二元组 (λ,ω) 的优化。

2. 基于多空间映射的宽行加工方法

为适应不同自由曲面几何形状及加工工艺的需求，同时保证高加工效率及高质量，本节介绍一种基于刀具-曲面-刀位-带宽多空间映射的宽行加工方法，如

图 4-13 所示。

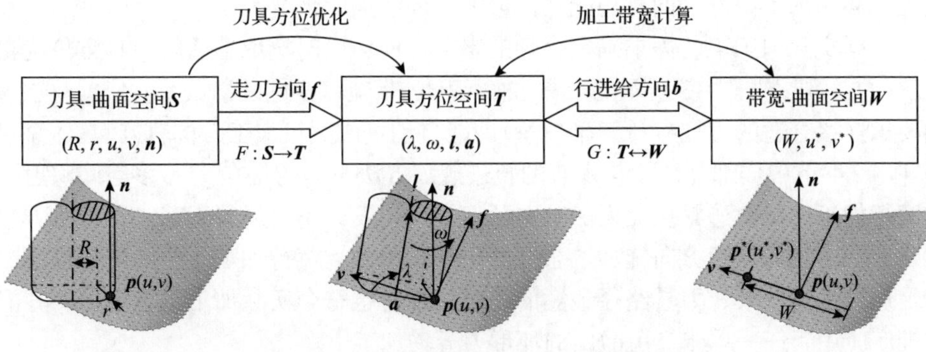

图 4-13　刀具-曲面-刀位-带宽多空间映射

1) 刀具-曲面空间

如图 4-13 所示，刀具-曲面空间 $\boldsymbol{S}$ 由环形刀刀具参数 (R,r)、曲面参数 (u,v) 及单位法矢 $\boldsymbol{n}$ 所定义。通过对被加工曲面进行等参数离散，所有离散点(切触点)的曲面信息及参与铣削的环形刀刀具参数一同描述了刀具-曲面空间。

在此空间中，容易分析切触点局部的微分几何性质，并能够确定可能干涉的曲面邻近区域，为后续的刀具方位优化及加工带宽计算提供分析数据[10]。

2) 刀具方位空间

如图 4-13 所示，刀具方位空间 $\boldsymbol{T}$ 由刀轴倾角二元组 (λ,ω)、刀轴矢量 $\boldsymbol{l}$ 及刀位点 $\boldsymbol{a}$ 所定义。其中，仅以 (λ,ω) 作为独立变量，其他刀位信息按式(4-16)计算。

当给定任意切触点的走刀方向 $\boldsymbol{f}$ 后，根据刀位优化方法建立刀具-曲面空间 $\boldsymbol{S}$ 至刀具方位空间 $\boldsymbol{T}$ 的映射关系，即

$$F:\boldsymbol{S}\to\boldsymbol{T},\quad (\lambda,\omega)=F(R,r,u,v,\boldsymbol{n}) \tag{4-17}$$

由此确定刀具方位空间。其中，刀具方位优化可采用现有的任意方法[6, 8, 10]，其本质均是分析刀具与被加工曲面间的干涉误差。

3) 带宽-曲面空间

如图 4-13 所示，带宽-曲面空间 $\boldsymbol{W}$ 由加工带宽 W 和下一行切触点参数 (u^*,v^*) 所定义。其中，以 W 作为独立变量，曲面参数 (u^*,v^*) 在切触点处切平面按逼近方法计算[2]。

在刀具方位已知的前提下，沿行进给方向计算对应的加工带宽 W，并计算下一行切触点参数 (u^*,v^*)，从而建立刀具方位空间 $\boldsymbol{T}$ 与带宽-曲面空间 $\boldsymbol{W}$ 的映射关系：

$$G:\boldsymbol{T}\leftrightarrow\boldsymbol{W},\quad W=G(\lambda,\omega) \tag{4-18}$$

事实上，加工带宽的计算与刀具方位的优化过程相互关联，相互影响。单从

刀具-曲面空间获得的刀具方位还需要进一步优化，使最终所得的刀位不仅能够满足无干涉的约束条件，同时还能获得最大允许的加工带宽。

根据实际加工工艺需求确定合理的走刀方向，同时选取合适的刀具方位优化方法，据此建立图 4-13 所示的刀具-曲面-刀位-带宽多空间映射关系；依据轨迹规划要求连接合适的刀位点(+刀轴矢量)即能自动生成宽行加工刀位轨迹，具体流程将在 4.2.4 节中详细介绍。与现有的轨迹规划方法不同的是[24, 25]：多空间映射下的宽行加工刀位轨迹是从曲面的基本几何性质出发，不再局限于某一种刀具方位优化方法，且对走刀方向施加了合理的限制。因此，宽行加工刀位轨迹不仅能够满足加工带宽最大、刀具路径最短的要求，同时也符合实际加工工艺需求，并能够推广应用于任一单张自由曲面的环形刀五轴加工中。

由上述分析可以看出，实现自由曲面宽行加工的关键是合理建立两空间映射关系(F、G)，即刀具方位的优化，并使刀具与被加工曲面在允许的残留高度要求下最大限度地逼近。下面分别从微观和宏观两个不同的角度探讨环形刀刀具方位的几何学优化方法。

4.2.2　刀具方位的二阶泰勒逼近优化

现有的刀轴优化算法，如有效切削轮廓、主曲率匹配方法等，其优化的目的在于通过调整刀轴姿态，使刀具切削刃在不产生干涉的条件下尽可能地与被加工曲面形状吻合[3, 26, 27]。但这些方法均是基于垂直走刀方向的截面与刀具及被加工曲面的截线分析[27]。不同于平底刀，对环形刀而言，仅满足一个截面内的刀轴优化条件是不充分的。文献[6]利用杜邦指标线找寻环形刀加工局部可铣的最优刀具方位克服了上述算法的缺点。

本节在文献[6]的基础上建立二阶泰勒逼近下环形刀五轴加工刀具方位与加工带宽的映射关系，根据曲率匹配原则自动计算后跟角，并证明其满足局部可铣性充分条件。以加工带宽最大化为目标进行侧偏角的优化计算，从而实现刀具方位的自适应优化，将其应用于自由曲面，加工效率大为提高[28]。

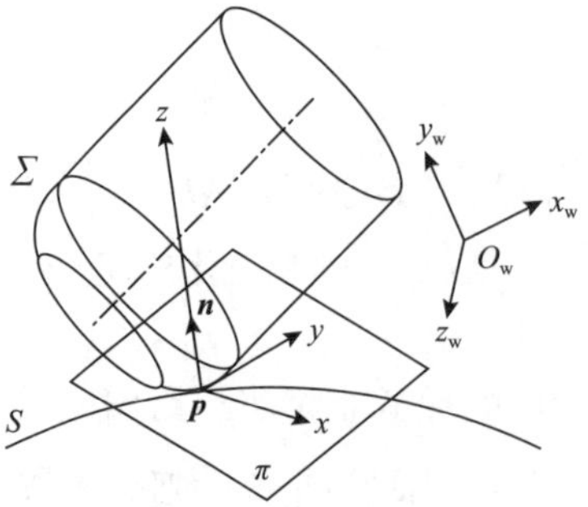

图 4-14　切平面直角坐标系

1. 二阶泰勒逼近加工带宽模型

设被加工曲面 S 与刀具曲面 Σ 在切触点 $\boldsymbol{p}$ 处相切，以 $\boldsymbol{p}$ 为原点，曲面 S 的最大、最小主方向为 x、y 轴建立切平面直角坐标系，如图 4-14 所示。在该直角坐标系中，用实值函数 $z=f(x,y)$、$z=s(x,y)$ 分别表示被加工曲面 S 和刀具曲面 Σ，则差值函数

$z = s(x,y) - f(x,y)$ 表示刀具相对于被加工曲面的法向偏差。根据文献[6]，若差值函数在切触点处的杜邦指标线图形表示为一椭圆，则刀具 $\sum_l(\boldsymbol{p})$ 切削曲面 S 满足局部可铣性，即不产生局部干涉。

令 $K_{\max}$ 与 $K_{\min}$ 分别表示被加工曲面 S 在切触点 $\boldsymbol{p}$ 处的最大、最小主曲率，$k_{\max}$ 与 $k_{\min}$ 分别为刀具曲面 $\sum$ 的最大、最小主曲率，记 θ 表示被加工曲面与刀具曲面最大主方向之间的夹角，则二阶泰勒逼近下差值函数 $z = s - f$ 的杜邦指标线[6]表示为

$$\begin{aligned}&(k_{\max}\cos^2\theta + k_{\min}\sin^2\theta - K_{\max})x^2 + 2(k_{\max} - k_{\min})\sin\theta\cos\theta xy\\&+(k_{\max}\sin^2\theta + k_{\min}\cos^2\theta - K_{\min})y^2 = 1\end{aligned} \tag{4-19}$$

令

$$\begin{aligned}a &= k_{\max}\cos^2\theta + k_{\min}\sin^2\theta - K_{\max}\\b &= (k_{\max} - k_{\min})\sin\theta\cos\theta\\c &= k_{\max}\sin^2\theta + k_{\min}\cos^2\theta - K_{\min}\end{aligned} \tag{4-20}$$

若 $b^2 - ac < 0$，且 $a + c > 0$，则方程(4-19)表示椭圆，即刀具 $\sum_l(\boldsymbol{p})$ 切削被加工曲面 S 在 $\boldsymbol{p}$ 点处满足局部可铣性。因此，曲面 S 以刀具方位 $\sum_l(\boldsymbol{p})$ 切削 $\boldsymbol{p}$ 点处满足局部可铣性的充分条件[6]是

$$k_{\max} + k_{\min} - (K_{\max} + K_{\min}) > 0 \tag{4-21}$$

且

$$-(k_{\max} - K_{\max})(k_{\min} - K_{\min}) + \sin^2\theta(k_{\max} - k_{\min})(K_{\max} - K_{\min}) < 0 \tag{4-22}$$

令

$$I(x,y) = ax^2 + 2bxy + cy^2$$

a、b、c 如式(4-20)所定义，则式(4-19)可简记为

$$I(x,y) = 1$$

若以 h 表示允许的残留高度，则二阶泰勒逼近下加工区域在 xy 切平面内可表示为

$$I(x,y) = 2h$$

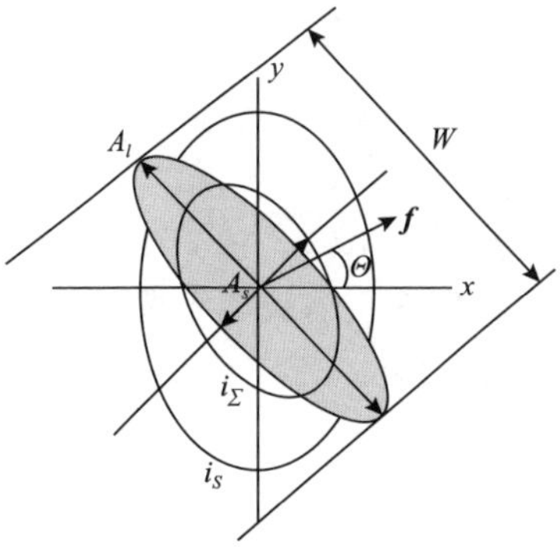

图 4-15　二阶泰勒逼近加工带宽模型[6]

假定被加工曲面 S 满足局部可铣性充分条件，则加工区域在切平面投影为一椭圆。如图 4-15 所示，令 Θ 为走刀方向与切平面直角坐标系 x 轴(曲面最大主方向矢量)之间的夹角 $(-\pi/2 \leqslant \Theta \leqslant \pi/2)$，$W$ 为加工带宽[6]，则

$$W = 2\sqrt{\frac{2h(a\cos^2\Theta + 2b\sin\Theta\cos\Theta + c\sin^2\Theta)}{-b^2 + ac}} \tag{4-23}$$

2. 刀具方位与加工带宽的映射关系

由上述分析可知，加工带宽的影响因素包括刀具尺寸、曲面几何形状、走刀方向及刀具方位等。加工带宽对刀具相对于曲面表面的姿态变化关系是不确定的。在给定走刀方向后，可根据式(4-23)建立刀具方位与加工带宽的映射关系：

$$W = G(\lambda, \omega) \tag{4-24}$$

式中，刀具方位独立变量 (λ, ω) 确定刀具曲面的主曲率及最大主方向，进而确定参数 a 、b 和 c ，以及对应的加工带宽 W。详细的推导过程如下。

设被加工曲面 S 在切触点 $\boldsymbol{p}$ 处的最大、最小主方向分别为 $\boldsymbol{e}_1$ 、$\boldsymbol{e}_2$ ，最大、最小主曲率分别为 $K_{\max}$ 、$K_{\min}$ ，而环形刀刀具曲面 Σ 在切触点 $\boldsymbol{p}$ 处的最大、最小主曲率[26]分别为

$$k_{\max} = \frac{1}{r}, \quad k_{\min} = \frac{\sin\lambda}{R + r\sin\lambda} \tag{4-25}$$

式中，R、r 为环形刀刀具参数；λ 为后跟角。

下面计算刀具曲面最大主方向 $\boldsymbol{e}_{1\Sigma}$ 。刀具曲面某点处的最大主方向为沿其子午线方向，即切向[26, 27]。当刀具绕 y_{L} 轴旋转后跟角 λ 时，刀具曲面切触点发生变化，但其最大主方向依然是沿切触点局部坐标系 x_{L} 轴的方向矢量 $\boldsymbol{f}$。因此，将方向矢量 $\boldsymbol{f}$ 绕 z_{L} 轴旋转侧偏角 ω ，可得刀具曲面的最大主方向 $\boldsymbol{e}_{1\Sigma}$ ，即

$$\boldsymbol{e}_{1\Sigma} = \boldsymbol{R}_z(\omega)\cdot\boldsymbol{f}, \quad \boldsymbol{R}_z(\omega) = \begin{pmatrix} \cos\omega & -\sin\omega & 0 \\ \sin\omega & \cos\omega & 0 \\ 0 & 0 & 1 \end{pmatrix} \tag{4-26}$$

令 θ 表示被加工曲面 S 与刀具曲面 Σ 最大主方向 $\boldsymbol{e}_1$ 、$\boldsymbol{e}_{1\Sigma}$ 之间的夹角，则

$$\theta=\arccos\left(\frac{\langle \boldsymbol{e}_1,\boldsymbol{e}_{1\Sigma}\rangle}{|\boldsymbol{e}_1|\cdot|\boldsymbol{e}_{1\Sigma}|}\right)=\arccos\left(\langle \boldsymbol{e}_1,\boldsymbol{R}_z(\omega)\cdot \boldsymbol{f}\rangle\right) \tag{4-27}$$

将式(4-27)代入式(4-20)可得参数 a 、b 、c ，再由式(4-23)计算得到加工带宽 W。由此可知，对当前切触点而言，给定走刀方向后，刀轴倾角二元组 (λ,ω) 的变化决定了二阶泰勒逼近下加工带宽的变化。

基于上述映射关系(式(4-24))，图 4-16 描述了加工带宽与后跟角和侧偏角之间的变化规律。可以看出，随着后跟角 λ 的减小，加工带宽 W 增大，并且关于侧偏角的取值分布是对称的[23]。因此，在满足局部可铣性充分条件下合理地选择刀轴倾角能够最大化加工带宽，从而实现刀具方位的自适应优化计算。

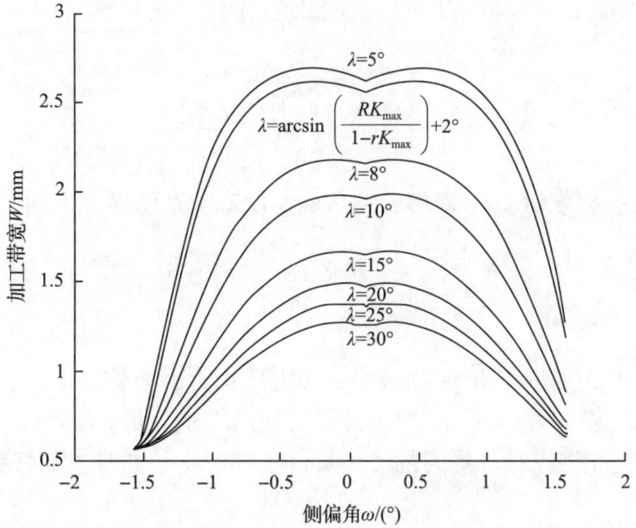

图 4-16　刀轴倾角二元组 (λ,ω) 引起加工带宽 W 的变化

3. 刀具方位自适应优化

当刀具曲面的最小主曲率 $k_{\min}$ 等于被加工曲面的最大主曲率 $K_{\max}$ 时，加工残留高度最小，切削量最大，此时刀具切削刃与被加工曲面形状吻合程度最好，加工效率最高[26]。基于这一原则，本节对刀轴倾角二元组进行自适应优化。

因 $k_{\min}=K_{\max}$ ，由式(4-25)得

$$\frac{\sin\lambda}{R+r\sin\lambda}=K_{\max}$$

进而可得

$$\lambda = \arcsin\left(\frac{RK_{\max}}{1 - rK_{\max}}\right)$$

又由定义可知，$k_{\max} > k_{\min}$，$K_{\max} > K_{\min}$，所以充分条件为：

(1)式(4-21)左端$=k_{\max}+k_{\min}-(K_{\max}+K_{\min})=k_{\max}-K_{\min}$恒大于0。

(2)式(4-22)左端$=-(k_{\max}-K_{\max})(k_{\min}-K_{\min})+\sin^2\theta(k_{\max}-k_{\min})(K_{\max}-K_{\min})=(k_{\max}-k_{\min})(k_{\min}-K_{\min})(-1+\sin^2\theta)$。

分析可知，无论θ取何值，上述公式均小于0。因此，任意侧偏角ω的取值均能满足局部可铣性充分条件。

当给定刀具半径满足$\left|\frac{RK_{\max}}{1-rK_{\max}}\right|>1$时，后跟角$\lambda$无法取得，此时应取最小安全值$\lambda=2°$。因此，在实际应用中，考虑到安全性，通常取

$$\lambda = \arcsin\left(\frac{RK_{\max}}{1 - rK_{\max}}\right) + 2° \tag{4-28}$$

最后由映射关系$W=G(\lambda,\omega)$遍历侧偏角ω，使二阶泰勒逼近下加工带宽

$$W = \max_{\lambda=\arcsin\left(\frac{RK_{\max}}{1-rK_{\max}}\right)+2°,\ \omega\in\left(-\frac{\pi}{2},\frac{\pi}{2}\right)} [G(\lambda,\omega)] \tag{4-29}$$

此时对应的最大加工带宽W的侧偏角ω即为优化所得的侧偏角。

根据优化所得的刀轴倾角，即可计算对应的刀轴矢量$\boldsymbol{l}$及刀位点$\boldsymbol{a}$，获得优化的刀具方位。它能够保证环形刀加工无局部干涉产生的同时，加工带宽达到最大。

4. 算例分析

为验证本节方法，以某一航空发动机叶片叶身自由曲面的等参数切触点轨迹为基础(图4-17)，根据式(4-28)和式(4-29)自动计算该轨迹线上的后跟角、侧偏角和加工带宽。其中，环形刀刀具参数$R=8.5\text{mm}$，$r=4\text{mm}$，残留高度$h=0.01\text{mm}$。

图4-18和图4-19分别给出了切触点轨迹线上自适应确定的后跟角λ、侧偏角ω的变化情况。可以看出，优化得到的后跟角取值较小，变化规律一致；整个刀轴倾角变化连续，没有突变的产生，与实际加工中要求刀轴矢量的变化均匀，机床转角不发生剧烈转变的要求一致。

根据自适应优化的刀轴倾角(λ,ω)可确定满足残留高度要求的最大加工带宽W，图4-20为同一条切触点轨迹线上传统固定刀轴方法$(5°,0°)$与二阶泰勒逼近下加工带宽计算的结果比较。可以看出，二阶泰勒逼近下获得的加工带宽均大于传

统方法的计算结果，并且带宽变化连续，满足实际加工的要求。

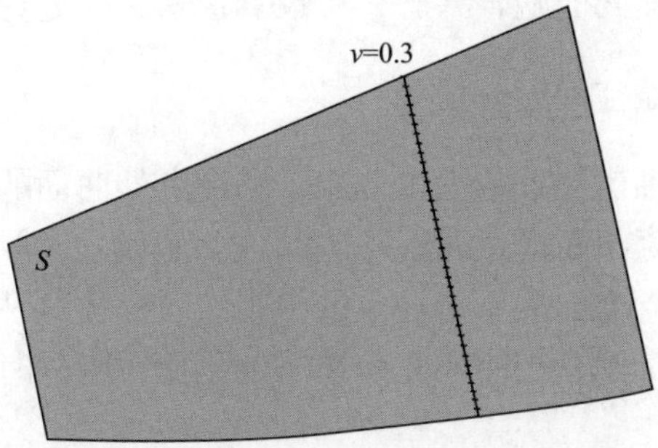

图 4-17　航空发动机叶片叶身自由曲面

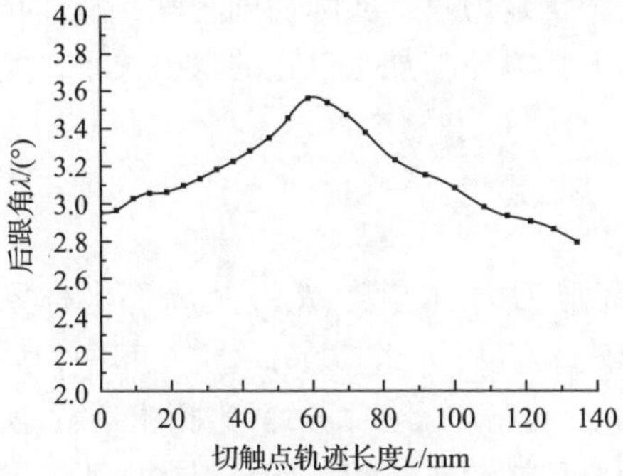

图 4-18　切触点轨迹线上后跟角 λ 的变化

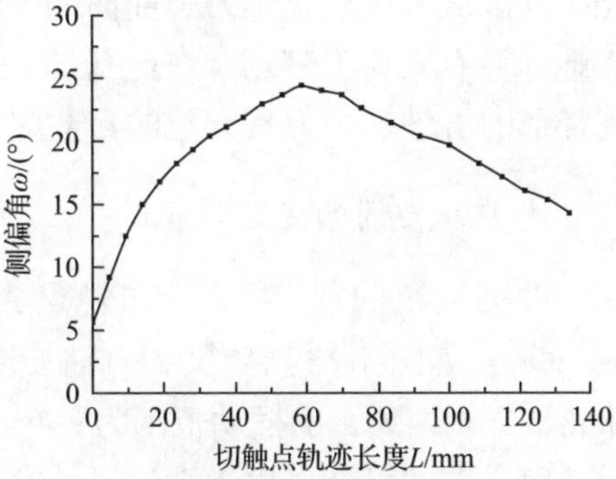

图 4-19　切触点轨迹线上侧偏角 ω 的变化

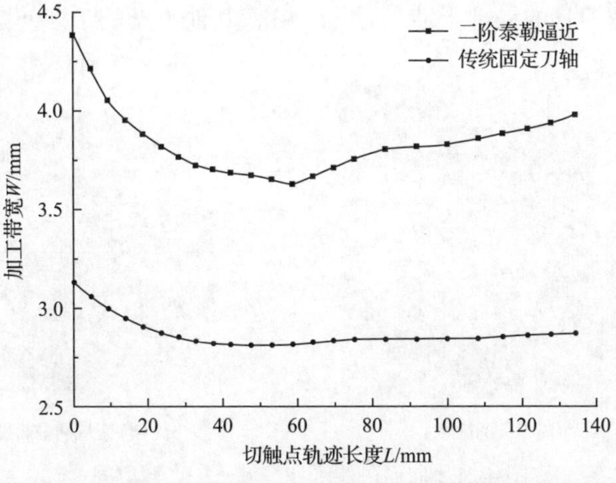

图 4-20　传统固定刀轴与二阶泰勒逼近加工带宽 W 分布对比

与固定倾角的刀位计算方法相比，刀具方位自适应改变的同时带来的另一个优点在于刀刃上参与切触的点是实时变化的，这对改善刀具磨损、提高刀具寿命是非常有利的。但是，这里的刀位优化方法还依赖于切触点处曲面的微观几何性质，尚不能客观地描述刀具的几何切触行为，必须在更为广阔的空间中探讨分析刀刃曲面与被加工曲面间的啮合状态，实现真正意义的宽行加工。

4.2.3 刀具方位的广域空间逼近优化

目前的环形刀刀轴优化方法大多依赖于切触点处曲面的微观几何性质，如二阶泰勒逼近方法、二次曲面逼近方法等[10, 11, 28]。然而，实际上刀具与曲面之间的几何切触是一种宏观行为，采用切触点的微观性质描述这种宏观行为必然存在较大的误差和不确定性，尤其当曲面几何性质变化比较剧烈时，这种不足表现得更为明显。

为此，本节提出一种刀具方位的广域空间逼近优化方法[14]。通过分析曲面可能干涉区域离散点集到刀刃曲面的干涉误差，构建刀具的实际切削轮廓，从而精确地计算有效加工带宽。在此基础上，建立刀具方位与加工带宽的映射关系，实现环形刀五轴加工刀具方位的自适应优化。

1. 广域空间的定义与表述

设被加工曲面 S 某一切触点为 $\boldsymbol{p}$，环形刀刀具参数 (R,r) 及局部坐标系 $p\text{-}x_Ly_Lz_L$，如图 4-12 所定义，刀轴矢量 $\boldsymbol{l}$ 由刀轴倾角二元组 (λ,ω) 确定。其中，后跟角 λ、侧偏角 ω 的摆动范围为：$0\leqslant\lambda\leqslant\pi/2$，$-\pi/2\leqslant\omega\leqslant\pi/2$。如图 4-21 所示，定义曲面可能发生干涉的广域空间为侧偏角摆动形成的三个半圆柱面所包围的区域，它由左侧一个半径为 $2R+r$ 的半圆和右侧两个半径为 $R+r$ 的半圆所构成。此处仅考虑刀具的局部干涉（刀刃干涉），其他类型的干涉问题暂不讨论。

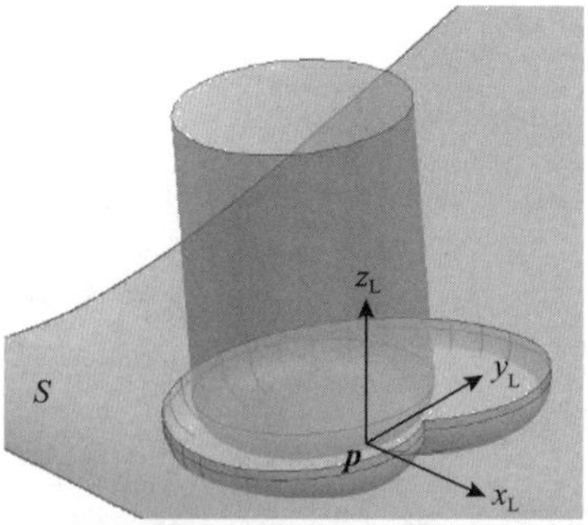

(a) 可能干涉的区域

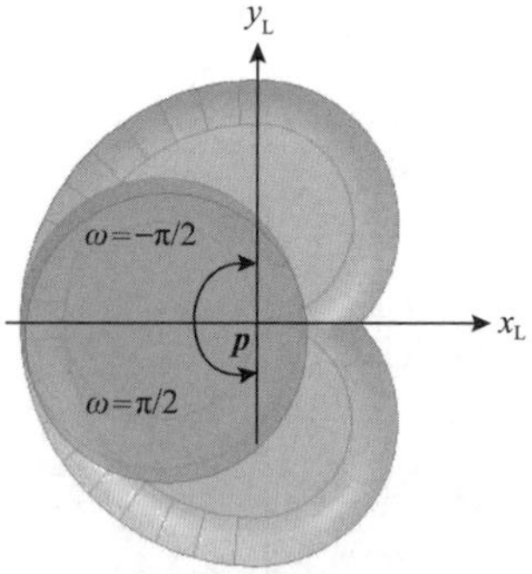

(b) 干涉区域切平面投影

图 4-21　曲面可能干涉区域——广域空间

为提高算法的通用性与鲁棒性，以离散点集表示可能发生干涉的广域空间，从宏观上分析刀具与被加工曲面的切触状态。为简化计算，首先在切平面 x_Ly_L 上计算离散点集的 u、v 参数增量，然后投影至三维空间曲面。考虑到计算精度与效率间的平衡，曲面可能干涉区域表示为一系列同心圆点集，如图 4-22 所示。

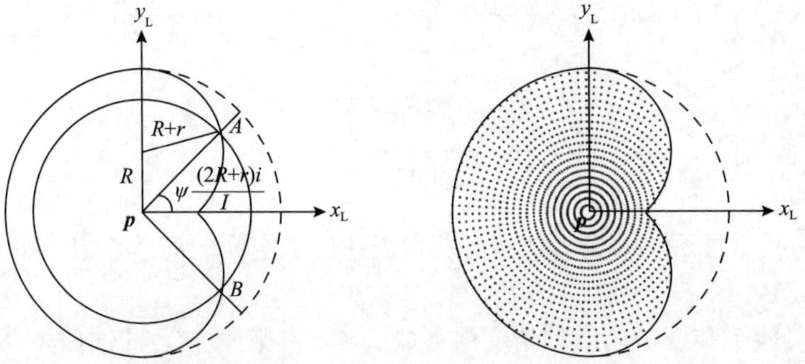

(a) 参数 j 范围计算示意图　　(b) 同心圆离散点集

图 4-22　曲面可能干涉区域离散点集

在局部坐标系 $p\text{-}x_Ly_Lz_L$ 中，曲面离散点坐标分量为

$$x=\frac{(2R+r)i}{I}\cos\left(\frac{2\pi j}{J}\right),\quad y=\frac{(2R+r)i}{I}\sin\left(\frac{2\pi j}{J}\right),\quad z=0 \tag{4-30}$$

式中，$i=1,2,\cdots,I$；$j=0,1,\cdots,J$；I、J 分别为同心圆和圆周点集数目。

为保证所有的离散点均位于三个半圆柱面中，参数 j 应满足：

$$\psi\leqslant\frac{2\pi(j+1)}{J},\quad \frac{2\pi(j-1)}{J}\leqslant 2\pi-\psi \tag{4-31}$$

式中，ψ 为两个半圆和同心圆(半径为 $(2R+r)i/I$)的交点 A、B 和切触点连线与 x_L 轴的夹角，如图 4-22(a)所示。

当 $(2R+r)i/I\geqslant\sqrt{r^2+2Rr}$ 时，利用余弦定理，可得

$$\psi=\arcsin\left[\frac{(2R+r)i}{2RI}-\frac{rI}{2Ri}\right] \tag{4-32}$$

代入式(4-31)，可得

$$\frac{J}{2\pi}\arcsin\left[\frac{(2R+r)i}{2RI}-\frac{rI}{2Ri}\right]-1\leqslant j\leqslant J-\frac{J}{2\pi}\arcsin\left[\frac{(2R+r)i}{2RI}-\frac{rI}{2Ri}\right]+1 \tag{4-33}$$

假设刀具沿等 v 参数线运动，φ 为偏矢 $\boldsymbol{s}_u$、$\boldsymbol{s}_v$ 的夹角，则可得离散点参数增量为

$$
\begin{cases}
\Delta u=\Delta u(i,j)=\dfrac{(2R+r)i\left[\cos\left(\dfrac{2\pi j}{J}\right)-\cot\varphi\sin\left(\dfrac{2\pi j}{J}\right)\right]}{I\left|\boldsymbol{s}_u\right|} \\
\Delta v=\Delta v(i,j)=\dfrac{(2R+r)i\sin\left(\dfrac{2\pi j}{J}\right)}{I\left|\boldsymbol{s}_v\right|\sin\varphi}
\end{cases}
\tag{4-34}
$$

将式(4-34)代入曲面参数方程，即可获得表述广域空间的离散点集，如图 4-22(b)所示。

曲面可能干涉区域离散的精度由参数 I 和 J 控制，结合曲面曲率及计算精度要求，可获得合理的 I、J 参数[10]。此外，也可采用矩形区域离散点集表示广域空间，将被加工曲面进行统一的细密离散后，以可能发生干涉的广域空间边界作为移动窗口选取对应的曲面离散点集。

2. 广域空间误差分析

利用刀具与被加工曲面的差值逼近函数判断了刀具局部干涉，将其推广至广域空间中，直接计算曲面可能发生干涉的离散点集到刀具刀刃曲面的距离，从宏观上分析刀刃干涉误差，以减小曲面曲率变化引起逼近误差的影响。

1) 刀具坐标系定义及坐标变换

设工件坐标系 $O_{\rm w}\text{-}x_{\rm w}y_{\rm w}z_{\rm w}$ 中被加工曲面 S 切触点 $\boldsymbol{p}$ 的初始刀轴矢量为 $\boldsymbol{l}$，刀位点为 $\boldsymbol{a}$，$\boldsymbol{n}$ 为曲面法矢，则可按 2.2.2 节方法建立图 4-23 所示的刀具坐标系 $O_{\rm t}\text{-}x_{\rm t}y_{\rm t}z_{\rm t}$，其中，刀具坐标系完全由刀具方位参数所确定。

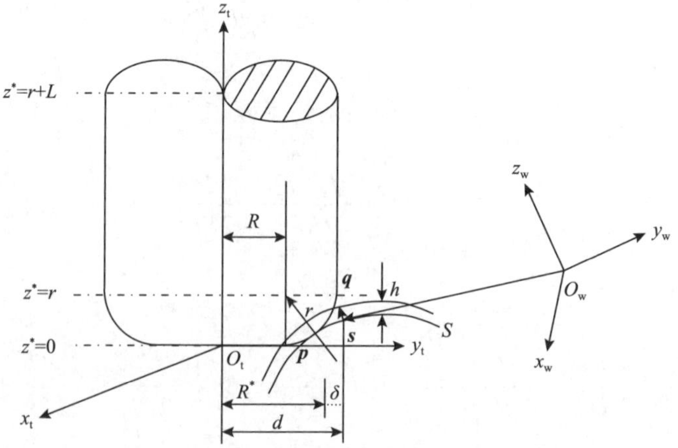

图 4-23 环形刀刀刃干涉误差分析示意图

设广域空间离散点集 $\{\boldsymbol{s}_k, k=1,2,\cdots,K\}$，将其变换至刀具坐标系，可得点集

$\{\boldsymbol{s}_k^*, k=1,2,\cdots,K\}$，$K$ 为离散点总数，即

$$\boldsymbol{s}_k^* = (x^* \quad y^* \quad z^*)^{\mathrm{T}} = \boldsymbol{M}\cdot(\boldsymbol{s}_k - \boldsymbol{O}_{\mathrm{t}}) \tag{4-35}$$

式中，$\boldsymbol{M}$ 为工件坐标系到刀具坐标系的坐标变换矩阵，有

$$\boldsymbol{M} = \begin{pmatrix} \boldsymbol{t}_x \\ \boldsymbol{t}_y \\ \boldsymbol{t}_z \end{pmatrix} = \begin{pmatrix} tx_x & tx_y & tx_z \\ ty_x & ty_y & ty_z \\ tz_x & tz_y & tz_z \end{pmatrix} \tag{4-36}$$

2) 刀刃干涉误差分析

广域空间离散点集变换至刀具坐标系，有利于判断任意点到刀具曲面的截面干涉。如图 4-23 所示，记离散点 $\boldsymbol{s}^*$ 到刀具轴线的截面距离 $d=\sqrt{x^{*2}+y^{*2}}$ ，R^* 为刀刃截面圆半径，δ 为刀刃截面干涉量，z_{t} 方向高度引起截面干涉的计算方法有所不同。

(1) 当 $z^*=0$ 时，分为两种情况，若 $d<R$ ，则 $\delta=0$ ；若 $d \geqslant R$ ，则 $\delta=d-R$ 。

(2) 当 $0<z^* \leqslant r$ 时，$R^*=R+\sqrt{r^2-(r-z^*)^2}$ ，则 $\delta=d-R^*$ 。

(3) 当 $r<z^* \leqslant r+L$ 时（L 为刀杆长度），$R^*=R+r$ ，则 $\delta=d-R^*$ 。

(4) 其他情况 $z^*<0$ 或 $z^*>r+L$ 时，则 $\delta=\mathrm{Max}$（Max 为一较大常数）。

按上述方法计算广域空间中所有曲面离散点 $\{\boldsymbol{s}_k^*, k=1,2,\cdots,K\}$ 对应的截面干涉量 $\delta_k(k=1,2,\cdots,K)$ 。当存在 $\delta_k<0$ 时，说明环形刀存在刀刃干涉，当前的刀轴矢量不可用，需作进一步调整。当所有离散点对应的截面干涉量 $\delta_k \geqslant 0$ 时，可通过计算刀具的真实切削轮廓及有效的加工带宽，实现刀具方位的优化。

3) 刀具实际切削轮廓建立

设被加工曲面 S 的允许残留高度为 h，计算精度为 ε ，按照曲面正法向偏置广域空间的离散点集 $\{\boldsymbol{s}_k, k=1,2,\cdots,K\}$ ，得 $\{\boldsymbol{q}_k, k=1,2,\cdots,K\}$ ，即

$$\boldsymbol{q}_k = \boldsymbol{s}_k + h\cdot\boldsymbol{n}_k, \quad k=1,2,\cdots,K \tag{4-37}$$

将式(4-37)代入式(4-35)变换至刀具坐标系，得点集 $\{\boldsymbol{q}_k^*, k=1,2,\cdots,K\}$ 。

计算点到环形刀刀刃截面干涉误差 $\delta_k(k=1,2,\cdots,K)$ ；若 $\delta_k \leqslant \varepsilon$ ，则称对应曲面离散点 $\boldsymbol{s}_k$ 为切削点。所有的切削点集合构成刀具的实际切削轮廓，记为 $Cr(\boldsymbol{p},\boldsymbol{l})=\{\boldsymbol{r}_k, k=1,2,\cdots,N\}$ ，N 为切削点总数，如图 4-24 所示。

不同于现有方法，这里采用离散点集形式定义刀具的实际切削轮廓。该方法可真实准确地描述刀具与被加工曲面在切触点处的切触状态，基于此计算得到的

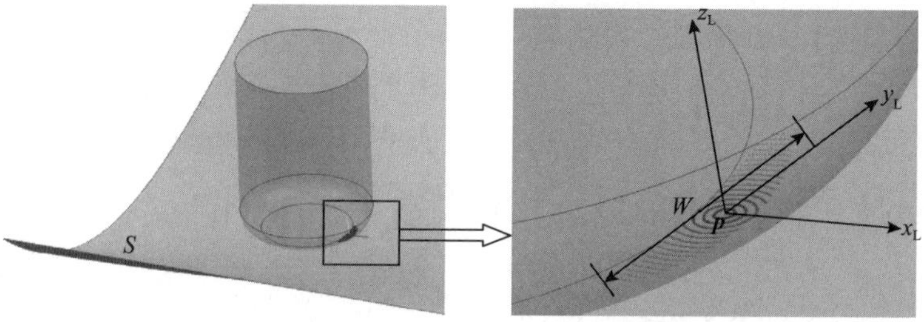

图 4-24　刀具实际切削轮廓及加工带宽

加工带宽能实现具有宏观意义的刀具方位优化。

4)加工带宽计算

设曲面 S 上切触点 $\boldsymbol{p}$ 对应的加工带宽为 W，当前刀具方位下刀具的实际切削轮廓为 $Cr(\boldsymbol{p},\boldsymbol{l})=\{\boldsymbol{r}_k,k=1,2,\cdots,N\}$，则在允许残留高度 h 下精确的加工带宽为

$$W=\max_{1\leqslant i,j\leqslant N}\left|\boldsymbol{b}\cdot(\boldsymbol{r}_i-\boldsymbol{r}_j)\right|,\quad \text{s.t.}\ \forall \boldsymbol{r}_k\in Cr(\boldsymbol{p},\boldsymbol{l}),\quad 0\leqslant\delta_k\leqslant h \tag{4-38}$$

式中，$\boldsymbol{b}$ 为行进给方向矢量(局部坐标系 y_L 轴方向矢量)。

根据刀具实际切削轮廓的定义，任意切削点 $\boldsymbol{r}_k$ 均满足约束条件 $0\leqslant\delta_k\leqslant h$，由此定义的加工带宽即为具有宏观意义的真实最大切削宽度。随着刀轴的变化，刀具的实际切削轮廓发生变化，进而影响加工带宽。通过建立刀具方位与加工带宽的映射关系，即能自适应优化刀具方位，获取允许残留高度下的最大加工带宽。

3. 刀具方位自适应优化

基于广域空间的误差分析，建立刀具方位与加工带宽的映射关系：

$$W=G(\lambda,\omega) \tag{4-39}$$

式中，刀具方位由刀轴倾角二元组 (λ,ω) 所定义，具体算法流程如图 4-25 所示。

对于给定的刀轴倾角初值，首先判断是否发生干涉，进而计算对应的加工带宽。其计算结果的准确性依赖于广域空间的离散精度，可根据允许的残留高度确定合理的采样区间。

图 4-26 给出了刀轴倾角引起加工带宽变化的趋势，该趋势与图 4-16 中的变化趋势相似，随着后跟角 λ 的减小，加工带宽 W 增大，且关于侧偏角 ω 的取值大致呈对称分布形式，这一分布结果与现有方法的结果吻合[10, 23]。

据此，建立刀具方位自适应优化的数学模型：

$$W=\max_{\lambda\in\left(0,\frac{\pi}{2}\right),\ \omega\in\left(-\frac{\pi}{2},\frac{\pi}{2}\right)}[G(\lambda,\omega)],\quad \text{s.t.}(\lambda,\omega)\in\text{非干涉区域} \tag{4-40}$$

其中，刀位优化的目标是最大化当前切触点的加工带宽，同时以约束条件$(\lambda,\omega)\in$ gouging free region 保证刀具无局部干涉产生，在图 4-25 的算法流程中判断干涉与否(为保证安全，一般设置$\lambda \geqslant 2°$)。此时最大的加工带宽 W 对应的刀轴倾角即为优化的刀轴倾角，通过坐标变换获得最终优化的刀具方位。

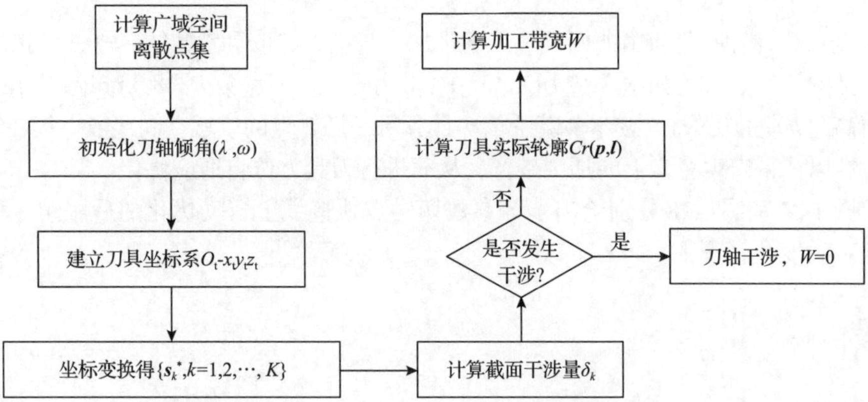

图 4-25　刀具方位与加工带宽的映射关系建立算法流程

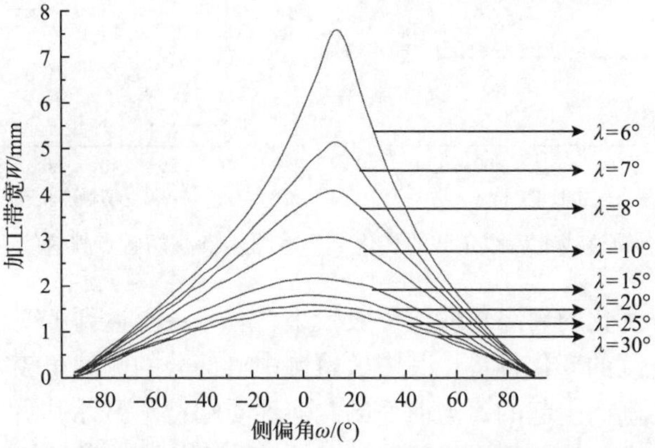

图 4-26　刀轴倾角二元组(λ,ω)引起加工带宽 W 的变化

模型(4-40)可进一步简化为单参数变量的优化模型，如利用曲率匹配方法计算保守的后跟角λ^*，在此基础上优化侧偏角[26]：

$$W=\max_{\omega\in\left(-\frac{\pi}{2},\frac{\pi}{2}\right)}\left[G(\lambda^*,\omega)\right],\quad \text{s.t.}(\lambda^*,\omega)\in\text{非干涉区域} \tag{4-41}$$

或假定侧偏角$\omega=0$，在此基础上优化后跟角：

$$W=\max_{\lambda\in\left(0,\frac{\pi}{2}\right)}\left[G(\lambda,0)\right],\quad \text{s.t.}(\lambda,0)\in\text{非干涉区域} \tag{4-42}$$

此外，刀位优化模型还可增加其他约束条件，如运动学约束，保证机床和刀具运动的平稳性[29]。在实际应用中，还可适当缩小刀轴倾角变化的范围，简化计算过程。

4. 算例分析

以某一叶片叶身自由曲面环形刀五轴加工为例，选取等参数线 $v=0.3$，按等步长离散的切触点轨迹如图 4-17 所示。其中，采用的环形刀参数 $R=8.5\text{mm}$，$r=4\text{mm}$，残留高度 $h=0.01\text{mm}$。按本节算法依次计算每一切触点的广域空间离散点集，分析误差，以获得宏观意义上的加工带宽，从而进行刀具方位自适应优化。

图 4-27 和图 4-28 分别给出了等参数切触点轨迹线上自动优化的后跟角 λ 和侧偏角 ω 的变化情况。

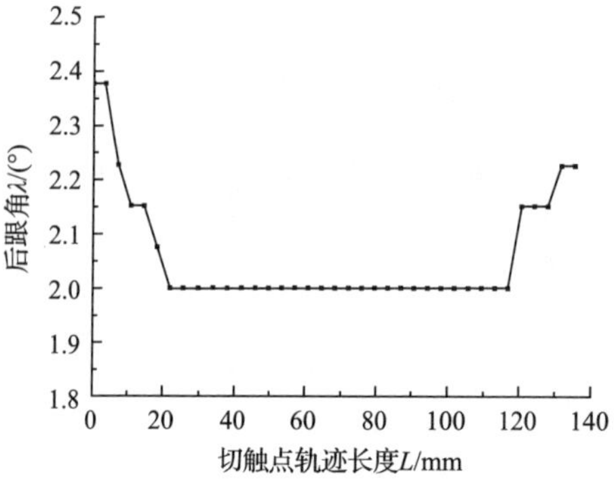

图 4-27　切触点轨迹线上后跟角 λ 的变化

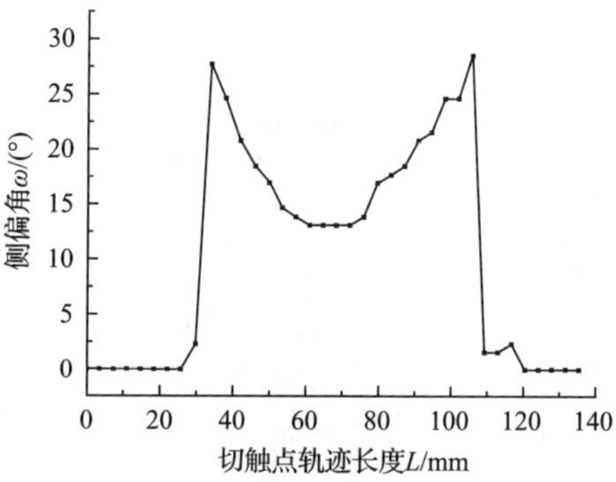

图 4-28　切触点轨迹线上侧偏角 ω 的变化

可以看出，优化的后跟角取值一般较小，有时甚至达到了安全角度；而侧偏角也呈现较为连续的变化趋势。其中，轨迹中段部分的侧偏角较大，这是由刀具侧刃参与实际切削而引起的，与曲面的几何性质相符。另外，由于首末两点可能干涉的区域不完整，简单采用相邻切触点的刀轴倾角及带宽代替。

图 4-29 为同一条切触点轨迹线上不同加工带宽计算结果的比较。

由图 4-29 可以看出，广域空间和二阶泰勒逼近计算的加工带宽均大于传统固定刀轴方法 (5°,0°) 的计算结果，这与刀具方位优化的目的相符。同时，二阶泰勒逼近得到的加工带宽变化较为平缓，这是忽略切触点邻近区域曲率变化，仅从曲面微分性质出发分析的结果。而受被加工曲面曲率变化的影响，广域空间计算得到的加工带宽变化较大，但也符合广域空间算法提出的背景需要。图 4-29 表明广域空间的加工带宽具有宏观意义，不再局限于微分几何性质分析，准确地描述了刀具刀刃与被加工曲面的几何切触状态。

然而，相对于二阶泰勒逼近方法，广域空间方法的计算速度较慢，因此适用

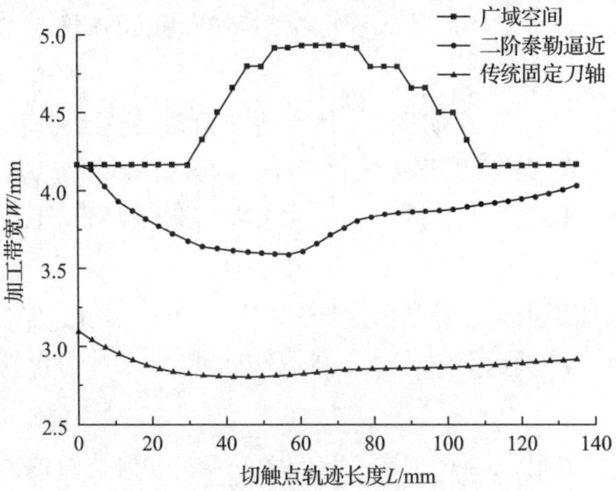

图 4-29　不同加工带宽计算方法的结果对比

于曲率变化较大的自由曲面刀位轨迹规划。而对于曲率变化较为平缓的曲面，采用二阶泰勒逼近方法即能满足实际需求。此外，刀具方位的广域空间逼近优化方法还可进一步推广至 APT 通用刀具，用于分析刀具摆动空间中的任意干涉类型和刀轴的自动优化。

4.2.4　环形刀五轴宽行加工刀位轨迹规划

4.2.2 节和 4.2.3 节提出了单一切触点的刀具方位优化方法，尚未考虑整个切削行的最大允许加工带宽的计算。为此，本节以刀具方位的广域空间逼近优化为基础建立多空间映射关系，给出具体的环形刀五轴宽行加工刀位轨迹规划方法。

1. *刀位轨迹自适应规划流程*

单点的刀位优化仅是轨迹规划中的局部优化，如何确定整个切削行的最大允许加工带宽将涉及全局优化问题，目的是使切削行上的最小带宽最大化。实际加工中，由于加工工艺的要求或其他约束，刀具轨迹的走刀方向一般是确定的。例如，在叶片叶身曲面加工中，采用流线型的刀具轨迹能够获得最佳的加工效果[30]。因此，这里利用等参数线方法自适应地规划宽行加工刀位轨迹。

假设走刀方向沿 v 参数线方向，以刀具方位的广域空间逼近优化为基础，建立刀具-曲面-刀位-带宽的多空间映射关系。在此基础上，首先计算边界 $v=0$ 参数线上切触点对应的最大加工带宽，并获得下一切触点的位置，以所有下一切触点最小的 v 参数确定下一条刀具轨迹，以此类推，直至获得覆盖整张曲面的宽行加工刀位轨迹。具体规划流程如下。

(1)将被加工曲面 S 重新参数化，取 $v=0$ 的边界曲线作为初始切触点轨迹，并记 j=1，CNum=1。

(2)按等精度方法离散当前等 v 参数曲线，获得当前的切触点轨迹 $\text{CCPcurve}_j = \{\boldsymbol{p}_1, \boldsymbol{p}_2, \cdots, \boldsymbol{p}_N\}$。

(3)以 v 参数线方向为走刀方向，依次建立切触点序列对应的局部坐标系。

(4)根据 4.2.3 节广域空间逼近优化方法，计算每一切触点 $\boldsymbol{p}_i$ 对应的优化的刀轴倾角 (λ_i, ω_i) 和加工带宽 W_i，同时生成无干涉的宽行加工刀位轨迹 $\text{CLPcurve}_j = \{(\boldsymbol{a}_1, \boldsymbol{l}_1), (\boldsymbol{a}_2, \boldsymbol{l}_2), \cdots, (\boldsymbol{a}_N, \boldsymbol{l}_N)\}$。

(5)按照最大加工带宽计算切触点序列对应的下一切触点序列 $\{\boldsymbol{q}_1, \boldsymbol{q}_2, \cdots, \boldsymbol{q}_N\}$。

(6)比较切触点序列 $\{\boldsymbol{q}_1, \boldsymbol{q}_2, \cdots, \boldsymbol{q}_N\}$ 对应的曲面 v 参数，得到最小参数 $v_{\min} = \min\limits_{1 \leqslant i \leqslant N} v(\boldsymbol{q}_i)$。

(7)若 $v_{\min} < 1$，则以 $v = v_{\min}$ 等参数生成下一条切触点轨迹，j=j+1，转到步骤(2)；否则，CNum = j，转到步骤(8)。

(8)以 $v_{\min} = 1$ 的等参数线生成最后一条切触点轨迹 CCPcurve_j，并优化计算刀具方位，生成无干涉的刀位轨迹 CLPcurve_j。

此外，还可以利用二阶泰勒逼近优化方法建立多空间映射关系，并应用于此算法流程中。实际应用中，一般根据具体的曲面几何性质选择合适的刀位优化方法。

2. 结果对比与分析

为验证本节所提的宽行加工方法可行，针对某航空发动机叶片叶身自由曲面的环形刀五轴加工进行轨迹规划。设环形刀刀具参数 $R = 8.5\text{mm}$, $r = 4\text{mm}$，残留高度 $h = 0.01\text{mm}$，按照本节算法自适应地规划宽行加工刀位轨迹。图 4-30 为叶片曲面的切触点轨迹计算结果。其中，后跟角、侧偏角和加工带宽均按照刀具方位的广域空间逼近优化方法自动计算，切触点轨迹总长为 5042.8054mm。

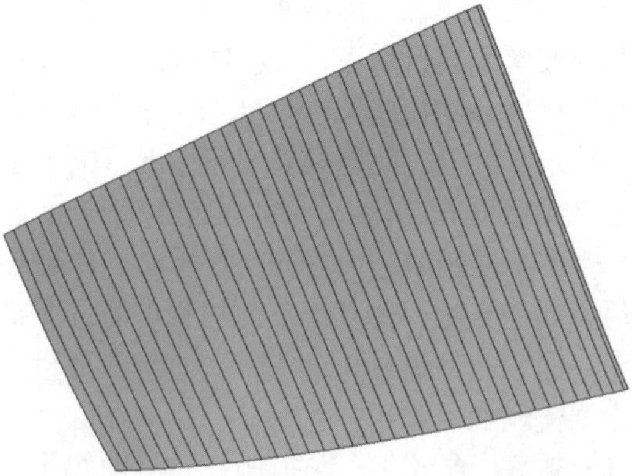

图 4-30 叶片曲面宽行加工刀位轨迹分布

图 4-31 为相同条件下二阶泰勒逼近的刀位轨迹分布，其切触点轨迹总长为 5965.9167mm 。图 4-32 表示相同条件下固定刀轴倾角 $\lambda = 5°, \omega = 0°$ 的叶身曲面切触点轨迹，其轨迹总长达 7282.6179mm 。其中，二阶泰勒逼近方法相对于固定刀轴倾角切触点轨迹总长减少了 18.08%，而广域空间相对于二阶泰勒逼近方法的切触点轨迹总长减少了 15.47%。可以看出，无论是二阶泰勒逼近，还是广域空间的刀具方位优化方法，都使加工带宽大大增加，轨迹线数目相对减小；进一步分析可知，广域空间的刀具方位优化方法更具优势。

图 4-31　二阶泰勒逼近的刀位轨迹分布

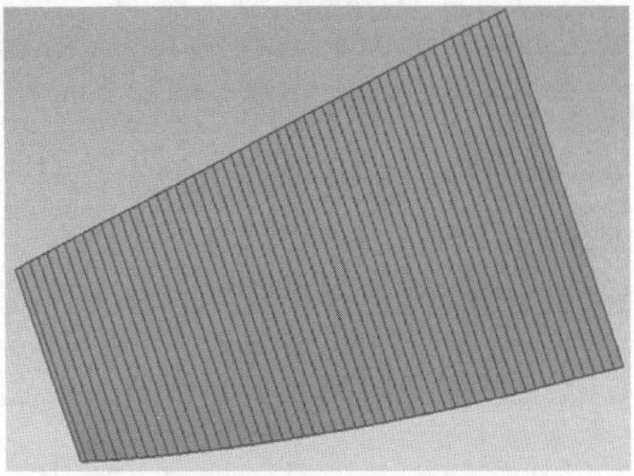

图 4-32　固定刀轴倾角刀位轨迹分布

本节仅讨论了利用等参数线的宽行加工刀位轨迹规划方法，还可以结合等残留高度方法规划宽行加工刀位轨迹。在实际应用中，一般需要结合具体零件的加工工艺和走刀路线控制策略进行轨迹规划。目前，宽行加工方法已集成至叶片多轴加工专用编程软件中，并成功应用于某型航空发动机系列叶片的实际加工。图 4-33 和图 4-34 分别给出了叶片的铣削加工过程与实际加工的效果图。

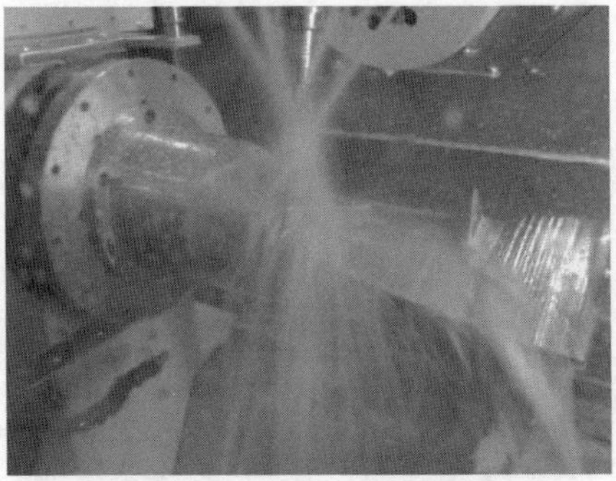

图 4-33　叶片铣削加工过程

图 4-34　叶片实际加工效果

需要说明的是，这里的刀位优化并未考虑刀具的碰撞干涉，当存在碰撞干涉时，尚需根据切触点对应的几何约束域，在刀具的可行空间中进行刀具方位的选取，可采用本书 6.1 节的约束统一处理算法。

4.3 鼓形刀五轴侧铣加工刀位轨迹规划方法

在平底刀的五轴端铣加工中，刀具在切削刃处为 C^0 连续，刀具与被加工曲面只在刀具底部外圆处发生切触。因此，当满足在垂直于走刀方向的平面上刀具的法曲率大于被加工曲面的法曲率时，则认为不会发生过切。而当采用鼓形刀进行侧铣加工时，刀具曲面与被加工曲面在切触点处相切，为避免干涉，需保证在切触点处任意方向上刀具都不会过切被加工曲面，仅保证垂直于走刀方向的法曲率满足不过切的条件是不充分的。

针对鼓形刀五轴侧铣加工，引入正向杜邦指标线的概念，给出具有严格凸切削刃的刀具加工自由曲面时不发生干涉的充要条件，并根据给定的残留高度，推导鼓形刀侧铣加工带宽的计算方法，以此实现侧铣加工刀位轨迹规划[31]。

4.3.1 严格凸切削刃刀具侧铣加工曲面的可加工性分析

严格凸切削刃是指连接切削刃上任意两点的线段，除端点外，其余部分均位于切削刃形成的曲面之内。在此以鼓形刀为例，推导具有严格凸切削刃的刀具侧铣加工自由曲面不发生干涉的充要条件。鼓形刀如图 4-35 所示，其切削刃为一半径为 R_c 的圆弧形成的回转面，显然，该回转面为一严格凸曲面。以切触点 p 为坐标原点建立局部坐标系，x_L 为切削进给方向，y_L 为被加工曲面 S 在 p 点的外法矢方向，$z_L=x_L \times y_L$，如图 4-36 所示。在切触点处，刀具表面与被加工曲面保持相切，x_Lz_L 平面为切平面。

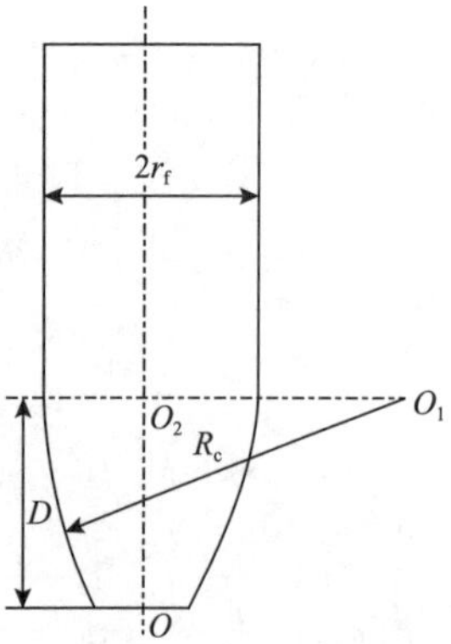

图 4-35 鼓形刀

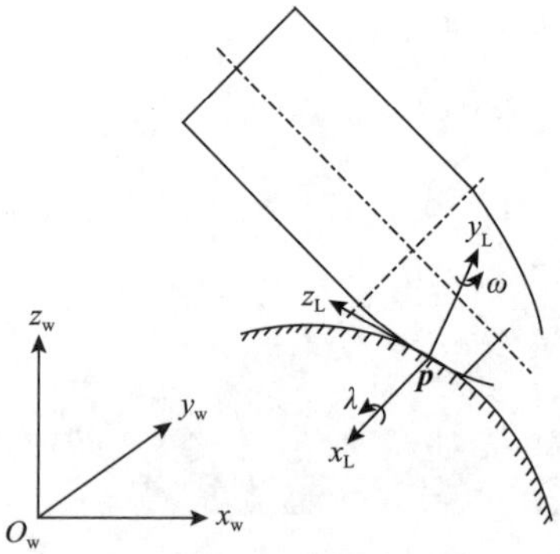

图 4-36 加工中的局部坐标系

令刀具曲面 Σ 表示为

$$f = f(x, y, z)$$

被加工曲面 S 表示为

$$s = s(x, y, z)$$

则将被加工曲面 S 在局部坐标系中作二阶泰勒展开，点 p 的切平面 T_pS 和密切抛物面 m_pS 在局部坐标系中分别为

$$y = 0, \qquad y = \frac{1}{2}(s_{xx}x^2 + 2s_{xz}xz + s_{zz}z^2)$$

取平行于 T_pS 且 $y = 1/2$ 的平面与上述密切抛物面的交线为

$$\begin{cases} y = \dfrac{1}{2} \\ s_{xx}x^2 + 2s_{xz}xz + s_{zz}z^2 = 1 \end{cases}$$

其在切平面 T_pS 上的投影 i_p 为

$$\begin{cases} y = 0 \\ s_{xx}x^2 + 2s_{xz}xz + s_{zz}z^2 = 1 \end{cases}$$

则 i_p 为曲面在切触点 p 的正向杜邦指标线，其几何意义为：过点 p 沿给定的切方向 $\mathrm{d}r = \boldsymbol{r}_u \mathrm{d}u + \boldsymbol{r}_v \mathrm{d}v$ 画一线段 pq，使其长度为 $\sqrt{1/k_n}$ $(k_n > 0)$，则对于切平面上所有的方向，点 q 的轨迹即为曲面在点 p 的正向杜邦指标线[32]，如图 4-37 和图 4-38 所示。

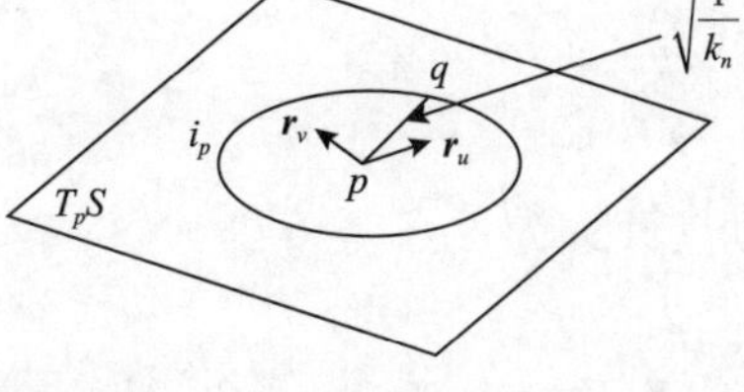

图 4-37　正向杜邦指标线的几何意义

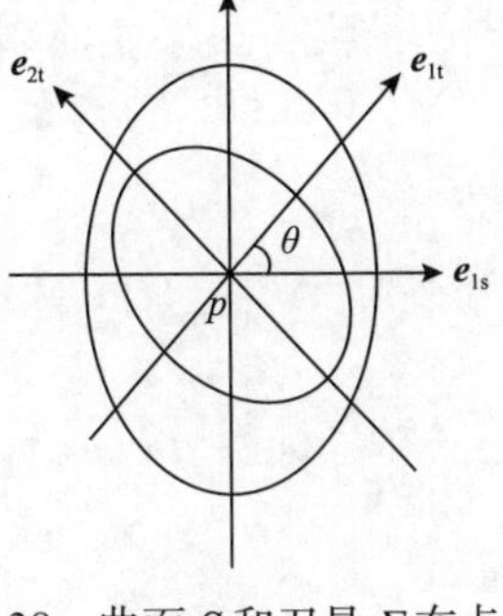

图 4-38　曲面 S 和刀具 Σ 在点 p 的正向杜邦指标线

对于被加工曲面 S，k_1、k_2 分别为给定法矢的曲面最大、最小主曲率，$K = k_1k_2$

则称为曲面 S 的高斯曲率，具体解释如下。

(1) 当 $K>0$ 时，该点为椭圆点；当 $k_1>0$ ，$k_2>0$ 时，称为凹椭圆点，曲面朝向法矢方向弯曲，此时其正向杜邦指标线为一椭圆；当 $k_1<0$ ，$k_2<0$ 时，称为凸椭圆点，曲面朝法矢反向弯曲，此时其正向杜邦指标线不存在。

(2) 当 $K<0$ 时，该点为双曲点，曲面分别朝法矢两侧弯曲，其正向杜邦指标线为一双曲线。

(3) 当 $K=0$ 时，该点为抛物点；当 $k_1=0$ 、$k_2<0$ 时，该点为凸抛物点，正向杜邦指标线不存在；当 $k_1>0$ 、$k_2=0$ 时，曲面朝法矢方向弯曲，正向杜邦指标线为两条平行直线；当 $k_1=0$ 、$k_2=0$ 时，该点为平点，正向杜邦指标线不存在。

刀具曲面为一严格凸曲面，因此其正向杜邦指标线始终为一椭圆。对于凸椭圆点、凸抛物点和平点，刀具在任意方向均位于被加工曲面上方，不会产生干涉；在其他情况中，当刀具曲面的正向杜邦指标线位于被加工曲面的正向杜邦指标线内时，表明刀具曲面在任意方向上的曲率均大于被加工曲面的曲率，此时，刀具在任意方向上均位于被加工曲面上方，不会有干涉发生。对于凸椭圆点、凸抛物点和平点，定义其正向杜邦指标线为无穷大。

定理 4-1　在切触点 p，当刀具曲面 Σ 的正向杜邦指标线位于被加工曲面 S 的正向杜邦指标线内时，刀具曲面 Σ 在 p 点不会过切曲面 S。

刀具曲面的正向杜邦指标线位于被加工曲面的正向杜邦指标线内，说明沿法矢方向，刀具曲面始终位于被加工曲面之上，不会有干涉发生。因此，考察曲面 $y=f(x,z)-s(x,z)$ ，当该曲面的正向杜邦指标线为一椭圆时，说明该曲面朝法矢正向弯曲，即在切触点处，刀具曲面始终位于被加工曲面之上，不会发生过切。

如图 4-38 所示，令 $\boldsymbol{e}_{1\mathrm{s}}$ 、$\boldsymbol{e}_{2\mathrm{s}}$ 为曲面 S 在 p 点的最大、最小主方向，二者互相垂直，$\boldsymbol{e}_{1\mathrm{t}}$ 、$\boldsymbol{e}_{2\mathrm{t}}$ 为刀具曲面 Σ 在 p 点的最大、最小主方向，与曲面 S 相应主方向的夹角为 θ。$k_{1\mathrm{s}}$ 、$k_{2\mathrm{s}}$ 为曲面 S 在 p 点的最大、最小主曲率，$k_{1\mathrm{t}}$ 、$k_{2\mathrm{t}}$ 为刀具曲面 Σ 在 p 点的最大、最小主曲率，则在坐标系 $p\text{-}e_{1\mathrm{s}}e_{2\mathrm{s}}y_{\mathrm{L}}$ 中，曲面 S 的二阶泰勒展开式为

$$s(x_1,x_2)=\frac{1}{2}(k_{1\mathrm{s}}x_1^2+k_{2\mathrm{s}}x_2^2)$$

刀具曲面 Σ 在坐标系 $p\text{-}e_{1\mathrm{s}}e_{2\mathrm{s}}y_{\mathrm{L}}$ 中的二阶泰勒展开式为

$$f(x_1,x_2)=\frac{1}{2}k_{1\mathrm{t}}(x\cos\theta+y\sin\theta)^2+\frac{1}{2}k_{2\mathrm{t}}(-x\sin\theta+y\cos\theta)^2$$

因此，曲面 $f\text{-}s$ 的正向杜邦指标线为

$$
\begin{aligned}
&(k_{1t}\cos^2\theta + k_{2t}\sin^2\theta - k_{1s})x_1^2 + 2(k_{1t} - k_{2t})\sin\theta\cos\theta x_1 x_2 \\
&+(k_{1t}\sin^2\theta + k_{2t}\cos^2\theta - k_{2s})x_2^2 = 1
\end{aligned}
\tag{4-43}
$$

令

$$
\begin{aligned}
a &= k_{1t}\cos^2\theta + k_{2t}\sin^2\theta - k_{1s} \\
b &= (k_{1t} - k_{2t})\sin\theta\cos\theta \\
c &= k_{1t}\sin^2\theta + k_{2t}\cos^2\theta - k_{2s}
\end{aligned}
\tag{4-44}
$$

则式(4-43)为一椭圆的充要条件[6]为

$$
\begin{cases}
b^2 - ac < 0 \\
a + c > 0
\end{cases}
\tag{4-45}
$$

将 a、b、c 代入式(4-45)得到利用刀具加工曲面 S 不发生过切的充要条件为

$$
\begin{cases}
-(k_{1t} - k_{1s})(k_{2t} - k_{2s}) + (k_{1t} - k_{2t})(k_{1s} - k_{2s})\sin^2\theta < 0 \\
k_{1t} + k_{2t} - (k_{1s} + k_{2s}) > 0
\end{cases}
\tag{4-46}
$$

式中，θ 为刀具曲面与被加工曲面之间相应主方向的夹角。

4.3.2　刀具与被加工曲面主方向夹角计算

如图 4-36 所示，在切削过程中刀具初始刀轴矢量与 z_L 轴相同，均为$(0\quad 0\quad 1)^T$，刀具首先绕 x_L 轴旋转 λ，然后绕 y_L 轴旋转 ω，旋转矩阵分别为

$$
\boldsymbol{R}_x(\lambda) = \begin{pmatrix} 1 & 0 & 0 \\ 0 & \cos\lambda & -\sin\lambda \\ 0 & \sin\lambda & \cos\lambda \end{pmatrix}, \quad
\boldsymbol{R}_y(\omega) = \begin{pmatrix} \cos\omega & 0 & \sin\omega \\ 0 & 1 & 0 \\ -\sin\omega & 0 & \cos\omega \end{pmatrix}
$$

经过旋转后，刀轴矢量在局部坐标系 $p\text{-}x_L y_L z_L$ 中为

$$
\boldsymbol{l} = \boldsymbol{R}_y(\omega)\boldsymbol{R}_x(\lambda)(0\quad 0\quad 1)^T
$$

旋转后切触点处刀具的最大主曲率为

$$
k_{1t} = \frac{1}{R_c\cos\lambda + r_f - R_c} = \frac{1}{r_f - R_c(1-\cos\lambda)}, \qquad k_{2t} = \frac{1}{R_c}
$$

在刀具未旋转时，刀具的最大主方向 $\boldsymbol{e}_{1t}$ 与 x_L 轴相同，最小主方向 $\boldsymbol{e}_{2t}$ 与 z_L 轴相同。刀具始终在切触点处与被加工曲面保持相切，因此刀具绕 x_L 轴的旋转只改

变切触点在切削刃上的位置，而不改变刀具主曲率的方向，只有在绕 y_L 轴旋转的过程中，刀具的主方向才发生改变。因此，刀具旋转后在局部坐标系 $p\text{-}x_Ly_Lz_L$ 中的主方向分别为

$$\boldsymbol{e}_{1t} = \boldsymbol{R}_y(\omega)(1 \quad 0 \quad 0)^{\mathrm{T}}, \qquad \boldsymbol{e}_{2t} = \boldsymbol{R}_y(\omega)(0 \quad 0 \quad 1)^{\mathrm{T}}$$

一般情况下，曲面 S 在 p 点的最大、最小主方向 $\boldsymbol{e}_{1s}$ 、$\boldsymbol{e}_{2s}$ 为工件坐标系中的值，为方便计算，需要得到其在局部坐标系 $p\text{-}x_Ly_Lz_L$ 中的值。

令

$$a_{11} = x_L(1), \quad a_{12} = x_L(2), \quad a_{13} = x_L(3)$$

$$a_{21} = y_L(1), \quad a_{22} = y_L(2), \quad a_{23} = y_L(3)$$

$$a_{31} = z_L(1), \quad a_{32} = z_L(2), \quad a_{33} = z_L(3)$$

则由工件坐标系向局部坐标系的变换矩阵为

$$\boldsymbol{M}_{\text{tran}} = \begin{pmatrix} a_{11} & a_{12} & a_{13} \\ a_{21} & a_{22} & a_{23} \\ a_{31} & a_{32} & a_{33} \end{pmatrix}$$

因此，在局部坐标系 $p\text{-}x_Ly_Lz_L$ 中，曲面的主方向 $\boldsymbol{e}_{1sL}$ 、$\boldsymbol{e}_{2sL}$ 分别为

$$\boldsymbol{e}_{1sL} = \boldsymbol{M}_{\text{tran}}\boldsymbol{e}_{1s}, \qquad \boldsymbol{e}_{2sL} = \boldsymbol{M}_{\text{tran}}\boldsymbol{e}_{2s}$$

则刀具曲面和被加工曲面主方向的夹角为

$$\theta = \arccos(\boldsymbol{e}_{1t} \cdot \boldsymbol{e}_{1sL})$$

将 θ 、k_{1t} 和 k_{2t} 代入式(4-46)即可判断在当前刀具位置侧铣加工曲面时是否有过切的发生。若不满足式(4-46)，则说明有过切的发生。刀具绕 x_L 轴的旋转不改变刀具的主方向，因此可通过调整 ω 以减小 θ 来消除干涉。当 $\theta = 0$ ，仍存在干涉时，说明当前刀具半径过大，应予以换刀。

4.3.3　鼓形刀侧铣加工带宽计算

当给定残留高度 h 时，刀具曲面与被加工曲面的差值应满足 $f - s = 2h$ ，即

$$ax_L^2 + 2bx_Lz_L + cz_L^2 = 2h \tag{4-47}$$

式中，a、b、c 如式(4-44)定义。方程(4-47)在 x_Lz_L 平面上为一椭圆，如图 4-39 所

示。当给定残留高度为 h 时，相应的加工带宽即为该椭圆两条平行于走刀方向的切线 l_1、l_2 之间的距离 d。

平面坐标系 $p\text{-}x_L z_L$ 与坐标系 $p\text{-}e_{1t}e_{2t}$ 的夹角 ϕ 满足 $\cot(2\phi)=\dfrac{a-c}{2b}$，则

$$\tan\phi=\frac{-(a-c)+\sqrt{(a-c)^2+4b^2}}{2b}$$

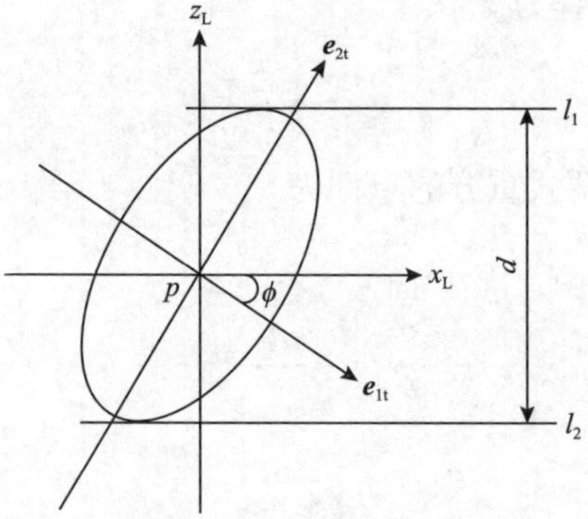

图 4-39　加工带宽的计算

因此，由方程(4-47)确定的椭圆在坐标系 $p\text{-}e_{1t}e_{2t}$ 中的方程为

$$a'x_{1t}^2+b'x_{2t}^2=2h$$

其中，

$$a'=a+b\tan\phi=\frac{(a+c)+\sqrt{(a-c)^2+4b^2}}{2},\quad b'=c-b\tan\phi=\frac{(a+c)-\sqrt{(a-c)^2+4b^2}}{2}$$

故椭圆长半轴为

$$A_1=\sqrt{\frac{2h}{b'}}=\sqrt{\frac{h(a+c)+\sqrt{(a-c)^2+4b^2}}{-b^2+ac}}$$

短半轴为

$$A_s=\sqrt{\frac{2h}{a'}}=\sqrt{\frac{h(a+c)-\sqrt{(a-c)^2+4b^2}}{-b^2+ac}}$$

因此，椭圆在坐标系 $p\text{-}e_{1t}e_{2t}$ 中的方程可转化为

$$\frac{x_{1t}^2}{A_s^2}+\frac{x_{2t}^2}{A_1^2}=1$$

过椭圆上一点(x_{1t0},x_{2t0})的椭圆切线方程为

$$\frac{x_{1t0}x_{1t}}{A_s^2}+\frac{x_{2t0}x_{2t}}{A_1^2}=1 \tag{4-48}$$

假定该切线的斜截式方程为

$$x_{2t}=kx_{1t}+g \tag{4-49}$$

则式(4-48)和式(4-49)两式重合的条件为

$$\frac{\frac{x_{1t0}}{A_s^2}}{k}=-\frac{\frac{x_{2t0}}{A_1^2}}{1}=-\frac{1}{g}$$

可得

$$g=\pm\sqrt{k^2A_s^2+A_1^2}$$

因此，切线l_1、l_2的斜率$k=\tan\phi$，其截距分别为$\pm\sqrt{k^2A_s^2+A_1^2}$，则鼓形刀侧铣加工带宽为

$$d=\frac{2\sqrt{k^2A_s^2+A_1^2}}{\sqrt{1+k^2}}=\sqrt{\frac{A_s^2\tan^2\phi+A_1^2}{1+\tan^2\phi}}=2\sqrt{A_1^2\cos^2\phi+A_s^2\sin^2\phi} \tag{4-50}$$

4.3.4　鼓形刀侧铣加工刀位轨迹规划

在得到加工带宽d后，即可根据基于等残留高度的刀具轨迹生成方法进行鼓形刀的侧铣加工刀位轨迹规划，主要步骤如下。

(1)给定一个初始的(λ_0,ω_0)和鼓形刀刀具参数。

(2)取曲面较长的边界线为初始轨迹，将初始轨迹按步长精度离散为切触点列。

(3)针对切触点列，根据式(4-46)判断当前刀位是否发生干涉。当干涉不存在或可消除时，根据式(4-50)计算相应的加工带宽；否则，修改刀具参数。

(4)根据当前的加工带宽计算切触点沿行距方向的下一条轨迹线对应点。

(5)将所得到的对应点拟合成一条新的轨迹曲线，并重新规划该轨迹上的切

触点。

(6)重复步骤(3)～(5)的操作，直至覆盖整个曲面。

4.3.5　算例分析

针对一自由曲面形式的离心压缩机三元叶片，进行刀具轨迹规划。刀具参数为 $R_c = 70\ \text{mm}$，$r_f = 16\ \text{mm}$，$D = 25\ \text{mm}$。取 $(\lambda_0, \omega_0) = (-5°, 5°)$，经验证该刀具参数及摆角不会与被加工曲面发生干涉。给定残留高度 $h = 0.1\ \text{mm}$，所得切触点轨迹如图 4-40(a)所示，切触点轨迹线总长为 3198.0mm；在同等碰撞干涉条件下，当采用球头刀对该叶片进行等残留高度加工时，刀具半径 $r = 16\text{mm}$，切触点轨迹线总长为 5112.2mm，如图 4-40(b)所示。因此，鼓形刀侧铣效率较球头刀提高了 37.44%。同时，在相同的残留高度下，轨迹线数目的减少还意味着表面质量的提高。

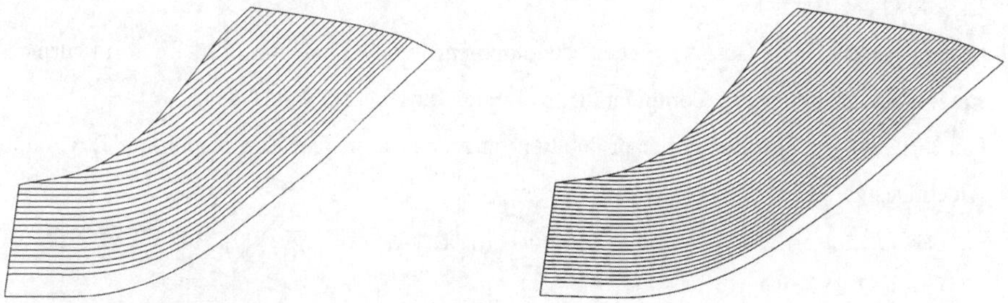

(a) 鼓形刀加工　　(b) 球头刀加工

图 4-40　叶片切触点轨迹分布

与环形刀刀轴倾角自适应优化方法相同，可以进一步优化鼓形刀侧铣加工刀轴倾角，获得加工带宽最大化的刀位轨迹，在此不再详述。

参 考 文 献

[1] 刘雄伟. 数控加工理论与编程技术[M]. 北京: 机械工业出版社, 2001.

[2] Lee Y S. Non-isoparametric tool path planning by machining strip evaluation for 5-axis sculptured surface machining[J]. Computer-Aided Design, 1998, 30(7): 559-570.

[3] Rao A, Sarma R. On local gouging in five-axis sculptured surface machining using flat-end tools[J]. Computer-Aided Design, 2000, 32(7): 409-420.

[4] Balasubramaniam M, Joshi Y, Engels D, et al. Tool selection in three-axis rough machining[J]. International Journal of Production Research, 2001, 39(18): 4215-4238.

[5] Jun C S, Cha K, Lee Y S. Optimizing tool orientations for 5-axis machining by configuration-space search method[J]. Computer-Aided Design, 2003, 35(6): 549-566.

[6] Yoon J H, Pottmann H, Lee Y S. Locally optimal cutting positions for 5-axis sculptured surface machining[J]. Computer-Aided Design, 2003, 35(1): 69-81.

[7] Gray P J, Ismail F, Bedi S. Graphics-assisted rolling ball method for 5-axis surface machining[J]. Computer-Aided Design, 2004, 36(7): 653-663.

[8] Gray P J, Bedi S, Ismail F. Arc-intersect method for 5-axis tool positioning[J]. Computer-Aided Design, 2005, 37(7): 663-674.

[9] 吴宝海. 自由曲面离心式叶轮多坐标数控加工若干关键技术的研究与实现[D]. 西安: 西安交通大学, 2005.

[10] Fan J H, Ball A. Quadric method for cutter orientation in five-axis sculptured surface machining[J]. International Journal of Machine Tools and Manufacture, 2008, 48(7/8): 788-801.

[11] 吴宝海, 罗明, 张莹, 等. 自由曲面五轴加工刀具轨迹规划技术的研究进展[J]. 机械工程学报, 2008, 44(10): 9-18.

[12] Lasemi A, Xue D Y, Gu P H. Recent development in CNC machining of freeform surfaces: A state-of-the-art review[J]. Computer-Aided Design, 2010, 42(7): 641-654.

[13] Fan J H, Ball A. Flat-end cutter orientation on a quadric in five-axis machining[J]. Computer-Aided Design, 2014, 53: 126-138.

[14] 吴宝海, 张莹, 张定华. 基于广域空间的自由曲面宽行加工方法[J]. 机械工程学报, 2011, 47(15): 181-187.

[15] 金曼, 张俐, 陈志同. 圆环面刀具五坐标加工端点误差控制刀位优化[J]. 北京航空航天大学学报, 2006, 32(9): 1125-1128.

[16] Meng F J, Chen Z T, Xu R F, et al. Optimal barrel cutter selection for the CNC machining of blisk[J]. Computer-Aided Design, 2014, 53: 36-45.

[17] Kim Y J, Elber G, Bartoň M, et al. Precise gouging-free tool orientations for 5-axis CNC machining[J]. Computer-Aided Design, 2015, 58: 220-229.

[18] 吴宝海, 王尚锦. 自由曲面叶轮的四坐标数控加工研究[J]. 航空学报, 2007, 28(4): 993-998.

[19] 周济, 周艳红. 数控加工技术[M]. 北京: 国防工业出版社, 2002.

[20] Lee Y S, Ji H. Surface interrogation and machining strip evaluation for 5-axis CNC Die and mold machining[J]. International Journal of Production Research, 1997, 35(1): 225-252.

[21] 张莹. 叶片类零件自适应数控加工关键技术研究[D]. 西安: 西北工业大学, 2011.

[22] Chiou J C J, Lee Y S. Optimal tool orientation for five-axis tool-end machining by swept envelope approach[J]. Journal of Manufacturing Science and Engineering, 2005, 127(4): 810-818.

[23] Fard M B, Feng H Y. Effect of tool tilt angle on machining strip width in five-axis flat-end

milling of free-form surfaces[J]. The International Journal of Advanced Manufacturing Technology, 2009, 44(3): 211-222.

[24] Chiou C J, Lee Y S. A machining potential field approach to tool path generation for multi-axis sculptured surface machining[J]. Computer-Aided Design, 2002, 34(5): 357-371.

[25] 俞武嘉, 傅建中, 陈子辰. 五轴加工刀具路径生成的有效加工域规划方法[J]. 机械工程学报, 2007, 43(7): 179-183.

[26] Bedi S, Gravelle S, Chen Y H. Principal curvature alignment technique for machining complex surfaces[J]. Journal of Manufacturing Science and Engineering, 1997, 119(4B): 756-765.

[27] Lee Y S. Admissible tool orientation control of gouging avoidance for 5-axis complex surface machining[J]. Computer-Aided Design, 1997, 29(7): 507-521.

[28] 张莹, 张定华, 吴宝海, 等. 复杂曲面环形刀五轴加工的自适应刀轴矢量优化方法[J]. 中国机械工程, 2008, 19(8): 945-948.

[29] Wang N, Tang K. Automatic generation of gouge-free and angular-velocity-compliant five-axis toolpath[J]. Computer-Aided Design, 2007, 39(10): 841-852.

[30] Yang D C H, Chuang J J, OuLee T H. Boundary-conformed toolpath generation for trimmed free-form surfaces[J]. Computer-Aided Design, 2003, 35(2): 127-139.

[31] 吴宝海, 王尚锦. 基于正向杜邦指标线的五坐标侧铣加工[J]. 机械工程学报, 2006, 42(11): 192-196.

[32] 梅向明, 黄敬之. 微分几何[M]. 3 版. 北京: 高等教育出版社, 2003.

第 5 章　复杂特征多轴加工刀具轨迹生成方法

在日益复杂的产品零件实际应用中，单一的自由曲线曲面常常无法满足要求，必须采用复杂的加工特征进行描述，如航空发动机关键零部件中的岛屿、叶片、通道等。其中，“岛屿”特征是指刀具不能切入的“正实体”，如压气机、风扇叶片的阻尼台等[1, 2]；“通道”特征则是指被刀具切除的“负实体”，如整体叶盘、叶轮相邻两叶片之间的流道等[3, 4]。随着 CAD/CAPP/CAM 集成技术的发展，基于特征的数控加工编程技术成为发展需要[5-9]。

近二十年来，针对自由曲面的刀具轨迹生成，国内外许多专家和学者开展了深入研究，提出了许多实用的计算方法，且部分算法已成功应用于商用的 CAD/CAM 软件中[10-13]。然而，自由曲面的轨迹生成一般仅考虑自身曲面的几何形态与刀具的匹配关系；对于复杂的加工特征，其形状、拓扑结构复杂，几何约束多，干涉严重，且大多工艺要求严格，刀轨的规划和刀轴的控制相互影响。如何结合加工工艺需要，合理地规划刀轨分布，并进行刀轴的优化控制成为复杂特征多轴加工刀具轨迹生成的主要问题[1, 3, 4, 14-22]。

为此，本章以航空发动机叶片类零件为对象，根据第 2 章中加工特征约束分解结果，依次介绍多曲面体(岛屿)、叶片及通道等复杂加工特征的刀具轨迹生成方法。首先，利用点搜索技术生成多曲面体(岛屿)的清根加工刀具轨迹；在此基础上，给出多曲面岛屿螺旋加工的刀具轨迹生成方法；然后，针对叶片的螺旋铣加工，根据叶片特征的不同表示方法，分别介绍单曲面叶片、组合曲面叶片，以及叶片通道的螺旋加工刀具轨迹生成方法；最后，结合通道特征的可加工性分析，阐述复杂通道插铣、侧铣加工的轨迹生成方法。

5.1　多曲面体清根加工刀具轨迹生成方法

多曲面体清根加工是曲面交线加工中的一个特例。曲面交线加工刀具轨迹的计算是多轴数控加工轨迹生成中最复杂的问题之一，同时也是应用最为广泛的计算方法之一[5, 23]。曲面交线加工的典型情况是刀具沿零件面(part surface)和导动面(drive surface)的交线，以一定的步长控制方式，移至检查面(check surface)。根据交线的分类形式，曲面交线加工又可分为曲面交线清根加工和曲面间过渡区域交线加工[23]。

在三轴数控加工中，曲面交线加工刀轴不受其他临界线或边界约束面的影响，一般采用球头刀加工。但是对于五轴曲面交线加工，除了以上三个零件面、导动面和检查面外，可能还存在其他约束。特别是对于复杂的多曲面体加工特征，清根加工的轨迹生成尤其困难。

因此，本节以航空发动机叶片阻尼台和叶轮清根加工为例，首先分析多曲面体清根加工的特点，以距离条件为核心，提出一种利用点搜索技术计算多曲面体清根加工轨迹的方法[2]；其次，采用点搜索算法分别生成阻尼台和叶轮的单刀清根轨迹；最后，在生成单刀清根轨迹的基础上，介绍多刀清根轨迹的生成及算法应用实例[24]。

5.1.1　多曲面体清根加工特点

复杂多曲面体的曲面片之间往往只能满足一阶几何连续，连接处法矢不连续容易造成刀具轨迹在曲面连接处不光滑，刀位点和刀轴矢量的变化存在突变。当曲面片较小或曲面片密度较大时，可能造成刀具轨迹的畸变，导致加工质量的下降甚至零件的报废。现有的 CAD/CAM 软件对清根加工的计算均采用等距面求交线方法。然而，多曲面体的几何特性决定了偏置处理及等距面求交困难，容易产生以下问题[2]：

(1) 多曲面体加工特征拓扑关系复杂，对其进行等距计算困难，有时甚至无法获得满足要求的等距曲面。

(2) 在对等距曲面求交线时，容易出现自相交、不连续等问题，如图 5-1 所示，这些都需要进行大量的手工编辑工作，严重影响编程效率，制约编程自动化程度的提高。

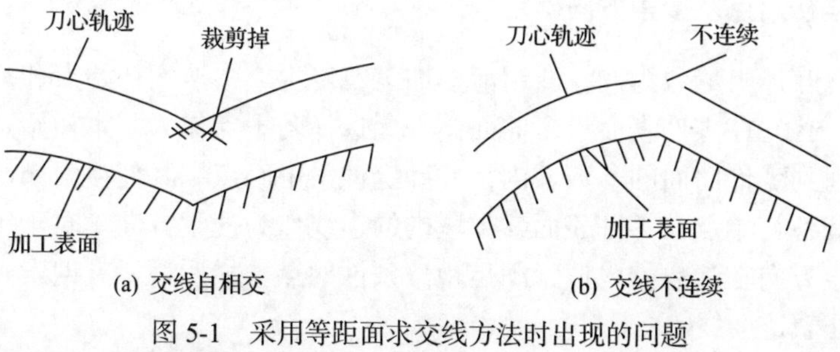

图 5-1　采用等距面求交线方法时出现的问题

(3) 复杂的多曲面体包含的曲面数量众多，等距计算费时。例如，对于叶片阻尼台，由于很多较小曲面的存在，在采用等距面偏置计算时，很难判断应采用哪些曲面进行计算，只能偏置大量曲面，造成计算过程烦琐。

因此，采用等距面求交线方法进行多曲面体的清根轨迹规划非常烦琐和费时。为从根源上杜绝这些问题的产生，清根轨迹计算必须要避免多张自由曲面的等距计算与等距面的求交问题。基于此，本节直接将多曲面体在计算中作为一个整体

(实体特征)，只考虑多曲面体的整体特性，通过控制刀心到多曲面体实体的空间距离，并结合参数域内的搜索算法，确定最终的清根加工刀心点，并将刀心点拟合生成刀心轨迹曲线，从而避免烦琐的等距面构造及求交问题。

如图 5-2 所示，在采用球头刀对多曲面体进行清根加工时，清根轨迹的刀心点分布实际上是三维物理空间中距离多曲面体(岛屿)及底部曲面距离都等于刀具半径的点。因此，只要能够沿清根区域找到所有满足上述距离条件的点，就可以获得多曲面体的清根加工刀具轨迹。

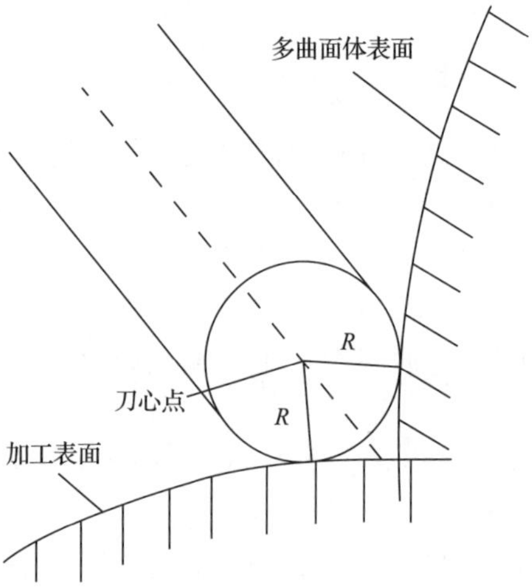

图 5-2　清根加工刀心点

5.1.2　搜索初始点及搜索方向确定

本节以叶片阻尼台为例，介绍清根加工轨迹生成中搜索初始点和搜索方向的确定方法。首先在零件表面沿多曲面体一周选择若干点作为基本初始点，然后将这些点映射到零件曲面的参数域内，并确定搜索中心点和其他搜索初始点，将搜索中心点和各初始点在零件表面参数域内的连线作为搜索方向。对于每一个初始点，沿搜索方向在参数域内搜索满足距离条件的点，最后将所有搜索到的刀心点拟合成刀心轨迹曲线。

1. *参数域内搜索初始点的确定*

记阻尼台为 G，阻尼台所在的叶身曲面为 S。首先将阻尼台与叶身曲面的交线映射到曲面的参数域内，由阻尼台的几何性质可知，映射后的图形为一封闭的凸区域，可以采用一个四边形对此区域进行包络。如图 5-3(a)所示，结合阻尼台的形状在叶身曲面上选取四个点作为基本初始点，依次连接这些初始点构成一个四边形，并保证阻尼台位于该四边形的内部。根据四个基本初始点，参数域内的

搜索中心 $\boldsymbol{O}(u_O, v_O)$ 可以用式(5-1)计算：

$$u_O = \frac{1}{4}\left(u_{I_1} + u_{I_2} + u_{I_3} + u_{I_4}\right), \quad v_O = \frac{1}{4}\left(v_{I_1} + v_{I_2} + v_{I_3} + v_{I_4}\right) \tag{5-1}$$

式中，(u_{I_1}, v_{I_1})、(u_{I_2}, v_{I_2})、(u_{I_3}, v_{I_3})、(u_{I_4}, v_{I_4}) 分别为选定的四个基本初始点 $\boldsymbol{I}_1$、$\boldsymbol{I}_2$、$\boldsymbol{I}_3$、$\boldsymbol{I}_4$ 的参数坐标。

为了确定阻尼台完整的清根加工轨迹，需要根据上述四个基本初始点确定沿阻尼台一周的搜索初始点集。如图 5-3(b)所示，在参数域内将四边形的各边分别离散成点，四个角点和离散点共 N 个点共同构成了参数域内有序的搜索初始点集 $\{\boldsymbol{P}_i, i = 1, 2, \cdots, N\}$。

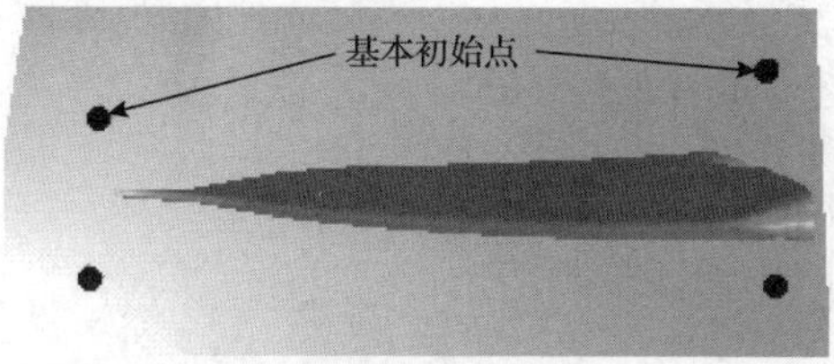

(a) 物理域中的基本初始点

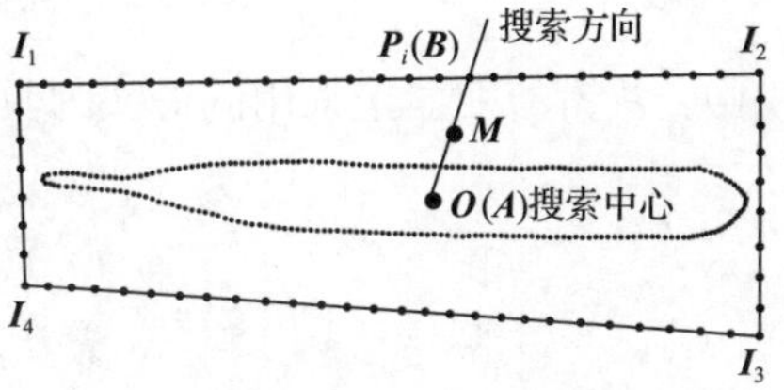

(b) 参数域内搜索中心及搜索方向

图 5-3　搜索初始点及搜索方向的确定

2. 参数域内搜索方向的确定

在确定初始点集之后，需要确定每个初始点 $\boldsymbol{P}_i$ 处的搜索方向。在图 5-3(b)中，有效的搜索方向应保证沿该方向能够准确地搜索到目标点，并且这些目标点排列有序、不重复。为达到上述目的，采取的方法是：在参数域内将每个搜索初始点 $\boldsymbol{P}_i$ 与搜索中心 $\boldsymbol{O}$ 连成一条直线，并将这条直线作为初始点 $\boldsymbol{P}_i$ 处的搜索方向。在参数域内，初始点 $\boldsymbol{P}_i$ 是有序的，并且均不重复，因此由此确定的搜索方向能够保证搜索得到的目标点满足要求。

5.1.3　清根刀心点的搜索算法

1. 面向阻尼台的点搜索算法

在参数域内确定初始点集及每个初始点处的搜索方向之后，就可以沿搜索方向进行搜索计算。对于搜索初始点集中的初始点 $\boldsymbol{P}_i$，沿其搜索方向搜索的过程需要记录三个点，如图 5-3(b)所示。

(1) $\boldsymbol{A}(u_A, v_A)$：搜索过程中靠近搜索中心 $\boldsymbol{O}$ 的点。

(2) $\boldsymbol{B}(u_B, v_B)$：搜索过程中远离搜索中心 $\boldsymbol{O}$ 的点。

(3) $\boldsymbol{M}(u_M,v_M)$：$\boldsymbol{A}$、$\boldsymbol{B}$ 两点连线的中点。

在每次搜索开始时进行如下赋值：

$$\boldsymbol{A}=\boldsymbol{O},\quad \boldsymbol{B}=\boldsymbol{P}_i,\quad \boldsymbol{M}=\frac{1}{2}(\boldsymbol{A}+\boldsymbol{B}) \tag{5-2}$$

具体的清根刀心点搜索算法实施可以分为以下几步。

(1) 在参数域内，对 $\boldsymbol{A}$、$\boldsymbol{B}$ 两点赋初值，并计算 $\boldsymbol{M}$。

(2) 根据曲面 S 参数域内 $\boldsymbol{M}$ 点的值计算物理空间中的坐标值 $\boldsymbol{M}(x_M,y_M,z_M)$，同时根据 $\boldsymbol{M}$ 点处所对应的曲面法矢 $\boldsymbol{n}_S$ 计算物理空间中 $\boldsymbol{M}$ 点沿曲面法矢方向的偏置点：

$$\boldsymbol{M}_{\text{offset}}=\boldsymbol{M}+R\cdot\boldsymbol{n}_S \tag{5-3}$$

式中，R 为清根加工采用的球头刀具半径，如图 5-4 所示。

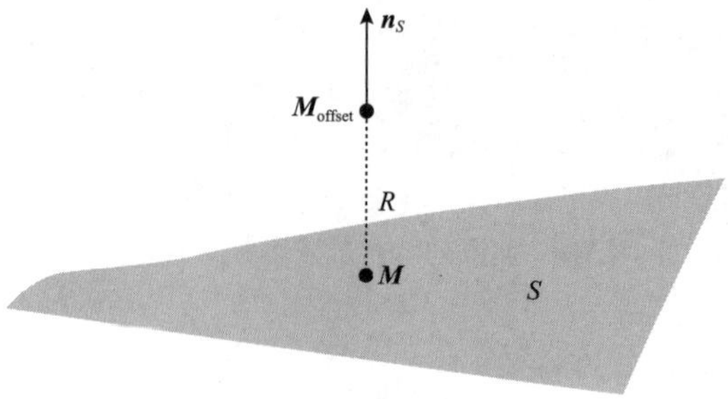

图 5-4　偏置点的计算

(3) 在物理空间中计算 $\boldsymbol{M}_{\text{offset}}$ 到阻尼台多曲面体 G 的距离 d：

$$d=\text{distance}\left(\boldsymbol{M}_{\text{offset}},G\right) \tag{5-4}$$

(4) 对于给定的距离容差 δ_{R}，比较 d 与半径 R：

①当 $d-R>\delta_{\text{R}}$ 时，表明当前点距离多曲面体较远，转到步骤(5)执行。

②当 $d-R<-\delta_{\text{R}}$ 时，表明当前点距离多曲面体较近，转到步骤(6)执行。

③当 $-\delta_{\text{R}}\leqslant d-R\leqslant\delta_{\text{R}}$ 时，表明当前点满足距离要求，转到步骤(7)执行。

(5) 当 $d-R>\delta_{\text{R}}$ 时，需将当前搜索点沿搜索方向向多曲面体靠近，将当前的 $\boldsymbol{B}$ 点移动到当前的 $\boldsymbol{M}$ 点，重新计算 $\boldsymbol{M}$ 点，转到步骤(2)执行。

(6) 当 $d-R<-\delta_{\text{R}}$ 时，需将当前搜索点沿搜索方向远离多曲面体，将 $\boldsymbol{B}$ 点沿 $\boldsymbol{AB}$ 方向移动 $\boldsymbol{AB}$ 距离的 1/2 得到一个新的位置 $\boldsymbol{B}$ 点，重新计算 $\boldsymbol{M}$ 点，转到步骤(2)执行。

(7) 将 $\boldsymbol{M}_{\text{offset}}$ 存储到刀心点集 Π 中，并判断是否还有尚未搜索的初始点，如果有，则转到步骤(1)执行；如果没有，则转到步骤(8)执行。

(8)搜索结束，将集合 Π 的有序点重新拟合成刀心轨迹曲线。

在搜索过程中，对于给定的参数容差 δ_u 和 δ_v，如果出现 $|u_A-u_B|<\delta_u$ 且 $|v_A-v_B|<\delta_v$，则认为此时 $\boldsymbol{A}$、$\boldsymbol{B}$ 和 $\boldsymbol{M}$ 三点重合。当三点出现重合时，若 $\boldsymbol{M}$ 点不满足搜索时物理空间的距离要求，则说明不存在满足要求的点。因此，为防止这种情况发生，在每次搜索过程中都要对 $|u_A-u_B|$ 和 $|v_A-v_B|$ 进行判断，并在 $d-R>\delta_{\rm R}$ 和 $d-R<-\delta_{\rm R}$ 的情况下分别对 $\boldsymbol{A}$、$\boldsymbol{B}$ 两点进行重新确定初始值。

该算法的实施流程如图 5-5 所示。

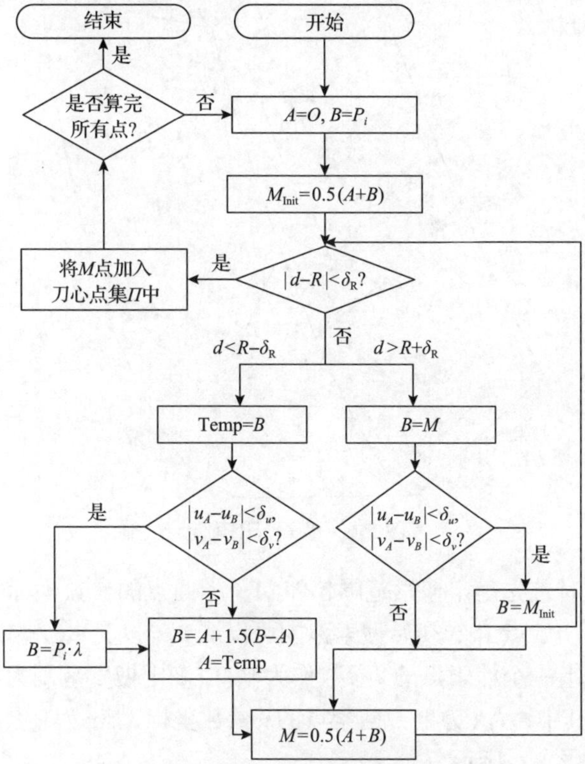

图 5-5　清根加工单点的搜索算法

Temp 为临时变量(参数传递)

2. 面向叶轮的点搜索算法

前面所述的阻尼台点搜索算法不能直接应用于叶轮清根加工中，对其进行改进优化，使其能应用于叶轮清根加工中，同时不但能够缩短搜索时间，还可以提高轨迹规划效率。面向叶轮的点搜索算法是将目标点的搜索区域确定在一个微小范围内，且搜索点是有序且不重复的。

如图 5-6 所示，根据叶轮结构特点，设重新参数化的叶盆、缘头、叶背曲面沿着 u 向顺序相连。图中，曲面 S_1 为叶片曲面，S_0 为轮毂曲面，在沿着某一参数方向(图中为 v 参数方向)进行搜索时，需要记录 $u=u_0$ 时等参数线上的三个点 $\boldsymbol{A}$、$\boldsymbol{B}$、$\boldsymbol{P}_i$。

(1) $\boldsymbol{A}(u_i,v_A)$：搜索范围上端点。

(2) $\boldsymbol{B}(u_i,v_B)$：搜索范围下端点。

(3) $\boldsymbol{P}_i(u_i,v_i)$：参数域内 $\boldsymbol{A}$、$\boldsymbol{B}$ 连线的中点，即 $v_i=(v_A+v_B)/2$。

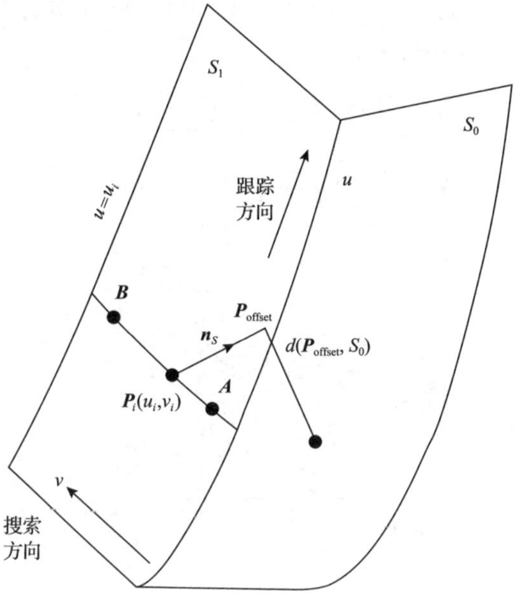

图 5-6　搜索范围确定

在搜索开始时首先确定搜索范围，即 $\boldsymbol{A}$、$\boldsymbol{B}$ 两点的参数坐标。对于每一张曲面的第一个搜索初始点 $\boldsymbol{P}_0$，初始搜索范围可以取 $v_A=0.0$，$v_B=1.0$，后续的搜索点的搜索范围以上一个搜索点的 v 参数作为基准，确定搜索范围为：$v_A=v_{i-1}-\Delta v$，$v_B=v_{i-1}+\Delta v$。其中，v_{i-1} 为上一搜索点的 v 参数坐标，Δv 为 v 参数增量；跟踪方向与搜索方向如图 5-6 所示。

在每一个刀位点的搜索过程中，采用二分法进行迭代，逐渐缩小搜索范围，最终确定清根刀心点。首先在曲面参数域内得到搜索范围中心点 $\boldsymbol{P}_i$，并计算 $\boldsymbol{P}_i$ 在物理空间中的值 $\boldsymbol{P}_i(x_P,y_P,z_P)$，以及曲面 S_1 在该点处的法矢 $\boldsymbol{n}_S$。记曲面清根刀具半径为 R，$\boldsymbol{P}_i$ 沿曲面法矢偏置点 $\boldsymbol{P}_{\text{offset}}$ 的计算如下：

$$\boldsymbol{P}_{\text{offset}}=\boldsymbol{P}_i+R\cdot\boldsymbol{n}_S \tag{5-5}$$

给定参数容差 δ_{R}，在物理空间中计算 $\boldsymbol{P}_{\text{offset}}$ 到曲面 S_0 的距离 $d(\boldsymbol{P}_{\text{offset}},S_0)$，具

体如下。

(1)若 $d-R>\delta_{\mathrm{R}}$，则表示当前搜索点距曲面 S_0 较远，将 $\boldsymbol{B}$ 点移动到 $\boldsymbol{P}_i$ 点，缩小搜索范围，此时的搜索范围变为 $v_A=v_A$，$v_B=v_i$，然后将 $\boldsymbol{P}_i$ 点移动到新的搜索范围的中心，重新计算 $\boldsymbol{P}_{\mathrm{offset}}$。

(2)若 $d-R<-\delta_{\mathrm{R}}$，则表示当前搜索点距曲面 S_0 较近，将 $\boldsymbol{A}$ 点移动到 $\boldsymbol{P}_i$ 点，缩小搜索范围，此时的搜索范围变为 $v_A=v_i$，$v_B=v_B$，然后将 $\boldsymbol{P}_i$ 移动到新的搜索范围的中心，重新计算 $\boldsymbol{P}_{\mathrm{offset}}$。

(3)若 $|d-R|=\delta_{\mathrm{R}}$，则表示当前搜索点满足距离要求，搜索初始点 $\boldsymbol{P}_i$ 处的搜索过程结束，记录下 $\boldsymbol{P}_{\mathrm{offset}}$ 作为单刀清根时的刀心点。

(4)若 $v_R-v_A<\delta_v$(参数容差)，且 $|d-R|>\delta_{\mathrm{R}}$，则表示在当前搜索范围内不存在满足距离要求的搜索点，应该通过改变 Δv 的值调整搜索范围重新进行搜索。

图 5-7 为采用面向叶轮的点搜索算法，对清根区域设计圆角半径为 6mm 的叶轮、ϕ16mm 的球头刀获得的单刀清根加工的刀具轨迹生成结果[24]。

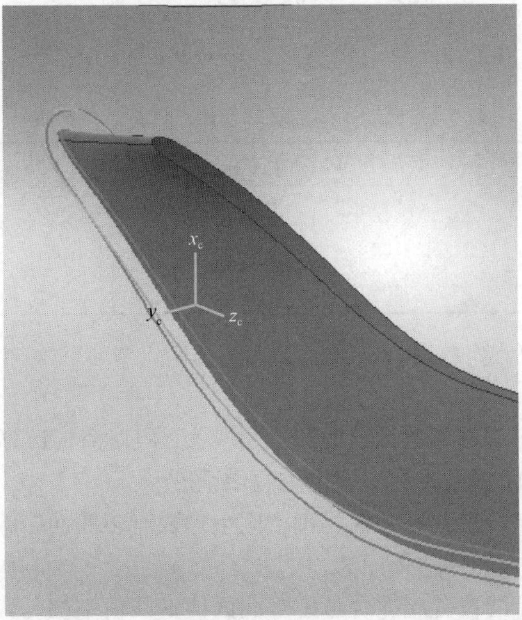

图 5-7　面向叶轮单刀清根的刀具轨迹

5.1.4　算法分析及推广应用

1. 基本初始点的选择对搜索计算的影响

在上述阻尼台清根方法中，基本初始点是在空间参数曲面上随机选取的四个点，将这四个点映射到参数平面上，并计算所有的初始点。可以推测，基本初始点的不同将会影响清根计算的时间。因此，应对初始点位置的选取对搜索计算的影响进行分析，并给出基本初始点的选取原则。

选取如图 5-8 所示的多曲面体为研究对象，分别研究初始点相对较远、初始点距离合适和初始点相对较近三种情况对清根计算的影响。由清根的几何含义分析可知,距离合适的点是指那些与清根对象的距离和刀具半径相比差别不大的点。

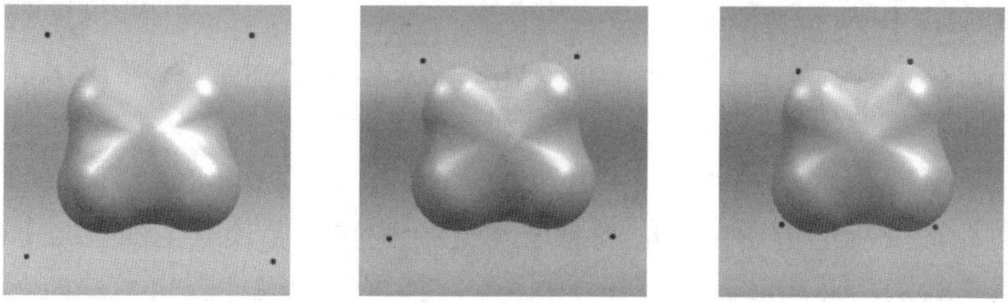

(a) 初始点相对较远　(b) 初始点距离合适　(c) 初始点相对较近

图 5-8　初始点对清根计算的影响

给定相同的刀具半径和计算精度，计算时间的对比结果如表 5-1 所示。

表 5-1　选取不同的基本初始点计算结果比较

初始点	计算时间/s	刀具半径/mm	δ_R/mm
情形(a)	57.45	5.0	0.01
情形(b)	18.59	5.0	0.01
情形(c)	50.97	5.0	0.01

由表 5-1 中的计算数据可以看出，基本初始点对多曲面体清根的影响及其基本选取准则为：

(1)基本初始点的选取对计算时间影响较大，但对清根计算结果没有影响。清根结果的精度取决于搜索过程中设定的收敛精度。

(2)基本初始点的选取必须在物理空间上形成对多曲面体的包络,即多曲面体应该位于初始点围成的四边形内部。

(3)基本初始点的位置应综合考虑多曲面体的几何结构、刀具参数、清根策略,使初始点对应的刀心点与多曲面体的距离和刀具半径相差不大。

对于叶片阻尼台特征，阻尼台与叶身曲面近似垂直，并且在叶片旋转方向曲率变化不大，因此基本初始点可在叶身曲面上选为距离阻尼台为刀具半径的点[2]。

2. 基本初始点的优化选择

上述方法在选取基本初始点时只选取了四个点进行计算，对于结构更为复杂的多曲面体，可以依据多曲面体的结构形状特点选择更多的基本初始点进行计算。如图 5-9 中的多曲面体，共有 25 张曲面，如果采用四个基本初始点，取 δ_R=0.01mm，刀具半径为 5mm，此时的清根计算时间为 54.16s。若根据多曲面体结构特点选择 8 个基本初始点，以更加紧致地逼近多曲面体的实际形状，如图 5-9(b)所示，则在相同条件下的计算时间为 27.49s。最终搜索出的物理空间中的清根加工刀心点和刀心点轨迹曲线如图 5-9(c)所示。

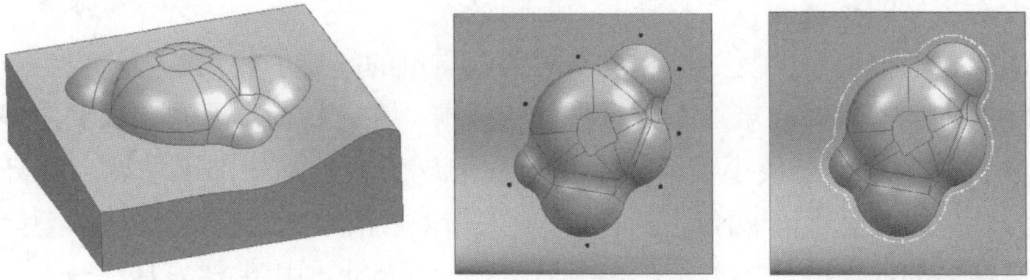

(a) 多曲面体　(b) 选择的基本初始点　(c) 清根加工刀心点轨迹

图 5-9　基本初始点的优化选择

由此可见，在反映曲面体几何结构的前提下，选取的基本初始点越多，计算过程越快。

3. 清根结果的推广应用

清根结果除了完成阻尼台清根加工以外，也是阻尼台螺旋加工的起始曲线，同时也是实现叶片区域划分的依据[1]。根据清根计算的刀心点数据，将其投影至叶身曲面，得到的结果即为阻尼台清根加工对应于叶片曲面的切触点轨迹。以该轨迹为边界，可将阻尼台相邻的叶片加工区域分为两部分分别进行加工。这种处理的优势在于在叶片加工过程中不会造成对阻尼台的过切，并且能够保证清根加工的接刀光滑。值得指出的是，以阻尼台清根切触点轨迹作为叶片区域划分的边界造成此处的走刀方向存在较大幅度的改变，因此不宜采用基于局部坐标系的刀轴矢量确定方法，容易导致刀轴矢量的急剧变化，不符合五轴机床的运动学特性，从而造成加工缺陷。图 5-10 给出了以阻尼台清根轨迹为边界得到的过渡区域划分结果及刀具轨迹规划结果。

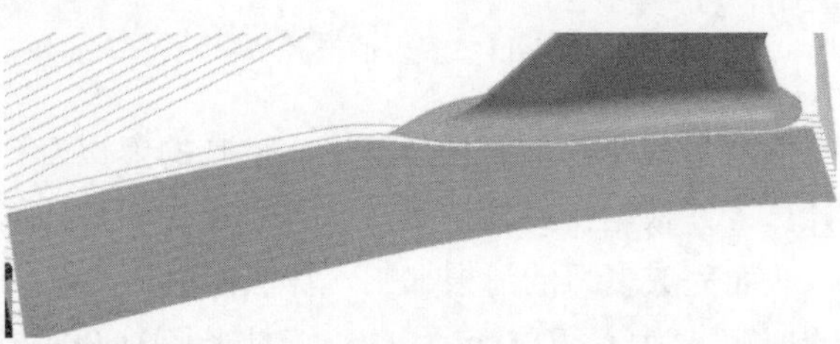

图 5-10　阻尼台过渡区域划分结果及刀具轨迹规划结果

5.1.5　多刀清根加工刀具轨迹生成

在清根加工中，刀具的切削条件往往比较恶劣，主要表现在两面切削导致刀具受力情况比较复杂，且空间相对封闭不利于排屑。同时，清根区域一般是刀具深入零件程度最为严重的区域，刀具的可行域非常小，通常不能按照有利于切削的方位实现刀轴矢量的选取。对于被加工零件，清根部分的加工质量及表面完整性程度对零件的抗疲劳特性及强度的影响最大。

因此，清根加工的复杂性和零件对清根质量的高要求导致单刀清根不一定能够满足要求，尤其对于难加工材料零件的清根。在这种情况下，往往利用多刀清根的方式以半径等于或小于清根圆角半径的球头刀去除根部区域剩余部分的材料。另外，对于变圆角半径的零件，只能采用多刀清根加工的方式进行。基于此，针对复杂多曲面体的清根加工，在单刀清根的基础上利用虚拟刀具法开发了多刀清根的方法[2]。

1. 多刀清根算法

多刀清根的刀具轨迹生成可以分为两部分。如图 5-11 所示，为实现清根轨迹与相邻曲面精加工轨迹的光滑连接，可以适当扩大多刀清根的区域。在算法实施上，可以采用一个大于实际清根半径的刀具利用单刀清根的方法确定清根边界，如图 5-11(a)所示。

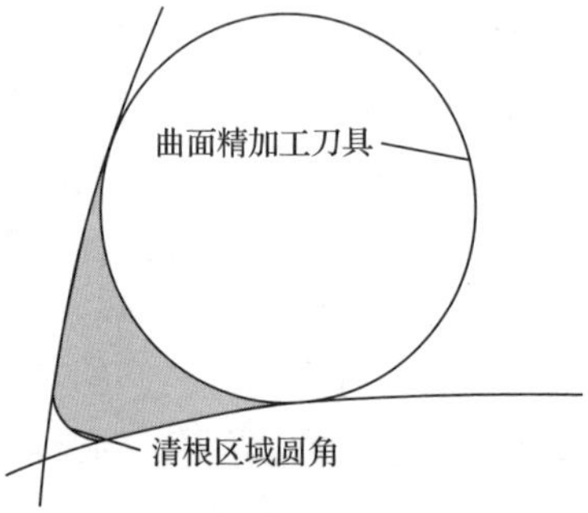

(a) 清根区域确定

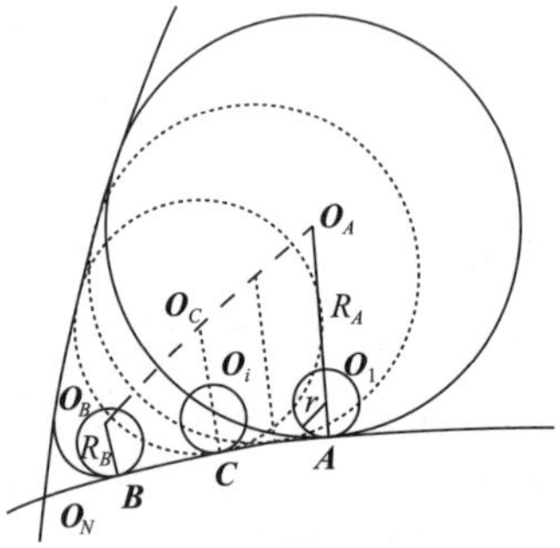

(b) 多刀清根的计算

图 5-11　多刀清根算法

虚拟刀具法实际上是采用若干刀具半径依次递减的虚拟刀具完成多刀清根切触点及刀心点的计算，并根据得到的切触点与刀心点之间的几何关系确定实际采用刀具的刀心点，从而完成多刀的清根加工。算法的具体实施如图 5-11(b)所示，令清根边界对应的切触点为 $\boldsymbol{A}$，刀心点为 $\boldsymbol{O}_A$，刀具半径为 R_A；根据零件清根圆角半径确定单刀清根的切触点 $\boldsymbol{B}$，对应的刀心点及刀具半径分别为 $\boldsymbol{O}_B$ 和 R_B。对于 $\boldsymbol{A}$、

$\boldsymbol{B}$ 两点之间的未加工区域，即可采用虚拟刀具进行计算。该虚拟刀具为球头刀，其刀具半径大于 R_B 而小于 R_A。对于半径为任意 $R(R_B \leqslant R \leqslant R_A)$ 的球头刀，根据单刀清根轨迹计算的方法可以计算出对应的切触点和刀心点。以叶片阻尼台区域的清根加工为例，阻尼台多曲面体以 G 表示，叶身曲面以 S 表示，利用虚拟刀具进行清根时得到的阻尼台和叶片面上的切触点分别为 $\boldsymbol{C}_S$、$\boldsymbol{C}_G$，刀心点为 $\boldsymbol{O}_C$。因此，在虚拟刀具的半径从 R_A 过渡到 R_B 的过程中，可以得到采用不同半径的虚拟刀具清根时阻尼台及叶身曲面上对应的切触点序列 $\Pi_{CC\text{-}G}:\{\boldsymbol{A}_G,\cdots,\boldsymbol{C}_G,\cdots,\boldsymbol{B}_G\}$ 和 $\Pi_{CC\text{-}S}:\{\boldsymbol{A}_S,\cdots,\boldsymbol{C}_S,\cdots,\boldsymbol{B}_S\}$，以及对应的刀心点序列 $\Pi_{CE\text{-}G}:\{\boldsymbol{O}_A,\cdots,\boldsymbol{O}_C,\cdots,\boldsymbol{O}_B\}$。

采用虚拟刀具计算出的一系列刀位数据和切触点数据，根据二者之间的几何关系将其转化为实际加工所采用刀具的刀位数据。如图 5-12 所示，设多刀清根加工所采用的刀具半径为 r，则虚拟刀具的刀心点 $\boldsymbol{O}_C$ 沿 $\boldsymbol{O}_C\boldsymbol{C}_S$、$\boldsymbol{O}_C\boldsymbol{C}_G$ 方向移动 R_C-r 的距离，即可得到实际加工叶片和阻尼台的刀心点 $\boldsymbol{O}_S$、$\boldsymbol{O}_G$，即

$$\begin{pmatrix} x_{O_S} \\ y_{O_S} \\ z_{O_S} \end{pmatrix} = \begin{pmatrix} x_{O_C} \\ y_{O_C} \\ z_{O_C} \end{pmatrix} - \frac{R_C - r}{R_C} \begin{pmatrix} x_{O_C} - x_{C_S} \\ y_{O_C} - y_{C_S} \\ z_{O_C} - z_{C_S} \end{pmatrix}, \quad \begin{pmatrix} x_{O_G} \\ y_{O_G} \\ z_{O_G} \end{pmatrix} = \begin{pmatrix} x_{O_C} \\ y_{O_C} \\ z_{O_C} \end{pmatrix} - \frac{R_C - r}{R_C} \begin{pmatrix} x_{O_C} - x_{C_G} \\ y_{O_C} - y_{C_G} \\ z_{O_C} - z_{C_G} \end{pmatrix} \tag{5-6}$$

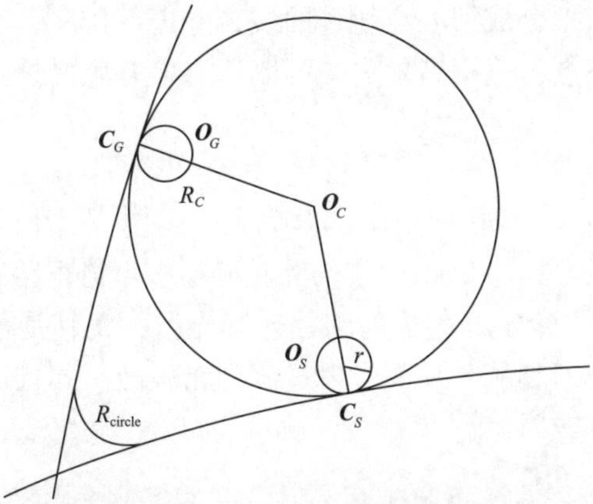

图 5-12　实际刀位数据的计算

通过上述计算，可以得到 A、B 两点之间区域的刀位数据。图 5-13 给出了一个多刀清根刀位点的计算结果。

圆角部分的刀位需要单独计算，如图 5-14 所示，设采用半径为 R_B 的刀具计算得到的两个切触点对应的法矢分别为 $\boldsymbol{n}_A$ 和 $\boldsymbol{n}_B$，两者夹角为 θ。将 θ 等分为 m 份，然后将 $\boldsymbol{n}_A$ 绕 $\boldsymbol{n}_A \times \boldsymbol{n}_B$ 轴逆时针方向旋转 θ/m 得到一个新的矢量 $\boldsymbol{n}_i(i=1,2,\cdots,m)$，则对应的刀心点可以采用式(5-7)计算：

$$\begin{pmatrix} x_{O_{n_m}} \\ y_{O_{n_m}} \\ z_{O_{n_m}} \end{pmatrix} = \begin{pmatrix} x_{O_{\text{circle}}} \\ y_{O_{\text{circle}}} \\ z_{O_{\text{circle}}} \end{pmatrix} - \left(R_{\text{circle}} - R_{\text{cutter}}\right) \begin{pmatrix} x_{n_m} \\ y_{n_m} \\ z_{n_m} \end{pmatrix} \tag{5-7}$$

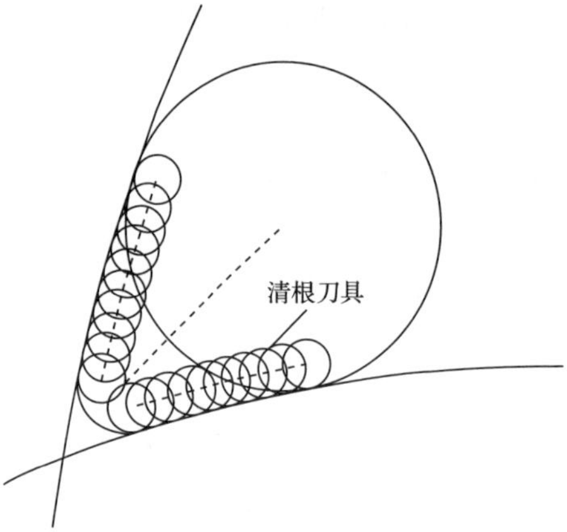

图 5-13　清根加工的刀具轨迹

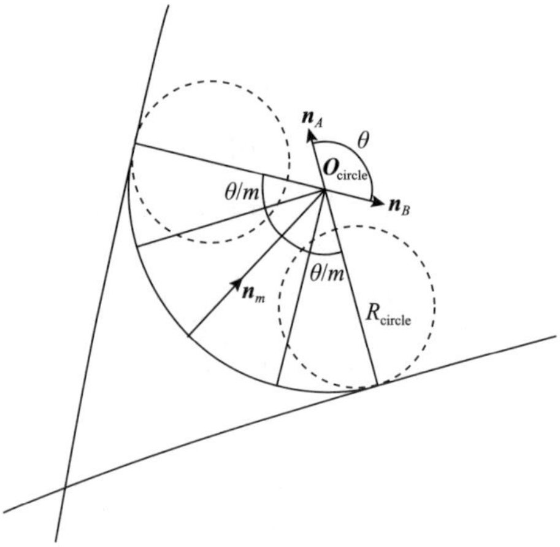

图 5-14　圆角部分刀心的计算

将生成的刀心点拟合成刀心点轨迹曲线，并进行排序，然后按精度离散刀心点轨迹得到新的刀心点，根据刀轴矢量可以计算多刀清根时的刀位数据。

2. 算法应用

多刀清根算法还可改进应用于叶轮清根加工中[24]。图 5-15 为给定残留高度 0.1mm 时，采用清根刀具 ϕ16mm 生成的叶轮分层多刀清根路径。计算过程仅耗时 5.1s，且搜索过程非常稳定，生成的路径连续光滑，尤其是在叶轮进口位置。分层多刀清根能够保证刀具从叶片面光滑过渡到轮毂面，并且加工中的切屑也容易排出。

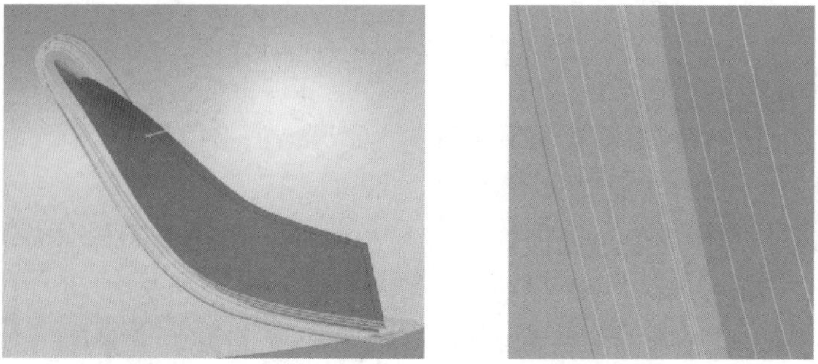

图 5-15　分层多刀清根轨迹

通过在 UG 软件下对分层多刀清根算法进行二次开发，可以得到很好的叶轮清根表面质量，图 5-16 为叶轮分层多刀清根仿真结果。

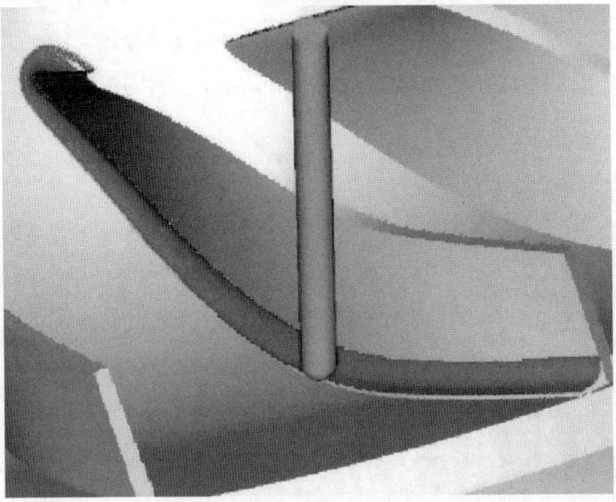

图 5-16　叶轮分层多刀清根仿真结果

5.2　多曲面岛屿螺旋加工刀具轨迹生成方法

多曲面岛屿是由多张复杂曲面片经过裁剪、连接等操作后所建立的实体加工特征模型。航空发动机叶片阻尼台是典型的多曲面岛屿结构，本节以阻尼台为研究对象，采用基于清根刀心轨迹的螺旋刀具轨迹生成算法实现拓扑关系复杂的岛屿特征五轴球头刀加工[1]。首先从阻尼台实体模型出发，建立加工局部坐标系及中轴线；然后利用投影射线与阻尼台求交，构造一条光滑连续的刀心螺旋线直至阻尼台顶部；最后修正刀心轨迹，并计算刀轴矢量，规划出阻尼台无干涉的螺旋加工刀具轨迹。

该方法避免了复杂偏置曲面片的构造，保证加工过程中在没有冗余进退刀的情况下不会与叶身曲面发生干涉，并运用点到实体的最短距离算法实现了阻尼台多曲面岛屿五轴球头刀的高效精密螺旋加工。

5.2.1　螺旋加工局部坐标系建立

一般来说，叶片阻尼台的工件坐标系与其 CAD 模型的建立过程相关，为环绕阻尼台模型合理生成螺旋刀具轨迹，根据特定的阻尼台实体结构，建立加工局部坐标系。基于局部坐标系由长方体包围盒算法确定中轴线，使投影射线按中轴线方向矢量逐层逐点递增，与阻尼台求交并修正，形成五轴球头刀螺旋加工刀具轨迹。

1. 局部坐标系建立

叶片阻尼台是多张复杂曲面片按完整的拓扑关系构成的多曲面岛屿模型，如图 5-17 所示。为使螺旋刀具轨迹完全依赖于岛屿模型环绕阻尼台，考虑其形状及其在叶身曲面上的相对位置建立阻尼台加工局部坐标系，如图 5-18 所示。

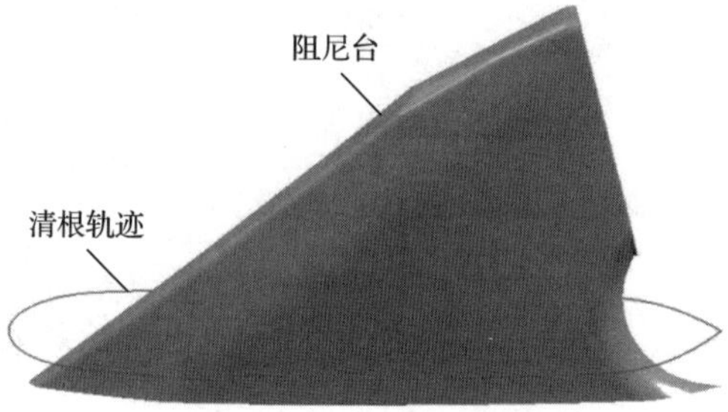

图 5-17　阻尼台多曲面岛屿模型

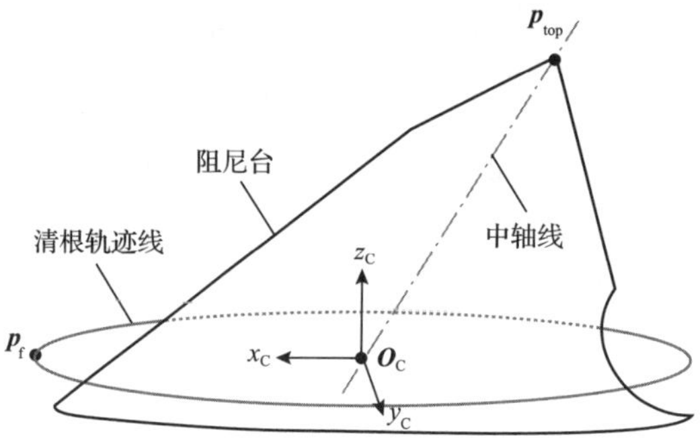

图 5-18　阻尼台加工局部坐标系

为建立加工局部坐标系，首先将清根刀心轨迹线按照等步长进行离散，得到相应的离散点集 $\{\boldsymbol{p}_i, i=1,2,\cdots,N\}$，基于这一离散点集，即可得到上述清根刀心轨迹线的几何中心 $\boldsymbol{O}_C$；其次，在 $\{\boldsymbol{p}_i\}$ 中找到距离几何中心 $\boldsymbol{O}_C$ 最远的点 $\boldsymbol{p}_f$，并以单位矢量 $\boldsymbol{e}'_x=\boldsymbol{O}_C\boldsymbol{p}_f/|\boldsymbol{O}_C\boldsymbol{p}_f|$ 作为局部坐标系的初始 x 轴单位矢量；再次，在 $\{\boldsymbol{p}_i\}$ 中按照均匀采样方式抽取六个点 $\{\boldsymbol{p}_{zj} \mid j=1,2,\cdots,6\}$，如图 5-19 所示，可利用下面的公式计算 z 轴的单位矢量：

$$\boldsymbol{k}_1=\frac{\boldsymbol{p}_{z1}\boldsymbol{p}_{z3}}{|\boldsymbol{p}_{z1}\boldsymbol{p}_{z3}|}\times\frac{\boldsymbol{p}_{z1}\boldsymbol{p}_{z5}}{|\boldsymbol{p}_{z1}\boldsymbol{p}_{z5}|},\quad \boldsymbol{k}_2=\frac{\boldsymbol{p}_{z4}\boldsymbol{p}_{z2}}{|\boldsymbol{p}_{z4}\boldsymbol{p}_{z2}|}\times\frac{\boldsymbol{p}_{z4}\boldsymbol{p}_{z6}}{|\boldsymbol{p}_{z4}\boldsymbol{p}_{z6}|},\quad \boldsymbol{e}_z=\frac{\boldsymbol{k}_1+\boldsymbol{k}_2}{2}$$

最后，由 $\boldsymbol{e}_y=\boldsymbol{e}_z\times\boldsymbol{e}'_x$ 得到 y 轴单位矢量。在上述计算过程中不能保证 $\boldsymbol{e}'_x$ 与 $\boldsymbol{e}_z$ 一定垂直，因此应利用 $\boldsymbol{e}_x=\boldsymbol{e}_y\times\boldsymbol{e}_z$ 重新建立 x 轴的单位矢量，以 $\boldsymbol{O}_C$ 为坐标原点，$\boldsymbol{e}_x$、$\boldsymbol{e}_y$、$\boldsymbol{e}_z$ 所在方向分别为 x_C、y_C、z_C 轴建立阻尼台加工局部坐标系 O_C-$x_Cy_Cz_C$。

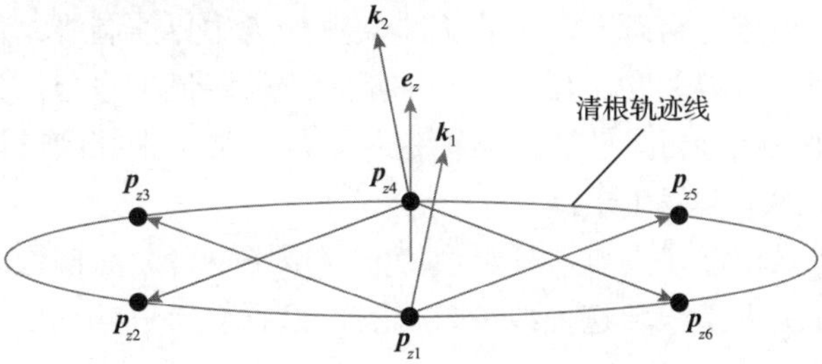

图 5-19　局部坐标系 z 轴单位矢量

2. 中轴线定义及建立

在阻尼台局部坐标系中按某一特定轴线分层离散得到螺旋轨迹中心，可以实现螺旋轨迹完全依赖于阻尼台实体模型。这一轴线称为中轴线，定义为局部坐标系原点与 z_C 轴方向阻尼台最高点的连线。

基于局部坐标系三个单位方向矢量构建阻尼台长方体包围盒，由包围盒上表面与阻尼台实体求最短距离，所对应的点即为沿局部坐标系 z_C 轴方向阻尼台上的最高点 $\boldsymbol{p}_{\text{top}}=(x_{\text{top}}\ \ y_{\text{top}}\ \ z_{\text{top}})^{\text{T}}$，连接坐标原点 $\boldsymbol{O}_{\text{C}}$ 与最高点 $\boldsymbol{p}_{\text{top}}$ 得到阻尼台中轴线，如图 5-18 所示。记中轴线方向单位矢量 $\boldsymbol{l}_{\text{m}}=\boldsymbol{O}_{\text{C}}\boldsymbol{p}_{\text{top}}\big/\left|\boldsymbol{O}_{\text{C}}\boldsymbol{p}_{\text{top}}\right|$，模长 $h_{\text{m}}=\left|\boldsymbol{O}_{\text{C}}\boldsymbol{p}_{\text{top}}\right|$，它们分别刻画了阻尼台实体在局部坐标系中的上升方向及高度。

以局部坐标系中轴线为基础规划螺旋刀具轨迹，是将阻尼台多曲面复杂的拓扑结构融入轨迹规划中，避免其他轨迹生成算法中多曲面的复杂处理[25]，使规划轨迹方法不但简单精确，而且依赖于阻尼台多曲面岛屿模型，不会产生轨迹突变等异常情况。

5.2.2　螺旋加工刀具轨迹生成

常用的多曲面加工算法通常采用自顶向下的螺旋刀具轨迹规划方法[25, 26]，可能引起轨迹不完整或是在与多曲面岛屿相连的底面产生过切。因此，在叶片阻尼台五轴球头刀加工过程中，为保证螺旋轨迹完整，并防止刀具在与阻尼台相连的叶身曲面上产生过切，根据叶片阻尼台造型特点，改进刀具轨迹截平面算法，以阻尼台清根刀心轨迹为基础，以局部坐标系中轴线为中心，按照层距构造自底向上的环绕阻尼台的球头刀刀心螺旋线，在满足加工精度的要求下，自动修正刀位，确定刀轴矢量，并生成阻尼台加工时无干涉的螺旋刀具轨迹。

1. 清根刀心轨迹及螺旋层距确定

按现有算法规划阻尼台螺旋刀具轨迹，可能产生轨迹不完整及与叶身曲面过切的现象[25, 26]。以阻尼台球头刀清根刀心轨迹作为边界控制线，建立阻尼台加工与叶身曲面之间的有效关联，使阻尼台加工和清根两道工序合二为一，构成一条完整的阻尼台加工螺旋刀具轨迹，从而避免阻尼台加工中冗余进退刀现象，并保证刀具与叶身曲面不会发生干涉。

设阻尼台清根轨迹球头刀刀具半径为 R，以阻尼台曲面偏置面与叶身曲面偏置面的交线作球头刀清根轨迹曲线或按已有的清根轨迹算法[2, 27-29]计算阻尼台清根轨迹(图 5-17)，按等步长离散得到清根刀心点 $\left\{\boldsymbol{q}_j, j=1,2,\cdots,M\right\}$，其中，$M$ 为清根刀心点数目。

阻尼台五轴球头刀加工螺旋刀具轨迹层距可按加工要求直接给出，或根据残留高度计算，设 h 为残留高度，R 为球头刀半径，螺旋层距可按照下述公式简化计算：

$$L=2\sqrt{h(2R-h)} \tag{5-8}$$

2. *初始螺旋刀具轨迹规划*

对阻尼台五轴球头刀加工而言，若采用截平面法规划轨迹[30]，则存在大量进退刀，导致轨迹不完整，而利用平面螺旋线投影或是圆柱、圆锥螺线规划阻尼台刀具轨迹[31]，仅适用于三轴球头刀加工，且轨迹可能存在突变。为规划出环绕阻尼台的完整螺旋刀具轨迹，基于清根刀心点，按照层距以中轴线离散点为中心逐层逐点计算，可构造出初始球头刀刀心螺旋线。

设 $\boldsymbol{O}_{\mathrm{m}}$ 为螺旋刀具轨迹起始中心，N_{L} 为螺旋层数，则 $\boldsymbol{O}_{\mathrm{m}}=\boldsymbol{O}_{\mathrm{C}}+R\boldsymbol{l}_{\mathrm{m}}$，$N_{\mathrm{L}}=\left(\dfrac{h_{\mathrm{m}}-R}{L}\right)+1$，其中，$R$ 为球头刀刀具半径，$\boldsymbol{l}_{\mathrm{m}}$、$h_{\mathrm{m}}$ 分别为局部坐标系中轴线方向单位矢量和模长，螺旋层距 L 按式(5-8)计算，参见图 5-20。

1) 上升矢量定义

令 $\boldsymbol{r}_{\mathrm{L}}=L\boldsymbol{l}_{\mathrm{m}}$ 为螺旋层上升矢量，$\boldsymbol{r}_{\mathrm{p}}=\boldsymbol{r}_{\mathrm{L}}/M$ 为螺旋点上升矢量，定义螺旋轨迹第 i 层，第 j 个点的中轴线上升矢量为

$$\boldsymbol{r}_{ij}=(i-1)\boldsymbol{r}_{\mathrm{L}}+(j-1)\boldsymbol{r}_{\mathrm{p}},\quad i=1,2,\cdots,N_{\mathrm{L}};j=1,2,\cdots,M \tag{5-9}$$

式中，N_{L} 为螺旋层数；M 为清根刀心点数目。

2) 投影射线与偏移矢量

设螺旋轨迹第 i 层第 j 个点为 $\boldsymbol{p}_{ij}$，对应的中轴线离散螺旋中心为 $\boldsymbol{O}_{ij}$，则

$$\boldsymbol{O}_{ij}=\boldsymbol{O}_m+\boldsymbol{r}_{ij},\quad \boldsymbol{p}_{ij}=\boldsymbol{q}_j+\boldsymbol{r}_{ij} \tag{5-10}$$

式中，$\boldsymbol{O}_m$ 为螺旋起始中心；$\boldsymbol{q}_j$ 为第 j 个清根刀心点。

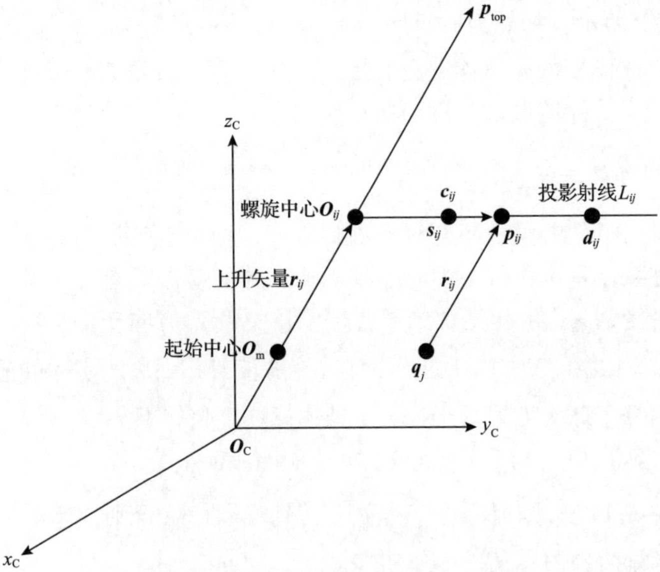

图 5-20 螺旋刀心轨迹规划示意图

投影射线 L_{ij} 定义为以螺旋中心 O_{ij} 为起点时 $O_{ij}p_{ij}$ 所在的直线，其偏移矢量为

$$s_{ij} = \frac{p_{ij} - O_{ij}}{\left|p_{ij} - O_{ij}\right|}, \quad i = 1,2,\cdots,N_L; j = 1,2,\cdots,M \tag{5-11}$$

如图 5-20 所示。

3) 初始切触点及刀心点

设投影射线 L_{ij} 与岛屿实体的交点为初始切触点 c_{ij}，则对应初始螺旋刀心点

$$d_{ij} = c_{ij} + rs_{ij}, \quad i = 1,2,\cdots,N_L; j = 1,2,\cdots,M \tag{5-12}$$

如图 5-20 和图 5-21 所示。

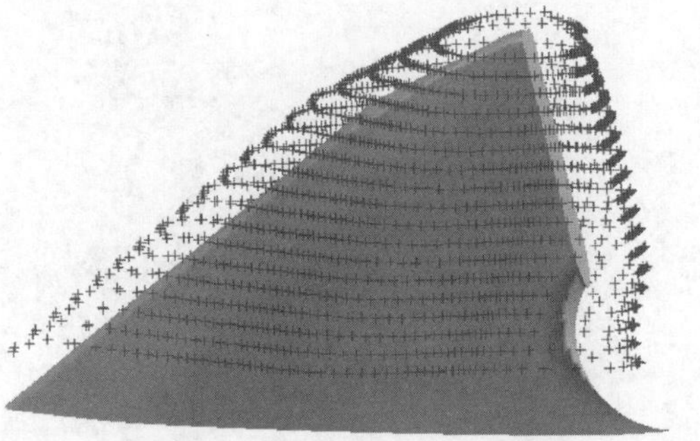

图 5-21 初始螺旋刀心点轨迹

如图 5-21 所示，初始刀心点序列 $\boldsymbol{d}_{ij}$ $(i=1,2,\cdots,N_{\mathrm{L}};j=1,2,\cdots,M)$ 构成了环绕多曲面岛屿实体模型的光滑连续刀心螺旋轨迹。它以清根刀心轨迹为基础，不需要任何干涉检查，能够保证不过切岛屿底面。

3. 螺旋刀具轨迹修正

初始螺旋刀具轨迹虽然不会过切岛屿底面，但可能啃切岛屿本身，需作进一步修正，使在一定精度条件下刀心点到岛屿实体的最短距离等于刀具半径。

设加工精度为 ε，由初始螺旋刀心按偏移矢量 $\boldsymbol{s}_{ij}$ 方向变步长迭代计算修正螺旋刀心点 $\boldsymbol{f}_{ij}(i=1,2,\cdots,N_{\mathrm{L}};j=1,2,\cdots,M)$，使修正刀心到岛屿实体的最短距离在加工精度范围内等于球头刀刀具半径 R，具体算法步骤如下。

(1) 计算当前刀心点 $\boldsymbol{d}_{ij}$ 到岛屿实体的最短距离 e_{ij}。

(2) 若 $\left|R-e_{ij}\right|<\varepsilon$，则刀心点 $\boldsymbol{f}_{ij}=\boldsymbol{d}_{ij}$，转到步骤(3)；否则计算步长 $t_{ij}=R-e_{ij}$，并将 $\boldsymbol{d}_{ij}+t_{ij}\boldsymbol{s}_{ij}$ 赋值给刀心 $\boldsymbol{d}_{ij}$，转到步骤(1)。

(3) 计算点 $\boldsymbol{f}_{ij}$ 到岛屿实体的最短距离 e_{ij} 及对应岛屿的切触点矢量 $\boldsymbol{c}_{ij}^{*}$，作新的偏移矢量 $\boldsymbol{s}_{ij}^{*}=\dfrac{\boldsymbol{c}_{ij}^{*}-\boldsymbol{f}_{ij}}{\left|\boldsymbol{c}_{ij}^{*}-\boldsymbol{f}_{ij}\right|}$，则 $\boldsymbol{f}_{ij}=\boldsymbol{f}_{ij}+(e_{ij}-R-\varepsilon)\boldsymbol{s}_{ij}^{*}$。

算法(1)、(2)步采用变步长方法对螺旋刀心点 $\boldsymbol{d}_{ij}$ 沿偏移矢量方向迭代计算，直到新的刀心点到岛屿最短距离大于等于刀具半径。其中，每迭代一次重新计算步长 t_{ij}，加快了算法的收敛速度。步骤(3)进一步修正，保证刀心点在满足精度的要求下等于刀具半径。

由初始螺旋刀心点按上述算法过程逐点计算得到修正后的刀心轨迹，如图 5-22 所示。此时，刀心点距阻尼台的最短距离在精度 ε 范围内等于刀具半径，计算相应的刀轴矢量就能够生成阻尼台加工无干涉的螺旋刀具轨迹。

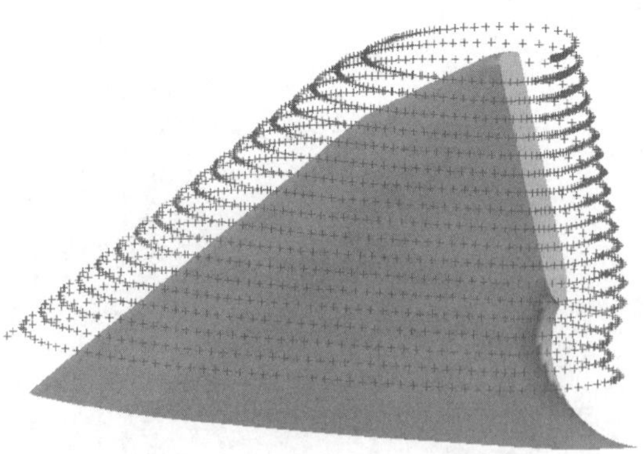

图 5-22　修正螺旋刀心点轨迹

4. 刀轴矢量计算

为避免刀具与阻尼台或者叶身曲面发生干涉碰撞，应对刀轴矢量进行控制。基于前述得到的螺旋加工刀心点 $\boldsymbol{f}_{ij}$，计算其对应的切矢 $\boldsymbol{t}_{ij}$，随后，将 $\boldsymbol{t}_{ij}$ 投影到前述建立的阻尼台局部坐标系的 $x_{\mathrm{C}}y_{\mathrm{C}}$ 平面内，得到矢量 $\boldsymbol{t}'_{ij}$，则刀轴矢量 $\boldsymbol{l}_{ij}$ 为阻尼台局部坐标系中 z_{C} 轴方向矢量在以 $\boldsymbol{t}'_{ij}$ 为法矢的平面内沿材料去除方向偏转 θ 构成（θ 一般取 20°～30°），以保证球头刀良好的切触状态，如图 5-23 所示[32]。

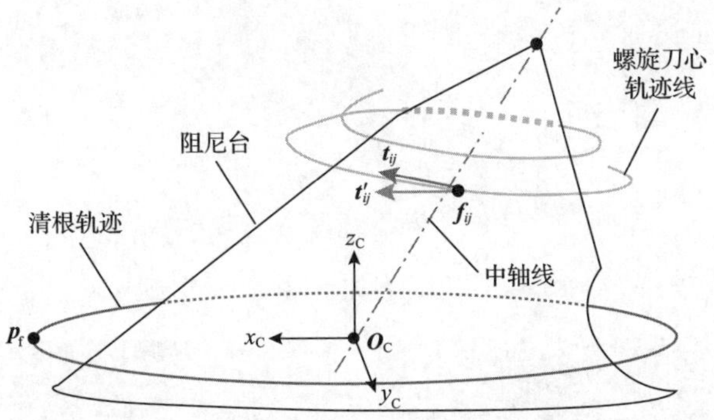

图 5-23　局部坐标系刀轴矢量表示

考虑到多曲面岛屿实体结构的特点，螺旋加工刀心 $\boldsymbol{f}_{ij}$ 处刀轴矢量 $\boldsymbol{l}_{ij}$ 等于对应的清根刀心点 $\boldsymbol{q}_j$ 处刀轴矢量 $\boldsymbol{l}_j$，保证球头刀不过切岛屿及底面，则螺旋刀位点为

$$\boldsymbol{a}_{ij} = \boldsymbol{f}_{ij} - R \cdot \boldsymbol{l}_{ij}, \quad i = 1,2,\cdots,N_{\mathrm{L}}; j = 1,2,\cdots,M \tag{5-13}$$

合并清根刀位数据构成完整的多曲面岛屿加工螺旋刀具轨迹，该轨迹螺旋环绕阻尼台，使阻尼台加工和清根两道工序合二为一，在避免冗余进退刀的同时保证阻尼台加工过程中刀具不过切叶身曲面。

5.2.3　算例分析

以某航空发动机叶片阻尼台球头刀加工为例，该阻尼台为典型的多曲面岛屿结构(图 5-17)，其包围盒尺寸为 $12.46\text{mm} \times 59.01\text{mm} \times 34.74\text{mm}$，加工精度要求为 0.1mm。首先生成清根刀心轨迹，然后按本节方法建立局部坐标系，并确定中轴线，根据中轴线投影射线与阻尼台实体求交并修正，规划出自底向上的螺旋刀具轨迹。图 5-24 为阻尼台加工螺旋刀具轨迹，其中，球头刀刀具半径 $R = 5\text{mm}$，残留高度 $h = 0.01\text{mm}$，清根轨迹离散步长为 0.8mm，刀轴矢量倾角 $\theta = 25°$。

本节算法与传统的投影法[31]和基于保形映射算法[26]的不同之处在于：本节的刀具轨迹依赖于阻尼台实体结构螺旋而成，将阻尼台加工与清根合二为一，避免了多曲面片复杂偏置轮廓的构造，减少了冗余进退刀，并能够保证加工过程中刀具不过切叶身曲面。该算法现已成功运用于某发动机叶片阻尼台加工中，图 5-25 为实际加工的效果，图 5-25(a)为阻尼台整体加工截图，图 5-25(b)为清根加工效果。可以看出，阻尼台与清根区域过渡光滑，无明显接刀痕，表明加工质量高，达到了螺旋刀位轨迹统一规划的效果。

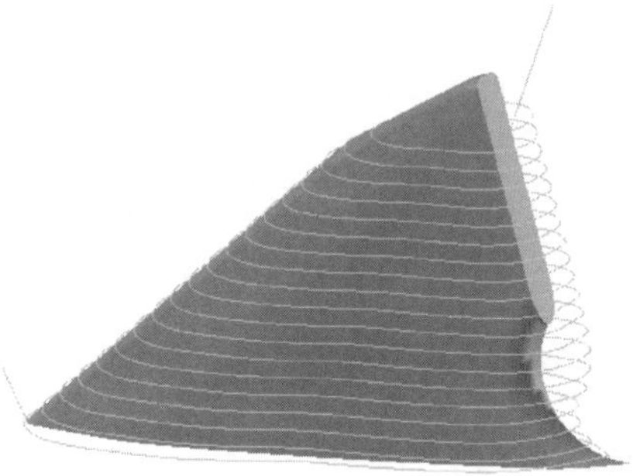

图 5-24　阻尼台加工螺旋刀具轨迹

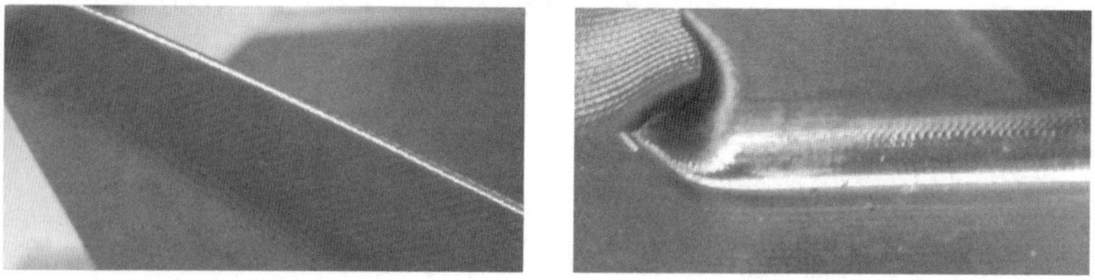

(a) 阻尼台整体加工截图　　(b) 清根加工效果

图 5-25　阻尼台实际加工效果

算例及实际加工结果表明，运用点到实体的最短距离可以较好地控制多曲面边界约束，所规划的螺旋刀具轨迹也适应于岛屿的拓扑结构，实现了多曲面岛屿五轴球头刀的高效精密加工[1]。

5.3　叶片螺旋铣加工刀具轨迹生成方法

航空发动机叶片包括单曲面叶片、组合曲面叶片以及叶片通道三类复杂加工特征。实际应用中，由于叶片形状复杂、尺度跨度大、受力恶劣、承载量大，其加工必须要保证具有精确的尺寸、准确的形状和严格的表面完整性[33]。

目前，在工厂的实际生产中，引进的五轴叶片加工专用机床和 Starrag 公司的 RCS 等专用加工软件已经开发出了专用的螺旋加工算法，其加工算法与加工效率均取得了令人满意的效果。但设备、软件成本昂贵，大幅度增加了叶片的加工成本，限制了叶片生产企业的加工能力。

针对这一情况，本节针对单曲面叶片和组合曲面叶片，研究高质高效螺旋铣加工方法。同时，将该方法推广至叶片通道加工中，形成叶片通道螺旋铣加工的轨迹生成方法。

5.3.1　单曲面叶片等参数螺旋加工刀具轨迹生成

如图 5-26 所示，设叶片曲面 S_0 与榫头端面的交线为 C_0，S_0 与叶尖端面的交线为 C_1，S_0 采用样条曲面表示法，沿叶片截面线方向为参数域 u 方向，沿叶片径向为参数域 v 方向，参数域 u、v 取值范围为[0,1]。曲面 S_0 上的等 u 参数族为 $T_i(i=1,2,\cdots,n)$，旋转曲线经过 m 圈从 C_0 过渡到 C_1，T_i 与 C_0 的交点为 $\boldsymbol{P}_i$，T_i 与 C_1 的交点为 $\boldsymbol{Q}_i$，T_i 的等分点为 $\boldsymbol{L}_{ij}(i=1,2,\cdots,n;j=1,2,\cdots,m)$，$\boldsymbol{P}_i=\boldsymbol{L}_{0i}$，$\boldsymbol{Q}_i=\boldsymbol{L}_{mi}$，按照下列公式计算等参数螺旋加工刀具轨迹切触点 $\boldsymbol{A}_{ij}$：

$$\boldsymbol{A}_{ij}(u,v)=\frac{[\boldsymbol{L}_{(i-1)j}(u,v)+\boldsymbol{L}_{ij}(u,v)]j}{m},\quad j=0,1,\cdots,m \tag{5-14}$$

$$\boldsymbol{A}_{ij}(u,v)=\frac{[\boldsymbol{L}_{(i-1)j}(u,v)+\boldsymbol{L}_{ij}(u,v)](m-j)}{m},\quad j=0,1,\cdots,m \tag{5-15}$$

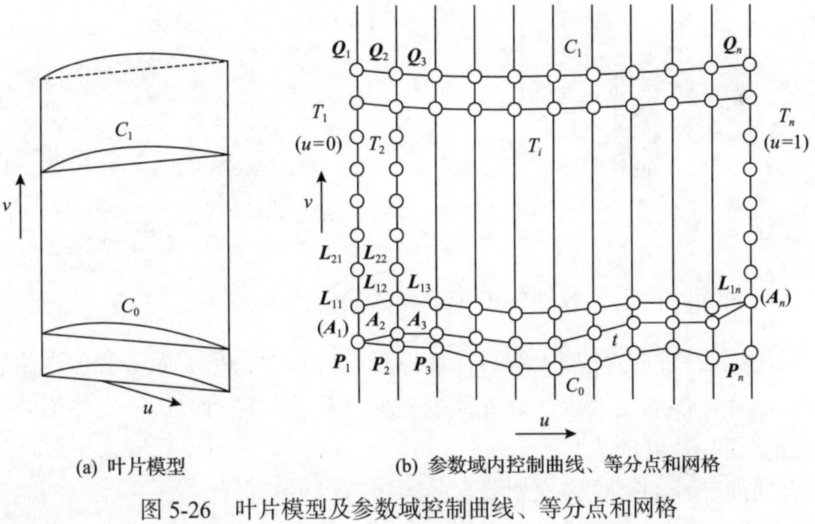

图 5-26　叶片模型及参数域控制曲线、等分点和网格

利用式(5-15)计算点 $\boldsymbol{A}_{ij}$ 后，u、v 参数区间自 0 到 1 连接 $\boldsymbol{A}_{ij}$ 点即可在参数域内构造一条单值连续的折线，该折线在模型空间中对应叶片曲面在 C_0 和 C_1 区域内部的均匀向右的旋转曲线。

若要构造向左的旋转曲线，只需要利用式(5-14)计算点 $\boldsymbol{A}_{ij}$，u 参数区间自 1 到 0、v 参数区间自 0 到 1 连接 $\boldsymbol{A}_{ij}$ 即可。

由上面的算法可以看出，为计算切触点 A_{ij}，需要提取参数域内的控制曲线 T_i，然后对每一条曲线进行类似的等参数或等弧长分割。为了保证连续两个切触点之间的加工误差满足要求，控制曲线 T_i 需要相当密集才能满足加工要求。当加工误差要求很高时，计算量增大，导致计算效率降低。为尽可能达到上述要求，可将上述方法进行一定的简化。

针对上述叶片模型，参数域 u 取值范围为[0,1]，参数域 v 取值范围为[v_0,v_n]。当参数 u 从 0 变化到 1，参数 v 从 v_0 变化到 v_n 时，形成的旋转曲线经过 n 圈从 C_0 过渡到 C_1，采用二分法计算切触点，保证相邻切触点之间的误差满足要求，在参数域内构造了一条单值连续的折线，该折线在模型空间中对应叶片曲面在 C_0 和 C_1 区域内部的均匀向右的旋转曲线。若要构造向左的旋转曲线，只需要对 u 参数区间自 1 到 0、v 参数区间自 v_0 到 v_n 计算各点即可，如图 5-27 所示。

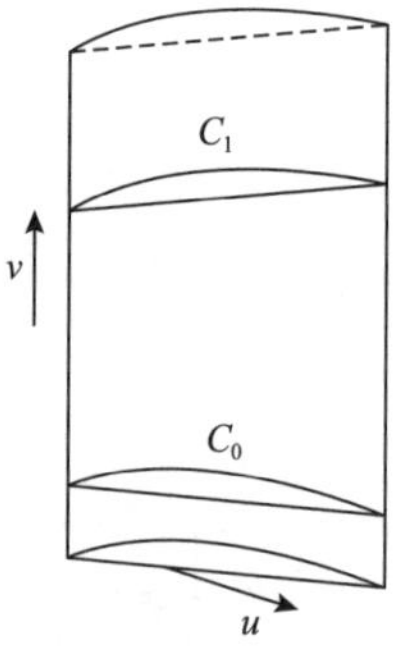

(a) 叶片模型

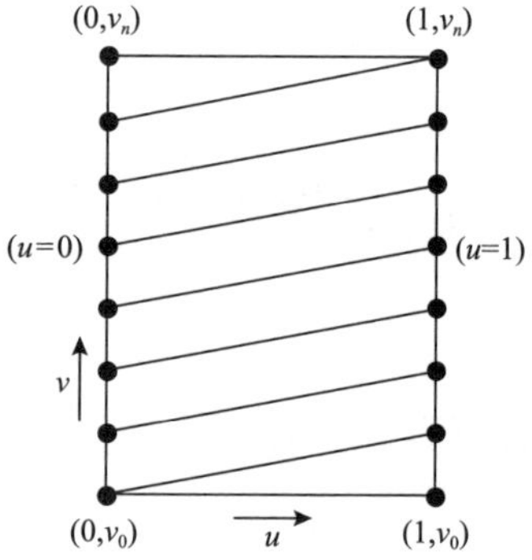

(b) 螺旋切触点轨迹规划

图 5-27　叶片模型及螺旋切触点轨迹规划

5.3.2　组合曲面叶片等参数螺旋加工刀具轨迹生成

当采用螺旋铣削方法加工组合曲面造型的叶片时，单曲面等参数螺旋线计算处理方式已经不能满足要求，因此需要对原计算公式进行改进，以便能够成功应用于组合曲面叶片的加工[34]。

组合曲面叶片加工轨迹规划缝合的原因有以下两点：

(1) 叶片曲面数据有可能以前缘曲面、后缘曲面和叶盆曲面、叶背曲面的形式定义，使叶片本身由四张曲面组成。

(2) 出于加工工艺的需要，缘头部位需要特殊处理。

缘头部分厚度很薄，是叶片最难加工的部位，零件薄弱部分的切削振动、机床的响应延迟、刀具啃切等因素均可能导致零件报废，所以需要将缘头作为特殊的编程单元处理，如缘头避让处理等[35]。在叶片加工中，如曲面参数驱动固定刀轴加工方法中，缘头处往往需要单独加工，这增加了加工的复杂度。为了加工出质量较高的叶片，在螺旋加工方法中，采用组合曲面造型叶片，目的是将叶盆、叶背和缘头区域分开，在缘头处根据需要将控制曲线适当加密，使切触点螺旋线更加平滑，以提高螺旋加工精度。

图 5-28 为组合曲面叶片的螺旋铣削加工的参数计算示意图。图中，粗实线 $S_i(i=0, 1,\cdots, z)$ 将叶片模型分成 z 部分，即 z 张曲面；叶身曲面与叶尖端面的交线为 C_0，与榫头橼板内表面的交线为沿叶身方向上相距一个安全距离的等距线 C_1，C_0 和 C_1 为自由曲线，此处将其简化为直线表示；控制区线 T_j 用短划线表示；连接点 $\boldsymbol{A}_{ij}$ 的曲线为切触点螺旋线。每张曲面上的参数都是针对该张曲面的，表示意义等同于单张曲面叶片的情况，在运算过程中以曲面 ID 号进行区分。

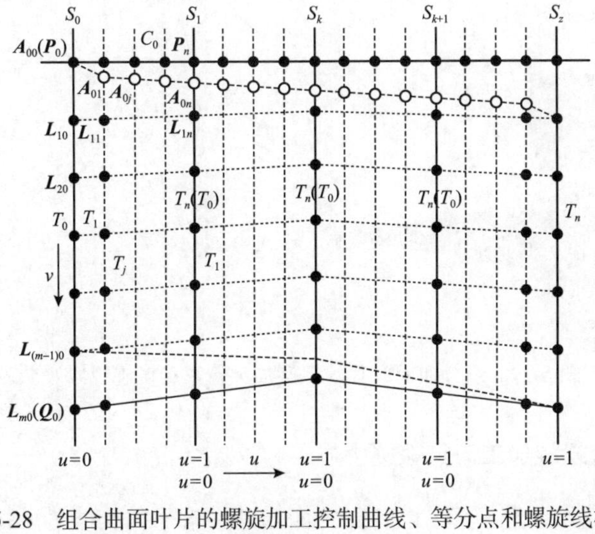

图 5-28　组合曲面叶片的螺旋加工控制曲线、等分点和螺旋线构造

与单张曲面叶片的螺旋加工方法相同，无论控制曲线采用何种方式取得，$\boldsymbol{A}_{ij}$ 点对应于所在曲面上的参数 u 都可以根据控制曲线得到。而第 $k(k=1, 2,\cdots, z)$ 张曲面上的 $\boldsymbol{A}_{ij}$ 点对应于所属曲面上的参数 v 需要采用式(5-16)计算：

$$\begin{cases} t_{\text{start}} = \dfrac{|S_0S_{k-1}|}{|S_0S_z|} \\ \qquad\qquad\qquad , \quad |S_0S_0| = 0; k = 1,2,\cdots,z \\ t_{\text{end}} = \dfrac{|S_0S_k|}{|S_0S_z|} \\ \boldsymbol{A}_{ij}(u,v) = \boldsymbol{L}_{ij}(u,v) + [\boldsymbol{L}_{(i+1)j}(u,v) - \boldsymbol{L}_{ij}(u,v)]\left[(t_{\text{end}} - t_{\text{start}})\dfrac{j}{n} + t_{\text{start}}\right] \end{cases} \tag{5-16}$$

$$\begin{cases} t_{\text{start}} = \dfrac{|S_z S_k|}{|S_0 S_z|} \\ t_{\text{end}} = \dfrac{|S_z S_{k-1}|}{|S_0 S_z|} \end{cases}, \quad |S_z S_z| = 0; k = 1,2,\cdots,z \\ \boldsymbol{A}_{ij}(u,v) = \boldsymbol{L}_{ij}(u,v) + [\boldsymbol{L}_{(i+1)j}(u,v) - \boldsymbol{L}_{ij}(u,v)]\left[(t_{\text{end}} - t_{\text{start}})\dfrac{n-j}{n} + t_{\text{start}}\right] \tag{5-17}$$

与单张曲面叶片的螺旋加工方法类似，当 u、v 参数按照从小到大的变化趋势计算时，连接一系列 $\boldsymbol{A}_{ij}$ 点的折线即为近似的螺旋线，但仅有这些 $\boldsymbol{A}_{ij}$ 点仍不能满足加工步长要求。此时，需要以 $\boldsymbol{A}_{i(j-1)}$ 和 $\boldsymbol{A}_{ij}$ 两点的参数 u、v 作为端点条件，采用二分法求出螺旋线所经过的点。组合曲面叶片的螺旋加工切触点轨迹规划效果如图 5-29 所示。

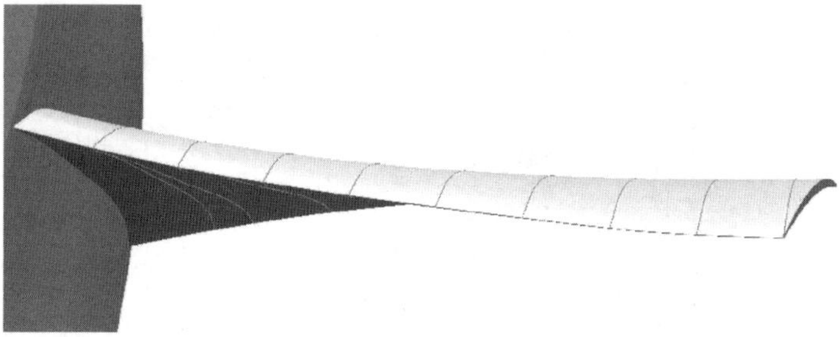

图 5-29　组合曲面叶片的螺旋加工切触点轨迹规划效果

5.3.3　叶片通道螺旋加工刀具轨迹生成

图 5-30 为叶片通道模型，设叶身曲面与叶尖端面的交线为 C_0，与榫头橼板内表面的交线沿叶身方向相距一个安全距离的等距线为 C_1。C_0 和 C_1 应是自由曲线，在不影响算法精度的前提下，此处将其简化为直线表示。叶身曲面采用样条曲面表示，沿叶片截面线方向为参数域 u 方向，沿叶片径向为参数域 v 方向，参数域 u、v 取值范围为[0,1]，而经 C_0 和 C_1 截取控制曲线之后，每一条控制曲线的参数域范围是不同的，需要根据端点条件确定。如图 5-30 所示，叶身曲面上提取的控制曲线为 $T_j(j=1,2,\cdots,n)$，旋转曲线经过 m 圈从 C_0 过渡到 C_1，T_j 与 C_0 的交点为 $\boldsymbol{P}_j$，T_j 与 C_1 的交点为 $\boldsymbol{Q}_j$，T_j 的等分点为 $\boldsymbol{L}_{ij}(i=1,2,\cdots,n; j=1,2,\cdots,m)$，$\boldsymbol{P}_i = \boldsymbol{L}_{0i}$，$\boldsymbol{Q}_i = \boldsymbol{L}_{mi}$。需要说明的是，此时 T_0 和 T_n 应是重合的两条曲线。

无论以何种方式取得控制曲线 T_j，$\boldsymbol{A}_{ij}$ 点的参数 u 都可以根据控制曲线 T_j 在所属的曲面上对应的 u 值确定，而 $\boldsymbol{A}_{ij}$ 点参数 v 的取值可以按照下列公式计算：

$$A_{ij}(u,v)=L_{ij}(u,v)+\frac{\left[L_{(i+1)j}(u,v)-L_{ij}(u,v)\right]j}{n} \tag{5-18}$$

$$A_{ij}(u,v)=L_{ij}(u,v)+\frac{\left[L_{(i+1)j}(u,v)-L_{ij}(u,v)\right](n-j)}{n} \tag{5-19}$$

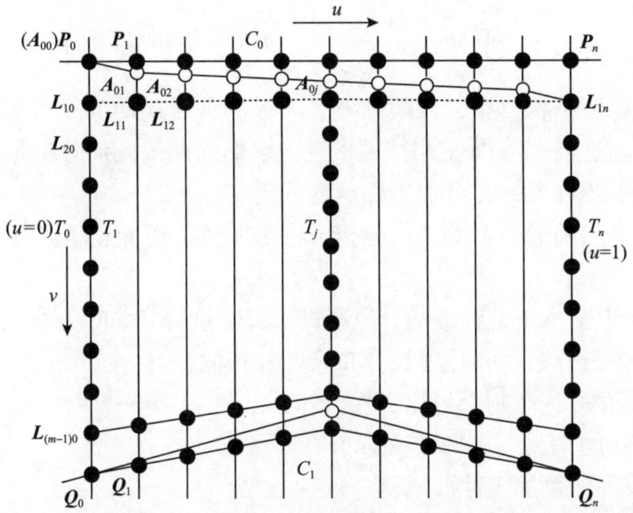

图 5-30　叶片通道螺旋加工的控制曲线、等分点和螺旋线构造

采用式(5-19)按照 u、v 参数从小到大的变化趋势计算 A_{ij} 点时，连接得到的一系列 A_{ij} 点的折线即为近似的螺旋线。但是，仅有这些 A_{ij} 点仍不能满足加工步长的要求，还需要以 $A_{i(j-1)}$ 和 A_{ij} 两点的参数 u、v 作为端点条件，采用二分法求出螺旋线所经过的点。其计算方法和前面介绍的方法一致，只是端点条件不同，这里不再详细叙述。若要构造向左的螺旋线，采用式(5-18)计算 A_{ij} 点即可，此时，参数 u 要按照从大到小的变化趋势计算。

叶片通道螺旋加工方法很好地利用了边界交线，既避免了刀具与边界的干涉，又很好地完成了叶片叶身部分的加工，在叶根处还实现了简单的清根处理。

5.4　复杂通道多轴加工刀具轨迹生成方法

复杂通道是多轴数控加工的主要研究和应用对象，同时也是复杂加工特征的典型代表。航空发动机整体叶盘就是一类典型的复杂通道，其结构复杂、通道开敞性差、叶片薄、弯扭大、刚性差、易变形，材料多为钛合金、高温合金等难加工材料，综合制造技术难度很大，其数控加工涉及多项国际性难题。整体叶盘数控铣削工艺中的通道开槽粗加工的材料切除量最大，占整体叶盘材料切除总量的

90%以上。因此，整体叶盘复杂通道开槽粗加工工艺的优劣对其加工效率具有重要的影响[14]。

本节首先介绍复杂通道的可加工性分析方法，在此基础上，以开式整体叶盘为例，介绍复杂通道开槽插铣和侧铣的刀具轨迹生成方法[17, 18]，相关算法已集成至自主开发的软件系统中，并在实际工程中取得了良好的应用效果。

5.4.1 复杂通道可加工性分析

复杂通道特征结构复杂，开敞性差，刀轴的有效摆动范围不易确定。因此，在刀位轨迹规划之前，根据 CAD 模型进行辅助的通道几何分析是非常必要的，具体包括基本工艺性参数和可加工性信息的确定。

通过建立专门的通道辅助几何分析方法和工具，可获得下列几类有关通道的详细信息。

(1)通道加工基本工艺性参数，包括进出口宽度分布、叶尖宽度分布、通道最窄宽度、叶片弦长分布、叶片展长分布、叶片扭曲度等。

(2)通道曲面可达性判定可加工性。

(3)通道的可加工性。

(4)通道单面的可加工性。

其中，进出口最窄宽度、叶尖最窄宽度、通道最窄宽度、叶片最大弦长对加工刀具的参数选定具有一定的指导意义。而叶型的弦轴比可以直观反映通道的开敞性，从而估计叶型加工的难易程度。通道的开敞性越好，通道越易加工。叶片的弦高与弦长的比值，直接反映叶片的扭曲度，它是影响多曲面通道开敞性的重要因素，也可直接反映出通道的加工难易程度[14, 36]。

针对复杂通道特征的可制造性评价，可建立以下判定准则。

(1)“临界约束”概念。当刀具加工通道的凹侧边界曲面上的某一点时，刀杆处于与被加工表面切触或与其边界接触状态的刀具位置，称为临界位置。若能在保持刀具处于临界位置的同时，通过调整刀具轴线方向，使刀具与通道边界约束面不发生干涉，则称该点满足“临界约束”条件。

(2)可达性判定准则。复杂通道内的一点，对于给定的刀具，若满足“临界约束”条件，则称该点为可达点；否则为不可达点。若通道内的所有点均可达，则称该通道对已知刀具为可达通道。

(3)可加工性判定准则。通道内的可达点，若刀具的长度与直径之比小于允许的最大值，则称该点为可加工点，否则为不可加工点。若通道内的所有点均可加工，则称该通道为可加工通道。若通道内的所有可加工点均与被加工表面的一条边界保持“临界约束”条件，则称该通道为单侧可加工通道，否则称为双侧(或多侧)对接可加工通道。

(4)单面加工可行性准则。对单侧可达多曲面通道，继续判定其单面可加工性是非常重要的。继续判定是否可实施单面加工主要取决于刀具的长度和刚性是否满足要求。由于两面对接加工过程中，翻面会带来装夹及原点找正误差，从而在对接区域产生较大的接痕，对通道的加工精度保障及后续抛光工序带来较大的难度。所以，在刀具刚性满足要求时，应尽可能采用单面加工。

(5)通道加工区域划分原则。对必须双面对接才可加工的通道进行合理的分割，使其转化为两个对接的可加工通道区域；然后从进气口和排气口两侧进刀，完成整个通道的对接加工。合理地划分对接加工区域，既可缩短加工刀具的长度，又可增加切削刀具的刚性，提高加工效率。双侧对接可加工通道区域划分的准则为，从两端对接加工分界面时，使所需刀具的长度相近，且使其最大长度达到最小值。

(6)初始刀轴矢量及其无干涉变化范围。首先按叶片辅助导动面的参数网格对通道进行划分；然后利用“临界约束”防干涉算法，确定不同叶片截面、不同切削深度的区域所对应的刀具轴线与叶盘轴线的角度范围；最后在叶片截面内，按照去除量最大的准则确定最优刀轴的初始方向。

通过上述定义的准则进行复杂通道的可加工性分析，依此辅助几何分析结果规划通道加工刀具轨迹，能够实现无干涉且高效率的多轴数控加工。本节主要介绍复杂通道的可加工性分析方法。首先，基于边界约束和线-面相交的点可视锥几何算法，分析点的可加工性；然后，通过建立点-线-面-通道可加工性逐步分析准则，给出完整的通道可加工性分析一般方法。

根据前面 2.1 节对复杂通道的建模与分析，闭式叶盘通道结构最为复杂，由叶盆、叶背、内轮毂、外轮毂四张曲面相交构成，如图 5-31(a)所示，本节主要讨论此类型通道，其他类型通道可采用类似的方法进行分析。为便于叙述，设 S_0 表示被加工曲面，S_1、S_2、S_3 表示相邻的约束曲面，均称为通道曲面。通常曲面相交处采用小尺寸刀具进行清根加工，因此设置 1～2mm 的安全距离，对两侧的约束曲面进行偏置计算，如图 5-31(b)所示。为了统一记号，偏置后的约束曲面仍采用符号 S_2、S_3 表示。

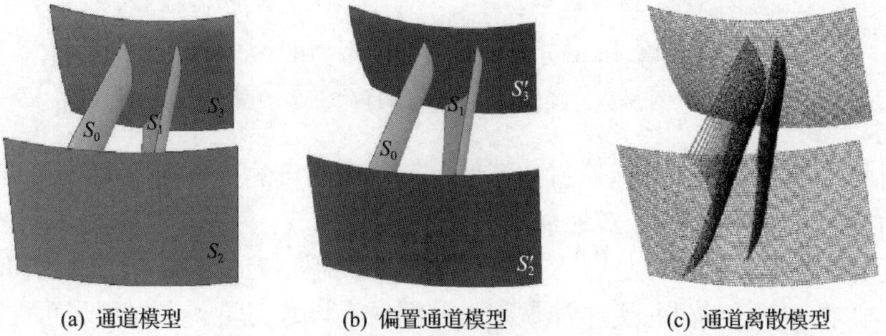

(a) 通道模型　(b) 偏置通道模型　(c) 通道离散模型

图 5-31　闭式叶盘通道定义

另外，按法矢方向还可将通道曲面划分为外凸和内凹两种类型，如图 5-32 所示。当通道曲面为外凸型通道曲面时，刀轴方向由切平面控制；而当通道曲面为内凹型通道曲面时，仅由切平面不足以控制刀轴方向，还需进一步采用边界约束处理。

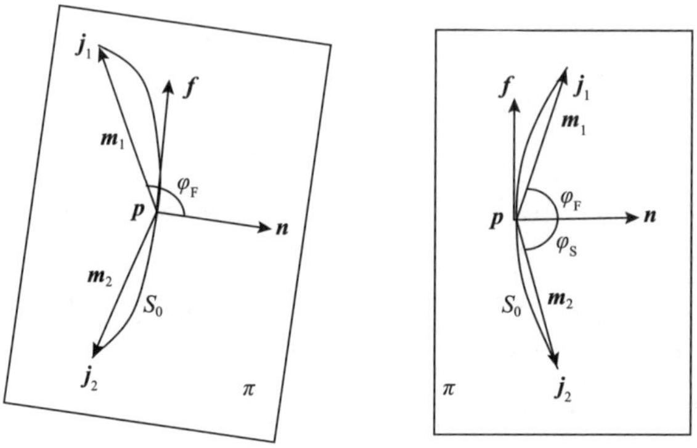

(a) 外凸型通道曲面　(b) 内凹型通道曲面

图 5-32　通道曲面类型及边界约束点计算示意图

如图 5-33 所示，复杂通道加工时刀具的摆动容易受到被加工曲面自身及其相邻曲面的约束，发生碰撞干涉。特别是对于某些狭窄的通道特征，刀具甚至不可达而导致无法加工。

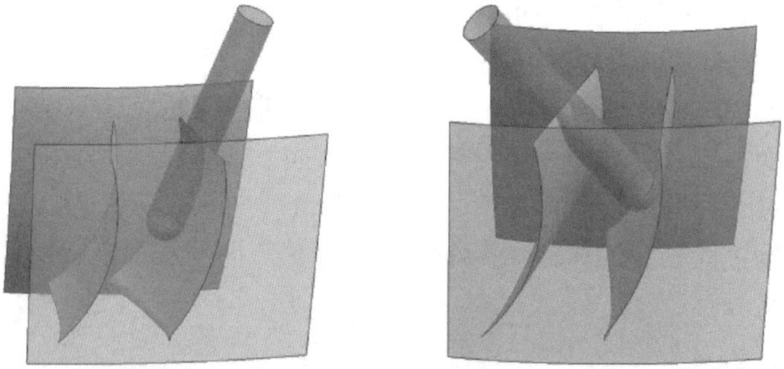

(a) 刀杆与被加工曲面碰撞干涉　(b) 刀杆与相邻曲面碰撞干涉

图 5-33　通道加工时刀杆碰撞干涉示意图

因此，对于复杂多曲面通道，可加工性分析的目的是分析通道是否可加工，同时确定加工方式(单面或双面加工)、划分加工区域，以及计算最大可用的刀具，进而规划五轴加工刀位轨迹[14]。其中，首要的问题是刀具的选择，通过刀具干涉分析，自动选择能够进行无干涉铣削加工的最大尺寸刀具，以保证尽可能高的加工效率，同时满足刀具长径比要求[37]。

1. 点可加工性分析

以球头刀加工通道为例，可加工性分析的关键是确定最大可用刀具的几何参数，即刀具直径 D 和长度 L，并判定是否满足给定的长径比要求。本节首先分析通道单点的可加工性，利用边界约束和线-面相交理论建立点可视锥，并按照距离迭代计算最大刀具直径及相应的刀具长度，从而判定单点是否可加工。

1)边界约束点计算

边界约束处理的目的是简化刀杆碰撞干涉检测过程[38]。这里暂不考虑刀具直径，将刀具简化为一直线。如图 5-32 所示，设 $\boldsymbol{p}$ 为被加工曲面 S_0 上任意一点，$\boldsymbol{n}$ 为单位法矢，则边界约束点定义为摆刀平面与被加工曲面交线的首末端点，分别记为 $\boldsymbol{j}_1$、$\boldsymbol{j}_2$。其中，摆刀平面为 $\boldsymbol{p}$ 点所在 u 向参数曲线切向 $\boldsymbol{f}$ 与法向 $\boldsymbol{n}$ 所确定的平面 π，而边界约束矢量定义为

$$\boldsymbol{m}_1 = \frac{\boldsymbol{j}_1 - \boldsymbol{p}}{|\boldsymbol{j}_1 - \boldsymbol{p}|}, \quad \boldsymbol{m}_2 = \frac{\boldsymbol{j}_2 - \boldsymbol{p}}{|\boldsymbol{j}_2 - \boldsymbol{p}|} \tag{5-20}$$

当 $\boldsymbol{p}$ 为曲线首端点时，边界约束点 $\boldsymbol{j}_2 = \boldsymbol{p} - \boldsymbol{f}$；当 $\boldsymbol{p}$ 为曲线末端点时，边界约束点 $\boldsymbol{j}_1 = \boldsymbol{p} + \boldsymbol{f}$，$\boldsymbol{f}$ 为曲线单位切矢。

2)点可视锥计算

设工件坐标系为 $O_{\rm w}\text{-}x_{\rm w}y_{\rm w}z_{\rm w}$，$z_{\rm w}$ 指向通道轴线方向，其方向矢量 $\boldsymbol{e}_z = (0\ \ 0\ \ 1)^{\rm T}$，利用单位球面定义任意方向矢量 $\boldsymbol{d} = (x\ \ y\ \ z)^{\rm T}$，则有

$$x = \sin\theta\cos\phi, \quad y = \sin\theta\sin\phi, \quad z = \cos\theta, \quad \theta \in [0, \pi]; \phi \in [0, 2\pi] \tag{5-21}$$

方向射线 $L_{\rm d}$ 定义为从任意单点 $\boldsymbol{p}$ 出发，沿方向矢量 $\boldsymbol{d}$ 的射线。方向射线 $L_{\rm d}$ 上的任意一点 $\boldsymbol{q} = \boldsymbol{p} + \lambda\boldsymbol{d}, \lambda > 0$。

可视方向定义为不与通道曲面相交的方向射线 $L_{\rm d}$ 所对应的观察方向矢量。

可视锥 $V_{\rm c}(\boldsymbol{p}, S)$ 定义为点 $\boldsymbol{p}$ 的所有可视方向集合[39]，即

$$V_{\rm c}(\boldsymbol{p}, S) = \{\boldsymbol{d} \mid (\boldsymbol{p} + \lambda\boldsymbol{d}) \cap S = \varnothing, \forall\lambda > 0\} \tag{5-22}$$

式中，$S = S_0 \cup S_1 \cup S_2 \cup S_3$ 为四张通道曲面的并集，可以用离散曲面模型表示，如图 5-31(c)所示，也可以直接用曲面模型表示，如图 5-31(b)所示。

运用边界约束和射线-曲面相交方法计算点的可视锥，具体算法步骤如下。

(1)按等参数划分方向矢量参数 θ、ϕ 的定义区间，得单位方向矢量集合为

$$\text{Dir} = \left\{\boldsymbol{d}_k = \left[x(\theta_i, \phi_j)\ \ y(\theta_i, \phi_j)\ \ z(\theta_i, \phi_j)\right]^{\rm T}, k = 1, 2, \cdots, M \times N\right\} \tag{5-23}$$

其中，按式(5-21)定义 x、y、z，M、N 分别为参数 θ、ϕ 的离散总数，而

$$\begin{aligned}\theta_i &= \pi\frac{i-1}{M-1}, \quad i=1,2,\cdots,M \\ \phi_j &= 2\pi\frac{j-1}{N-1}, \quad j=1,2,\cdots,N\end{aligned} \tag{5-24}$$

(2) 依次取集合 Dir 中的方向矢量 $\boldsymbol{d}_k$，判定是否可视。

(3) 初始化可视参数标识 $\text{flag}=0$。

(4) 计算方向矢量 $\boldsymbol{d}_k$ 与法向 $\boldsymbol{n}$ 的夹角 $\varphi = a\cos(\boldsymbol{n}\cdot\boldsymbol{d}_k)$。若 $\varphi \geqslant \pi/2$，表示 $\boldsymbol{d}_k$ 位于法矢负半球，不可视，记 $\text{flag}=1$，返回步骤(2)；否则，转到步骤(5)。

(5) 计算边界约束矢量 $\boldsymbol{m}_1$ 与法矢 $\boldsymbol{n}$ 的夹角 $\varphi_{\text{F}} = a\cos(\boldsymbol{n}\cdot\boldsymbol{m}_1)$，判定通道曲面类型。若 $\varphi_{\text{F}} \geqslant \pi/2$，表明通道曲面为外凸型，被加工曲面 S_0 本身无法作进一步判断，转到步骤(9)；否则，转到步骤(6)。

(6) 分别计算方向矢量 $\boldsymbol{d}_k$ 与边界约束矢量 $\boldsymbol{m}_1$ 和 $\boldsymbol{m}_2$ 的夹角 $\varphi_1 = a\cos(\boldsymbol{m}_1\cdot\boldsymbol{d}_k)$ 和 $\varphi_2 = a\cos(\boldsymbol{m}_2\cdot\boldsymbol{d}_k)$。若 $\varphi_1 < \varphi_2$，转到步骤(7)；否则，转到步骤(8)。

(7) 若 $\varphi > \varphi_{\text{F}}$，则记 $\text{flag}=1$，返回步骤(2)；否则，转到步骤(9)。

(8) 计算边界约束矢量 $\boldsymbol{m}_2$ 与法矢 $\boldsymbol{n}$ 的夹角 $\varphi_{\text{S}} = a\cos(\boldsymbol{n}\cdot\boldsymbol{m}_2)$。若 $\varphi > \varphi_{\text{S}}$，记 $\text{flag}=1$，返回步骤(2)；否则，转到步骤(9)。

(9) 按照方向矢量 $\boldsymbol{d}_k$ 建立方向射线 L_{d}，判断射线 L_{d} 与约束曲面 S_1 是否相交。若存在交点，记 $\text{flag}=1$，返回步骤(2)；否则，转到步骤(10)。

(10) 判断 L_{d} 是否与约束曲面 S_2 相交。若存在交点，记 $\text{flag}=1$，返回步骤(2)；否则，转到步骤(11)。

(11) 判断 L_{d} 是否与约束曲面 S_3 相交。若存在交点，记 $\text{flag}=1$，返回步骤(2)；否则，判定方向矢量 $\boldsymbol{d}_k$ 为可视方向，导入点可视锥 $V_{\text{c}}(\boldsymbol{p},S)$，返回步骤(2)。

空间中所有离散的可视方向集合构成点可视锥(图 5-34)，即

$$V_{\text{c}}(\boldsymbol{p},S) = \{\boldsymbol{d} \mid (\boldsymbol{p}+\lambda\boldsymbol{d}) \cap S = \varnothing, \forall\lambda>0\} = \left\{\boldsymbol{d}_k\text{可视},\ k=1,2,\cdots,N^*\right\} = V_{\text{F}} \cup V_{\text{S}} \tag{5-25}$$

式中，N^* 为离散的可视方向总数；$V_{\text{F}} = \{\boldsymbol{d}_k\text{可视且}\boldsymbol{d}_k\cdot\boldsymbol{e}_z \geqslant 0, k=1,2,\cdots,N^{*\text{F}}\}$、$V_{\text{S}} = \{\boldsymbol{d}_k\text{可视且}\boldsymbol{d}_k\cdot\boldsymbol{e}_z < 0, k=1,2,\cdots,N^{*\text{S}}\}$ 分别表示沿通道正方向和负方向的可视方向集合，依据此集合分类能够初步判定通道的可加工性，如图 5-34(b)所示。

在不考虑刀具直径的前提下，点可视方向代表刀具可达方向。在此基础上，增加刀具直径，计算通道加工的最大可用刀具及最佳刀轴方向是合理且有效的。

3) 最大刀具直径及刀长计算

定义刀具长径比函数为

$$g = g(D,L) = \begin{cases} 1, & \text{属于可加工范围} \\ 0, & \text{超出可加工范围} \end{cases} \tag{5-26}$$

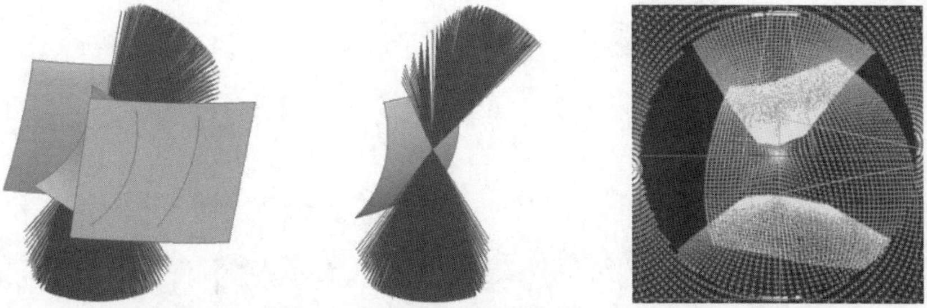

(a) 点可视锥　(b) 隐藏约束曲面的点可视锥　(c) 可视方向投影

图 5-34　通道加工点可视锥

除刀具的直径和长度参数外，该函数定义还与刀具的材料属性、受力状态等因素相关，可通过切削仿真、切削实验或切削参数数据库查询等途径获得。

最大直径刀具定义为与被加工曲面仅在切触点处切触，与相邻约束曲面保持最近距离而又不发生干涉的刀具。此时，刀具轴线到约束曲面的最短距离近似等于刀具半径。按通道曲面类型分别计算。

(1)外凸型通道刀具直径及刀长计算。

针对外凸型通道，基于可视方向判定刀具的可达性，进而计算最大刀具直径。由于刀具直径与刀轴方向相关，定义单点 $\boldsymbol{p}$ 的最大刀具直径为

$$D_p = \max_{1 \leqslant k \leqslant N^{\mathrm{d}}} D(p, d_k) \tag{5-27}$$

式中，$D(p,d_k)$ 表示可达方向 d_k 对应的最大刀具直径；N^{d} 为可达方向总数。根据刀具半径等于刀具轴线到约束曲面的最短距离，迭代计算刀具半径步骤如下：

①初始化 $\mathrm{step}=0$。

②初始化刀心点 $\boldsymbol{c}=\boldsymbol{p}$，刀具半径 $r_{\mathrm{t}}=e(\boldsymbol{c},\boldsymbol{d}_k)/2$。其中，$e(\boldsymbol{c},\boldsymbol{d}_k)$ 表示从 $\boldsymbol{c}$ 点出发，沿可视方向 $\boldsymbol{d}_k$ 的射线到约束曲面 S_1、S_2、S_3 的最短距离。

③计算 $r_{\mathrm{t}}=r_{\mathrm{t}}-\mathrm{step}/2$，并将 $\boldsymbol{p}+r_{\mathrm{t}}\cdot\boldsymbol{n}$ 赋给刀心点 $\boldsymbol{c}$，重新计算 $e(\boldsymbol{c},\boldsymbol{d}_k)$，则 $\mathrm{step}=r_{\mathrm{t}}-e(\boldsymbol{c},\boldsymbol{d}_k)$。若 $|\mathrm{step}|>10^{-2}$，转到步骤②；否则，返回 r_{t}。

定义通道上、下约束平面 Z_{F}、Z_{S}，并以 $z=z_{\mathrm{F}}$、$z=z_{\mathrm{S}}$ 分别表示上、下约束平面方程，刀心点 $\boldsymbol{c}_0=\boldsymbol{p}+r_{\mathrm{t}}\cdot\boldsymbol{n}$，则刀具长度(球头刀刀具半径+刀杆长度)为

$$L_{\mathrm{t}} = \begin{cases} r_{\mathrm{t}} + (z_{\mathrm{F}} - c_0 e_z)/(d_k e_z), & d_k e_z \geqslant 0 \\ r_{\mathrm{t}} + (z_{\mathrm{S}} - c_0 e_z)/(d_k e_z), & d_k e_z < 0 \end{cases} \tag{5-28}$$

将刀具参数 $D_t = 2r_t$、L_t 代入式(5-26)，判断是否满足可加工性要求。若满足，则可视方向 $\boldsymbol{d}_k$ 为可达方向，对应的最大刀具直径 $D(\boldsymbol{p},\boldsymbol{d}_k) = 2r_t$，刀长 $L(\boldsymbol{p},\boldsymbol{d}_k) = L_t$；否则，可视方向 $\boldsymbol{d}_k$ 不可达，予以删除。

所有可达方向的集合构成点可达锥，即

$$V_{\mathrm{d}}(p,S) = \left\{d_k\text{可达}, k = 1,2,\cdots,N^{\mathrm{d}}\right\} = V_{\mathrm{F}}^{\mathrm{d}} \cup V_{\mathrm{S}}^{\mathrm{d}} \tag{5-29}$$

其中，

$$\begin{aligned} V_{\mathrm{F}}^{\mathrm{d}} &= \left\{d_k\text{可达且}d_k e_z \geqslant 0, k = 1,2,\cdots,N^{\mathrm{dF}}\right\} \\ V_{\mathrm{S}}^{\mathrm{d}} &= \left\{d_k\text{可达且}d_k e_z < 0, k = 1,2,\cdots,N^{\mathrm{dS}}\right\} \end{aligned} \tag{5-30}$$

计算所有可达方向对应的刀具直径，由式(5-27)可得点 $\boldsymbol{p}$ 的最大可用刀具直径 D_p，如图 5-35 所示。而 $\boldsymbol{p}$ 点的最短刀长为

$$L_{\mathrm{p}} = \min_{1 \leqslant k \leqslant N^{\mathrm{d}}} L(p,d_k) \tag{5-31}$$

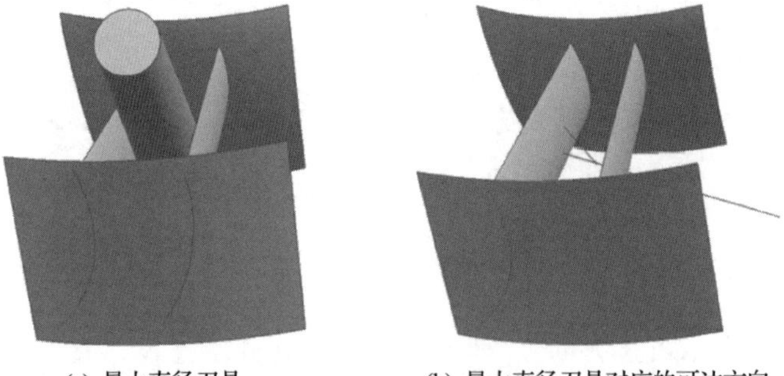

(a) 最大直径刀具　　(b) 最大直径刀具对应的可达方向

图 5-35　最大刀具直径计算

然而，最大刀具直径与最短刀长对应的可达方向可能不同，需进行进一步优化。分析可知，通道加工时刀具直径的增大有利于切削效率的提高，而刀具长度的减小又有利于刀具刚性的增加，为保持二者的平衡，定义优化目标函数：

$$h(D,L) = \max_{1 \leqslant k \leqslant N^{\mathrm{d}}} \left[\mu \frac{D(p,d_k) - D_{\min}}{D_{\max} - D_{\min}} + (1-\mu) \frac{L_{\max} - L(p,d_k)}{L_{\max} - L_{\min}} \right] \tag{5-32}$$

式中，$\mu \in [0,1]$ 为平衡因子(由工艺人员按实际经验给出)；$D_{\max}$、$D_{\min}$, $L_{\max}$、$L_{\min}$ 分别表示所有可达方向对应的刀具直径和长度的最大、最小值。

将满足可加工性要求的 $D(\boldsymbol{p},\boldsymbol{d}_k)$ 和 $L(\boldsymbol{p},\boldsymbol{d}_k)$ 代入式(5-32)，即可确定最优的刀

具几何参数，其对应的可达方向定义为最佳刀轴方向。

(2)内凹型通道刀具直径及刀长计算。

针对内凹型通道，除约束曲面外，还需增加被加工曲面对刀具的可达约束。因此，与上面方法类似，首先根据约束曲面计算可视方向对应的刀具半径 r_{t}，并判定是否可达；然后判断刀具相对于被加工曲面是否可达，若不可达，予以删除，继续后面的判断，直至计算出可达的方向，从而确定最大刀具直径和长度。

4)点可加工性类型划分

依据点可达锥 $V_{\mathrm{d}}(\boldsymbol{p},S)=V_{\mathrm{F}}^{\mathrm{d}}\cup V_{\mathrm{S}}^{\mathrm{d}}$，将任意单点的可加工性划分为四种类型：

(1)两侧均可加工 $\left(V_{\mathrm{F}}^{\mathrm{d}}\neq\varnothing,V_{\mathrm{S}}^{\mathrm{d}}\neq\varnothing\right)$。

(2)只能从通道正方向加工 $\left(V_{\mathrm{F}}^{\mathrm{d}}\neq\varnothing,V_{\mathrm{S}}^{\mathrm{d}}=\varnothing\right)$。

(3)只能从通道反方向加工 $\left(V_{\mathrm{F}}^{\mathrm{d}}=\varnothing,V_{\mathrm{S}}^{\mathrm{d}}\neq\varnothing\right)$。

(4)两侧均不可加工 $\left(V_{\mathrm{F}}^{\mathrm{d}}=V_{\mathrm{S}}^{\mathrm{d}}=\varnothing\right)$。

2. 通道可加工性分析

通道可加工性分析属于工艺规划范畴，目前的商用 CAD/CAM 软件均无法自动实现，需要有经验的工艺人员反复测试，耗费大量的准备时间。因此，本节介绍基于点-线-面-通道的可加工性分析方法，为工艺规划提供参考信息。

1)通道曲面离散模型

为简化分析过程，假设采用同一尺寸球头刀具实现多曲面通道的五轴精加工。如图 5-36 所示，按照通道-曲面-曲线-点的分解方式，建立通道离散点集模型。不同于刀位轨迹规划，采用较低的离散精度即能满足可加工性分析要求。

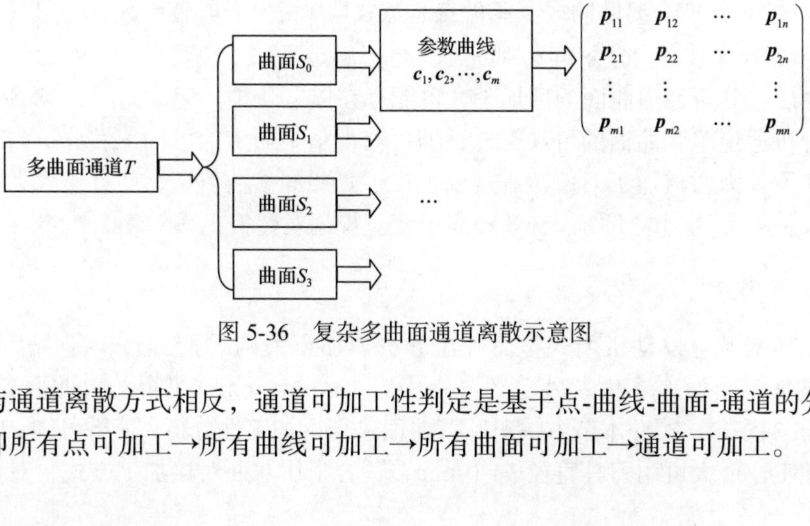

图 5-36　复杂多曲面通道离散示意图

与通道离散方式相反，通道可加工性判定是基于点-曲线-曲面-通道的分析方式，即所有点可加工→所有曲线可加工→所有曲面可加工→通道可加工。

2) 通道分析准则

为保证可加工性判定的合理性，根据实际加工经验拟定通道分析准则。

(1) 在点可加工性分析的基础上，首先分析通道是否可加工，然后依次确定可用的刀具、加工方式，并进行区域划分，最后规划五轴精加工刀位轨迹。

(2) 无论刀具参数或刀具方位变化与否，首要条件是保证存在可用的刀具实现多曲面通道的加工。

(3) 刀具直径尽可能地大，刀具长度尽可能地短，可有效提高通道加工效率与质量。

(4) 单面加工一般优于双面对接加工。然而，当刀具长度超出一定要求时，可能导致型面加工质量下降幅度超出对接方式对型面质量的影响，此时考虑采用双面对接加工。

(5) 通道加工区域划分时，连接通道曲面离散点对应刀长相等的点为对接线，而其余离散点采用刀长需求较短一侧完成加工。

(6) 已知刀具直径及加工方式时，点可达锥中最短刀长方向定义为最佳刀轴方向。

(7) 分析过程中一旦出现不可加工点，直接判定通道不可加工。

3) 可加工性分析一般方法

按照上述分析准则，给出基于点-线-面-通道可加工性分析一般方法，具体算法流程如图 5-37 所示。其中，最大刀具直径 D 是所有曲面离散点最大刀具直径中的最小值，而最短刀长 L 与加工方式相关，是所有离散点最短刀长中的最大值，即

$$D=\left\lfloor \min_{\substack{1\leqslant i\leqslant m\\ 1\leqslant j\leqslant n}} D_{\mathrm{p}_{ij}} \right\rfloor,\quad L=\max_{\substack{1\leqslant i\leqslant m\\ 1\leqslant j\leqslant n}} L_{\mathrm{p}_{ij}} \tag{5-33}$$

式中，m、n 分别为离散曲线及离散点总数；$\lfloor\ \rfloor$ 为向下取整函数。将刀具几何参数 D 和 L 代入式(5-26)，再次判断刀具是否满足可加工性要求。

最后，分析通道曲面的可加工性可能存在以下几种类型，如图 5-38 所示。依次分析通道单张曲面的可加工性，即可获得整个通道的可加工性分析内容。这一方法不仅为通道加工刀位轨迹规划提供了必要的参数信息，而且还大大减少了工艺人员的反复调试工作，有效提高了工艺规划及数控编程效率。

3. 算例分析

以某型航空发动机闭式整体叶盘球头刀加工为例(图 5-31)，将叶背曲面定义为被加工曲面 S_0，内、外轮毂分别偏置 1mm、2mm，可得约束曲面 S_1、S_2、S_3(图 5-31(a))。按照本节方法对叶背曲面进行可加工性分析，分析可知，叶背曲面可加工，最大可用刀具直径 D=10mm，适合采用双面对接加工方式，对接线如

图 5-39(a)所示。

图 5-39(b)和(c)分别给出了叶背某一参数曲线和整张曲面的最大刀具直径变化情况。可以看出，通道两侧的开敞性较好，对应的最大刀具直径较大；而在中间区域，由于相邻曲面的约束，通道较为狭窄，易发生碰撞干涉，此时对应的最大刀具直径较小。

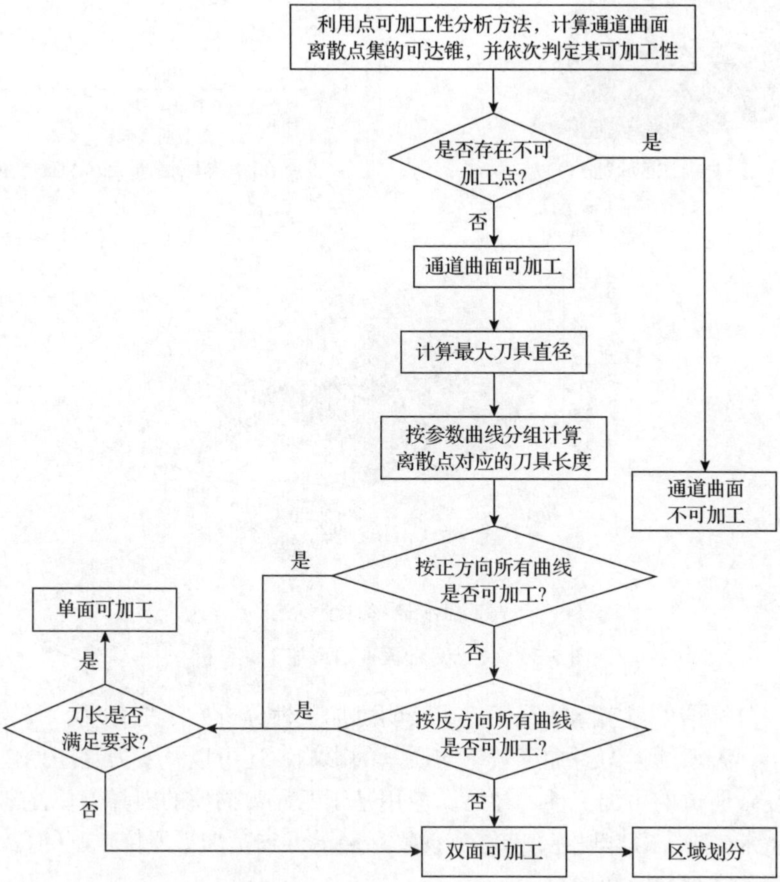

图 5-37　可加工性分析流程

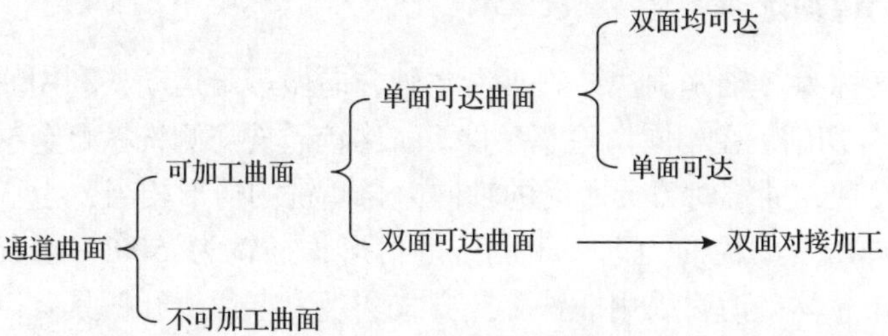

图 5-38　通道曲面类型

(a) 对接加工区域划分

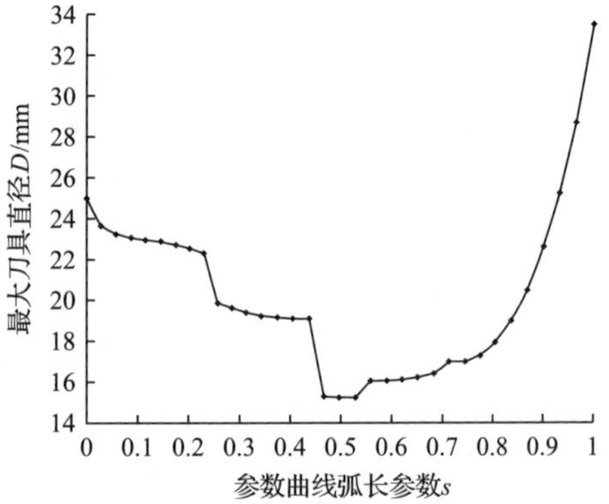

(b) 某参数曲线最大刀具直径变化

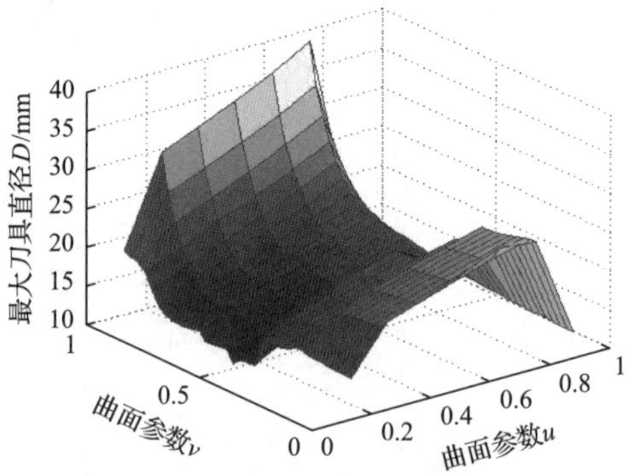

(c) 通道曲面最大刀具直径变化

图 5-39　复杂多曲面通道可加工性分析

这一分析结果与实际情况相符，表明可加工性分析方法是合理、有效的。在此基础上，若增加换刀对加工效率与质量的影响，还可以开发刀具序列选择的方式分析复杂通道的可加工性。最后，应用基于四元数插值的刀具方位光滑过渡方法，结合等参数线刀具轨迹，能够实现复杂通道五轴精加工刀位轨迹的自动规划，可参考相关文献[40]和[41]。

5.4.2　复杂通道插铣加工刀具轨迹生成

插铣法又称为 Z 轴铣削法，刀具沿主轴方向做进给运动，利用底部的切削刃进行钻-铣组合切削。在相同切除率条件下，比较插铣与侧铣钛合金材料时的切削力幅值大小发现，插铣时刀具所受的轴向力与侧铣的情形相当，为 300～450N，而插铣时刀具所受的横向力远小于侧铣的情形，插铣为 500N 左右，侧铣高达 1000N 左右。总体来说，采用插铣工艺方式实现复杂通道开槽具有以下几个方面的优势：

(1) 可降低横向切削力，减小刀具和工件变形。

(2) 可有效避免机床-刀具系统的振动现象，适用于深腔槽加工，特别是需要大刀具悬伸量的场合。

(3) 能实现难加工材料的高效率粗加工，并延长刀具的使用寿命。

为此，本节介绍复杂通道插铣加工的刀具轨迹生成方法。在通道直纹面逼近叶型曲面的基础上，确定通道粗加工区域的边界轮廓；通过连接刀心轨迹线和刀轴驱动线上的对应点，生成插铣粗加工开式叶盘通道的刀具轨迹。

1. 通道粗加工区域边界

复杂通道插铣加工的区域边界可由预定义的轮廓线进行控制。直纹面的形状简单，便于几何描述，有利于简化多轴数控编程中的刀具可达性判定及干涉避免问题。根据叶片的直纹包络面生成叶盘通道粗加工区域边界轮廓，生成开式整体叶盘通道的插铣粗加工刀位轨迹[18]。

2. 通道插铣刀具轨迹生成

五轴数控加工的刀具轨迹规划包括两方面的任务，即工件坐标系中刀位点位置的确定与刀具轴线方向的控制。在离开叶尖一段距离处作与整体叶盘同轴的回转面 Γ，并作为通道的假想顶面。同时，对叶盘轮毂面进行等距偏置，作为通道的底面 Π。底面 Π、顶面 Γ 及叶片直纹包络面 R_{vex} 和 R_{cav} 一起将刀具轴线与周围的加工余量分隔开来，形成了直纹面之间的非干涉空间区域，从而避免了加工过程中的刀具碰撞现象。

根据通道两侧的直纹面，按如下所述的双点偏置方式，确定五轴插铣加工通道时刀具轴线的临界位置[42]：

$$\boldsymbol{P}_{\mathrm{b}}(u)=\boldsymbol{b}_0(u)+R\cdot\boldsymbol{n}(u,0)$$

式中，$\boldsymbol{P}_{\mathrm{b}}$ 为刀具底部中心点；$\boldsymbol{n}(u,0)$ 为直纹面在引导线 $\boldsymbol{b}_0(u)$ 处的单位法矢；R 为刀具半径。

类似地，可求出刀具轴线上的另外一点 $\boldsymbol{P}_{\mathrm{t}}$ 为

$$\boldsymbol{P}_{\mathrm{t}}(u)=\boldsymbol{b}_1(u)+R\cdot\boldsymbol{n}(u,1)$$

式中，$\boldsymbol{n}(u,1)$ 为直纹面在引导线 $\boldsymbol{b}_1(u)$ 处的单位法矢。

因为点 $\boldsymbol{P}_{\mathrm{b}}(u)$ 和 $\boldsymbol{P}_{\mathrm{t}}(u)$ 均是刀具轴线上的点，所以沿刀具轴线方向的单位矢量为

$$\boldsymbol{a}(u)=\frac{\boldsymbol{P}_{\mathrm{t}}(u)-\boldsymbol{P}_{\mathrm{b}}(u)}{\left|\boldsymbol{P}_{\mathrm{t}}(u)-\boldsymbol{P}_{\mathrm{b}}(u)\right|}$$

延伸刀具轴线，与通道底面 Π 相交于 Π_{vex}、Π_{cav}，与通道顶面 Γ 相交于 Γ_{vex}、Γ_{cav}。对于底面 Π 上的交线 Π_{vex}、Π_{cav}，根据径向切深和侧向步距，计算其等距偏置线，以覆盖整个加工区域，生成刀心轨迹线。同样，对于顶面 Γ 上的交线 Γ_{vex}、Γ_{cav}，计算其等距偏置线，生成与通道底面 Π 上刀心轨迹线样式一致的刀轴驱动线，则通过连接刀轴驱动线和刀心轨迹线上的对应点，即可确定插铣加工时的刀轴方向。

图 5-40 为最后生成的开式整体叶盘通道五轴插铣粗加工刀具轨迹。插铣加工时，采取径向进刀方式，刀具沿轴向从叶尖部位向内一直铣削到叶根部位，快速退刀至安全面，平移到下一个切削位置，调整刀具姿态并继续切削，高效完成叶盘通道的开槽与扩槽粗加工。加工实践表明，利用插铣方式，可以有效避免粗加工过程中的振动现象，开式整体叶盘的粗加工效率提高 50%以上[18, 19]。

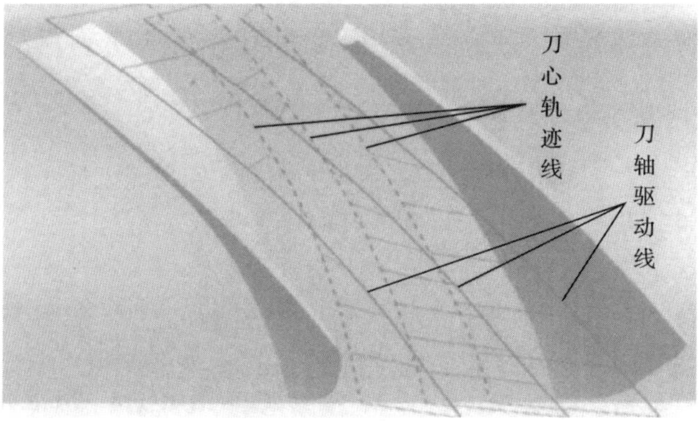

图 5-40　通道插铣粗加工刀具轨迹

5.4.3　复杂通道侧铣加工刀具轨迹生成

传统的通道开槽方式，适用于通道开敞、叶片较厚以及刀具直径较大的情况。特别是加工直纹面叶片时，侧铣开槽方式具有较高的加工效率和加工质量。目前，国内对侧铣方法的研究大多着眼于直纹面的精加工问题，对于叶轮类零件的粗加工开槽问题，也有一些研究成果[43, 44]。但是开式整体叶盘通道窄且深，通道两侧均为自由曲面，刀具与叶片容易发生干涉，因此无法直接采用现有方法进行开槽加工。

为了提高开式整体叶盘的粗加工稳定性和节约加工成本，基于自由曲面直纹面逼近通道模型，采用侧铣加工原理规划了开式整体叶盘四轴通道开槽刀具轨迹，有效避免了刀具与叶片的干涉问题[17]。与现有的方法相比，该方法是一种基于特征的侧铣开槽粗加工方法，可在成本较低的四轴数控机床上稳定实现整体叶盘的开槽粗加工，与五轴数控机床相比，可有效降低加工成本。

为便于粗铣加工刀具轨迹规划，可将开式整体叶盘的叶背和叶盆直纹面向通道内偏置一段距离(刀具半径+加工余量)。偏置直纹面的直母线即为刀位点轨迹线。将叶盘轮毂面向外偏置一段距离(轮毂面加工余量)，以保证刀具不与零件发生过切，偏置后的曲面即为叶根边界面，称为内轮毂面。叶尖部分则以叶尖所在的圆柱面为边界面，称为外轮毂面。

图 5-41(a)为开式整体叶盘偏置直纹面通道示意图，底部网格曲面为刀位点所在的内轮毂面，其 v 向网格线是待规划的刀具轨迹示意线。边界线 S_1、S_2 分别为通道左侧叶片的叶背偏置直纹面和通道右侧叶片的叶盆偏置直纹面与内轮毂面的交线，S_3 和 S_4 分别是上述直纹面在通道口的边界线。显然，S_1 和 S_2 即为两条刀心轨迹线。图 5-41(b)为开式整体叶盘偏置直纹面与偏置轮毂面形成的通道垂直于 Y 轴的截平面图。

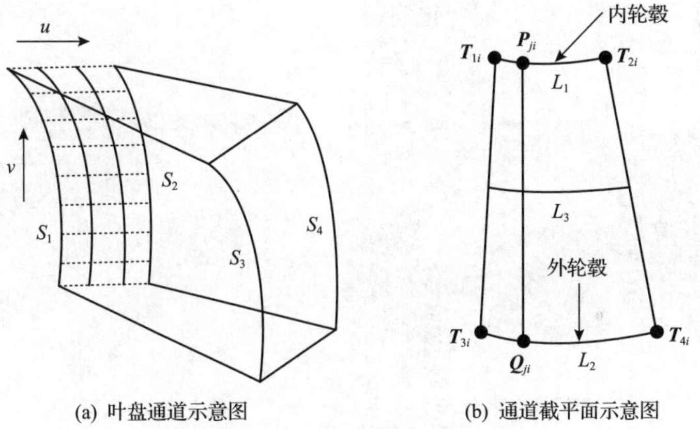

图 5-41　叶盘通道及截平面示意图

详细刀位点的计算步骤如下。

(1) 根据走刀步长和误差要求计算出 S_1 上所有的刀位点 $\boldsymbol{T}_{1i}(i=1,2,\cdots,n)$。

(2) 过 S_1 上的刀位点求解一系列与 Y 轴垂直的平面。

(3) 分别求出这些平面与 S_2 的所有交点 $\boldsymbol{T}_{2i}$，与 S_3 的所有交点 $\boldsymbol{T}_{3i}$，与 S_4 的所有交点 $\boldsymbol{T}_{4i}$。

(4) 第一种方式如图 5-41(b)所示，在过刀位点 $\boldsymbol{T}_{1i}$ 的截平面内，在 $\boldsymbol{T}_{1i}$ 和 $\boldsymbol{T}_{2i}$、$\boldsymbol{T}_{3i}$ 和 $\boldsymbol{T}_{4i}$ 之间，按等弧长方法将交线 L_1、L_2 分割成 $n-1$ 段，得到中间的 $n-2$ 个刀位坐标点 $\boldsymbol{P}_{ji}(j=2,3,\cdots,n-1)$ 和刀轴控制点 $\boldsymbol{Q}_{ji}$。

另外一种方式是采用等参数双线性插值方法，以 $\boldsymbol{T}_{1i}$ 和 $\boldsymbol{T}_{2i}$ 对应在内轮毂面上的曲面参数 u 和 v 为边界值进行参数的双线性插值，可以快速计算出刀位坐标点 $\boldsymbol{P}_{ji}$ 和刀轴控制点 $\boldsymbol{Q}_{ji}$。

(5)连接对应的点$\boldsymbol{T}_{1i}$和$\boldsymbol{T}_{3i}$、$\boldsymbol{T}_{2i}$和$\boldsymbol{T}_{4i}$、$\boldsymbol{P}_{ji}$和$\boldsymbol{Q}_{ji}$，则$\boldsymbol{T}_{1i}\boldsymbol{T}_{3i}$即为刀位点$\boldsymbol{T}_{1i}$的刀轴方向，$\boldsymbol{T}_{2i}\boldsymbol{T}_{4i}$即为刀位点$\boldsymbol{T}_{2i}$的刀轴方向，$\boldsymbol{P}_{ji}\boldsymbol{Q}_{ji}$即为刀位点$\boldsymbol{P}_{ji}$的刀轴方向。可见，其刀轴方向的计算复杂度为$O(0)$，大大简化了刀位点刀轴方向的计算过程。

(6)按照从中心向外缘、从通道中间向两边叶型扩槽的原则将刀位点进行排序，形成通道开槽粗加工刀位轨迹。

如果切削深度过大，还可以设定切削层，如图 5-41(b)中所示的L_3。根据给定的切削深度，在相应的刀位点坐标和刀轴控制点之间进行线性插值，得到相应分层面内的刀位点坐标，而刀轴方向沿用原有的刀轴方向即可，不需要重新计算。

图 5-42(a)为开式整体叶盘通道的侧铣开槽刀具轨迹，图 5-42(b)为其仿真中间结果。结果表明，复杂通道开槽侧铣刀具轨迹规划方法完全可以满足开式整体叶盘槽粗加工的需要，因刀轴变化均匀，在很大程度上提高了开式整体叶盘加工时机床的稳定性。

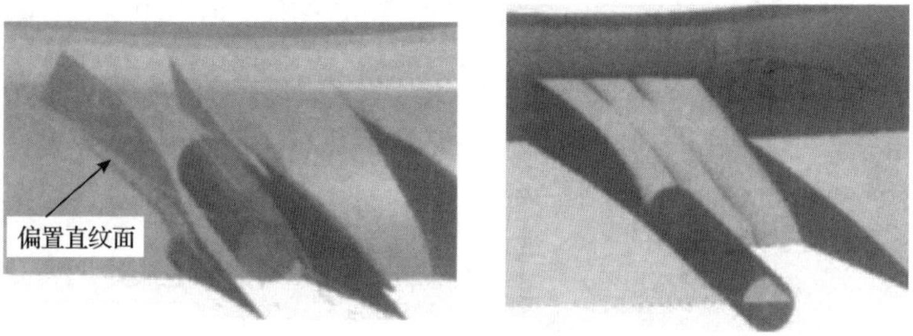

(a) 侧铣开槽刀具轨迹　　(b) 侧铣开槽仿真过程

图 5-42　开式整体叶盘通道侧铣开槽刀具轨迹及其仿真结果

参 考 文 献

[1] 张莹, 吴宝海, 李山, 等. 多曲面岛屿五轴螺旋刀位轨迹规划[J]. 航空学报, 2009, 30(1): 153-158.

[2] 李山, 罗明, 吴宝海, 等. 一种利用点搜索的多曲面体清根轨迹生成方法[J]. 西北工业大学学报, 2009, 27(3): 351-356.

[3] 张莹. 叶片类零件自适应数控加工关键技术研究[D]. 西安: 西北工业大学, 2011.

[4] Han F Y, Zhang D H, Luo M, et al. Optimal CNC plunge cutter selection and tool path generation for multi-axis roughing free-form surface impeller channel[J]. The International Journal of Advanced Manufacturing Technology, 2014, 71(9): 1801-1810.

[5] 张定华. 多轴 NC 编程系统的理论、方法和接口研究[D]. 西安: 西北工业大学, 1989.

[6] 张定华, 杨海成. 雕塑曲面零件多轴刀具轨迹生成系统[J]. 机械科学与技术, 1991, 10(1):

66-70.

[7] Liu C Q, Li Y G, Wang W, et al. A feature-based method for NC machining time estimation[J]. Robotics and Computer-Integrated Manufacturing, 2013, 29(4): 8-14.

[8] Gupta R K, Gurumoorthy B. Automatic extraction of free-form surface features (FFSFs)[J]. Computer-Aided Design, 2012, 44(2): 99-112.

[9] Shakeri M. Implementation of an automated operation planning and optimum operation sequencing and tool selection algorithms[J]. Computers in Industry, 2004, 54(3): 223-236.

[10] 吴宝海, 罗明, 张莹, 等. 自由曲面五轴加工刀具轨迹规划技术的研究进展[J]. 机械工程学报, 2008, 44(10): 9-18.

[11] Lasemi A, Xue D Y, Gu P H. Recent development in CNC machining of freeform surfaces: A state-of-the-art review[J]. Computer-Aided Design, 2010, 42(7): 641-654.

[12] Harik R F, Gong H, Bernard A. 5-axis flank milling: A state-of-the-art review[J]. Computer-Aided Design, 2013, 45(3): 796-808.

[13] Tang T D. Algorithms for collision detection and avoidance for five-axis NC machining: A state of the art review[J]. Computer-Aided Design, 2014, 51: 1-17.

[14] 任军学, 张定华, 王增强, 等. 整体叶盘数控加工技术研究[J]. 航空学报, 2004, 25(2): 205-208.

[15] 单晨伟, 张定华, 刘雄伟, 等. 带边界约束叶片的螺旋加工轨迹规划[J]. 中国机械工程, 2005, 16(18): 1629-1632.

[16] 吴宝海. 自由曲面离心式叶轮多坐标数控加工若干关键技术的研究与实现[D]. 西安: 西安交通大学, 2005.

[17] 单晨伟, 任军学, 张定华, 等. 开式整体叶盘四坐标侧铣开槽粗加工轨迹规划[J]. 中国机械工程, 2007, 18(16): 1917-1920.

[18] 胡创国, 张定华, 任军学, 等. 开式整体叶盘通道插铣粗加工技术的研究[J]. 中国机械工程, 2007, 18(2): 153-155.

[19] 任军学, 姜振南, 姚倡锋, 等. 开式整体叶盘四坐标高效开槽插铣工艺方法[J]. 航空学报, 2008, 29(6): 1692-1698.

[20] Shan C W, Zhang D H, Liu W W, et al. A novel spiral machining approach for blades modeled with four patches[J]. The International Journal of Advanced Manufacturing Technology, 2009, 43(5): 563-572.

[21] 任军学, 谢志丰, 梁永收, 等. 闭式整体叶盘五坐标插铣刀位轨迹规划[J]. 航空学报, 2010, 31(1): 210-216.

[22] Liang Y S, Zhang D H, Chen Z C, et al. Tool orientation optimization and location determination for four-axis plunge milling of open blisks[J]. The International Journal of Advanced Manufacturing Technology, 2014, 70(9): 2249-2261.

[23] 刘雄伟. 数控加工理论与编程技术[M]. 北京: 机械工业出版社, 2001.

[24] Tang M, Zhang D H, Luo M, et al. Tool path generation for clean-up machining of impeller by point-searching based method[J]. Chinese Journal of Aeronautics, 2012, 25(1): 131-136.

[25] Lee E. Contour offset approach to spiral toolpath generation with constant scallop height[J]. Computer-Aided Design, 2003, 35(6): 511-518.

[26] Sun Y W, Guo D M, Jia Z Y. Spiral cutting operation strategy for machining of sculptured surfaces by conformal map approach[J]. Journal of Materials Processing Technology, 2006, 180(1/2/3): 74-82.

[27] 吴宝海. 航空发动机叶片五坐标高效数控加工方法研究[D]. 西安: 西北工业大学, 2007.

[28] Kim D S, Jun C S, Park S. Tool path generation for clean-up machining by a curve-based approach[J]. Computer-Aided Design, 2005, 37(9): 967-973.

[29] Ren Y F, Zhu W H, Lee Y S. Material side tracing and curve refinement for pencil-cut machining of complex polyhedral models[J]. Computer-Aided Design, 2005, 37(10): 1015-1026.

[30] Ding S, Mannan M A, Poo A N, et al. Adaptive iso-planar tool path generation for machining of free-form surfaces[J]. Computer-Aided Design, 2003, 35(2): 141-153.

[31] 石宝光, 雷毅, 闫光荣. 曲面映射法生成等残留环切加工刀具轨迹[J]. 工程图学学报, 2005, 26(3): 12-17.

[32] 吴宝海, 王尚锦. 自由曲面叶轮的四坐标数控加工研究[J]. 航空学报, 2007, 28(4): 993-998.

[33]《透平机械现代制造技术丛书》编委会. 叶片制造技术[M]. 北京: 科学出版社, 2002.

[34] 单晨伟, 张定华, 刘维伟. 组合曲面叶片的螺旋加工刀位轨迹生成[J]. 计算机集成制造系统, 2008, 14(11): 2243-2247.

[35] 罗明, 吴宝海, 张定华, 等. 一种带缘头避让的叶片高效螺旋加工方法[J]. 机械科学与技术, 2008, 27(7): 917-921.

[36] 郑立彦, 卜昆, 任军学. 基于 UG 二次开发的整体叶盘数控加工通道分析[J]. 机床与液压, 2006, 34(10): 183-185.

[37] 杨长祺. 复杂曲面多轴加工的高精度、高效率数控编程系统研究[D]. 重庆: 重庆大学, 2004.

[38] 张定华, 杨彭基, 杨海成. 雕塑曲面多轴加工的干涉处理[J]. 西北工业大学学报, 1993, 11(2): 157-162.

[39] 尹周平, 丁汉, 熊有伦. 基于可视锥的可接近性分析方法及其应用[J]. 中国科学(E 辑), 2003, 33(11): 979-988.

[40] Ho M C, Hwang Y R, Hu C H. Five-axis tool orientation smoothing using quaternion interpolation algorithm[J]. International Journal of Machine Tools and Manufacture, 2003,

43(12): 1259-1267.

[41] Jun C S, Cha K, Lee Y S. Optimizing tool orientations for 5-axis machining by configuration-space search method[J]. Computer-Aided Design, 2003, 35(6): 549-566.

[42] Liu X W. Five-axis NC cylindrical milling of sculptured surfaces[J]. Computer-Aided Design, 1995, 27(12): 887-894.

[43] 于源, 赖天琴, 员敏, 等. 基于特征的直纹面 5 轴侧铣精加工刀位计算方法[J]. 机械工程学报, 2002, 38(6): 130-133.

[44] 蔡永林, 席光, 查建中. 任意扭曲直纹面叶轮数控侧铣刀位计算与误差分析[J]. 西安交通大学学报, 2004, 38(5): 517-520.

第 6 章　多轴数控加工刀轴控制及优化方法

随着多轴数控加工技术的广泛应用，越来越多的复杂结构零件采用四轴、五轴的加工方式。与三轴加工中以轨迹计算为主不同的是，刀轴的控制及优化是四轴、五轴加工中最为关键的几何学问题[1-5]。针对不同的零件加工特征，刀轴矢量除需满足无局部干涉、碰撞干涉等基本要求外，还可进一步优化得到光顺、平滑的刀轴矢量，以期获得更高的加工效率和表面质量，同时这也是多轴加工中几何学优化的主要内容[1-3,6-9]。

目前，简单的刀轴控制方法是采用固定刀轴倾角的方法，如固定后跟角、固定侧偏角。然而，保守的计算常常限制了刀具的摆动，无法充分发挥多轴加工中心的优势[8]。通常情况下，多轴加工中的刀轴矢量应随着加工特征的变化而变化，同时满足机床结构和运动约束的要求，许多专家学者就此开展了深入的研究工作[2-4,8-14]，如提出了刀轴适应被加工曲面曲率变化的方法、碰撞干涉检测及修正以及刀轴适应邻近几何特征的约束方法，还有适应四轴、五轴运动平稳性要求的刀轴控制及优化方法等。

基于此，本章首先在距离监视算法的基础上，提出一种刀轴约束的统一处理算法，用以自动微调刀轴矢量，解决多轴加工中的约束处理难题；其次，从刀具不变量、临界点和临界角的定义出发，详细介绍临界点的搜索和精细化算法，并以五轴端铣和侧铣加工为例，给出临界约束在刀轴控制中的应用，同时结合四轴、五轴加工特点，分别介绍基于临界约束的刀轴优化方法；针对多轴加工中的碰撞干涉问题，通过构造层次有向包围盒树，给出碰撞干涉的精确检测方法；最后，结合具体的零件加工特征，简要介绍基于约束曲线和控制网格的刀轴优化方法。

6.1　基于距离监视的刀轴约束统一处理算法

为实现各种不同复杂结构零件的加工，常采用四轴及五轴等多轴数控加工方式。如复杂的多曲面加工特征岛屿、通道，根据特征结构的不同，刀具干涉的类型也有所不同。对于岛屿特征，刀具的刀刃和刀底容易啃切被加工曲面及邻近曲面；而对于通道特征，刀具的刀杆较易与被加工曲面及相邻的约束面发生碰撞干涉。各种类型的刀具干涉均可能发生于复杂零件的多轴加工中，如何对刀具进行有效的调整及控制是多轴加工约束处理的主要内容[1]。

鉴于距离监视判定刀具干涉的通用性，以及各类复杂约束统一调整的意义，本节介绍一种基于距离监视的刀轴约束统一处理算法，通过以刀具为核心的距离监视算法判断不同的刀具干涉特征，进而采用配准优化技术实现复杂加工特征的约束统一处理。

6.1.1　基于刀具坐标系的干涉距离监视算法

根据加工特征表示及几何建模方式的不同，如 NURBS 曲面模型、实体模型或三角网格模型，常用的距离监视算法包含各种形式的距离计算，如 NURBS 曲面到刀具曲面的距离、刀具中心点到实体模型的距离、刀具轴线到曲面模型的距离以及刀具中心点到三角网格模型的距离等[1-4,7,15,16]。依据这些距离大小，可判定刀具是否与加工特征发生干涉及确切的干涉类型，并可进一步对相应的刀具方位进行调整。

区别于这些方法，本节以加工特征曲面离散点模型(按照 2.1 节方法建立)为基础，给出一种基于刀具坐标系，即以刀具为核心的干涉距离监视算法，统一分析并判定各类刀具干涉特征，而其他形式的距离监视及刀轴控制方法将在后续章节中加以应用。

1. 离散点集到刀具坐标系的坐标变换

通用 APT 刀具及刀具干涉特征如本书 2.2 节所定义，设加工特征曲面离散点模型所在工件坐标系为 $O_{\mathrm{w}}\text{-}x_{\mathrm{w}}y_{\mathrm{w}}z_{\mathrm{w}}$，某切触点 $\boldsymbol{p}$ 处的初始刀轴矢量为 $\boldsymbol{l}$，刀位点为 $\boldsymbol{a}$，$\boldsymbol{n}$ 为单位法矢，则定义单位矢量 $\boldsymbol{t}_z=\boldsymbol{l}$，$\boldsymbol{t}_y=\dfrac{(\boldsymbol{n}\cdot\boldsymbol{l})\boldsymbol{l}-\boldsymbol{n}}{|(\boldsymbol{n}\cdot\boldsymbol{l})\boldsymbol{l}-\boldsymbol{n}|}$，并取 $\boldsymbol{t}_x=\boldsymbol{t}_y\times\boldsymbol{t}_z$；以刀位点为坐标原点，以 $\boldsymbol{t}_x$、$\boldsymbol{t}_y$、$\boldsymbol{t}_z$ 所在方向分别为 x_{t}、y_{t}、z_{t} 轴建立如图 2-13 所示的初始刀具坐标系 $O_{\mathrm{t}}\text{-}x_{\mathrm{t}}y_{\mathrm{t}}z_{\mathrm{t}}$，并记工件坐标系到刀具坐标系的坐标变换矩阵为 $\boldsymbol{M}$，如式(4-36)所定义，则工件坐标系中任意曲面离散点 $\boldsymbol{s}=(x\ \ y\ \ z)^{\mathrm{T}}$ 变换至刀具坐标系，可得点 $\boldsymbol{s}^*$，即

$$\boldsymbol{s}^*=(x^*\ \ y^*\ \ z^*)^{\mathrm{T}}=\boldsymbol{M}\cdot(\boldsymbol{s}-\boldsymbol{O}_{\mathrm{t}}) \tag{6-1}$$

按式(6-1)将所有曲面离散点 $\{\boldsymbol{s}_k, k=1,2,\cdots,M\times N\}$ 变换至刀具坐标系中，得到点集 $\{\boldsymbol{s}_k^*, k=1,2,\cdots,M\times N\}$，其中，$\boldsymbol{s}_k^*=\boldsymbol{M}\cdot(\boldsymbol{s}_k-\boldsymbol{O}_{\mathrm{t}})$，$M$、$N$ 分别表示曲面 u、v 方向的离散点数目。根据 $\boldsymbol{s}_k^*$ 的 z_{t} 方向分量，容易判断该点位于刀具的哪个部分，进而计算刀具截面内的干涉量。

2. 刀具截面干涉量计算

如图 2-13 所示，设刀具坐标系中的点 $\boldsymbol{s}^*=(x^*\ \ y^*\ \ z^*)^{\mathrm{T}}$，则 $\boldsymbol{s}^*$ 到刀具轴线的截面距离为

$$d = \sqrt{x^{*2} + y^{*2}} \tag{6-2}$$

定义刀具截面干涉量 δ 为截面距离与刀具截面圆半径之差，即

$$\delta = d - R^* \tag{6-3}$$

式中，R^* 为刀具截面圆半径。根据刀具的几何特性(式(2-6))，不同 z_t 方向高度对应的截面圆半径有所不同，同时对应的刀具干涉类型也将不同，具体如下。

(1)若 $z_0 \leqslant z^* \leqslant z_1$，则 $R^* = z^* \tan\alpha$。

(2)若 $z_1 < z^* \leqslant z_2$，则 $R^* = z^* \tan\alpha$。

(3)若 $z_2 < z^* \leqslant z_3$，令刀具参考点 $\boldsymbol{q}_0^* = (x_0^* \;\; y_0^* \;\; z_0^*)^{\mathrm{T}}$，$z_0^* = R\tan\alpha + r\sec\alpha$，则 $R^* = R + \sqrt{r^2 - (z_0^* - z^*)^2}$。

(4)若 $z_3 < z^* \leqslant z_4$，则 $R^* = R + r\cos\beta + (z^* - z_3)\tan\beta$。

3. 刀具干涉的判定与分类

对于给定的刀具干涉判定误差限 ε，除刀具与曲面的切触点外，若曲面上其他离散点 $\{\boldsymbol{s}_k^*, k = 1,2,\cdots,M \times N\}$ 的截面干涉量 δ 均大于 ε，则当前切触点对应的刀轴方位未发生干涉；否则，称 $\delta \leqslant \varepsilon$ 的曲面离散点 $\boldsymbol{s}$ 为干涉点，对应的干涉位置和干涉类型定义如表 6-1 所示。根据刀具干涉类型选择对应的刀轴方位调整方法，即可实现约束的统一处理。

表 6-1　刀具干涉特征定义

干涉类型	特征参数		
	z_t 方向参数	刀具截面圆半径 R^*	刀具截面干涉量 δ
刀底干涉	$z_0 \leqslant z^* \leqslant z_2$	$R^* = z^* \tan\alpha$	$\delta = d - R^*$，$\delta \leqslant \varepsilon$
刀刃干涉	$z_2 < z^* \leqslant z_3$	$R^* = R + \sqrt{r^2 - (z_0^* - z^*)^2}$	$\delta = d - R^*$，$\delta \leqslant \varepsilon$
刀杆干涉	$z_3 < z^* \leqslant z_4$	$R^* = R + r\cos\beta + (z^* - z_3)\tan\beta$	$\delta = d - R^*$，$\delta \leqslant \varepsilon$

然而，干涉距离监视算法涉及所有曲面离散点的计算，因此其运算效率相对较低。实际应用中，可以从以下两方面实现算法的加速：①快速提取曲面初始邻近点集；②基于图形处理器(graphics processing unit, GPU)的点并行算法开发及应用[17]。

6.1.2　带约束的刀具-曲面配准模型及求解算法

复杂加工特征约束处理中刀具方位的调整实质上是刀具在三维空间中的刚体运动，对应的是刀具在空间坐标系中的旋转和平移坐标变换，两种变换的配合作

用形成了新的刀具方位，其过程类似于空间曲面的配准问题[18,19]。因此，本节提出利用配准优化的方法统一处理各种形式的刀具约束。通过建立带约束的刀具-曲面配准统一模型，并定义刀具运动自由度约束条件，以最终的优化解求取满足无干涉及约束条件的刀具方位。

1. 刀具-曲面配准建模及求解

1) 刀具-曲面配准过程描述

如 6.1.1 节定义，记初始刀位对应的刀具坐标系 $O_t\text{-}x_ty_tz_t$ 原点向径为 $\boldsymbol{O}_0$，坐标变换矩阵为 $\boldsymbol{M}_0$，则曲面初始邻近离散点集 $\{\boldsymbol{q}_k, k=1,2,\cdots,N\}$ 变换到刀具坐标系中，得 $\{\boldsymbol{s}_k^0, k=1,2,\cdots,N\}$，$N$ 为离散点总数，其中

$$\boldsymbol{s}_k^0 = \boldsymbol{M}_0 \cdot (\boldsymbol{q}_k - \boldsymbol{O}_0) \tag{6-4}$$

按表 6-1 计算刀具截面干涉量 δ_k，并设置惩罚加权值 ω_k，如阶梯函数定义：

$$\omega_k = \begin{cases} 1, & \delta_k \geqslant \varepsilon \\ \lambda, & \delta_k < \varepsilon \end{cases} \tag{6-5}$$

若集合 $\{\boldsymbol{s}_k^0, k=1,2,\cdots,N\}$ 存在干涉点，则实施刀具配准，包括刀具的旋转和平移运动。

为方便引入不同的约束条件，允许刀具坐标系的旋转中心指定为任意点 $\boldsymbol{O}_\text{C}$，旋转后再进行刀具的平移，并以 $\boldsymbol{t}_\text{m}$ 表示移动增量，则有

$$\boldsymbol{s}_k^1 = \boldsymbol{R} \cdot \boldsymbol{s}_k^0 - \boldsymbol{t} = \boldsymbol{R} \cdot (\boldsymbol{s}_k^0 - \boldsymbol{O}_\text{C}) + \boldsymbol{O}_\text{C} - \boldsymbol{t}_\text{m} = \boldsymbol{R} \cdot \boldsymbol{s}_k^0 + (\boldsymbol{I} - \boldsymbol{R}) \cdot \boldsymbol{O}_\text{C} - \boldsymbol{t}_\text{m} \tag{6-6}$$

式中，$\boldsymbol{R}$ 为绕刀具坐标系任意点 $\boldsymbol{O}_\text{C}$ 旋转的旋转矩阵；$\boldsymbol{t} = \boldsymbol{t}_\text{m} - (\boldsymbol{I} - \boldsymbol{R}) \cdot \boldsymbol{O}_\text{C}$ 为平移矢量。

根据式(6-6)，可求出新的曲面离散点集 $\{\boldsymbol{s}_k^1, k=1,2,\cdots,N\}$，重新分析刀具的干涉情况，并计算新的刀具坐标变换：

$$\boldsymbol{s}_k^1 = \boldsymbol{M}_1 \cdot (\boldsymbol{q}_k - \boldsymbol{O}_1) \tag{6-7}$$

其中，新的刀具坐标变换矩阵 $\boldsymbol{M}_1$ 和新的刀位点 $\boldsymbol{O}_1$ 可通过下列关系确定。

由 $\boldsymbol{s}_k^1 = \boldsymbol{M}_1 \cdot (\boldsymbol{q}_k - \boldsymbol{O}_1) = \boldsymbol{R} \cdot \boldsymbol{s}_k^0 - \boldsymbol{t} = \boldsymbol{R} \cdot \boldsymbol{M}_0 \cdot (\boldsymbol{q}_k - \boldsymbol{O}_0) - \boldsymbol{t}$，可得

$$\boldsymbol{M}_1 = \boldsymbol{R} \cdot \boldsymbol{M}_0, \quad \boldsymbol{O}_1 = \boldsymbol{O}_0 + \boldsymbol{M}_1^{-1} \cdot \boldsymbol{t} \tag{6-8}$$

而新的刀轴矢量 $\boldsymbol{l}^* = \boldsymbol{M}_0^{-1} \cdot \boldsymbol{M}_1 \cdot \boldsymbol{l}$，对应的刀位点 $\boldsymbol{a}^* = \boldsymbol{O}_1$。

2) 旋转与平移变换定义

刀具方位的调整过程是刀具刚体运动的结果，即旋转变换和平移变换的综合

作用。其中，旋转变换又可分为绕坐标轴旋转和绕任意方向矢量的旋转[20]。

一般绕坐标轴旋转的矩阵 $\boldsymbol{R}$ 由绕三坐标轴的 3 个旋转量 α 、β 、γ 所确定，即

$$\begin{aligned}\boldsymbol{R} &= \boldsymbol{R}_z(\gamma)\cdot\boldsymbol{R}_y(\beta)\cdot\boldsymbol{R}_x(\alpha)\\ &=\begin{pmatrix}\cos\gamma & -\sin\gamma & 0\\ \sin\gamma & \cos\gamma & 0\\ 0 & 0 & 1\end{pmatrix}\cdot\begin{pmatrix}\cos\beta & 0 & \sin\beta\\ 0 & 1 & 0\\ -\sin\beta & 0 & \cos\beta\end{pmatrix}\cdot\begin{pmatrix}1 & 0 & 0\\ 0 & \cos\alpha & -\sin\alpha\\ 0 & \sin\alpha & \cos\alpha\end{pmatrix}\\ &=\begin{pmatrix}\cos\beta\cos\gamma & \sin\alpha\sin\beta\cos\gamma-\cos\alpha\sin\gamma & \cos\alpha\sin\beta\cos\gamma+\sin\alpha\sin\gamma\\ \cos\beta\sin\gamma & \sin\alpha\sin\beta\sin\gamma+\cos\alpha\cos\gamma & \cos\alpha\sin\beta\sin\gamma-\sin\alpha\cos\gamma\\ -\sin\beta & \sin\alpha\cos\beta & \cos\alpha\cos\beta\end{pmatrix}\end{aligned} \tag{6-9}$$

式中，$\boldsymbol{R}_\varDelta(\theta)$ 表示绕坐标系 $\varDelta$ 轴逆时针旋转 θ 的旋转变换矩阵。

绕任意方向矢量的旋转变换可分为如下几步完成[20]：设坐标系原点为旋转中心，刀具绕任意方向矢量 $\boldsymbol{v}=(a\quad b\quad c)^{\mathrm{T}}$ 旋转 γ ，令 $u=\sqrt{b^2+c^2}$ ，则

$$\boldsymbol{R}=\boldsymbol{R}_v(\gamma)=\boldsymbol{R}_x(-\alpha)\cdot\boldsymbol{R}_y(-\beta)\cdot\boldsymbol{R}_z(\gamma)\cdot\boldsymbol{R}_y(\beta)\cdot\boldsymbol{R}_x(\alpha) \tag{6-10}$$

式中，α 由 $\cos\alpha=c/u$ 和 $\sin\alpha=b/u$ 确定；β 由 $\cos\beta=u$ 和 $\sin\beta=-a$ 确定。

平移矢量 $\boldsymbol{t}$ 由沿坐标轴的 3 个平移分量 Δx 、Δy 、Δz 所确定，即

$$\boldsymbol{t}=(\Delta x\quad \Delta y\quad \Delta z)^{\mathrm{T}} \tag{6-11}$$

3) 带约束的刀具-曲面配准建模

由式(6-6)～式(6-11)可知，刀具方位的变化由定义旋转变换矩阵 $\boldsymbol{R}$ 和平移矢量 $\boldsymbol{t}$ 的六个独立参数所确定。因此，设 $\mathbf{R}^n$ 为 n 维欧氏空间，$D\in\mathbf{R}^n$ 为连通集，定义 n 元实值函数 f 为目标函数（$n=6$），即

$$f:\mathbf{R}^n\to\mathbf{R},\quad f(\boldsymbol{x})=\sum_{k=1}^{N}\omega_k{\delta_k}^2 \tag{6-12}$$

式中，$\boldsymbol{x}=(\alpha\quad \beta\quad \gamma\quad \Delta x\quad \Delta y\quad \Delta z)^{\mathrm{T}}$ 为决策变量。通过曲面离散点集与刀具的配准使干涉量的加权平方和 $f(\boldsymbol{x})$ 最小，建立带约束的刀具-曲面配准统一模型：

$$\begin{cases}\min f(\boldsymbol{x})=\sum\limits_{k=1}^{N}\omega_k{\delta_k}^2\\ \text{s.t. } \boldsymbol{x}\in D\end{cases} \tag{6-13}$$

式中，$\boldsymbol{x}\in D$ 称为约束条件；D 为可行域，可行域中的每一点称为可行解。

4) 模型求解

根据目标函数和附加的约束条件，采用非线性规划求解算法计算最优解，即可求出刀具配准后的旋转变换 $\boldsymbol{R}$ 和平移变换 $\boldsymbol{t}$，从而确定优化的无干涉刀具方位。

刀具-曲面配准统一模型与传统的配准或定位问题类似，决策变量都是关于旋转矩阵和平移矢量的参数，但是定义的目标函数不同[2,18,19]。这里的目标函数是关于刀具干涉量的函数，一般难以给出显式的解析表达式，也不易求取各阶导数，通常采用直接搜索法进行优化模型求解。

2. 约束条件定义

根据不同的加工特征结构限制约束决策变量参数，从而定义刀具运动自由度约束条件。这里给出几类典型的约束条件定义形式，其他可作类似定义。

(1) 沿刀轴方向抬刀（轴向滑动）。

由于刀轴方向不变，所以 $\boldsymbol{R}=\boldsymbol{I}$ 为单位矩阵；而抬刀使刀位点沿刀轴方向变化，则 $\boldsymbol{t}=(0\ \ 0\ \ \Delta z)^{\mathrm{T}}$。此时，决策变量 $\boldsymbol{x}$ 为单参数变量，约束条件定义为

$$\boldsymbol{x}=(0\ \ 0\ \ 0\ \ 0\ \ 0\ \ \Delta z)^{\mathrm{T}}\in D,\ \ 0\leqslant\Delta z<H \tag{6-14}$$

式中，H 为刀具抬起最大值；$\Delta z\geqslant 0$ 限定刀具沿刀轴正方向抬刀。

沿刀轴方向抬刀的调整策略常应用于固定轴加工、刀具啃切被加工曲面，相邻组合曲面，以及刀底或刀刃部分发生干涉的情形。在多曲面岛屿加工中，刀心点的修正过程即可采用这种约束定义方式[21]。

(2) 刀轴方向不变，刀具平移。

与定义 (1) 类似，刀轴方向不变，$\boldsymbol{R}=\boldsymbol{I}$ 为单位矩阵；通过刀具做平移运动消除干涉，则 $\boldsymbol{t}=(\Delta x\ \ \Delta y\ \ \Delta z)^{\mathrm{T}}$，用以表示刀位点的平移量。定义约束条件为

$$\boldsymbol{x}=(0\ \ 0\ \ 0\ \ \Delta x\ \ \Delta y\ \ \Delta z)^{\mathrm{T}}\in D \tag{6-15}$$

还可进一步限定平移方向，如刀轴方向或法向等。设刀具坐标系下任意平移方向矢量 $\boldsymbol{u}=(a\ \ b\ \ c)^{\mathrm{T}}$，则 $\boldsymbol{t}=h\cdot\boldsymbol{u}$，$h$ 为移动距离，进而定义约束条件为

$$\boldsymbol{x}=(0\ \ 0\ \ 0\ \ ha\ \ hb\ \ hc)^{\mathrm{T}}\in D,\ \ h\in\mathbf{R} \tag{6-16}$$

(3) 切触点不变，刀具绕刀刃圆弧中心 $\boldsymbol{O}_{\mathrm{C}}$ 旋转。

假设加工刀具为球头刀，则旋转中心 $\boldsymbol{O}_{\mathrm{C}}=(0\ \ 0\ \ r)^{\mathrm{T}}$，$\boldsymbol{R}$ 为旋转矩阵，如式 (6-9) 定义，$\boldsymbol{t}=(\boldsymbol{I}-\boldsymbol{R})\cdot\boldsymbol{O}_{\mathrm{C}}=(\Delta x\ \ \Delta y\ \ \Delta z)^{\mathrm{T}}$ 为刀具平移增量。其中，平移变换参数由旋

转变换参数所确定，展开即可定义约束条件为

$$\boldsymbol{x}=(\alpha \quad \beta \quad \gamma \quad \Delta x \quad \Delta y \quad \Delta z)^{\mathrm{T}} \in D,\ \ 0 \leqslant \alpha,\beta,\gamma < 2\pi \tag{6-17}$$

且

$$\begin{aligned}
\Delta x &= -r\cos\alpha\sin\beta\cos\gamma - r\sin\alpha\sin\gamma \\
\Delta y &= -r\cos\alpha\sin\beta\sin\gamma + r\sin\alpha\cos\gamma \\
\Delta z &= r - r\cos\alpha\cos\beta
\end{aligned}$$

还可进一步限制刀轴的旋转方向，如刀具绕走刀方向或行进给方向旋转。当复杂的加工特征约束刀具产生碰撞干涉时，常通过刀具的旋转消除干涉[22]。若仍无法消除，则考虑增加抬刀的处理策略。此外，当平底刀或环形刀产生局部干涉时，也可由刀具的旋转消除干涉[23-25]。

通过定义不同的约束条件，刀具-曲面配准统一模型实现了各类约束的统一处理。其中，运用最优化理论解决了传统的单一刀轴调整难题，使其过程完全自动化。当然，现有的很多刀轴优化算法能够直接计算刀轴调整参数的预测值或精确值，如抬刀的高度、刀具旋转角度或后跟角、侧偏角等[7,23,26,27]。这些方法为本节方法提供了求解的初值，能够加速约束处理过程。除此之外，还可增加机床运动学的约束条件，实现更为广义的约束统一处理[9]。

6.1.3 算法基本流程

综上，基于距离监视的刀轴约束统一处理算法的基本流程如下。

(1) 以加工特征模型任一切触点 $\boldsymbol{p}$ 为例，计算初始刀轴矢量 $\boldsymbol{l}$ 及刀位点 $\boldsymbol{a}$。

(2) 按照式(2-6)定义刀具特征参数，并依据初始刀轴建立刀具坐标系，得到原点向径 $\boldsymbol{O}_0$ 及坐标变换矩阵 $\boldsymbol{M}_0$。

(3) 利用刀具投影加速算法，计算切触点邻近曲面区域，并采用等参数离散方式获得初始曲面离散点集 $\{\boldsymbol{q}_k, k=1,2,\cdots,N\}$。

(4) 按式(6-4)将曲面离散点集 $\{\boldsymbol{q}_k, k=1,2,\cdots,N\}$ 变换至刀具坐标系中，得到 $\{\boldsymbol{s}_k^0, k=1,2,\cdots,N\}$。

(5) 根据式(6-3)计算点集 $\{\boldsymbol{s}_k^0, k=1,2,\cdots,N\}$ 对应的刀具截面干涉量 δ_k，分析刀具干涉。若不存在曲面干涉点，$\boldsymbol{l}^*=\boldsymbol{l}, \boldsymbol{a}^*=\boldsymbol{a}$，退出；否则，转到步骤(6)。

(6) 定义刀具运动自由度约束条件，求解刀具-曲面配准统一模型(6-13)，得到目标函数 f 对应的最优解 $\boldsymbol{x}^*=(\alpha^* \ \beta^* \ \gamma^* \ \Delta x^* \ \Delta y^* \ \Delta z^*)^{\mathrm{T}}$。

(7) 按式(6-9)～式(6-11)计算旋转矩阵 $\boldsymbol{R}^*$ 和平移矢量 $\boldsymbol{t}^*$，并代入式(6-8)

得到优化的坐标变换矩阵 $\boldsymbol{M}_1$ 和刀位点 $\boldsymbol{O}_1$，进而求得优化的刀轴矢量 $\boldsymbol{l}^*$ 和刀位点 $\boldsymbol{a}^*$。

6.1.4　算例分析

以某型航空发动机开式叶盘通道加工为例，采用球头刀进行五轴加工刀位轨迹规划，如图 6-1(a)所示。其中，刀具参数 $r = 10.0\text{mm}$，$L = 75.0\text{mm}$。理想的状态是刀具尽可能地贴近被加工曲面，以防与通道另一侧的曲面发生碰撞。设计算精度 $\varepsilon = 10^{-6}$，首先按等参数方法生成切触点轨迹，然后利用临界刀轴计算方法确定切触点 $\boldsymbol{p}$ 处初始刀具方位[28]，如图 6-1(a)和(b)所示。其中，初始刀轴矢量 $\boldsymbol{l} = (0.9998\ \ -0.0099\ \ 0.0149)^{\mathrm{T}}$，刀位点 $\boldsymbol{a} = (275.3576\ \ -12.0253\ \ 9.8594)^{\mathrm{T}}$。按初始刀具方位参数建立刀具坐标系，坐标原点 $\boldsymbol{O}_0 = \boldsymbol{a}$，坐标变换矩阵为

$$\boldsymbol{M}_0 = \begin{pmatrix} -0.002061 & 0.764031 & 0.645177 \\ -0.017808 & -0.645104 & 0.763888 \\ 0.999839 & -0.009915 & 0.014935 \end{pmatrix}$$

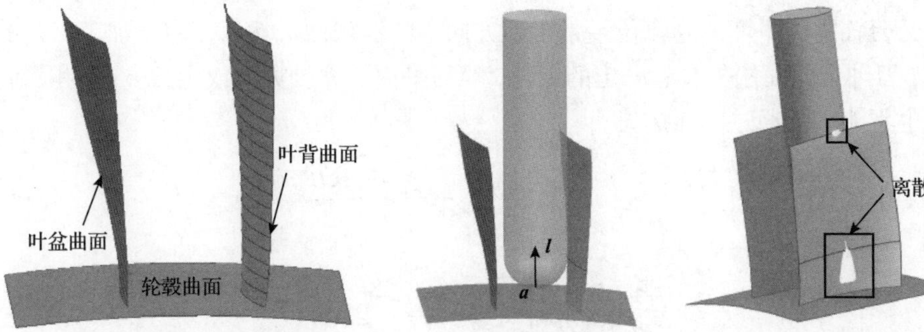

(a) 开式叶盘通道及切触点轨迹　　(b) 初始刀具方位　　(c) 曲面邻近离散点集

图 6-1　通道切触点轨迹、点 $\boldsymbol{p}$ 的初始刀具方位及曲面邻近离散点集

根据本节的刀轴约束统一处理算法，通过刀具-曲面配准获得无碰撞干涉的刀具方位，如图 6-2 所示。其中，定义刀具绕走刀方向的旋转为约束条件，利用 MATLAB 优化工具箱求解旋转角度 $\gamma = -0.18509375° - 0.01°$，后面的 $-0.01°$ 为安全旋转角度，则最终优化得到的刀轴矢量 $\boldsymbol{l}^* = (0.99989\ \ -0.00772\ \ 0.01233)^{\mathrm{T}}$，刀位点 $\boldsymbol{a}^* = (275.3572\ \ -12.0473\ \ 9.8852)^{\mathrm{T}}$，如图 6-2(b)所示。

可以看出，为避免刀具与被加工曲面及相邻曲面产生碰撞干涉，采用刀具旋转的方式进行约束处理，其实现过程完全由算法实现，不需要任何人工干预，并能推广应用于任意复杂加工特征的约束处理。

(a) 无碰撞干涉的优化刀轴

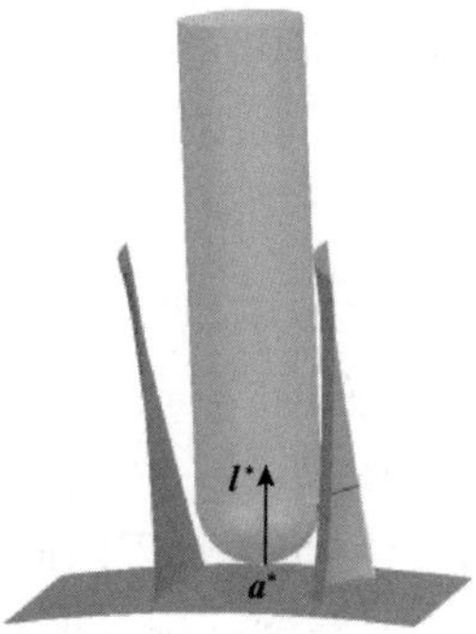

(b) 优化后的刀具方位

图 6-2　刀具绕走刀方向旋转的配准优化

6.2　基于临界约束的刀轴控制方法

多轴数控加工主要应用于复杂结构零部件的铣削加工，刀具的刀轴可根据加工表面的临界线或约束面进行控制，从而有效地避免刀具与加工表面及约束面可能发生的干涉或碰撞[12,28,29]。如图6-3所示，端铣加工中刀轴的隐含方向是曲面的法矢，刀轴摆刀平面的隐含位置是走刀方向上的法截面。然而，由于加工工艺的需要，刀轴与曲面法矢具有一定的夹角，摆刀平面受刀轴方向或走刀方向的限制，一般也不能完全通过曲面法矢。

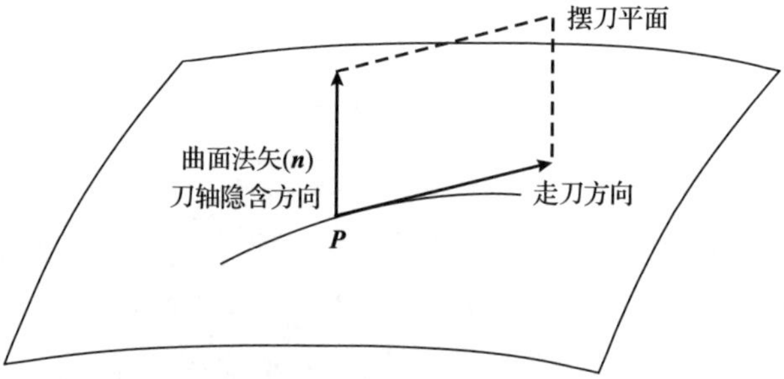

图 6-3　端铣加工摆刀平面与刀轴隐含方向

6.2.1　临界约束及刀具不变量定义

1. 临界约束

临界约束是指刀轴受临界元素(点、曲线、曲面等)的约束，只能在一定范围内运动而不能超越临界元素的一种约束方式。临界线由临界点的集合构成，临界点定义为在摆刀平面内，刀杆和曲面之间不发生干涉的条件下，曲面距刀杆表面距离最小的点，如图 6-4(a)所示。作为一种控制方式，临界点可扩展为摆刀平面内，刀具与加工曲面相切的一侧上的切点。

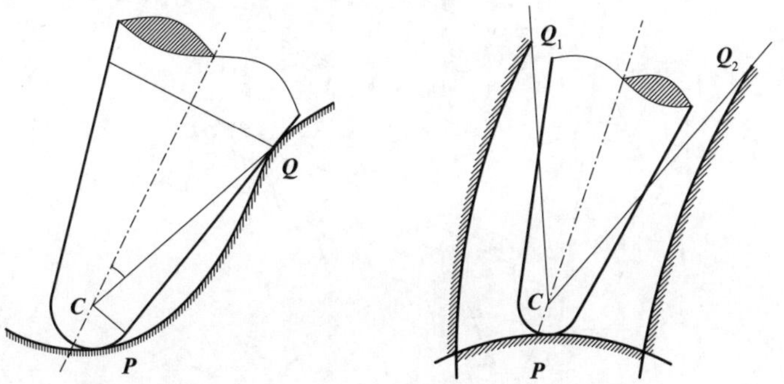

(a) 临界点约束　(b) 临界面约束

图 6-4　临界约束

对于给定的刀位点，可采用以下两种方法计算对应的临界点。

(1)隐含求交方式：利用隐含的摆刀平面与临界约束元素求交，计算临界点。这种方法主要应用于检查刀杆与指定约束面的碰撞。

(2)等百分比方式：按刀位点在刀具轨迹上的百分比，选择临界线上百分比相同的点为临界点。

当临界约束为被加工曲面或被加工曲面的边界线时，一般采用隐含求交方式计算临界点；否则采用等百分比方式计算临界点，此时要求刀具轨迹分布形式为等点数或等步长，以保证刀位点的均匀分布。

对于临界面约束的情况，刀轴的控制相对复杂。如图 6-4(b)所示，此时需要在摆刀平面内求出摆刀平面与加工表面，以及所有约束面的交线，并求出各约束面上的临界点，找出有效的临界点 $\boldsymbol{Q}_1$ 和 $\boldsymbol{Q}_2$，过刀心 $\boldsymbol{C}$ 作 $\angle Q_1CQ_2$ 的角平分线，此角平分线即为刀轴。

2. 刀具不变量

考虑如图 6-5 所示的一般刀具，$\boldsymbol{C}$ 为刀具刀刃的中心，$\boldsymbol{P}$ 为刀具与被加工曲面的切触点，$\boldsymbol{Q}$ 为曲面上距刀杆表面距离最小的点，则 $\boldsymbol{C}$、$\boldsymbol{P}$、$\boldsymbol{Q}$ 三点构成的三角形边长与刀轴的方向无关。

设 $\boldsymbol{B}$ 点到刀心 $\boldsymbol{D}$ 点的距离为 DL，$\boldsymbol{B}$ 点处刀杆半径为 RL，$\boldsymbol{C}$ 到 $\boldsymbol{Q}$ 的距离为 CQ，则称 DL、RL、CQ 的关系表为刀具的不变量表，对该表的查询有以下两个函数。

(1)刀具的轮廓表示函数：$\mathrm{RL}=f_{\mathrm{R}}(\mathrm{DL})$。

(2)临界位置的表示函数：$\mathrm{DL}=f_{\mathrm{D}}(\mathrm{CQ})$。

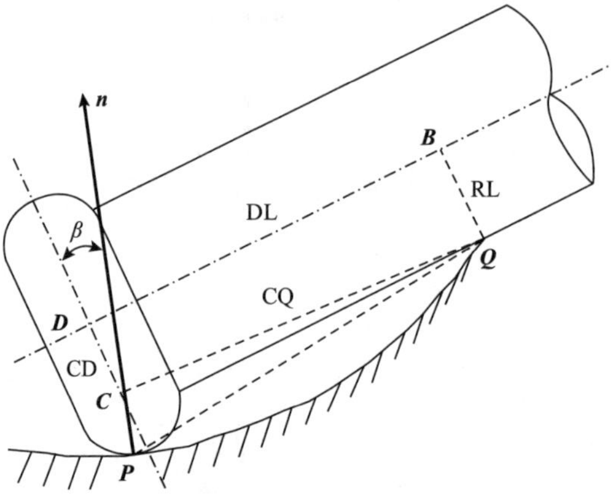

图 6-5　刀具不变量

设CD为刀具刀刃中心到刀轴的距离，则可建立如下关系：

$$CQ=\sqrt{DL^2+\left(RL-CD\right)^2} \tag{6-18}$$

对于一般刀具，按DL增加的方向可依据式(6-18)建立刀具的三元组$(DL_i, RL_i, CQ_i)(i=1,2,\cdots,n)$，其中CQ是DL的单调增函数，CQ与DL一一对应。若给定的CQ满足$CQ_i<CQ<CQ_{i+1}$，则DL和RL的计算公式分别为

$$DL=DL_i+\frac{CQ_i(CQ-CQ_i)}{DL_i} \tag{6-19}$$

$$RL=RL_i+\frac{(DL-DL_i)(RL_{i+1}-RL_i)}{DL_{i+1}-DL_i} \tag{6-20}$$

6.2.2　临界角计算

如图6-6所示，设切触点$\boldsymbol{P}$处的刀具支点(刀刃中心)为$\boldsymbol{C}$，刀轴方向为$\boldsymbol{A}$，临界点为$\boldsymbol{Q}$，刀心偏置矢量为$\boldsymbol{a}$，摆刀平面与切平面的交线方向为$\mathbf{BB}$，并且有当前刀具的参数和不变量关系：$RL=f_R(DL)$，$DL=f_D(CQ)$，则此时刀轴和切平面之间的临界偏置角β的计算方法如下。

令$\boldsymbol{V}=\boldsymbol{Q}-\boldsymbol{C}$，$CQ=|\boldsymbol{V}|$，则由CQ根据刀具不变量关系直接求得DL和RL。令$CQ_N=\boldsymbol{V}\cdot\mathbf{BN}$，$CQ_B=\boldsymbol{V}\cdot\mathbf{BB}$，则由$\boldsymbol{Q}=\boldsymbol{C}+(CD-RL)\boldsymbol{a}+DL\cdot\boldsymbol{A}$，可得

$$CQ_N=DL\cdot\sin\beta+(CD-RL)\cdot\cos\beta \tag{6-21}$$

$$CQ_B=DL\cdot\cos\beta-(CD-RL)\cdot\sin\beta \tag{6-22}$$

式中，CQ_N为CQ在$\mathbf{BN}$上的投影长度；CQ_B为CQ在$\mathbf{BB}$上的投影长度。联立

求解上述方程，可得

$$\cos\beta = \frac{\mathrm{DL}\cdot \mathrm{CQ_B} + (\mathrm{CD}-\mathrm{RL})\cdot \mathrm{CQ_N}}{\mathrm{CQ}^2} \tag{6-23}$$

$$\sin\beta = \frac{\mathrm{DL}\cdot \mathrm{CQ_N} - (\mathrm{CD}-\mathrm{RL})\cdot \mathrm{CQ_B}}{\mathrm{CQ}^2} \tag{6-24}$$

则临界角为

$$\beta = \arctan\left(\frac{\sin\beta}{\cos\beta}\right) \tag{6-25}$$

实际应用中，可令 $\beta = \beta + \delta$ ， $\delta > 0°$ 。

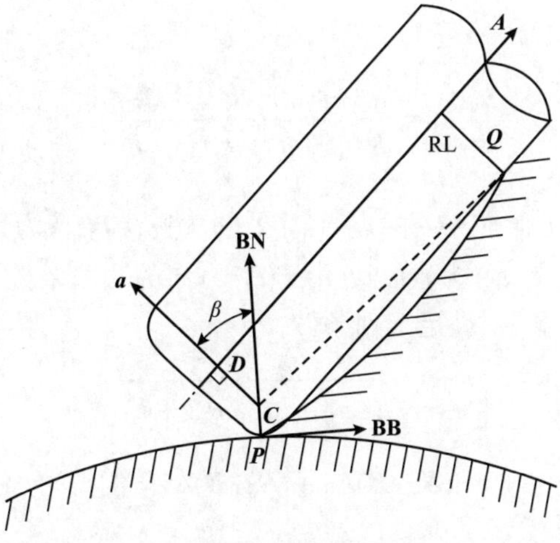

图 6-6　临界角计算

6.2.3　临界点计算

当临界约束元素为被加工曲面时，临界点的计算不能像临界线约束那样，可以直接通过摆刀平面与临界线求交得到，而是必须在摆刀平面与曲面的交线上找出一点，从刀具与曲面的切触点开始，沿刀轴方向一侧的交线位于切触点与该点的连线之下，即临界点是使上述连线与切平面的夹角最大的点。因此，临界点的计算可表示为对下列目标函数的搜索：

$$\begin{cases} \max\left[\dfrac{(\boldsymbol{S}(u,v)-\boldsymbol{P})\cdot \mathbf{BN}}{(\boldsymbol{S}(u,v)-\boldsymbol{P})\cdot \mathbf{BB}}\right] \\ \text{s.t.}\,(\boldsymbol{S}(u,v)-\boldsymbol{P})\cdot \boldsymbol{B}=0 \end{cases} \tag{6-26}$$

若曲面是单谷曲面，则上述条件在沿 **BB** 方向，距 $\boldsymbol{P}$ 点最远的边界点处满足；反之，若曲面是单峰曲面，则 $\boldsymbol{P}$ 点需满足上述条件。在其他情况下，若 $\boldsymbol{P}$ 点和最远边界点的连线与曲面相交于两个端点之间，则在该区间内必存在一点，满足相切条件：

$$\left(\boldsymbol{S}(u,v)-\boldsymbol{P}\right)\cdot(\boldsymbol{S}_u'\times\boldsymbol{S}_v')=0 \tag{6-27}$$

令 t 为 $\boldsymbol{S}(u,v)$ 和摆刀平面交线上的弧长，$\boldsymbol{P}$ 点为起点，**BB** 为参数 t 的增加方向，$\boldsymbol{B}$ 为摆刀平面的法向，则相切条件变为

$$\left[\left(\boldsymbol{r}(t)-\boldsymbol{P}\right)\times\boldsymbol{r}'(t)\right]\cdot\boldsymbol{B}=0 \tag{6-28}$$

式中，$\boldsymbol{r}(t)$ 为交线方程。对给定的初始点 t_0，计算下一个 t 参数的牛顿迭代公式表示为

$$t_1=\frac{t_0+\left(\boldsymbol{r}(t_0)-\boldsymbol{P}\right)\cdot\boldsymbol{N}(t_0)}{K(t_0)\boldsymbol{T}(t_0)\cdot\boldsymbol{r}(t_0)-\boldsymbol{P}} \tag{6-29}$$

式中，$\boldsymbol{N}(t_0)$ 为曲面上对应于 t_0 的点 $\boldsymbol{r}(t_0)$ 处的法矢；$\boldsymbol{T}(t_0)$ 为切平面与摆刀平面交线方向的单位切矢；$K(t_0)$ 为 $\boldsymbol{r}(t_0)$ 处沿 $\boldsymbol{T}(t_0)$ 方向的法曲率。

另外，Δt、Δu 和 Δv 满足下列条件：

$$|\Delta t|=\sqrt{E\Delta u^2+2F\Delta u\Delta v+G\Delta v^2} \tag{6-30}$$

$$(\boldsymbol{S}_u'\cdot\boldsymbol{B})\Delta u+(\boldsymbol{S}_v'\cdot\boldsymbol{B})\Delta v=0 \tag{6-31}$$

令 $\Delta u=\gamma(\boldsymbol{S}_v'\cdot B)\Delta t$，$\Delta v=-\gamma(\boldsymbol{S}_u'\cdot B)\Delta t$，则可求出

$$\gamma=\pm\frac{1}{\sqrt{E(\boldsymbol{S}_v'\cdot\boldsymbol{B})^2-2F(\boldsymbol{S}_v'\cdot\boldsymbol{B})(\boldsymbol{S}_u'\cdot\boldsymbol{B})+G(\boldsymbol{S}_u'\cdot\boldsymbol{B})^2}} \tag{6-32}$$

Δu、Δv 的符号分别与 $\boldsymbol{S}_u'\cdot\mathbf{BB}$ 及 $\boldsymbol{S}_v'\cdot\mathbf{BB}$ 相同。

初始点 t_0 可由前一个临界点或利用比较方法求出：从 t 最大的边界线开始，求出曲面参数线与摆刀平面的交点 $\boldsymbol{r}(t)$，逐点比较 $(\boldsymbol{r}(t)-\boldsymbol{P})\cdot\mathbf{BN}/[(\boldsymbol{r}(t)-\boldsymbol{P})\cdot\mathbf{BB}]$ 的值，找出最大值对应的参数 t_0。一旦找出第一个 t_0 后，在后续求临界点时就可根据 t_0 处交线的凹凸性质，快速计算后继临界点。

1. 临界点搜索算法

给定刀具与曲面 $\boldsymbol{S}(u,v)$ 的切触点 $\boldsymbol{P}$，法矢方向 **BN**，摆刀平面法矢 $\boldsymbol{B}$ 和切平

面与摆刀平面的交线方向 **BB**，已知点 $\boldsymbol{P}$ 的参数为 (u_P, v_P)，则临界点初始位置和参数的计算方法如下。

(1) 构造摆刀平面方程 Π_P，求平面 Π_P 和曲面 $\boldsymbol{S}(u,v)$ 的交线 $P(t)$，$t \in (1,n)$。

(2) 确定比较起始点，令 $d_{\text{start}} = (\boldsymbol{P}(1) - \boldsymbol{P}) \cdot \mathbf{BB}$，$d_{\text{end}} = (\boldsymbol{P}(n) - \boldsymbol{P}) \cdot \mathbf{BB}$，若 $d_{\text{start}} > 0$，则 $t_0 = 1$，$\text{sign} = 1$；否则，$t_0 = n$，$\text{sign} = -1$，$d_{\text{start}} = d_{\text{end}}$，且 $t = t_0$，$\beta_0 = ((\boldsymbol{P}(t_0) - \boldsymbol{P}) \cdot \mathbf{BN}) / ((\boldsymbol{P}(t_0) - \boldsymbol{P}) \cdot \mathbf{BB})$。

(3) 令 $t = t_0 + \text{sign} \cdot \delta t$，计算 d_{B} 与 d_{N}：

$$d_{\text{B}} = (\boldsymbol{P}(t) - \boldsymbol{P}) \cdot \mathbf{BB},\quad d_{\text{N}} = (\boldsymbol{P}(t) - \boldsymbol{P}) \cdot \mathbf{BN}$$

(4) 若 $d_{\text{B}} < 0.01$ 或 $d_{\text{B}} \cdot d_{\text{start}} < 0$，则转向步骤 (6) 执行；否则，$\beta = d_{\text{N}} / d_{\text{B}}$。

(5) 若 $\beta > \beta_0$，则 $\beta_0 = \beta$，$d_{\text{start}} = d_{\text{B}}$，$t_0 = t$，转向步骤 (3) 执行。

(6) 求 $\boldsymbol{P}(t_0)$ 到曲面 $\boldsymbol{S}(u,v)$ 的垂足参数 (u_0, v_0)。

(7) 输出 $\boldsymbol{P}(t_0)$、β_0 和曲面参数 (u_0, v_0)。

临界点搜索过程如图 6-7 所示。

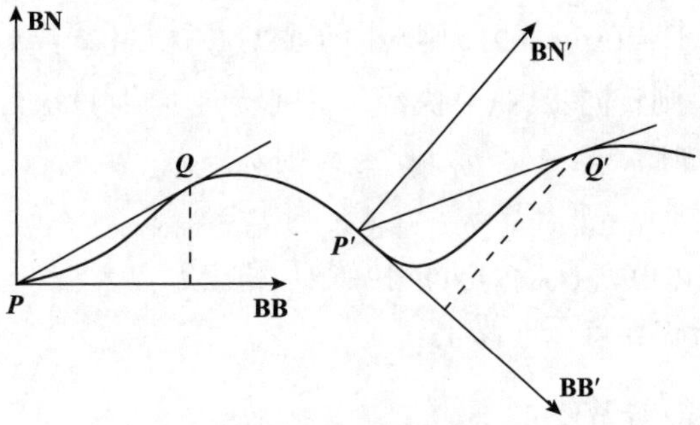

图 6-7　临界点搜索

2. 临界点位置精确化

如图 6-8 所示，在得到初始的临界点之后，需要对临界点的位置作进一步的精确化。设临界点的初始位置为 $\boldsymbol{Q}_0$，对应参数为 (u_0, v_0)，则临界点位置的精确

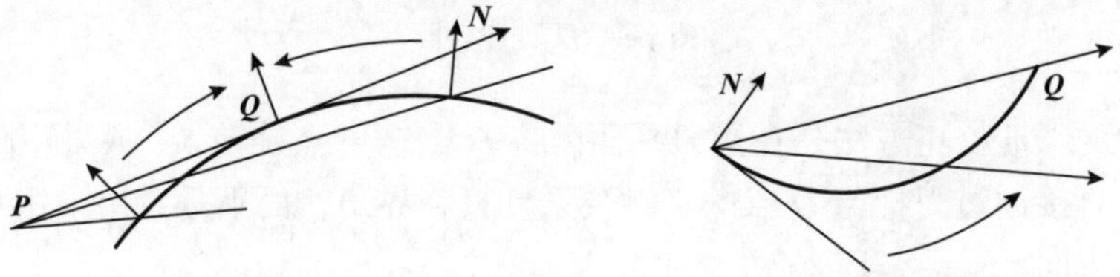

(a) 双交点情况　(b) 单交点情况

图 6-8　临界点位置精确化

化过程如下。

(1)求曲面 $\boldsymbol{S}(u,v)$ 在 (u_0,v_0) 的第二类基本量 E 、 F 、 G 以及 $\mathbf{RK}$ 。

(2)求摆刀平面与切平面的交线方向： $\boldsymbol{T}=\mathbf{BN}\times\boldsymbol{B}$ 。

(3)计算 $\mathbf{RK}$ 在 $\boldsymbol{T}$ 方向的投影 K_{t} 。

(4)计算 u 、v 参数的增量符号： $s_u=\mathrm{sign}(\boldsymbol{r}_u\cdot\mathbf{BB})$ ， $s_v=\mathrm{sign}(\boldsymbol{r}_v\cdot\mathbf{BB})$ 。

(5)按下面方法计算参数增量 Δu 和 Δv 。

令

$$r_{u\mathrm{B}}=\boldsymbol{r}_u\cdot\boldsymbol{B},\ \ r_{v\mathrm{B}}=\boldsymbol{r}_v\cdot\boldsymbol{B},\ \ \vartheta=\sqrt{E\cdot r_{v\mathrm{B}}^2-2F\cdot r_{v\mathrm{B}}\cdot r_{u\mathrm{B}}+G\cdot r_{u\mathrm{B}}^2}$$

若 $K_{\mathrm{t}}<0$ ，则 $\Delta t=[\mathbf{BN}\cdot(\boldsymbol{Q}-\boldsymbol{P})]/[K_{\mathrm{t}}\,|\boldsymbol{T}\cdot(\boldsymbol{Q}-\boldsymbol{P})|]$ ；若 $|\boldsymbol{r}_u\cdot\mathbf{BB}|>\boldsymbol{r}_v\cdot\mathbf{BB}$ ，则 $\Delta t=\vartheta/|r_{v\mathrm{B}}|$ ，否则 $\Delta t=\vartheta/|r_{u\mathrm{B}}|$ 。则有

$$\Delta u=(\Delta t\cdot r_{v\mathrm{B}}s_u)/\vartheta,\ \ \Delta v=-(\Delta t\cdot r_{u\mathrm{B}}s_v)/\vartheta$$

(6)修改当前参数： $u_0=u_0+\Delta u$ ， $v_0=v_0+\Delta v$ 。

(7)终止判别：①若 $|\Delta t|<0.01$ ，则转向步骤(11)执行；②若 $u_0>1$ ，或 $u_0>u_{\max}$ 、$v_0>1$ 、$v_0>v_{\max}$ ，则转向步骤(8)执行，否则转向步骤(1)执行。

(8)若 $u_0>1$ ，则 $u_0=1$ ；若 $u_0>u_{\max}$ ，则 $u_0=u_{\max}$ 。

(9)若 $v_0>1$ ，则 $v_0=1$ ；若 $v_0>v_{\max}$ ，则 $v_0=v_{\max}$ 。

(10)求曲面 $\boldsymbol{S}(u,v)$ 在 (u_0,v_0) 处的位置 $\boldsymbol{Q}_0$ 和法矢 $\boldsymbol{N}$ 。

(11)对 $\boldsymbol{Q}_0$ 进行临界点干涉修正。

3. 临界点干涉分析与修正

若直接以 $\mathbf{PQ}$ 作为刀杆与曲面的线接触方向，则将刀具放置在 $\boldsymbol{P}$ 点后，$\boldsymbol{Q}$ 点处会产生干涉。设 β 为 $\mathbf{PQ}$ 与 $\boldsymbol{P}$ 点的切平面之间的夹角，R 为刀具圆角半径，δ_{B} 为修正角度 δ 对应的干涉量，则

$$\delta_{\mathrm{B}}=R(1-\cos\beta) \tag{6-33}$$

$$\sin\delta=\delta_{\mathrm{B}}\,/\,|\mathbf{PQ}| \tag{6-34}$$

简单的干涉修正方法是在摆刀平面内将 $\boldsymbol{Q}$ 点绕 $\boldsymbol{P}$ 点旋转 δ ，或采用临界角计算方法，直接通过刀杆与 $\boldsymbol{Q}$ 点的接触关系计算临界角，而不是直接采用 $\mathbf{PQ}$ 方向作为接触方向。

此外，引起临界干涉的另一原因是曲面沿摆刀平面与曲面的交线方向的挠率不为零，导致法矢在 $\boldsymbol{Q}$ 点处离开摆刀平面。因此，若直接将刀杆放置在 $\boldsymbol{Q}$ 点处，

则刀杆与曲面产生干涉。设 $\boldsymbol{Q}$ 点处曲面法矢为 $\boldsymbol{n}_{\mathrm{Q}}$，刀杆半径为 R_{L}，刀轴矢量为 $\boldsymbol{T}_{\mathrm{L}}$，摆刀平面法矢为 $\boldsymbol{B}_{\mathrm{L}}$，则有以下推论。

由 $\boldsymbol{n}_{\mathrm{Q}}$ 和 $\boldsymbol{B}_{\mathrm{L}}$ 决定的截平面法矢方向 $\mathbf{BB}=\boldsymbol{B}_{\mathrm{L}}\times\boldsymbol{B}_{\mathrm{Q}}$，取

$$\cos\beta=\left|\mathbf{BB}\right|,\quad \sin\beta=\left|\boldsymbol{B}_{\mathrm{L}}\cdot\boldsymbol{n}_{\mathrm{Q}}\right|$$

$$\sin\alpha=\frac{\mathbf{BB}\cdot\boldsymbol{T}_{\mathrm{L}}}{\cos\beta},\quad \boldsymbol{n}_{\mathrm{b}}=\frac{\boldsymbol{n}_{\mathrm{Q}}-(\boldsymbol{B}_{\mathrm{L}}\cdot\boldsymbol{n}_{\mathrm{Q}})\boldsymbol{B}_{\mathrm{L}}}{\cos\beta}$$

可得沿 $\boldsymbol{n}_{\mathrm{b}}$ 方向的修正量为

$$\delta_{\mathrm{b}}=R_{\mathrm{L}}\left(\sqrt{1+\frac{1}{\sin^2\alpha}\tan^2\beta}-1\right) \tag{6-35}$$

沿 $\boldsymbol{n}_{\mathrm{Q}}$ 方向的修正量为

$$\delta_{\mathrm{n}}=\delta_{\mathrm{b}}\cos\beta \tag{6-36}$$

若允许刀轴离开 $\boldsymbol{P}$ 点处的摆刀平面，则沿 $\boldsymbol{n}_{\mathrm{Q}}$ 方向移动 $\boldsymbol{Q}$ 点：

$$\boldsymbol{Q}'=\boldsymbol{Q}+\delta_{\mathrm{n}}\cdot\boldsymbol{n}_{\mathrm{Q}} \tag{6-37}$$

否则在摆刀平面内，沿 $\boldsymbol{n}_{\mathrm{b}}$ 方向移动 $\boldsymbol{Q}$ 点：

$$\boldsymbol{Q}''=\boldsymbol{Q}+\delta_{\mathrm{b}}\cdot\boldsymbol{n}_{\mathrm{b}} \tag{6-38}$$

6.2.4　临界约束在刀轴控制中的应用

1. 环形刀端铣加工刀轴控制

如图 6-9 所示，在采用环形刀对航空发动机叶片进行五轴精加工时，叶身曲面为被加工曲面，此时可将橡板曲面作为约束曲面，采用临界约束曲面对刀轴进行控制。

2. 五轴侧铣加工刀轴控制

在五轴侧铣加工中，刀轴易受约束面的限制，此时可采用临界线约束方法控制刀轴。如图 6-10 所示，对于选择的临界约束线，先根据等百分比方式确定临界点，并计算对应的临界角 β 。

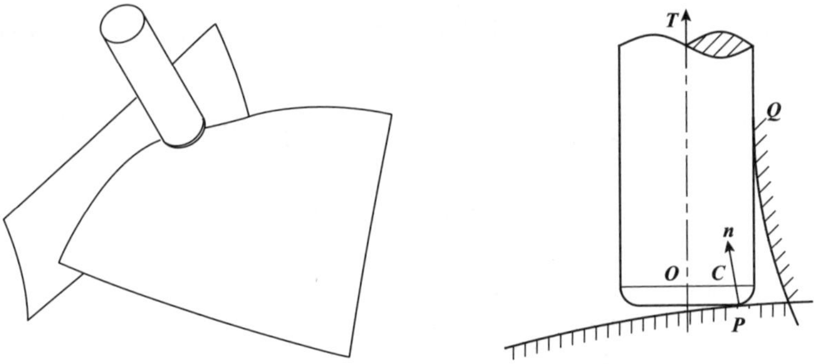

(a) 叶片五轴精加工示意图　　(b) 椽板曲面临界约束

图 6-9　叶片叶身曲面环形刀端铣加工临界曲面约束

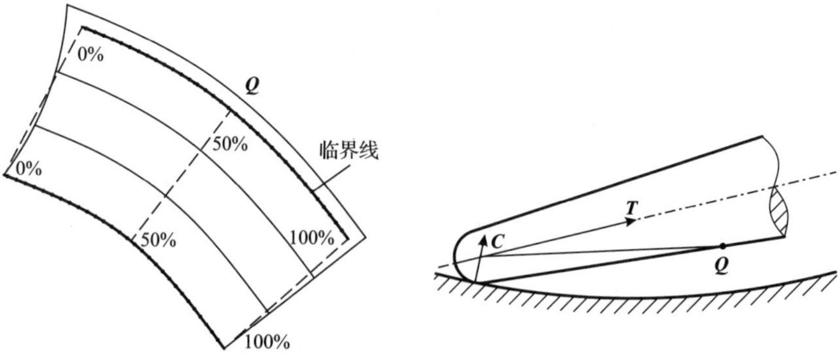

图 6-10　临界线约束侧铣加工

令 $\theta = \alpha + \beta$，α 为刀具的半锥角。设 **BN** 为切触点 ***P*** 处的曲面法矢方向，**BB** 为走刀方向，***a*** 为刀心偏置矢量，则此时刀位点 ***D*** 与刀轴矢量 ***T*** 计算如下：

$$\boldsymbol{T} = \mathbf{BN} \cdot \sin\theta + \mathbf{BB} \cdot \cos\theta$$

$$\boldsymbol{D} = \boldsymbol{C} + \mathrm{CD} \cdot \boldsymbol{a}$$

$$\boldsymbol{a} = \mathbf{BN} \cdot \cos\theta - \mathbf{BB} \cdot \sin\theta$$

然后对 ***D*** 点进行干涉修正即可。

6.3　基于临界约束的刀轴优化方法

多轴加工过程中刀轴矢量剧烈变化，容易在零件表面产生切痕，甚至破坏零件表面，严重影响加工质量。此外，角度大幅度的变化还可能超出机床转动角速度与加速度的限制，导致生成的程序无法在实际加工中应用[7,9,30]。因此，对多轴加工中刀轴矢量进行整体优化具有重要的理论和应用价值。在此之前，应首先确定刀轴的可行摆刀范围，即刀轴可行域，然后在这一可行域约束下优化刀轴矢量，避免刀具干涉，实现刀轴的平滑过渡[12,14,30]。

6.3.1　刀轴运动分析与可行域计算

1. *刀具运动分析*

四轴加工机床仅有一个旋转轴，因此限定加工过程中刀轴只能在与固定的摆刀平面平行的平面内摆动，不能超出这一平面；同时刀具又受到被加工曲面局部干涉的影响，仅能在切触点切平面之上的区域摆动，这将进一步限定刀轴在摆刀平面 1/2 的区域内。

而在五轴加工过程中，局部干涉导致刀具的摆动范围为切触点切平面之上 1/2 的空间区域。同时，为避免加工过程中的顶刀，刀具摆刀范围进一步缩小，被限制在不发生顶刀的临界摆刀平面与切平面之间的区域，图 6-11 即为可行的摆刀平面，其中 $\boldsymbol{P}$ 为切触点，$\boldsymbol{a}_P$ 为 $\boldsymbol{P}$ 点的走刀方向，$\boldsymbol{S}_0$ 为被加工曲面，$\boldsymbol{\Pi}_P$ 为切触点处的切平面，$\boldsymbol{\Pi}_\mathrm{L}$ 为临界摆刀平面，则 $\boldsymbol{\Pi}_i(i=1,2,\cdots)$ 为可行摆刀平面。不发生顶刀的临界位置应该是刀具处在与走刀方向垂直的平面内，因此切触点 $\boldsymbol{P}$ 处的临界摆刀平面 $\boldsymbol{\Pi}_\mathrm{L}$ 应垂直于 $\boldsymbol{P}$ 点的走刀方向 $\boldsymbol{a}_P$，设 $\boldsymbol{P}$ 点的切矢为 $\boldsymbol{t}_P$，由几何关系可知，$\boldsymbol{a}_P=|\boldsymbol{a}_P|\cdot\boldsymbol{t}_P$，$\boldsymbol{\Pi}_P\perp\boldsymbol{\Pi}_\mathrm{L}$，临界摆刀平面法矢为 $\boldsymbol{t}_P$。

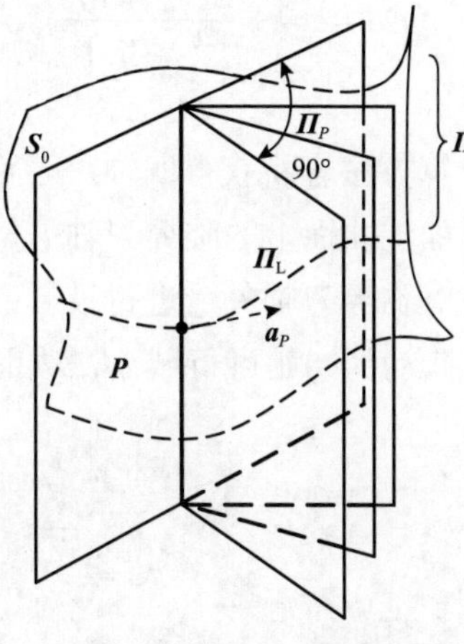

图 6-11　刀具运动分析

2. *刀轴可行域计算*

为统一分析刀轴矢量，首先将单位刀轴矢量平移至工件坐标系原点，并以坐

标原点 $\boldsymbol{O}$ 为球心作一单位球面，则刀轴矢量将全部投影于这一球面上，如图 6-12 所示。然后，在平行于 XOY 平面并与单位球面相切处作一平面 $\boldsymbol{\Pi}_s$，将其作为刀轴矢量映射平面。设点 $\boldsymbol{S}$ 为 $\boldsymbol{\Pi}_s$ 与球面的切点，$\boldsymbol{N}$ 为 $\boldsymbol{SO}$ 连线的延长线与球面的交点，**OP** 表示平移后的刀轴矢量，则 $\boldsymbol{NP}$ 连线的延长线与 $\boldsymbol{\Pi}_s$ 相交，交点为 $\boldsymbol{M}$，从而建立刀轴矢量与平面点的映射关系。

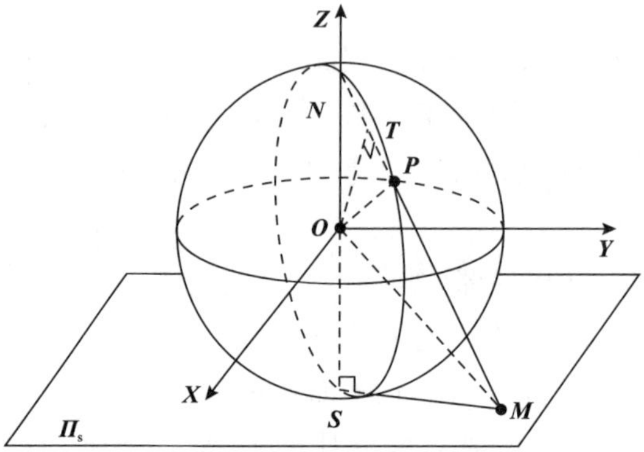

图 6-12　刀轴矢量的平面映射

已知刀轴矢量为 $\boldsymbol{T}_{\rm L}$，平面 $\boldsymbol{\Pi}_s$ 的法矢为 $\boldsymbol{n}_{\Pi}$，则由图 6-12 中的几何关系可知，刀轴矢量 $\boldsymbol{T}_{\rm L}$ 与点 $\boldsymbol{M}$ 的映射关系为

$$\mathbf{OM} = \boldsymbol{n}_{\Pi} + \frac{4(\boldsymbol{T}_{\rm L} - \boldsymbol{n}_{\Pi})}{|\boldsymbol{T}_{\rm L} - \boldsymbol{n}_{\Pi}|^2} \tag{6-39}$$

利用 6.2 节的临界点计算方法容易获得四轴、五轴加工中经过干涉判断与修正后的临界点，然后可求取加工曲面上的临界刀轴矢量和约束曲面上的临界刀轴矢量。通过刀具到平面映射对临界刀轴矢量进行投影，所有映射点相连围成的区域定义为当前切触点上刀具摆动的初始可行域 $\boldsymbol{M}_i$，如图 6-13 所示。

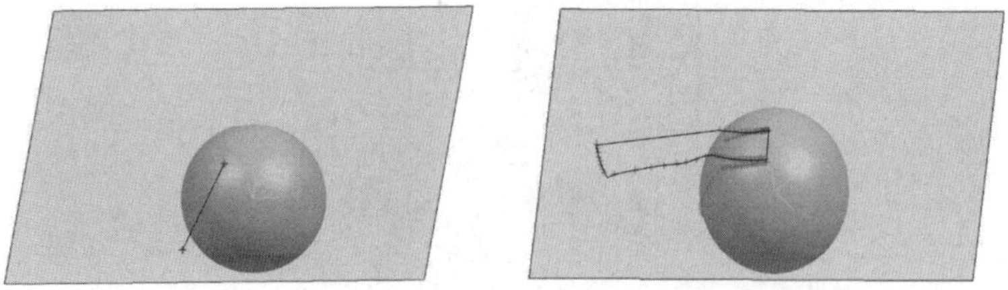

(a) 四轴加工中刀轴可行域　　(b) 五轴加工中刀轴可行域

图 6-13　给定切触点处的刀轴可行域

6.3.2　四轴加工刀轴优化方法

1. 刀轴优化模型建立

四轴加工时，切削行内所有切触点处的摆刀平面相互平行[12]。以刀轴矢量映射平面 $\boldsymbol{\Pi}_s$ 与过原点的摆刀平面 $\boldsymbol{\Pi}$ 之间的交线作为 X 轴，以刀具轨迹线上当前切触点与起始切触点之间的弧长方向作为 Y 轴，建立平面坐标系 XOY。设工件坐标系下刀轴矢量的平面映射点为 $\boldsymbol{M}=(x_w \quad y_w \quad z_w)^T$，平面坐标系下对应点为 $\boldsymbol{M}'=(x \quad y)^T$，则由坐标变换公式 $(x \quad y \quad z_0)^T=\boldsymbol{M}_1\cdot(x_w \quad y_w \quad z_w)^T$ 可计算得到点 $\boldsymbol{M}'$（其中，z_0 为一恒定值，$\boldsymbol{M}_1$ 为由工件坐标系到当前坐标系的变换矩阵），进而得到当前坐标系下刀轴摆动的可行域 $\boldsymbol{P}=\{\boldsymbol{M}'_{S(i)}\leqslant \boldsymbol{M}'_i\leqslant \boldsymbol{M}'_{E(i)}\mid i=1,2,\cdots,n\}$，如图 6-14 所示。当刀轴矢量处于 $\boldsymbol{P}$ 中时，满足不干涉条件。

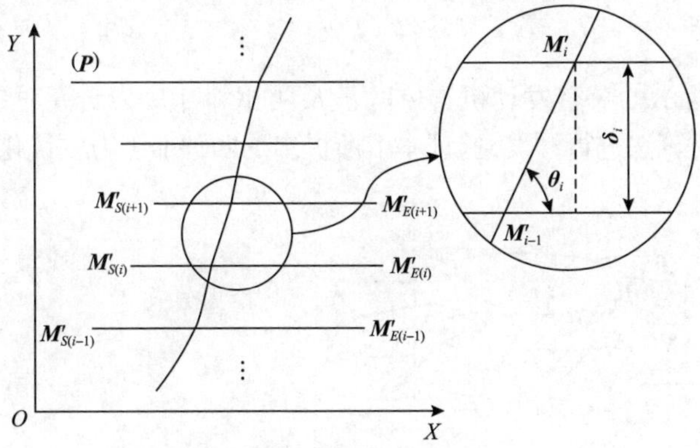

图 6-14　刀轴优化模型

四轴加工刀轴优化的目的是使切削行内刀轴矢量的变化最小。在第 i 个刀轴摆动可行域内取一点 $\boldsymbol{M}'_i=(x_i \quad y_i)^T$，将得到的点依次连接组成一条曲线，则刀轴的优化转化为使该曲线尽可能光滑，建立如下优化数学模型[12]：

$$\begin{cases} f(\boldsymbol{x})=\min\sum_i |x_i-x_{i-1}| \\ \text{s.t. } |x_i-x_{i-1}|\leqslant \delta_i\cdot|\cot\theta_i|,\ \boldsymbol{M}'_i=(x_i \quad y_i)^T\in \boldsymbol{P} \end{cases} \tag{6-40}$$

式中，$\boldsymbol{x}=(x_1 \quad x_2 \quad \cdots \quad x_n)^T$ 为优化变量；δ_i 为两相邻切触点之间的弧长。约束条件 $\boldsymbol{M}'_i=(x_i \quad y_i)^T\in\boldsymbol{P}$ 可表示为 $\boldsymbol{x}\geqslant\boldsymbol{L}$ 且 $\boldsymbol{x}\leqslant\boldsymbol{U}$，$\boldsymbol{L}=(x_{S(1)} \quad x_{S(2)} \quad \cdots \quad x_{S(n)})^T$，$\boldsymbol{U}=(x_{E(1)} \quad x_{E(2)} \quad \cdots \quad x_{E(n)})^T$，$x_{S(i)}$是 $\boldsymbol{M}'_{S(i)}$ 的 x 坐标，$x_{E(i)}$是 $\boldsymbol{M}'_{E(i)}$ 的 x 坐标。而约束条件$|x_i - x_{i-1}|\leqslant\delta_i\cdot|\cot\theta_i|$可描述为 $\boldsymbol{A}\cdot\boldsymbol{x}\leqslant\boldsymbol{B}$，其中，

$$
\boldsymbol{A}=\begin{pmatrix}
1/\delta_1 & -1/\delta_1 & & & \\
& 1/\delta_2 & -1/\delta_2 & & \\
& & \ddots & \ddots & \\
& & & 1/\delta_{n-1} & -1/\delta_{n-1} \\
-1/\delta_1 & 1/\delta_1 & & & \\
& -1/\delta_2 & 1/\delta_2 & & \\
& & \ddots & \ddots & \\
& & & -1/\delta_{n-1} & 1/\delta_{n-1}
\end{pmatrix},\quad
\boldsymbol{B}=\begin{pmatrix}
|\cot\theta_1| \\ |\cot\theta_2| \\ \vdots \\ |\cot\theta_{n-1}| \\ |\cot\theta_1| \\ |\cot\theta_2| \\ \vdots \\ |\cot\theta_{n-1}|
\end{pmatrix}
$$

为使优化后切削行刀轴光滑，θ_i 应尽可能小。通过模型求解选取合适的 $\max\{\theta_i\}$ 调整优化效果，即可得到最终优化刀轴矢量的平面映射点集 $\{\boldsymbol{M}_i'=(x_i \quad y_i)^{\mathrm{T}}, i=1,2,\cdots,n\}$。最后，利用坐标逆变换，将其变换到工件坐标系下，得到映射平面 $\boldsymbol{\Pi}_{\mathrm{s}}$ 上的点集 $\{\boldsymbol{M}_i=(x_{\mathrm{w}i} \quad y_{\mathrm{w}i} \quad z_{\mathrm{w}i})^{\mathrm{T}}, i=1,2,\cdots,n\}$。

2. 算例分析

以图 6-15 所示的航空发动机整体叶盘及两相邻叶片为研究对象，并利用 UG、MATLAB 软件对算法进行开发，验证本节所提出的四轴加工刀轴优化方法的可行性。

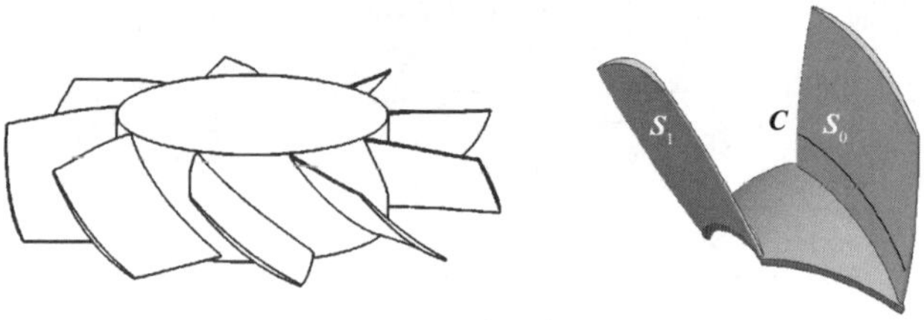

图 6-15　整体叶盘及两相邻叶片

设被加工曲面为 $\boldsymbol{S}_0$，约束曲面为 $\boldsymbol{S}_1$，切触线为 $\boldsymbol{C}$，采用 ϕ 8mm 球头刀进行四轴加工，参考摆刀平面定义为垂直于整体叶盘回转轴的平面，则所有切触点处的摆刀平面都平行于这一参考平面。如图 6-16 所示，切触线 $\boldsymbol{C}$ 上相对被加工曲面

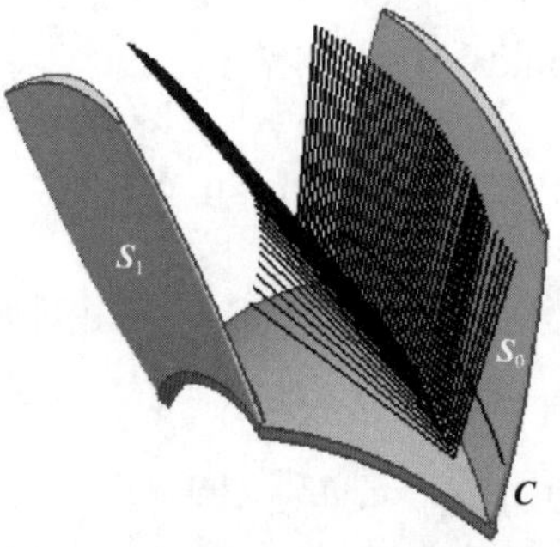

图 6-16　一条切削行内的临界刀轴

$\boldsymbol{S}_0$、约束曲面 $\boldsymbol{S}_1$ 的两组临界刀轴矢量确定了一个摆动范围，当刀轴在这一范围内摆动时，能够保证刀具不与工件发生干涉。

利用本节方法优化前后的在可容许摆动范围内的刀轴矢量如图 6-17 所示。图 6-18 为刀轴映射反变换后实际加工刀轴矢量变化的对比图。

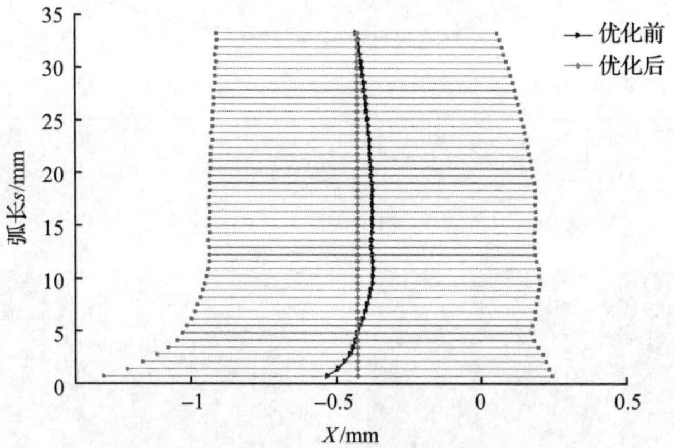

图 6-17　可容许摆动范围内的刀轴矢量

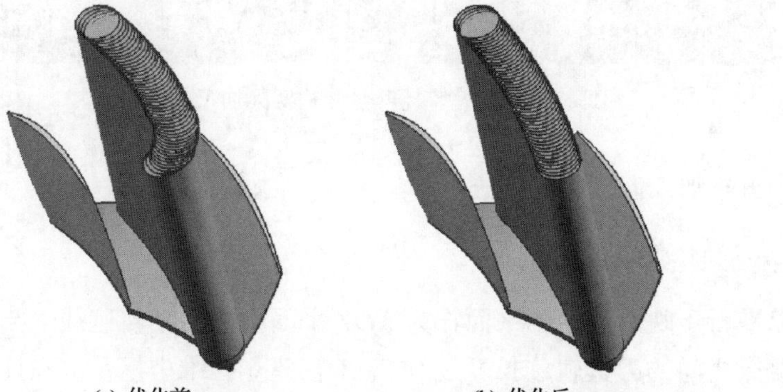

(a) 优化前　(b) 优化后

图 6-18　四轴加工中一条切削行内的刀轴变化对比

可以看出，优化前刀轴矢量的方向是持续变化的，而优化后的刀轴矢量方向不发生变化，且未与叶片表面发生干涉。对应四轴机床转动坐标随切削行内弧长的变化如图 6-19 所示，优化前机床转动坐标变化较为剧烈，而优化后的机床转动坐标保持一恒定值，这意味着在加工过程中机床转动坐标的转动较为平稳，一定程度上保证了机床运行的平稳性，由此说明本节方法是正确的和有效的。图 6-20 为整体叶盘叶片实际加工的效果。

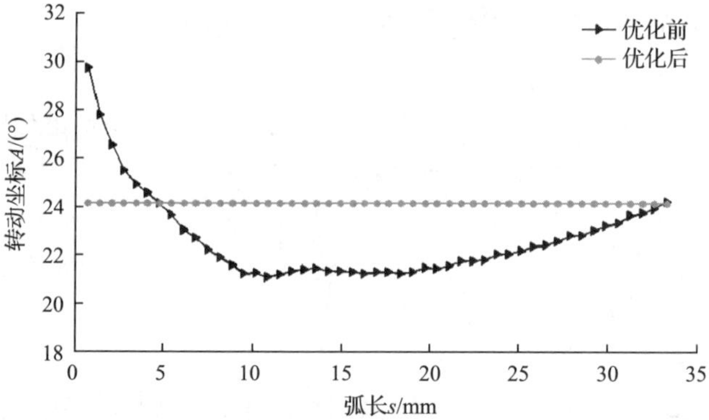

图 6-19　转动坐标随切削行内弧长的变化

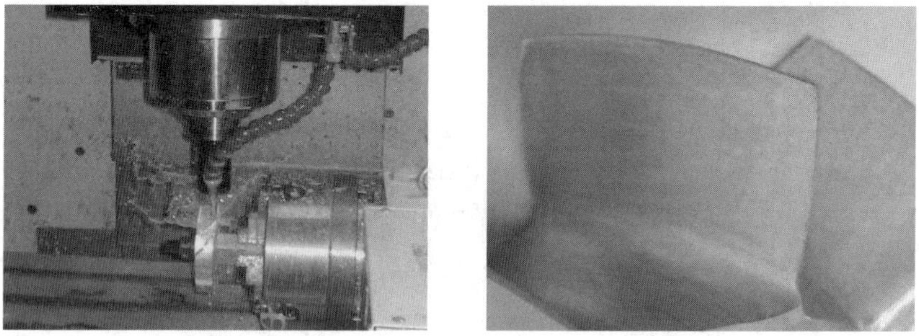

图 6-20　整体叶盘叶片实际加工的效果

6.3.3　五轴加工刀轴优化方法

1. 刀轴优化模型建立

以平行于映射平面的平面作为 XOY 平面，以刀具轨迹线上当前切触点与初始切触点之间的刀具轨迹长度 s 作为 Z 轴建立三维坐标系。在此坐标系中，将每一切触点处刀轴的初始可行域表示出来，则形成一条切削行上刀轴摆动的初始可行域 $\boldsymbol{P}=\{\boldsymbol{M}_i,i=1,2,\cdots,N\}$，如图 6-21 所示，当刀轴矢量在 $\boldsymbol{P}$ 中时，满足不干涉的条件。

在每一个刀轴可容许摆动范围内任意取一点 $(x_i\ \ y_i\ \ s_i)^{\mathrm{T}}$，并将其连起来组成一条曲线。为了使刀轴矢量变化最小，必须使曲线满足下列条件[13]：

(1) 曲线的曲率变化最小。

(2) 曲线的弧长最短。

为满足第一个条件，利用刀轴可容许摆动范围内曲率总和最小近似实现曲线曲率变化最小，建立如下数学模型：

$$\begin{cases} f_1 = \min\left\{\sum_i\left[\left(\dfrac{\partial^2 x_i}{\partial {s_i}^2}\right)^2 + \left(\dfrac{\partial^2 y_i}{\partial {s_i}^2}\right)^2\right]\right\} \\ \text{s.t.}\ \ (x_i\ \ y_i\ \ s_i)^{\mathrm{T}} \in \boldsymbol{M}_i \end{cases} \tag{6-41}$$

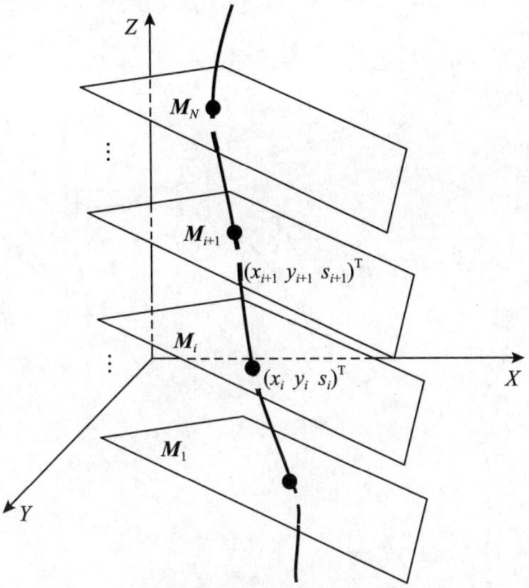

图 6-21　三维坐标系建立

为满足第二个条件，可将曲线上两点间的弧长近似用弦长代替，建立如下数学模型：

$$\begin{cases} f_2 = \min\left\{\sum_i[(x_{i+1}-x_i)^2 + (y_{i+1}-y_i)^2 + (s_{i+1}-s_i)^2]\right\} \\ \text{s.t.}\ \ (x_i\ \ y_i\ \ s_i)^{\mathrm{T}} \in \boldsymbol{M}_i \end{cases} \tag{6-42}$$

同时考虑条件(1)和条件(2)，可建立如下刀轴优化数学模型：

$$\begin{cases} f = \min\left\{\sum_i\left[\left(\dfrac{\partial^2 x_i}{\partial {s_i}^2}\right)^2 + \left(\dfrac{\partial^2 y_i}{\partial {s_i}^2}\right)^2 + (x_{i+1}-x_i)^2 + (y_{i+1}-y_i)^2 + (s_{i+1}-s_i)^2\right]\right\} \\ \text{s.t.}\ \ (x_i\ \ y_i\ \ s_i)^{\mathrm{T}} \in \boldsymbol{M}_i \end{cases} \tag{6-43}$$

这一优化模型最终能够实现相邻刀轴之间的平滑过渡，同时约束条件保证优化后的刀具不与工件发生干涉。

2. 节点处二阶导数计算

上述优化模型涉及结点处的二阶导数，在此给出具体的计算方法。设第 i 个切触点处刀轴的平面映射点为 $(x_i\ \ y_i\ \ s_i)^{\mathrm{T}}$，以这些点为节点，进行三次样条拟合，则每次拟合需要 4 个节点，即 $\boldsymbol{P}_i$、$\boldsymbol{P}_{i+1}$、$\boldsymbol{P}_{i+2}$、$\boldsymbol{P}_{i+3}$，其中，$\boldsymbol{P}_i=(x_i\ \ y_i\ \ s_i)^{\mathrm{T}}$，$\boldsymbol{P}_{i+1}=(x_{i+1}\ \ y_{i+1}\ \ s_{i+1})^{\mathrm{T}}$，$\boldsymbol{P}_{i+2}=(x_{i+2}\ \ y_{i+2}\ \ s_{i+2})^{\mathrm{T}}$，$\boldsymbol{P}_{i+3}=(x_{i+3}\ \ y_{i+3}\ \ s_{i+3})^{\mathrm{T}}$，如图 6-22 所示。

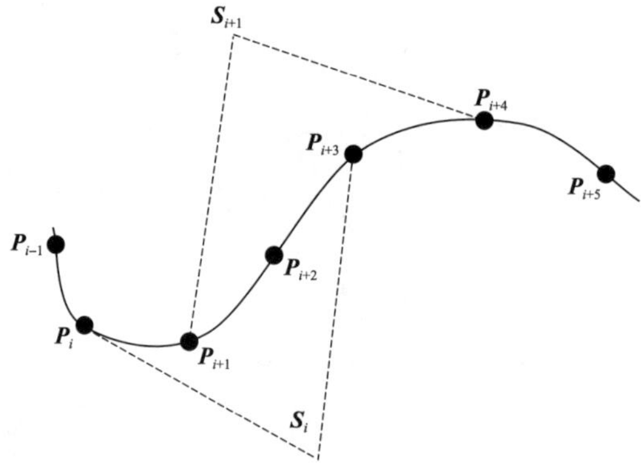

图 6-22　三次样条曲线拟合

设经过上述 4 个节点的弧长坐标系下三次样条为 $\boldsymbol{S}_i(u)$，则有

$$\boldsymbol{S}_i(u)=\boldsymbol{a}_i u^3+\boldsymbol{b}_i u^2+\boldsymbol{c}_i u+\boldsymbol{d}_i,\quad u\in[0,L_i+L_{i+1}+L_{i+2}] \tag{6-44}$$

式中，$\boldsymbol{S}_i=(S_{ix}\ S_{iy}\ S_{is})^{\mathrm{T}}$；$L_i$ 为节点 $\boldsymbol{P}_i$ 和 $\boldsymbol{P}_{i+1}$ 之间的弧长，为简化计算采用弦长代替，则根据已知条件可得节点处的边界条件为

$$\boldsymbol{S}_i(u)=\begin{cases}\boldsymbol{P}_i, & u_0=0\\ \boldsymbol{P}_{i+1}, & u_1=L_i\\ \boldsymbol{P}_{i+2}, & u_2=L_i+L_{i+1}\\ \boldsymbol{P}_{i+3}, & u_3=L_i+L_{i+1}+L_{i+2}\end{cases} \tag{6-45}$$

将上述条件(6-45)代入三次样条方程，可得

$$\begin{pmatrix}u_0^{\ 3} & u_0^{\ 2} & u_0 & 1\\ u_1^{\ 3} & u_1^{\ 2} & u_1 & 1\\ u_2^{\ 3} & u_2^{\ 2} & u_2 & 1\\ u_3^{\ 3} & u_3^{\ 2} & u_3 & 1\end{pmatrix}\begin{pmatrix}\boldsymbol{a}_i\\ \boldsymbol{b}_i\\ \boldsymbol{c}_i\\ \boldsymbol{d}_i\end{pmatrix}=\begin{pmatrix}\boldsymbol{P}_i\\ \boldsymbol{P}_{i+1}\\ \boldsymbol{P}_{i+2}\\ \boldsymbol{P}_{i+3}\end{pmatrix} \tag{6-46}$$

利用方程求解得到参数 $\boldsymbol{a}_i=(a_{ix}\ a_{iy}\ a_{is})^{\mathrm{T}}$，$\boldsymbol{b}_i=(b_{ix}\ b_{iy}\ b_{is})^{\mathrm{T}}$，$\boldsymbol{c}_i=(c_{ix}\ c_{iy}\ c_{is})^{\mathrm{T}}$，

$\boldsymbol{d}_i = (d_{ix}\ d_{iy}\ d_{is})^{\mathrm{T}}$。通过对方程(6-44)进行求导，可得

$$\begin{cases} \dfrac{\mathrm{d}S_{ix}}{\mathrm{d}u} = 3a_{ix}u^2 + 2b_{ix}u + c_{ix} \\ \dfrac{\mathrm{d}S_{iy}}{\mathrm{d}u} = 3a_{iy}u^2 + 2b_{iy}u + c_{iy} \\ \dfrac{\mathrm{d}S_{is}}{\mathrm{d}u} = 3a_{is}u^2 + 2b_{is}u + c_{is} \end{cases} \tag{6-47}$$

又由于

$$\frac{\partial^2 S_{ix}}{\partial S_{is}^2} = \frac{\partial(\partial S_{ix} / \partial S_{is}) / \partial u}{\partial S_{is} / \partial u} = \frac{\partial\left(\dfrac{\mathrm{d}S_{ix} / \mathrm{d}u}{\mathrm{d}S_{is} / \mathrm{d}u}\right)\Big/\partial u}{\partial S_{is} / \partial u} \tag{6-48}$$

可得到

$$\frac{\partial^2 S_{ix}}{\partial S_{is}^2} = \frac{2(3a_{ix}b_{is}u^2 - 3b_{ix}a_{is}u^2 + 3a_{ix}c_{is}u - 3c_{ix}a_{is}u + b_{ix}c_{is} - c_{ix}b_{is})}{(3a_{is}u^2 + 2b_{is}u + c_{is})^3} \tag{6-49}$$

同理，可得

$$\frac{\partial^2 S_{iy}}{\partial S_{is}^2} = -\frac{2(-3a_{iy}b_{is}u^2 + 3b_{iy}a_{is}u^2 - 3a_{iy}c_{is}u + 3c_{iy}a_{is}u - b_{iy}c_{is} + c_{iy}b_{is})}{(3a_{is}u^2 + 2b_{is}u + c_{is})^3} \tag{6-50}$$

对于 n 个节点拟合三次样条曲线情形，前、后两节点 $\boldsymbol{P}_1$、$\boldsymbol{P}_2$ 和 $\boldsymbol{P}_{n-1}$、$\boldsymbol{P}_n$ 的导数可由相邻节点的导数代替，其余节点处的导数采用 4 个节点求取中间两节点导数的平均值方法求得。

3. 约束条件确定

利用模型(6-43)求解时，还需建立约束条件 $(x_i\ \ y_i)^{\mathrm{T}} \in \boldsymbol{M}_i$。理想的约束是将每一切触点处的刀轴矢量限定在初始可行域中，但其数学描述存在以下问题：

(1)干涉情况的复杂性，导致这类可行域的边界复杂(图 6-23)，较难采用比较简洁的方式表达。

(2)对于得到的初始可行域，采用简化模型易导致部分重要可达区域的丢失[14,30]。

基于上述问题，本节通过对初始可行域进行离散，并利用图论中最短路径搜索的方法获得初始参考刀轴，随后以初始参考刀轴的平面映射点为圆心，建立与可行域相切的最大圆形区域作为新的可行域，根据新的可行域建立优化模型(6-43)中的约束条件。

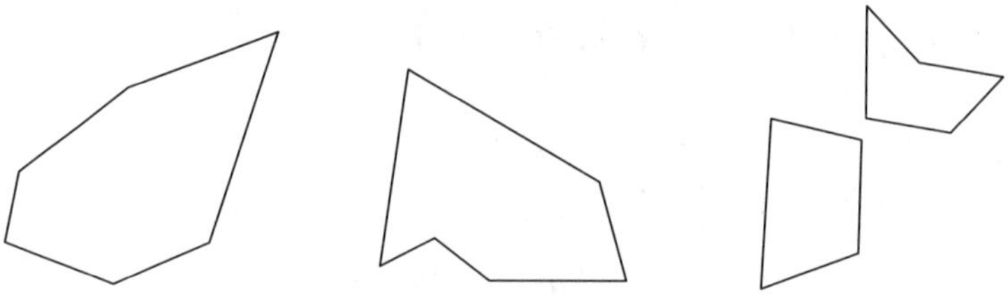

(a) 凸区域　　(b) 凹区域　　(c) 不连通区域

图 6-23　刀轴可行域类型

1) 多边形区域离散

假设切触点处刀轴初始可行域为一个边数较多的多边形，基于网格划分的区域均匀离散方法进行离散，具体过程如下。

在前面的映射平面上，构建二维坐标系 XOY，并按顺序建立初始可行域上多边形的顶点集 $\{\boldsymbol{A}_i=(x_i\ \ y_i)^{\mathrm{T}}, i=1,2,\cdots,n\}$。随后分别按照平行于 X 轴、Y 轴且增量为 Δl 的原则作直线，将 XOY 区域划分为均匀网格，如图 6-24 所示，从而获得 XOY 平面区域的均匀离散点 $\{\boldsymbol{B}_{ij}=(x_i\ \ y_j)^{\mathrm{T}}, i=1,2,\cdots,n_1; j=1,2,\cdots,n_2\}$，接下来讨论如何在这些离散点中选择多边形区域中的点。

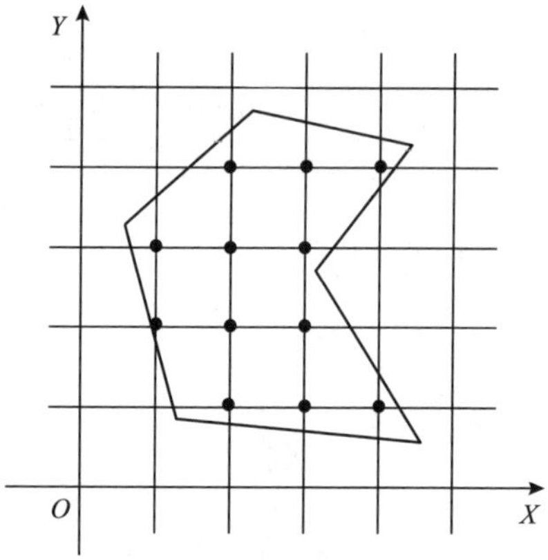

图 6-24　多边形区域离散

判断一个点 $\boldsymbol{B}_{ij}$ 是否在多边形内，目前主要有两种方法：射线法和弧长法。射线法主要是通过 $\boldsymbol{B}_{ij}$ 作一条射线，依据判断射线与多边形交点个数的奇偶来确定点与多边形的位置关系；弧长法是依次计算多边形任意两相邻顶点对 $\boldsymbol{B}_{ij}$ 点的夹角，通过判断这些夹角之和为 0°、180°或 360°来确定点与多边形的位置关系。本节采用 MATLAB 中提供的 polygonal 函数进行判断求解，从而获得刀轴可行域多边形内的离散点集 $\boldsymbol{T}=\{\boldsymbol{I}_{ij}=(x_i\ \ y_j)^{\mathrm{T}}, i=1,2,\cdots,m_1; j=1,2,\cdots,m_2\}$。

依次按照上述方法，在一条切削行上计算所有切触点 $\boldsymbol{P}_i(i=1,2,\cdots,N)$ 对应的初始可行域内离散点集 $\boldsymbol{T}_{i,j}(i=1,2,\cdots,N;j=1,2,\cdots,N_i)$，其中，$N_i$ 表示切触点 $\boldsymbol{P}_i$ 对应的初始可行域中离散点数目。

2) 最短路径搜索

由前面的优化目标可知，为了使切削行内相邻刀轴之间平滑过渡，要求刀轴平面映射点之间的连线满足长度之和最短条件。为此，本节利用图论中最短路径搜索的方法计算初始参考刀轴，具体方法如下。

如图 6-25 所示，对于第 $i+1$ 个切触点 $\boldsymbol{P}_{i+1}$，其初始可行域中有 N_{i+1} 个离散点，即从上一个切触点 $\boldsymbol{P}_i$ 处选定的第 j 个离散点 $\boldsymbol{T}_{i,j}$ 到切触点 $\boldsymbol{P}_{i+1}$ 有 N_{i+1} 种选择方式。要满足优化后的刀轴平面映射点之间连线长度之和最小，可在建立邻接矩阵时，将两点之间的权值赋为其连线的长度，如求点 $\boldsymbol{T}_{i,j}$ 到点 $\boldsymbol{T}_{i+1,m}$ 之间的权值 ω 时，可令 $\omega=|\boldsymbol{T}_{i+1,m}-\boldsymbol{T}_{i,j}|$。但同一切触点上只能选择一个点，并且切触点之间具有顺序关系，因此令同一切触点上初始可行域内离散点之间的权值为 $\omega=+\infty$，非相邻切触点及逆序切触点上初始可行域内离散点之间的权值也为 $\omega=+\infty$。采用上述权重计算方法，当相邻刀位点选定的两个刀具可达方向之间变动较大时，对应路径的权重也较大。

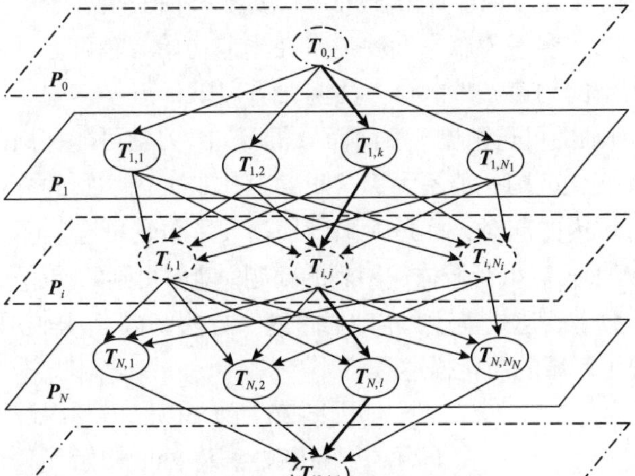

图 6-25　最短路径搜索

为确定第一个切触点处的刀轴矢量，首先在第一个切触点前添加一个虚拟切触点 $\boldsymbol{P}_0$，此点上只有一个刀轴矢量的映射点 $\boldsymbol{T}_{0,1}$，且设由点 $\boldsymbol{T}_{0,1}$ 到第一个切触点 $\boldsymbol{P}_1$ 上所有离散点 $\boldsymbol{T}_{1,j}(j=1, 2, \cdots, N_1)$ 的权值为一个定值 ω_0。同理，在最后一个切触点 $\boldsymbol{P}_N$ 后添加一个虚拟切触点 $\boldsymbol{P}_{N+1}$，其上的唯一刀轴矢量映射点为 $\boldsymbol{T}_{N+1,1}$，则由切触点 $\boldsymbol{P}_N$ 上所有离散点 $\boldsymbol{T}_{N,l}(l=1, 2, \cdots, N_N)$ 到 $\boldsymbol{T}_{N+1,1}$ 的所有权重都置为同一个定值常数 ω_0。按照这一方法建立邻接矩阵后，再利用图论中求解最短路径问题的迪杰斯特拉算法(Dijkstra's algorithm)进行求解，从而得到刀轴矢量变化最小的一组刀轴平面映射点集$\{\boldsymbol{C}_i=(x_{0i}\ \ y_{0i})^{\mathrm{T}},i=1,2,\cdots,N\}$。在计算过程中，要求选取切触点时采用等参数法或等弧长法，以减小相邻刀位点之间的轨迹长度对搜索结果的影响。

然而，直接利用最短路径法计算刀轴矢量还存在以下问题：

(1)优化精度受限制。该方法是基于刀轴初始可行域离散后得到的离散点进行优化的，其优化精度与离散点的密度直接相关。离散点密度的增加会大大提高邻接矩阵的维数，增加计算量，延长计算时间。

(2)优化结果局部不光顺。该方法主要从整体上对曲线的变化趋势进行控制，未考虑相邻节点上曲线曲率的变化，因此可能出现节点处曲率变化较大，导致曲线局部突变，继而使最终得到的刀轴矢量局部过渡不光顺。

基于上述原因，这里只以最短路径搜索方法计算与真实最优刀轴最接近的初始参考刀轴矢量。

3)约束建立

在获得初始参考刀轴后，需要通过初始参考刀轴建立新的约束条件$(x_i\ \ y_i)^{\mathrm{T}}\in\boldsymbol{M}_i$。由前述刀轴计算方法可知，参考刀轴最接近于真实最优刀轴，因此可以通过这一初始参考刀轴平面映射点在当前初始刀轴可行域中作一与其相切的最大圆，作为新的约束条件。该方法主要有以下优点：

(1)拓展了刀轴的可选范围。由前面分析可知，刀轴可能在局部出现过渡不光顺的现象，但其变化范围一般不大，这里通过作最大内切圆的方式，在保证这一范围在刀轴可行域内的同时，又最大限度地拓展了刀轴可选范围。

(2)解决了刀轴矢量可行域描述困难的问题。前面得到的初始可行域边界复杂，难以利用简单的数学表达式描述，本节通过这一方法获得了刀轴初始可行域中较好的区域，并实现了区域的简化描述。

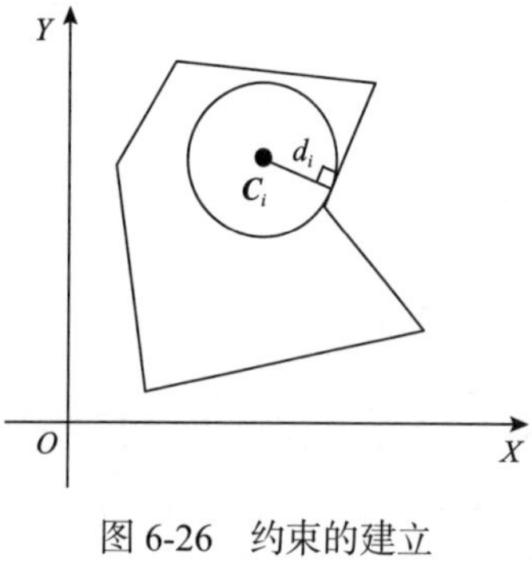

图 6-26　约束的建立

如图 6-26 所示，以之前利用最短距离搜索得到的第 i 个切触点 $\boldsymbol{P}_i$ 处的初始参考刀轴平面映射点 $\boldsymbol{C}_i=(x_{0i}\ \ y_{0i})^{\mathrm{T}}$ 为圆心，以点 $\boldsymbol{C}_i$ 到初始可行域简化后的多边形的最短距离 d_i 为半径作圆，则此时的刀轴可行域为此圆形内部区域，建立切触点 $\boldsymbol{P}_i$ 处的约束条件：

$$(x_i-x_{i0})^2-(y_i-y_{i0})^2\leqslant d_i^2 \tag{6-51}$$

根据上述得到的约束条件，并结合优化模型(6-43)进行求解，即可得到最终的优化刀轴矢量平面映射点，根据图 6-12 的几何关系可得到最终的优化刀轴矢量。

4. 算例分析

为验证本节方法的正确性及有效性，以两类典型的自由曲面叶轮零件为例进行具体分析[14]。

1) 一般自由曲面叶轮

图 6-27 为一般自由曲面叶轮，取其中单一流道为研究对象进行分析。设被加工曲面为 $\boldsymbol{S}_0$，约束曲面为 $\boldsymbol{S}_1$，切触线为 $\boldsymbol{C}$。按照下面的步骤优化选取刀轴矢量。

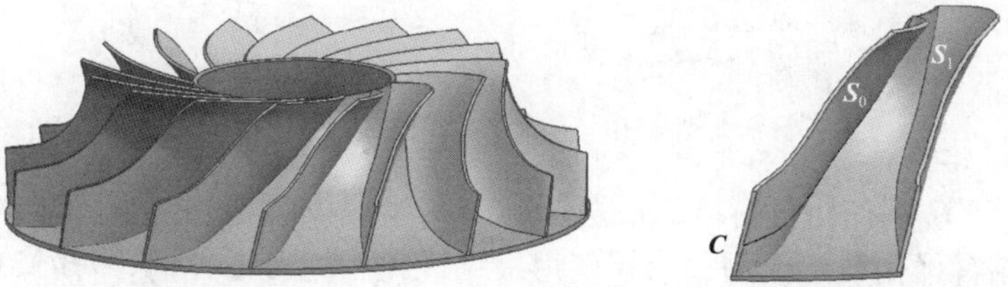

图 6-27　一般自由曲面叶轮及叶轮流道

(1) 离散切触点轨迹 $\boldsymbol{C}$，得到切触点集 $\{\boldsymbol{P}_i \mid i=1,2,\cdots,n\}$。

(2) 计算 $\boldsymbol{P}_i$ 处的临界刀轴矢量，如图 6-28 所示。可以看出，这些临界刀轴矢量围成了一个区域 $\boldsymbol{V}_i$，刀轴在这一区域内摆动不会发生干涉。

(3) 对区域 $\boldsymbol{V}_i$ 进行平面映射，可得到如图 6-29 所示的刀轴摆动初始可行域。

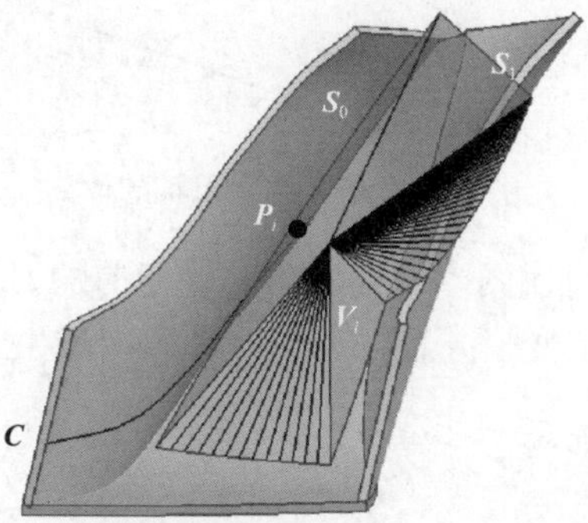

图 6-28　切触点对应的初始可行域

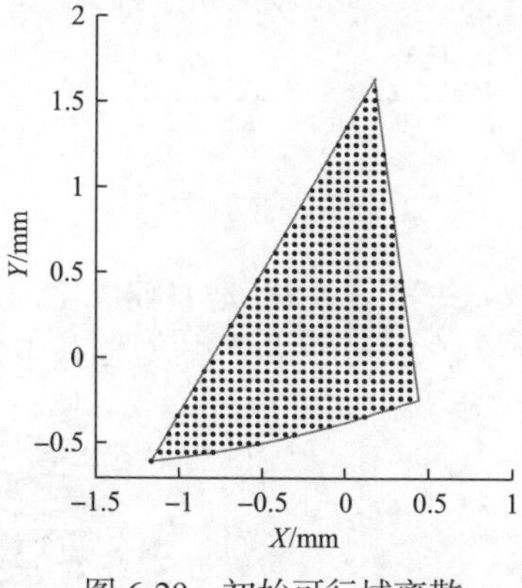

图 6-29　初始可行域离散

(4) 重复步骤 (2) 和步骤 (3)，计算一条切削行上所有切触点的初始可行域，这些可行域组成了一刀轴摆动可行空间区域，如图 6-30 所示。

(5) 将每个切触点上刀轴摆动的初始可行域离散，获得离散点集 $\{\boldsymbol{T}_{ij} \mid i=1,2,\cdots,N; j=1,2,\cdots,N_i\}$，$N_i$ 表示切触点 $\boldsymbol{P}_i$ 对应的初始可行域中的离散点数。

(6) 依据离散点集 $\boldsymbol{T}_{ij}$ 建立邻接矩阵，并搜索最短路径，获得刀轴矢量变化最小的一组刀轴平面映射点集 $\{\boldsymbol{C}_i=(x_{0i}\ \ y_{0i})^{\mathrm{T}}, i=1,2,\cdots,N\}$，如图 6-30 所示。

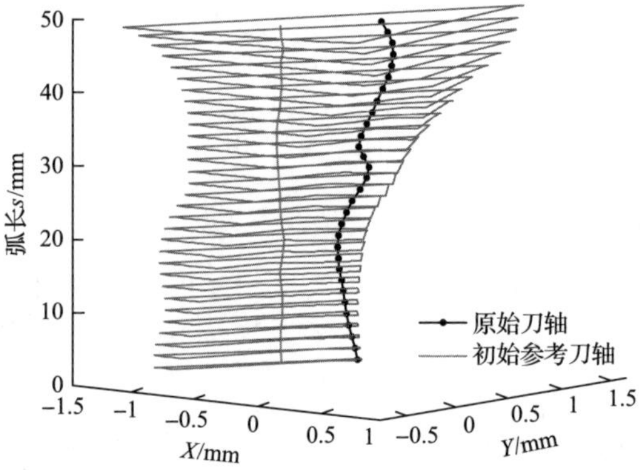

图 6-30　初始参考刀轴搜索

(7)以点 $\boldsymbol{C}_i$ 到初始可行域的最短距离 d_i 为半径作圆(图 6-31)，建立新的约束条件，并结合优化数学模型，求解获得最终优化后的刀轴矢量(图 6-32)。

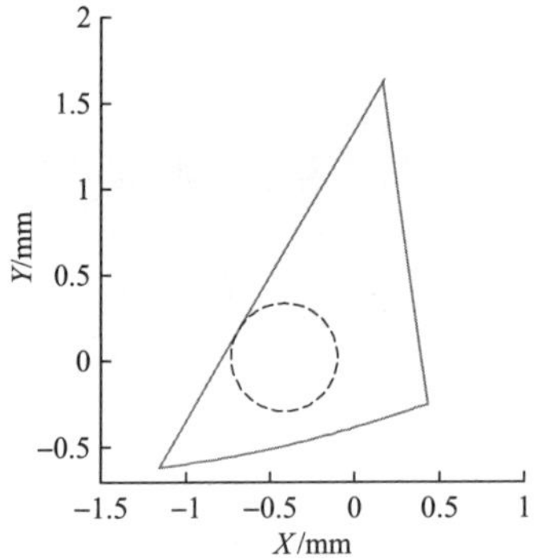

图 6-31　约束的建立

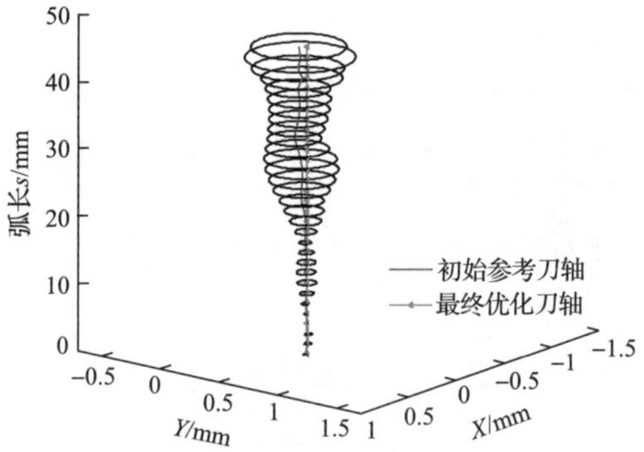

图 6-32　最终优化刀轴的计算

图 6-33 和图 6-34 是刀轴优化前后的对比图。可以看出，优化前的刀轴是不断发生变化的，而优化后的刀轴基本保持不变，并且没有与叶片表面发生干涉。

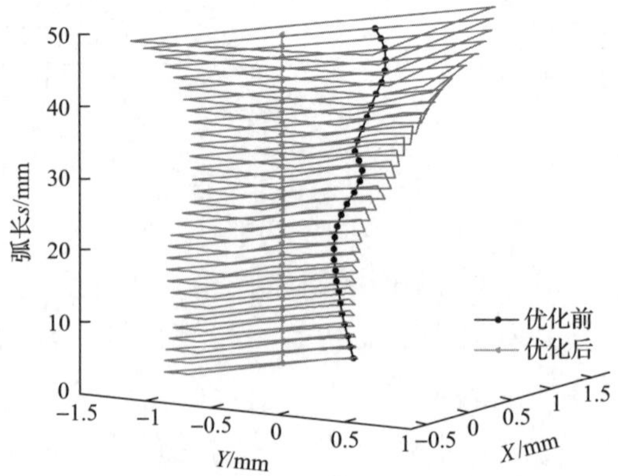

图 6-33　优化前后可行域中刀轴矢量对比

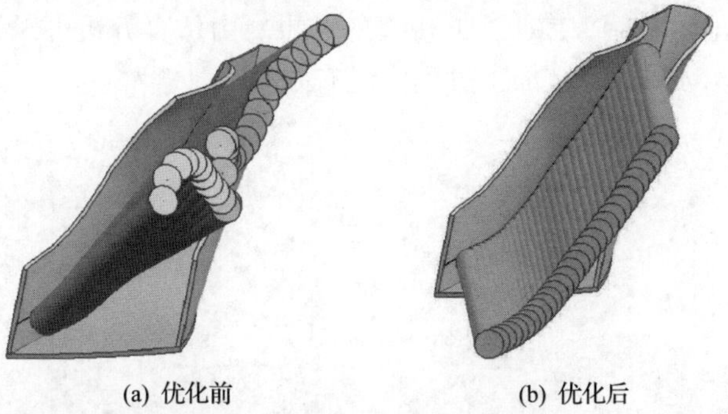

图 6-34　一条刀具轨迹上的刀轴

如图 6-35 所示，优化前机床转动坐标 ***A***、***B*** 变化剧烈，而优化后为一恒定值，表明采用本节方法获得的刀轴能够显著改善机床运动性能，避免刀具干涉的产生，证明了此方法的正确性及有效性。

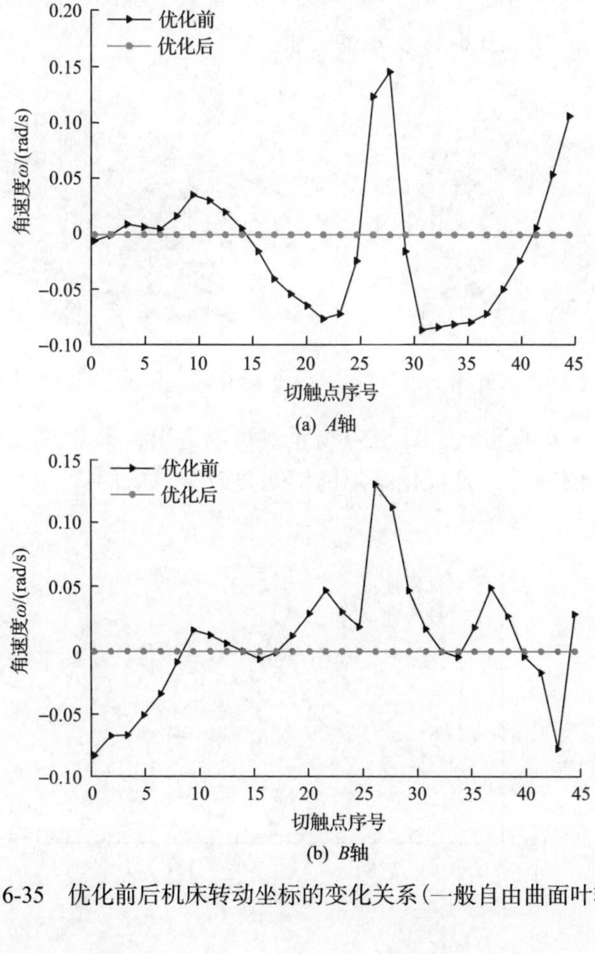

图 6-35　优化前后机床转动坐标的变化关系(一般自由曲面叶轮)

图 6-36 给出了利用 VERICUT 仿真的结果。由仿真分析可以看出，在加工过程中机床转角运动平稳，且加工过程中没有发生干涉。

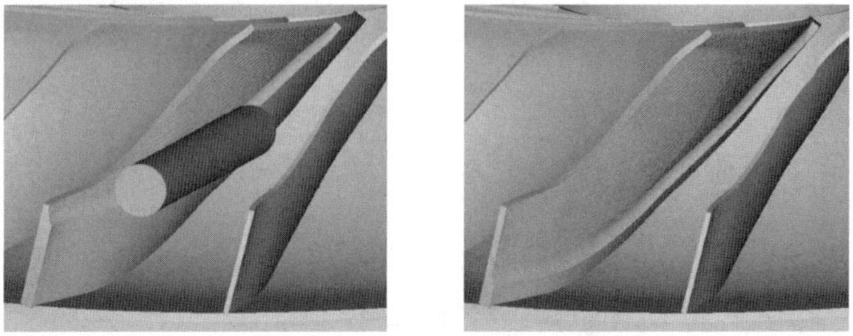

图 6-36　VERICUT 仿真结果

2) 高缠绕比叶轮

图 6-37 为高缠绕比叶轮，由于其扭曲角度较大，在数控加工中刀轴的控制相对困难，这里取其中一叶片曲面上的一条刀具轨迹，利用本节方法进行刀轴矢量的计算及优化，获得如图 6-38 所示的刀轴。

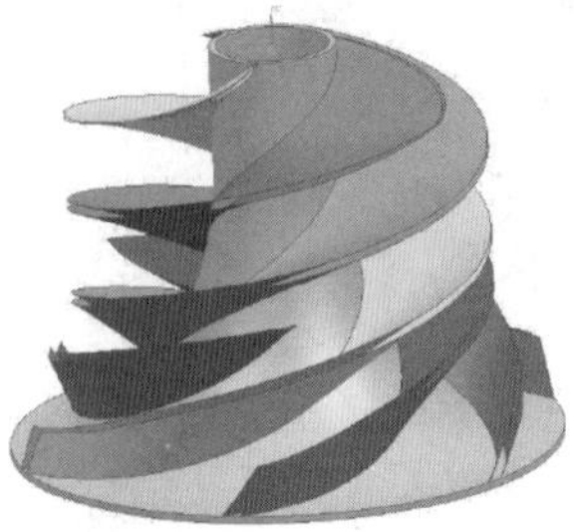

图 6-37　高缠绕比叶轮

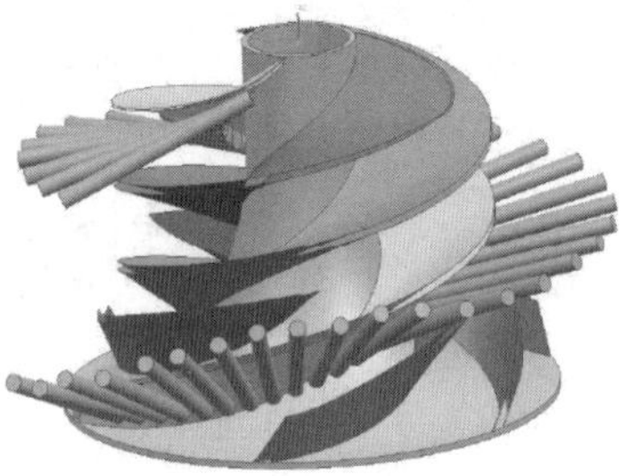

图 6-38　一条刀具轨迹上的优化刀轴

转动坐标 ***A***、***B*** 的变化如图 6-39 所示。可以看出，本节方法同样能够处理这类曲面变化较大的零件，且优化结果能够明显改善机床的运动性能，提高零件加工精度和表面质量。

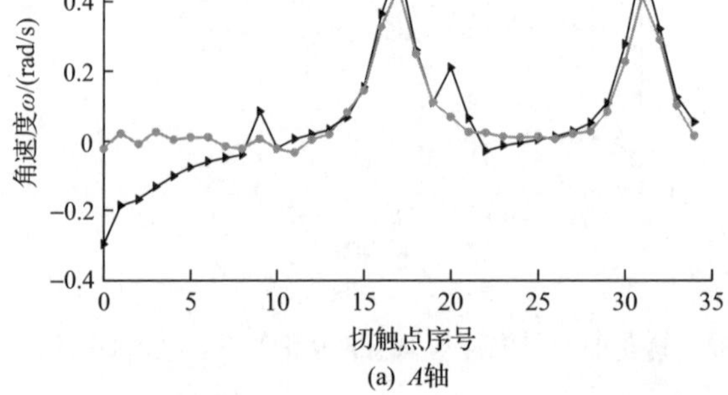

(a) *A*轴

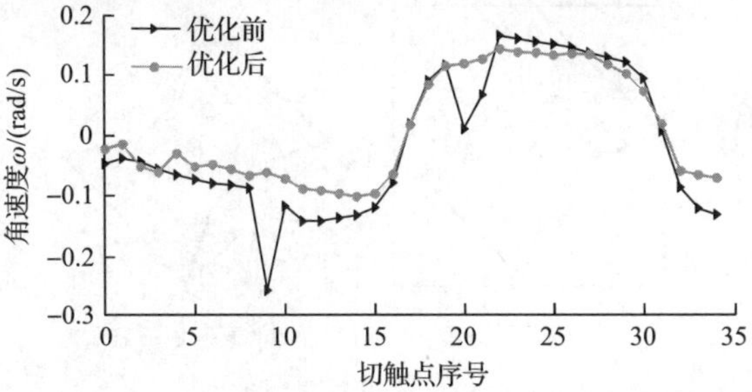

(b) *B*轴

图 6-39　优化前后机床转动坐标的变化关系(高缠绕比叶轮)

6.4　基于层次有向包围盒树的碰撞干涉检测方法

碰撞干涉，又称全局干涉，是指刀具(包括刀杆)或夹具与工件或固定件之间的碰撞，狭义的碰撞干涉仅指刀杆与工件之间的碰撞。在多轴数控加工中，刀具局部干涉的结果往往造成零件加工误差超过其允许误差，以至零件报废，而碰撞干涉可能导致刀具、夹具，甚至机床结构的损坏，酿成重大生产事故。因此，相对于局部干涉，碰撞干涉往往具有更大的危害性[3,4,13,31]。在实际应用中，防止刀具干涉，尤其是碰撞干涉的产生是刀轴控制及优化的前提条件。然而，多轴加工特征的几何和结构特性导致刀具与工件的相对运动复杂，使碰撞干涉的检测变得十分困难。

近年来，随着机器人运动规划、计算机游戏以及虚拟现实的发展，推动了碰撞干涉检测的研究[4,32]。在虚拟现实中，精确、实时的碰撞检测对提高虚拟环境的真实性、增强虚拟环境的沉浸感有着至关重要的作用，而虚拟环境自身的复杂性和实时性对碰撞检测也提出了更高的要求。其中，层次包围盒方法得到了广泛的应用。该方法的核心是利用体积略大而几何特征简单的包围盒来近似描述复杂的几何对象，从而只需对包围盒重叠的对象进行进一步的相交测试，并通过构造树状层次结构来逐渐逼近对象的几何模型，直到几乎完全获得对象的几何特性。目前，常用的包围盒类型有包围球(bounding sphere)、轴向包围盒(axis-aligned bounding box)、有向包围盒(oriented bounding box)和固定方向凸包(fixed direction hull)，如图 6-40 所示。包围盒的层次树状结构为复杂模型之间的碰撞检测提供了快速有效的方法，包围盒类型的选择直接关系到碰撞检测算法的效率[31]。

在多轴数控加工中，刀具与被加工曲面始终保持切触，并且刀具始终保持平动和转动，它的位置和方位是不可预测的。轴向包围盒、包围球或者固定方向凸包，相交冗余计算量大，计算效率低。尽管有向包围盒间的相交测试代价比较大，但它的紧致性好，可以成倍地减少参与相交测试的包围盒数目和基本几何单元数

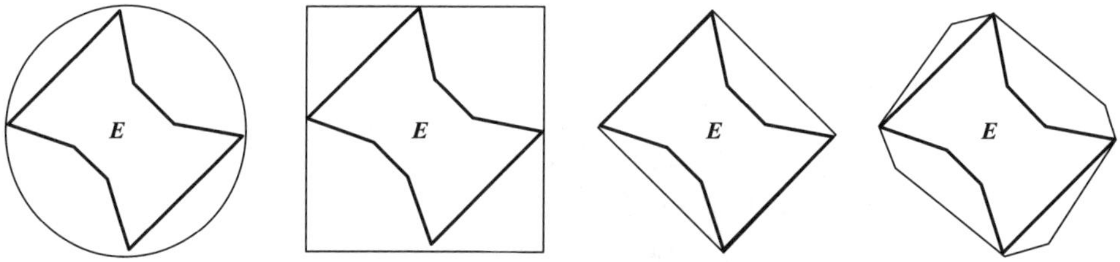

(a) 包围球　(b) 轴向包围盒　(c) 有向包围盒　(d) 固定方向凸包

图 6-40　常用包围盒类型

目，其总体性能要优于其他几种类型的包围盒。同时，较之基于包围球树和轴向包围盒树的碰撞检测方法，Gottschalk 等[33]通过对比发现在比较接近的物体之间的碰撞干涉检测中，有向包围盒树表现的速度最快，鲁棒性和交互性也非常好。此外，当几何对象存在旋转运动时，只需对有向包围盒的基底进行同样的旋转即可，不需要重新构造包围盒。因此，采用层次有向包围盒树作为多轴加工中碰撞干涉的检测手段是一种合适的选择[31]。

6.4.1　三角网格模型的有向包围盒构造

对于空间中以三角网格模型(离散三角片)表示的曲面，三角单元各顶点的统计特性可以较好地反映这组三角形在空间的位置和角度。为此，可以采用各三角单元顶点的一阶和二阶矩阵实现其有向包围盒的构造[31]。

假定参与碰撞干涉检测的某一部件，其三角网格模型为 n 个三角单元。设第 i 个三角单元的顶点分别为 $\boldsymbol{p}^i$、$\boldsymbol{q}^i$ 和 $\boldsymbol{r}^i$，则

$$\boldsymbol{\mu}=\frac{1}{3n}\sum_{i=1}^{n}(\boldsymbol{p}^i+\boldsymbol{q}^i+\boldsymbol{r}^i) \tag{6-52}$$

$$C_{jk}=\frac{1}{3n}\sum_{i=1}^{n}(\overline{\boldsymbol{p}}_j^i\overline{\boldsymbol{p}}_k^i+\overline{\boldsymbol{q}}_j^i\overline{\boldsymbol{q}}_k^i+\overline{\boldsymbol{r}}_j^i\overline{\boldsymbol{r}}_k^i),\quad 1\leqslant j,k\leqslant 3 \tag{6-53}$$

其中，

$$\overline{\boldsymbol{p}}^i=\boldsymbol{p}^i-\boldsymbol{\mu},\ \overline{\boldsymbol{q}}^i=\boldsymbol{q}^i-\boldsymbol{\mu},\ \overline{\boldsymbol{r}}^i=\boldsymbol{r}^i-\boldsymbol{\mu}$$

$\boldsymbol{C}$ 为协相关矩阵，它的特征向量相互正交。将这三个特征向量归一化，即可得到构造这组三角单元的有向包围盒的基向量，从而确定包围盒在空间中的方位。

以这三个正交基向量为轴，以三角单元所有顶点在每个轴上投影的最大值、最小值作垂直于轴的平面，6 个平面相交即构成三角网格模型的有向包围盒。将包围盒的坐标原点设在包围盒的中心，坐标轴向量不变，这样，一个点坐标(原点)、

三个空间方向矢量和三个边长值，共 15 个浮点数（3+3×3+3）即可完全确定空间一组三角单元的有向包围盒的位置、形状和角度。

然而，有向包围盒的三个方向向量是由协相关矩阵的特征向量产生的，因此影响点集统计特性的因素将会影响有向包围盒的形状和角度。当物体表面或内部存在一组密度很大或线性相关性很强的子点集时，它会吸引协相关矩阵的特征向量向其靠拢，使包围盒难以达到紧包围状态。为此，文献[33]和文献[34]通过对凸壳的密采样来克服部分密集点集的影响。

设第 i 个三角单元的面积为

$$A^i = \frac{1}{2}\left|(\boldsymbol{p}^i - \boldsymbol{q}^i)\times(\boldsymbol{p}^i - \boldsymbol{r}^i)\right| \tag{6-54}$$

则曲面总的面积为

$$A^M = \sum_i A^i \tag{6-55}$$

设第 i 个三角单元的质心为

$$\boldsymbol{c}^i = \frac{\boldsymbol{p}^i + \boldsymbol{q}^i + \boldsymbol{r}^i}{3} \tag{6-56}$$

则曲面的质心为

$$\boldsymbol{c}^M = \frac{\sum_i A^i \boldsymbol{c}^i}{\sum_i A^i} = \frac{\sum_i A^i \boldsymbol{c}^i}{A^M} \tag{6-57}$$

因此，协方差矩阵 $\boldsymbol{C}$ 变为

$$C_{jk} = \sum_{i=1}^{n} \frac{A^i}{12A^M}(9\boldsymbol{c}_j^i\boldsymbol{c}_k^i + \boldsymbol{p}_j^i\boldsymbol{p}_k^i + \boldsymbol{q}_j^i\boldsymbol{q}_k^i + \boldsymbol{r}_j^i\boldsymbol{r}_k^i) - \boldsymbol{c}_j^M\boldsymbol{c}_k^M,\quad 1 \leqslant j,k \leqslant 3 \tag{6-58}$$

6.4.2　层次有向包围盒树的构造

针对一组三角单元完成有向包围盒的构造之后，需要建立一种层次化的树状结构，以实现逐步精确表达该三角单元。目前，层次化的方法主要有两种：自顶向下和自底向上。本节对包围盒树结构的建立采用自顶向下的方法，其核心是如何把一个集合划分成若干个不相交的子集，而自底向上的方法的核心是如何把若干个子集归并为一个父集。相对而言，自顶向下的方法在碰撞检测中使用较多，技术更为成熟，其比自底向上的方法更具有鲁棒性，更容易实施[35]。

因此，假定当前有向包围盒的三个方向矢量为 $\boldsymbol{v}^1$ 、$\boldsymbol{v}^2$ 、$\boldsymbol{v}^3$ ，其顶点为 $\boldsymbol{p}^k$（$1 \leqslant k \leqslant 8$），则该包围盒沿每个轴的最大和最小投影分别为

$$u^1 = \max(\boldsymbol{v}^1 \cdot \boldsymbol{p}^k),\quad u^2 = \max(\boldsymbol{v}^2 \cdot \boldsymbol{p}^k),\quad u^3 = \max(\boldsymbol{v}^3 \cdot \boldsymbol{p}^k)$$

$$l^1 = \min(\boldsymbol{v}^1 \cdot \boldsymbol{p}^k),\quad l^2 = \min(\boldsymbol{v}^2 \cdot \boldsymbol{p}^k),\quad l^3 = \min(\boldsymbol{v}^3 \cdot \boldsymbol{p}^k)$$

而包围盒的质心为

$$c = \frac{1}{2}(l^1 + u^1)v^1 + \frac{1}{2}(l^2 + u^2)v^2 + \frac{1}{2}(l^3 + u^3)v^3 \tag{6-59}$$

包围盒的各边长为

$$a^1 = u^1 - l^1,\quad a^2 = u^2 - l^2,\quad a^3 = u^3 - l^3$$

将各边长由大到小进行排序，并标记相应的轴方向。首先对当前包围盒的最长边作垂直平分面，将此包围盒划分为 A、B 两部分，然后考察每个三角单元的质心，若质心位于 A 中，则将此三角单元划为 A 组，否则划为 B 组。对 A 组和 B 组的三角单元继续执行包围盒的构造和分解，直到当前包围盒为叶节点。若此平分面无法将原有的三角单元分为两组，即所有三角单元的质心均位于平面的一侧，则对包围盒的次长边作垂直平分面，考察所有的三角单元；若仍未成功，则考察最短边。若三个平面都不能划分此包围盒，则说明当前包围盒为叶节点，无须再分，具体过程如图 6-41 所示。

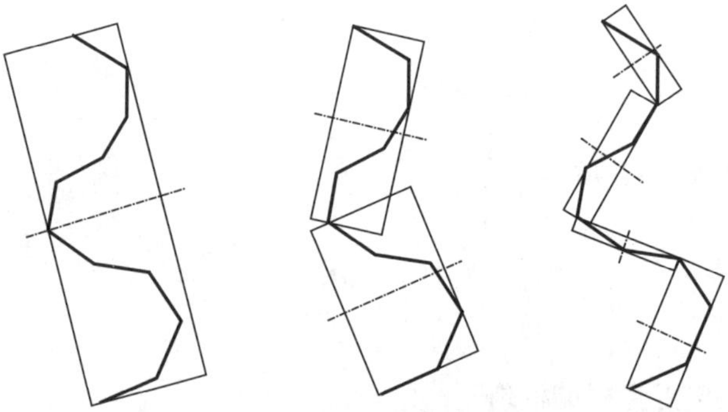

图 6-41　自顶向下的层次包围盒树结构

包围盒是叶节点的充要条件是包围盒中只含有一个三角单元或者退化的三角单元。对于有 n 个三角单元的网格模型，采用自顶向下的方法构造包围盒树共需 $2n-1$ 个有向包围盒。在判断两模型是否相交时，可以从根节点出发，逐步向下搜索，直至叶节点。对于一个构造完成的包围盒树，需要保存的数据包括该树结构中任一包围盒的中心点坐标、三个方向矢量、边长。另外，还需要两个数组用于

储存包围盒树的结构数据，以及判断每个包围盒是否为叶节点的标记数据。

值得注意的是，在多轴加工的碰撞干涉检测中，刀具和零件的包围盒构造分别是在不同的坐标系下进行的，因此在检测之前需要将其转化到同一坐标系中。

6.4.3　有向包围盒的快速相交检测

给定两个有向包围盒，判断二者是否相交的最直接的算法是逐个检测两个包围盒的每一条边是否与另一包围盒相交，需要执行 144 次边-面的相交计算，运算量过大。为快速实现包围盒的相交检测，Gottschalk 等[33,34]发展了一种基于分离轴原理的凸多面体的相交检测方法。

定义 6-1　给定两个点集 $\boldsymbol{A}$、$\boldsymbol{B}$ 和矢量 $\boldsymbol{n}$，若 $\boldsymbol{A}$ 和 $\boldsymbol{B}$ 在矢量 $\boldsymbol{n}$ 上的投影不相交，则定义 $\boldsymbol{n}$ 为点集 $\boldsymbol{A}$、$\boldsymbol{B}$ 的一条分离轴。

分离轴原理是指对于两个凸多面体 $\boldsymbol{A}$ 和 $\boldsymbol{B}$，二者不相交的充要条件是存在一个分离轴，该分离轴垂直于任一多面体的一个面，或者分别垂直于两个多面体的一条边[33,34]。分离轴原理起源于众所周知的分离平面原理，即两个凸多面体不相交的充要条件是存在一个分离平面，该平面平行于任一多面体的一个面，或者分别平行于两个多面体的一条边。显然，若存在一个分离平面，则垂直于该平面的任一直线即是分离轴。

分别垂直于两个多面体的一条边即平行于这两条边的叉乘向量。由分离轴原理可知，检测两个包围盒是否相交即检测是否存在一个分离轴垂直于任一包围盒的一个面，或者平行于两包围盒各取一条边的叉乘向量。有向包围盒实际上是一个长方体，考察是否存在一个分离轴即考察两个有向包围盒的 6 个面方向(各 3 个)和 9 对边的叉乘方向是否为分离轴。因此，逐个检测这 15 个方向，一旦发现两包围盒在某一方向的投影没有重叠，即说明二者不相交；若 15 个方向上两包围盒的投影均有重叠，则说明二者是相交的。

给定两个包围盒 $\boldsymbol{A}$、$\boldsymbol{B}$ 和一个单位矢量 $\boldsymbol{L}$，下面给出检测 $\boldsymbol{L}$ 是否为分离轴的方法。令 a_i 、b_i（$i=1,2,3$）分别为两长方体边长的 1/2，$\boldsymbol{A}^i$ 、$\boldsymbol{B}^i$（$i=1,2,3$）分别为两长方体的三个单位方向矢量。$\boldsymbol{C}_A$ 、$\boldsymbol{C}_B$ 分别为两长方体的中心，矢量 $\boldsymbol{T}=\boldsymbol{C}_B-\boldsymbol{C}_A$，$\boldsymbol{T}$ 在 $\boldsymbol{L}$ 上的投影为 d，r_A、r_B 分别为两包围盒在矢量 $\boldsymbol{L}$ 上的投影半径，如图 6-42 所示。

通过简单计算，可得

$$r_A=\sum_i\left|a_i\boldsymbol{A}^i\cdot\boldsymbol{L}\right|,\quad r_B=\sum_i\left|b_i\boldsymbol{B}^i\cdot\boldsymbol{L}\right|$$

$$d=\left|\boldsymbol{T}\cdot\boldsymbol{L}\right|$$

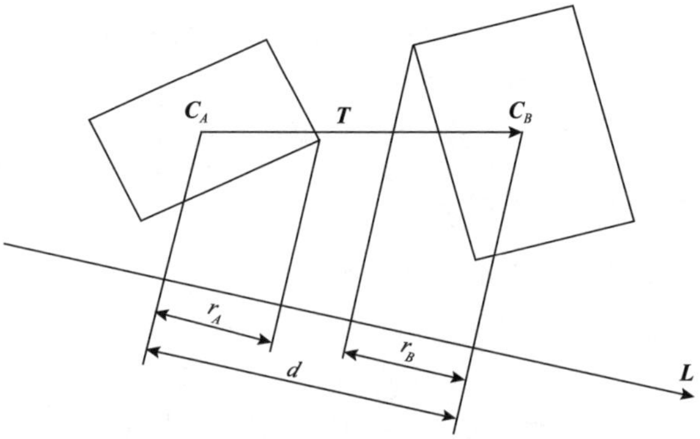

图 6-42　基于分离轴的包围盒相交检测

因此，$\boldsymbol{L}$ 是包围盒 $\boldsymbol{A}$、$\boldsymbol{B}$ 的分离轴的充要条件为

$$d > r_A + r_B \tag{6-60}$$

由上面的讨论可知，只需对包围盒 $\boldsymbol{A}$、$\boldsymbol{B}$ 的各面法矢和 $\boldsymbol{A}$、$\boldsymbol{B}$ 棱边的公垂线进行是否为分离轴的检测即可确定二者是否相交，即分离轴 $\boldsymbol{L}$ 或者是 $\boldsymbol{A}$ 或 $\boldsymbol{B}$ 的 6 个面法矢之一，或者是 $\boldsymbol{A}$、$\boldsymbol{B}$ 棱边的 9 条公垂线之一。为简化计算，以包围盒 $\boldsymbol{A}$ 的中心点为坐标原点，三个方向矢量为坐标轴，建立一局部坐标系，则 $\boldsymbol{A}^1 = (1\ 0\ 0)^{\mathrm{T}}$，$\boldsymbol{A}^2 = (0\ 1\ 0)^{\mathrm{T}}$，$\boldsymbol{A}^3 = (0\ 0\ 1)^{\mathrm{T}}$；在该局部坐标系中，定义 B_j^i 为包围盒 $\boldsymbol{B}$ 的第 i 条边向量的第 j 个分量，$1 \leqslant i, j \leqslant 3$，$T_j$ 表示 $\boldsymbol{T}$ 的第 j 个坐标，下面将针对 $\boldsymbol{L}$ 各种情况下的计算形式进行详细探讨。

(1) $\boldsymbol{L}$ 为 $\boldsymbol{A}$ 的一个方向矢量，此时有 $\boldsymbol{L} = \boldsymbol{A}^i$，则

$$r_A = a_i,\quad r_B = b_1\left|B_i^1\right| + b_2\left|B_i^2\right| + b_3\left|B_i^3\right|$$

$$d = \left|T_i\right|$$

式(6-60)可简化为

$$\left|T_i\right| > a_i + b_1\left|B_i^1\right| + b_2\left|B_i^2\right| + b_3\left|B_i^3\right| \tag{6-61}$$

(2) $\boldsymbol{L}$ 为 $\boldsymbol{B}$ 的一个方向矢量，此时有 $\boldsymbol{L} = \boldsymbol{B}^i$，则

$$r_A = a^1\left|\boldsymbol{A}^1 \cdot \boldsymbol{B}^i\right| + a^2\left|\boldsymbol{A}^2 \cdot \boldsymbol{B}^i\right| + a^3\left|\boldsymbol{A}^3 \cdot \boldsymbol{B}^i\right| = a^1\left|B_1^i\right| + a^2\left|B_2^i\right| + a^3\left|B_3^i\right|,\quad r_B = b^i$$

$$d = \left|T_1 B_1^i + T_2 B_2^i + T_3 B_3^i\right|$$

式(6-60)可转化为

$$\left|T_1B_1^i + T_2B_2^i + T_3B_3^i\right| > a^1\left|B_1^i\right| + a^2\left|B_2^i\right| + a^3\left|B_3^i\right| + b^i \tag{6-62}$$

(3) $\boldsymbol{L}$ 为 $\boldsymbol{A}$、$\boldsymbol{B}$ 的公垂线，此时 $\boldsymbol{L}=\boldsymbol{A}^i\times\boldsymbol{B}^j$（$1\leqslant i,j\leqslant 3$），具体分析如下。

当 $i=j=1$ 时，$\boldsymbol{L}=\boldsymbol{A}^1\times\boldsymbol{B}^1=(0\quad -B_3^1\quad B_2^1)^{\mathrm{T}}$，则

$$r_A = a^1\left|\boldsymbol{A}^1\cdot(\boldsymbol{A}^1\times\boldsymbol{B}^1)\right| + a^2\left|\boldsymbol{A}^2\cdot(\boldsymbol{A}^1\times\boldsymbol{B}^1)\right| + a^3\left|\boldsymbol{A}^3\cdot(\boldsymbol{A}^1\times\boldsymbol{B}^1)\right| = a^2\left|B_3^1\right| + a^3\left|B_2^1\right|$$

$$r_B = b^1\left|\boldsymbol{B}^1\cdot(\boldsymbol{A}^1\times\boldsymbol{B}^1)\right| + b^2\left|\boldsymbol{B}^2\cdot(\boldsymbol{A}^1\times\boldsymbol{B}^1)\right| + b^3\left|\boldsymbol{B}^3\cdot(\boldsymbol{A}^1\times\boldsymbol{B}^1)\right|$$

由于

$$\boldsymbol{B}^1\cdot(\boldsymbol{A}^1\times\boldsymbol{B}^1)=\boldsymbol{A}^1\cdot(\boldsymbol{B}^1\times\boldsymbol{B}^1)=0$$

$$\boldsymbol{B}^2\cdot(\boldsymbol{A}^1\times\boldsymbol{B}^1)=\boldsymbol{A}^1\cdot(\boldsymbol{B}^1\times\boldsymbol{B}^2)=\boldsymbol{B}_1^3$$

$$\boldsymbol{B}^3\cdot(\boldsymbol{A}^1\times\boldsymbol{B}^1)=\boldsymbol{A}^1\cdot(\boldsymbol{B}^1\times\boldsymbol{B}^3)=-\boldsymbol{B}_1^2$$

有

$$r_B = b^2\left|B_1^3\right| + b^3\left|B_1^2\right|$$

$$d=\left|\boldsymbol{T}\cdot\boldsymbol{L}\right|=\left|T_3B_2^1 - T_2B_3^1\right|$$

式(6-60)可变化为

$$\left|T_3B_2^1 - T_2B_3^1\right| > a^2\left|B_3^1\right| + a^3\left|B_2^1\right| + b^2\left|B_1^3\right| + b^3\left|B_1^2\right| \tag{6-63}$$

同理，可得以下结论。

当 $i=1, j=2$ 时，有

$$\left|T_3B_2^2 - T_2B_3^2\right| > a^3\left|B_2^2\right| + a^2\left|B_3^2\right| + b^1\left|B_1^3\right| + b^3\left|B_1^1\right|$$

当 $i=1, j=3$ 时，有

$$\left|T_3B_2^3 - T_2B_3^3\right| > a^2\left|B_3^3\right| + a^3\left|B_2^3\right| + b^1\left|B_1^2\right| + b^2\left|B_1^1\right|$$

当 $i=2, j=1$ 时，有

$$\left|T_1B_3^1 - T_3B_1^1\right| > a^1\left|B_3^1\right| + a^3\left|B_1^1\right| + b^2\left|B_2^3\right| + b^3\left|B_2^2\right|$$

当 $i=2, j=2$ 时，有

$$\left|T_1B_3^2 - T_3B_1^2\right| > a^1\left|B_3^2\right| + a^3\left|B_1^2\right| + b^1\left|B_2^3\right| + b^3\left|B_2^1\right|$$

当 $i=2, j=3$ 时，有

$$\left|T_1 B_3^3 - T_3 B_1^3\right| > a^1\left|B_3^3\right| + a^3\left|B_1^3\right| + b^1\left|B_2^2\right| + b^2\left|B_2^1\right|$$

当 $i=3, j=1$ 时，有

$$\left|T_2 B_1^1 - T_1 B_2^1\right| > a^1\left|B_2^1\right| + a^2\left|B_1^1\right| + b^2\left|B_3^3\right| + b^3\left|B_3^2\right|$$

当 $i=3, j=2$ 时，有

$$\left|T_2 B_1^2 - T_1 B_2^2\right| > a^1\left|B_2^2\right| + a^2\left|B_1^2\right| + b^1\left|B_3^3\right| + b^3\left|B_3^1\right|$$

当 $i=3, j=3$ 时，有

$$\left|T_2 B_1^3 - T_1 B_2^3\right| > a^1\left|B_2^3\right| + a^2\left|B_1^3\right| + b^1\left|B_3^2\right| + b^2\left|B_3^1\right|$$

对上述 15 种情况分别进行计算判断，当这 15 种情况均不成立时，说明分离轴不存在，两个包围盒相交；一旦计算发现任何一情况成立，则说明两个包围盒不相交，应立即退出相交检测计算。

因此，给定两个层次包围盒树 A、B，对其进行相交检测的程序流程如图 6-43 所示。

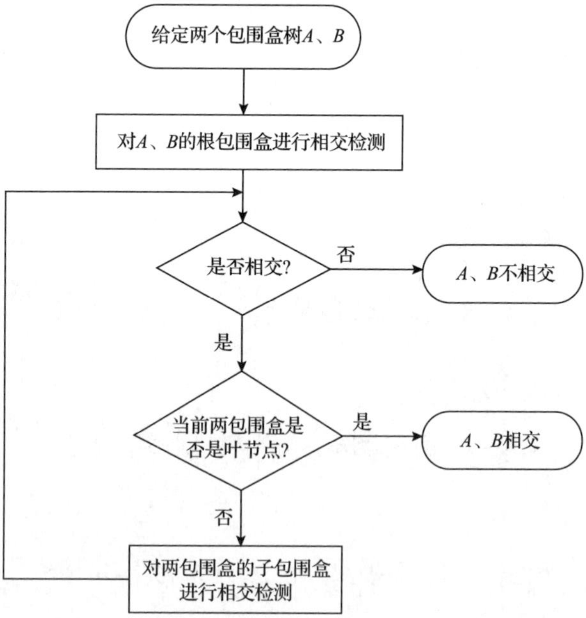

图 6-43　基于有向包围盒的碰撞干涉检测流程图

利用层次包围盒树进行碰撞检测的一个优点是：若两个物体上某一层次的包

围盒不相交，则无须对其子包围盒进行检测，可以快速排除无碰撞的区域。值得注意的是，若两个物体的包围盒不相交，则两物体肯定不会相交；若两物体的包围盒相交，即使是叶节点的包围盒相交，也不能确定两物体真正相交，需要对两叶包围盒内所包含的三角单元进行精确的碰撞检测，以确定两物体是否存在真正的碰撞。包围盒的相交只是为两物体相交提供了一种可能，以实现快速确定可能存在碰撞的区域。

6.4.4　碰撞干涉精确检测

如前面所述，若两个物体的包围盒不相交，则相应的两个物体肯定不会相交；若两个物体的包围盒相交，尚不能确定两个物体是否相交，需要对叶节点内所包含的三角单元进行相交检测。在虚拟环境的实时碰撞检测系统中，包围盒的检测结果可以作为碰撞检测的最终结果予以应用。但在多轴数控加工中，不仅需要知道刀具与零件之间是否发生碰撞，还需要对发生碰撞的情形予以精确定位，以进行相应的碰撞修正。在层次包围盒的相交检测中得到的相交区域是两物体包围盒的叶节点，而每个叶节点中只包含一个三角单元，因此精确的碰撞干涉检测实际上是对空间中两三角单元的相交检测。

文献[36]在对曲面求交的过程中给出了一种利用投影算法计算空间两个三角形是否相交的方法。根据画法几何原理，空间三角形的两个不同投影唯一地确定了这个三角形，因此将两个空间三角形分别投影到正投影面和水平投影面上，使两个空间三角形的求交计算在二维平面上进行，简化了直线的表示和方程的求解。选择正投影面和水平投影面作为投影的两个平面，得到正投影和水平投影。按照视图的形成规定，将水平投影旋转90°后与正投影位于一个平面上。如图 6-44 所示，正投影确定了三角形的 y 、z 坐标，水平投影确定了三角形的 x 、y 坐标。

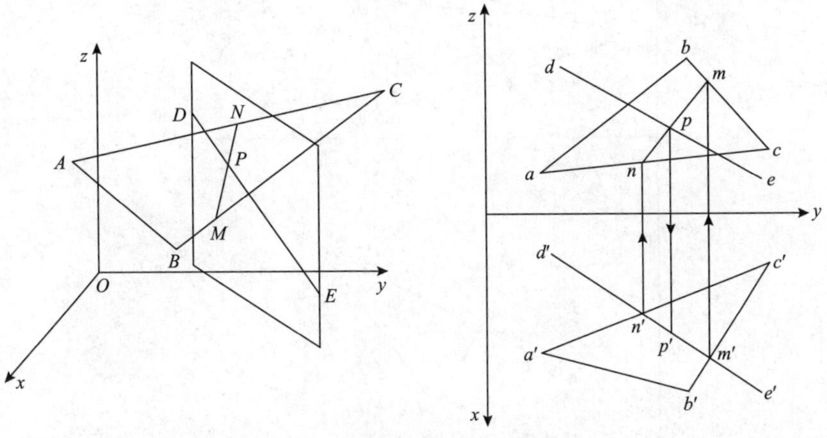

图 6-44　直线和平面交点的计算

在画法几何中，利用正投影、水平投影和一个辅助平面求直线与平面的交点是很容易实现的，这是空间两个三角形相交检测的基础。如果一条直线既不在平面上，也不与平面平行，那么这条直线必与平面相交，交点称为贯点。如图 6-44 所示，给定空间中一个三角形△*ABC* 和直线 *DE*，交点为 *P*。为快速求取点 *P*，过直线 *DE* 作一个辅助铅垂面，该平面与△*ABC* 的交线为 *MN*。在水平投影上，线段 *MN* 的投影 $m'n'$ 与直线 *DE* 的投影 $d'e'$ 重合，利用平面上线段相交的检测方法可以计算得到交点 *M*、*N* 的 x 、y 坐标，确定交点 *M*、*N* 的水平投影 m' 、n' ，将 m' 、n' 投射到正投影上。在正投影上，*M*、*N* 的投影 m 、n 分别位于 bc 和 ac 上，并且 y 坐标与 m' 、n' 相同，因此根据 y 值可以得到点 m 、n 的 z 坐标。在正投影上，对线段 mn 和直线 de 进行求交得到交点 $p(y,z)$ ，再将 p 投射到水平投影上即可得到 $p'(x,y)$ ，从而得到交点 *P* 的三维坐标 $P(x,y,z)$ 。

根据上面的讨论，下面分析两个空间三角形的求交。

给定两个三角形△*ABC* 和△*DEF*，选取△*ABC* 上任意两条边按上述线面求交的方法求得其与△*DEF* 的两个交点，连接这两个交点得到的直线即为△*ABC* 和△*DEF* 所在平面的交线 LI。如图 6-45 所示，在投影平面上，LI 与两个三角形共有 6 个交点，即 $J(j,j')$ 、$I(i,i')$ 、$G(g,g')$ 、$L(l,l')$ 、$H(h,h')$ 、$K(k,k')$ 。两个三角形的交线段即为直线 LI 被两个三角形公共部分所截的线段。可以对这 6 个交点逐一判定其是否位于两个三角形内或两个三角形的边界上，对于不共面的两个空间三角形，这样的点不会超过两个。两点之间的部分即为△*ABC* 和△*DEF* 的

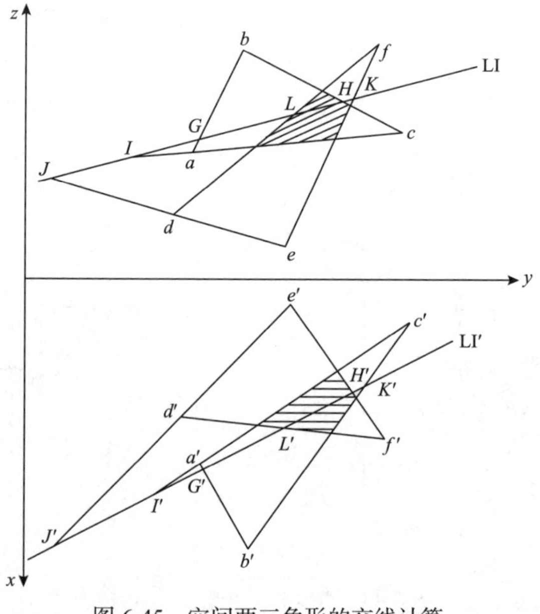

图 6-45　空间两三角形的交线计算

交线，如图 6-45 中由 $L(l,l')$ 、$H(h,h')$ 确定的线段 LH。若属于两个三角形公共部分的交点不存在，则说明这两个三角形不相交。

利用上述方法对加工中两物体存在碰撞的区域叶包围盒中的三角单元进行相交检测，即可得到刀具与被加工曲面或相邻曲面的交点。基于这些交点即可对存在的碰撞干涉进行相应的修正，以消除碰撞，获得合适的刀轴矢量。但是，具体的碰撞干涉修正还需要结合机床的运动结构进行处理，这部分内容将在本书第 8 章运动学优化部分进行详细介绍。

6.5　基于几何约束模型的刀轴优化方法

通常情况下，多轴加工中刀轴矢量是在给定后跟角和侧偏角的条件下，根据曲面法矢采用刀轴计算公式进行计算的[37]。但当曲面局部几何形状变化过大时，容易造成刀轴变化剧烈而引发诸多问题。在实际应用中，根据零件加工特征和工艺规划要求，通过定义几何约束模型，如刀轴约束曲线或控制网格，从而控制优化刀轴方位，不仅可以简化刀轴计算处理过程，还可以提高多轴加工中的稳定性，这一方法也可看成另一类多轴数控加工的几何学优化方法。

6.5.1　刀轴约束曲线

刀轴约束曲线(也称刀轴控制曲线)是指控制多轴数控加工刀轴方向所定义的一条约束曲线。作者所提的“临界约束防干涉”思想就是一种刀轴约束曲线控制的特例[28]，它可将刀具自动调整到指定的临界约束元素最接近而又不发生干涉的位置，前面已经详细介绍。Langeron 等[38]曾提出非均匀有理三次 B 样条曲线刀具轨迹，采用与刀具轨迹平行的一条样条曲线作为刀轴控制线，以实现实时样条插补，这其中的刀轴控制曲线建立方法值得借鉴。

对于五轴加工，在固定后跟角和侧偏角的刀位计算中，刀杆顶部圆心所走过的轨迹是一条与刀位点轨迹平行的等距曲线，距离恰好是刀具长度；而在固定后跟角和侧偏角的情况下，刀位点与切触点的位置关系是不变的，因此刀杆顶部圆心所走过的轨迹与刀具切触点轨迹也是平行等距线。如图 6-46 所示，设 $\boldsymbol{C}_{\mathrm{P}}(u)$ 为刀具切触点所在曲线，即被加工曲面上的一条曲线，$\boldsymbol{C}_{\mathrm{O}}(u)$ 为刀轴约束曲线，则两条线中间的连线方向代表刀轴方向[39]。鉴于刀具与刀具切触点之间的位置关系，为便于计算刀轴方向，可假定刀具半径为 0，则刀轴计算可转化为

$$\exists H \in \mathbf{R}$$

使得

$$\forall u,\ \left\| \boldsymbol{C}_{\mathrm{O}}(u) - \boldsymbol{C}_{\mathrm{P}}(u) \right\| = H$$

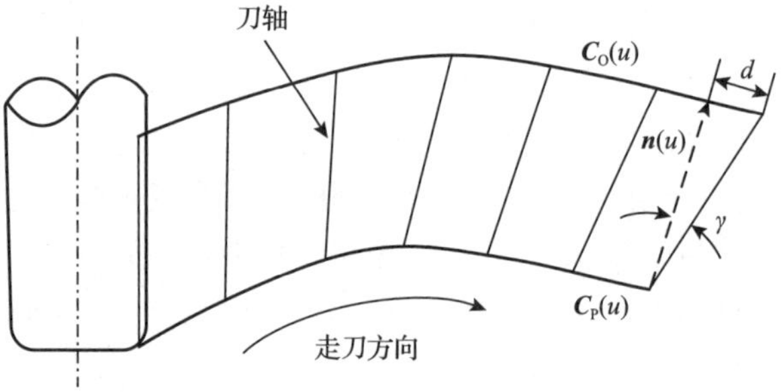

图 6-46　基于控制网格线的刀轴定义方法

因此，刀轴方向 $\boldsymbol{i}(u)$ 可由以下公式计算：

$$\boldsymbol{i}(u)=\frac{\boldsymbol{C}_{\mathrm{O}}(u)-\boldsymbol{C}_{\mathrm{P}}(u)}{\left\|\boldsymbol{C}_{\mathrm{O}}(u)-\boldsymbol{C}_{\mathrm{P}}(u)\right\|} \tag{6-64}$$

式中，H 可设定为刀具长度。理论上，等距偏置线是沿原始曲线的主法矢方向移动一个固定距离获得的。然而，主法矢方向一般不能作为曲面加工的刀轴方向，特别是凹曲面加工。假设 $\boldsymbol{C}_{\mathrm{P}}(u)$ 与等距偏置线 $\boldsymbol{C}_{\mathrm{O}}(u)$ 之间的法向距离为 H_{d}，刀轴方向 $\boldsymbol{i}(u)$ 与法矢之间的夹角为倾斜角 γ，则有

$$H_{\mathrm{d}}=H\cos\gamma \tag{6-65}$$

假设切触点曲线 $\boldsymbol{C}_{\mathrm{P}}(u)$ 的主法矢方向为 $\boldsymbol{n}(u)$，则其沿主法矢方向的偏置线 $\boldsymbol{C}_{\mathrm{O}}^{*}(u)$ 为

$$\boldsymbol{C}_{\mathrm{O}}^{*}(u)=\boldsymbol{C}_{\mathrm{P}}(u)+d\boldsymbol{n}(u) \tag{6-66}$$

将 $\boldsymbol{C}_{\mathrm{O}}^{*}(u)$ 沿走刀方向的末端延长一定的距离 d，即

$$d\approx H\sin\gamma \tag{6-67}$$

同时，将 $\boldsymbol{C}_{\mathrm{O}}^{*}(u)$ 沿走刀方向的起始端缩短距离 d，则新形成的偏置线 $\boldsymbol{C}_{\mathrm{O}}^{*}(u)$ 即为控制线 $\boldsymbol{C}_{\mathrm{O}}(u)$。若直接采用控制线 $\boldsymbol{C}_{\mathrm{O}}(u)$ 控制刀轴方向，则其结果与固定后跟角和侧偏角的刀轴计算方法没有区别。为了得到比较均匀光滑的刀轴方向，必须对刀轴约束曲线进行光顺，消除自相交点等影响曲线光顺的因素。

针对单曲面叶片的螺旋铣加工，刀轴约束曲线可采用上述方法生成，但还需要借助现有的 CAM 软件或干涉检测算法进行干涉检查。采用约束曲线控制刀轴效果与对刀轴进行匀化是类似的。图 6-47 为刀轴约束曲线的示意图。但为了避免干涉碰撞，刀轴约束曲线可以进行人工修改，这是一种灵活的处理方法。除此之外，刀轴约束曲线还可以更好地控制刀轴的摆动空间，有利于解决刀轴变化不稳定等运动学问题。

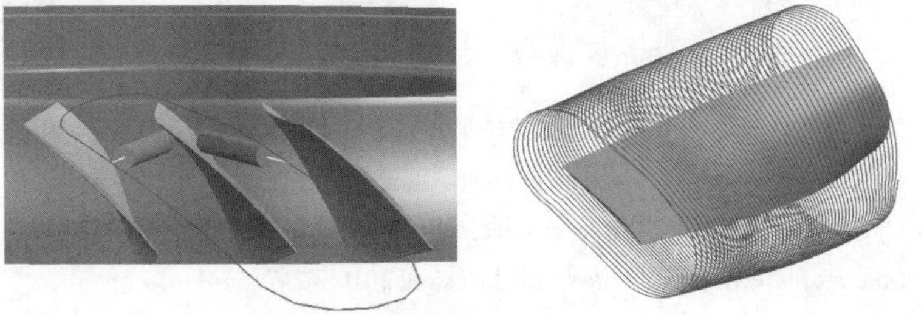

图 6-47　刀轴约束曲线示意图

6.5.2　刀轴控制网格

刀轴的确定，可以由编程人员手动输入，也可以由系统自动生成，如环形刀五轴加工自适应刀轴倾角计算[10]。刀轴控制网格主要应用于腔槽类零件的加工中，尤其是叶轮的加工。何卫平和张定华[40]根据叶轮类零件的特点提出了一种基于控制网格的复杂曲面边界槽的五轴刀位计算方法。该算法中刀心位置由底面加工的刀心轨迹相对边界槽裁剪而得，刀轴矢量由边界槽空间网格划分产生，提出并证明了用于获得无干涉和均匀变化的刀轴矢量的空间网格划分准则。Chiou[41]也提出了一种加工腔槽的五轴刀具轨迹生成方法，利用腔槽的底面、侧面和顶面，通过平移、缩放、旋转等操作生成了光滑连续无干涉的刀具轨迹，并成功应用于叶轮的加工。

与之类似的还有三坐标投影法，其实现过程是：刀具轨迹首先在一个与刀轴方向垂直的平面内规划，然后投影到被加工面上，该方法也被称为向导平面法(guide plane method)。若刀具轨迹规划平面变为一个与被加工面近似的曲面，则该方法就称为向导曲面法(guide surface method)。若将上述方法中的刀具轨迹规划平面或曲面作为刀轴控制网格，则可通过控制网格计算加工中的刀轴方向，实现无干涉及碰撞的多轴加工。

刀轴控制网格的实例如图 6-48 所示。通过建立控制网格，进行无干涉刀位计算和刀轴优化，能够解决多轴数控加工刀具轨迹的碰撞干涉问题。

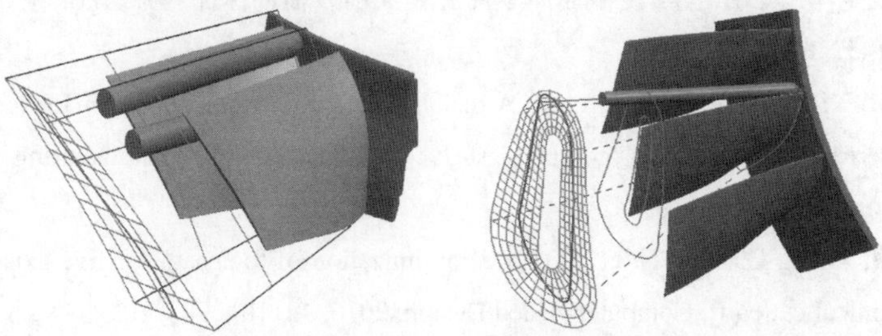

图 6-48　刀轴控制网格示意图

参 考 文 献

[1] 张莹. 叶片类零件自适应数控加工关键技术研究[D]. 西安: 西北工业大学, 2011.

[2] 丁汉, 朱利民. 复杂曲面数字化制造的几何学理论和方法[M]. 北京: 科学出版社, 2011.

[3] Lasemi A, Xue D Y, Gu P H. Recent development in CNC machining of freeform surfaces: A state-of-the-art review[J]. Computer-Aided Design, 2010, 42(7): 641-654.

[4] Tang T D. Algorithms for collision detection and avoidance for five-axis NC machining: A state of the art review[J]. Computer-Aided Design, 2014, 51: 1-17.

[5] 樊文刚, 叶佩青. 复杂曲面五轴端铣加工刀具轨迹规划研究进展[J]. 机械工程学报, 2015, 51(15): 168-182.

[6] 宫虎. 五坐标数控加工运动几何学基础及刀位规划原理与方法的研究[D]. 大连: 大连理工大学, 2005.

[7] Ye T, Xiong C H. Geometric parameter optimization in multi-axis machining[J]. Computer-Aided Design, 2008, 40(8): 879-890.

[8] 吴宝海, 罗明, 张莹, 等. 自由曲面五轴加工刀具轨迹规划技术的研究进展[J]. 机械工程学报, 2008, 44(10): 9-18.

[9] Wang N, Tang K. Automatic generation of gouge-free and angular-velocity-compliant five-axis toolpath[J]. Computer-Aided Design, 2007, 39(10): 841-852.

[10] 张莹, 张定华, 吴宝海, 等. 复杂曲面环形刀五轴加工的自适应刀轴矢量优化方法[J]. 中国机械工程, 2008, 19(8): 945-948.

[11] 毕庆贞, 王宇晗, 朱利民, 等. 刀触点网格上整体光顺五轴数控加工刀轴方向的模型与算法[J]. 中国科学(技术科学), 2010, 40(10): 1159-1168.

[12] 王晶, 张定华, 吴宝海, 等. 基于临界约束的四轴数控加工刀轴优化方法[J]. 机械工程学报, 2012, 48(17): 114-120.

[13] Wu B H, Zhang D H, Luo M, et al. Collision and interference correction for impeller machining with non-orthogonal four-axis machine tool[J]. The International Journal of Advanced Manufacturing Technology, 2013, 68(1): 693-700.

[14] 王晶, 张定华, 罗明, 等. 复杂曲面零件五轴加工刀轴整体优化方法[J]. 航空学报, 2013, 34(6): 1452-1462.

[15] Zhu L M, Xiong Z H, Ding H, et al. A distance function based approach for localization and profile error evaluation of complex surface[J]. Journal of Manufacturing Science and Engineering, 2004, 126(3): 542-554.

[16] Zhu L M, Zheng G, Ding H, et al. Global optimization of tool path for five-axis flank milling with a conical cutter[J]. Computer-Aided Design, 2010, 42(10): 903-910.

[17] 王晶. 复杂零件多轴加工的刀具约束建模及 GPU 计算[D]. 西安: 西北工业大学, 2014.

[18] Sun Y W, Xu J T, Guo D M, et al. A unified localization approach for machining allowance optimization of complex curved surfaces[J]. Precision Engineering, 2009, 33(4): 516-523.

[19] Sun Y W, Wang X M, Guo D M, et al. Machining localization and quality evaluation of parts with sculptured surfaces using SQP method[J]. The International Journal of Advanced Manufacturing Technology, 2009, 42(11): 1131-1139.

[20] 孙家广. 计算机图形学[M]. 3 版. 北京: 清华大学出版社, 2000.

[21] 张莹, 吴宝海, 李山, 等. 多曲面岛屿五轴螺旋刀位轨迹规划[J]. 航空学报, 2009, 30(1): 153-158.

[22] Hsueh Y W, Hsueh M H, Lien H C. Automatic selection of cutter orientation for preventing the collision problem on a five-axis machining[J]. The International Journal of Advanced Manufacturing Technology, 2007, 32(1): 66-77.

[23] Yoon J H, Pottmann H, Lee Y S. Locally optimal cutting positions for 5-axis sculptured surface machining[J]. Computer-Aided Design, 2003, 35(1): 69-81.

[24] Fan J H, Ball A. Quadric method for cutter orientation in five-axis sculptured surface machining[J]. International Journal of Machine Tools and Manufacture, 2008, 48(7/8): 788-801.

[25] Fan J H, Ball A. Flat-end cutter orientation on a quadric in five-axis machining[J]. Computer-Aided Design, 2014, 53: 126-138.

[26] Jun C S, Cha K, Lee Y S. Optimizing tool orientations for 5-axis machining by configuration-space search method[J]. Computer-Aided Design, 2003, 35(6): 549-566.

[27] Kiswanto G, Lauwers B, Kruth J P. Gouging elimination through tool lifting in tool path generation for five-axis milling based on faceted models[J]. The International Journal of Advanced Manufacturing Technology, 2007, 32(3): 293-309.

[28] 张定华. 多轴 NC 编程系统的理论、方法和接口研究[D]. 西安: 西北工业大学, 1989.

[29] 张定华, 杨彭基, 杨海成. 雕塑曲面多轴加工的干涉处理[J]. 西北工业大学学报, 1993, 11(2): 157-162.

[30] Castagnetti C, Duc E, Ray P. The domain of admissible orientation concept: A new method for five-axis tool path optimisation[J]. Computer-Aided Design, 2008, 40(9): 938-950.

[31] 吴宝海. 自由曲面离心式叶轮多坐标数控加工若干关键技术的研究与实现[D]. 西安: 西安交通大学, 2005.

[32] Jiménez P, Thomas F, Torras C. 3D collision detection: A survey[J]. Computers and Graphics, 2001, 25(2): 269-285.

[33] Gottschalk S, Lin M C, Manocha D. OBBTree: A hierarchical structure for rapid interference detection[C]. The 23rd Annual Conference on Computer Graphics and Interactive Techniques, New York, 1996: 171-180.

[34] Gottschalk S. Collision queries using oriented bounding box[D]. Chapel Hill: North Carolina University, 2000.

[35] Balasubramaniam M, Ho S, Sarma S, et al. Generation of collision-free 5-axis tool paths using a haptic surface[J]. Computer-Aided Design, 2002, 34(4): 267-279.

[36] Roy U, Dasari V R. Implementation of a polygonal algorithm for surface-surface intersections[J]. Computers and Industrial Engineering, 1998, 34(2): 399-412.

[37] 周济, 周艳红. 数控加工技术[M]. 北京: 国防工业出版社, 2002.

[38] Langeron J M, Duc E, Lartigue C, et al. A new format for 5-axis tool path computation, using Bspline curves[J]. Computer-Aided Design, 2004, 36(12): 1219-1229.

[39] 单晨伟. 叶片类零件螺旋铣削切触点轨迹规划问题研究[D]. 西安: 西北工业大学, 2004.

[40] 何卫平, 张定华. 复杂曲面边界槽五座标数控加工的刀位计算[J]. 航空学报, 1994, 15(2): 175-180.

[41] Chiou J C J. Floor, wall and ceiling approach for ball-end tool pocket machining[J]. Computer-Aided Design, 2005, 37(4): 373-385.

第 7 章　多轴数控加工后置处理方法

数控机床的所有运动和操作都是执行特定数控指令的结果，完成一个零件的数控加工一般需要执行一连串的数控指令，即数控程序[1]。采用手工编程可以直接获得数控程序，然而手工编程只能解决简单零件的数控加工问题，对于航空发动机叶片、叶轮、叶盘等复杂零件，则需要采用自动编程进行处理[2]。自动编程无法直接获得数控程序，只能得到工件坐标系下的刀位数据。在数控加工中，根据数控机床的运动结构和数控系统的指令格式，将工件坐标系下的刀位数据(包含刀心坐标和刀轴矢量)转换为机床坐标系下的数控代码(包含各坐标轴的运动坐标)的过程称为后置处理[1]。它是数控编程技术的重要组成部分，也是实现编程软件与加工设备连接的关键技术。

在数控加工中，考虑机床运动特性和数控系统固有功能的后置处理技术是决定数控机床应用能力和应用范围的关键技术之一。同时，这也是数控加工中走刀步长、刀轴矢量和进给速度运动学优化的基础[3-11]。目前，大部分商用CAD/CAM 软件都提供了后置处理模块，基本涵盖了从两轴到五轴的后置处理功能。用户可以通过定制机床结构类型、运动范围以及数控系统特性等参数，实现相应的后置处理功能。然而实际应用表明，这种处理模式在三轴及以下的应用中可以得到良好效果，但在多轴加工尤其是五轴加工中的应用效果并不理想，其主要原因在于五轴机床结构类型的多样化[2]。从理论上来讲，根据运动坐标组合方式的不同，五轴机床最多可有 48 种类型，每一种类型都对应一种不同的后置处理方法。同时，数控机床和数控系统的飞速发展也给后置处理系统的通用性提出了新的挑战，如非正交结构机床的出现使大部分商用 CAD/CAM 软件的后置处理模块无能为力[6,12,13]。

为了解决上述问题，本章基于逆运动学原理，针对典型五轴功能数控机床，重点分析机床的结构关系和运动特点，提出机床空间运动和坐标变换的处理方法，并以正交、非正交刀具摆动＋工作台旋转结构和正交、非正交双转台结构五轴数控机床为例分别介绍具体的后置处理方法。

7.1　刀具摆动+工作台旋转结构五轴机床后置处理方法

刀具摆动+工作台旋转结构五轴机床刚性介于双转台或双摆头结构五轴机床之间，在航空发动机叶片加工中应用较多，其典型结构如图 7-1(a)所示。对于刀具摆动结构的五轴机床，刀具摆角的存在通常会影响机床的实际有效行程，尤其在刀具比较长的情况下。因此，在规划叶片加工轨迹，特别是缘头区域的刀轴矢量控制方面，要注意避免这种现象的发生[14]。

(a) 机床结构

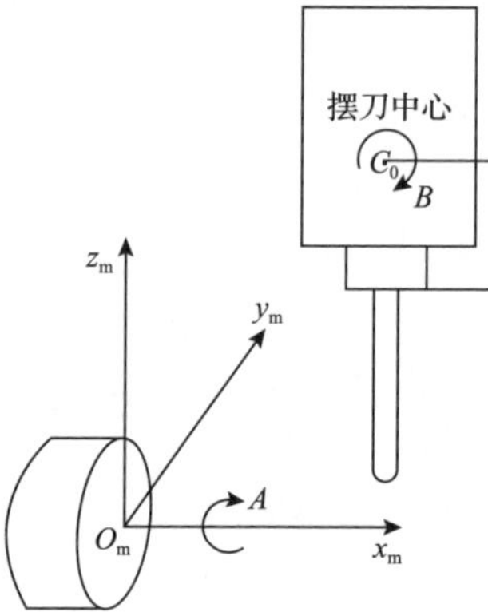

(b) 机床坐标系

图 7-1　刀具摆动与工作台旋转的五轴机床结构

机床坐标系 O_m-$x_m y_m z_m$ 如图 7-1(b)所示。该机床的平动坐标和转动坐标 B 均由主轴运动实现，转动坐标 A 则由旋转工作台实现。假设机床坐标系 O_m-$x_m y_m z_m$ 与工件坐标系 O_w-$x_w y_w z_w$ 一致，O_t-$x_t y_t z_t$ 为与刀具固联的刀具坐标系，其原点设为刀具中心点。机床运动关系则为刀具坐标系 O_t-$x_t y_t z_t$ 相对于工件坐标系 O_w-$x_w y_w z_w$ 的坐标变换，可进一步分解为 O_t-$x_t y_t z_t$ 相对于 O_m-$x_m y_m z_m$ 的平动和 O_m-$x_m y_m z_m$ 相对于 O_w-$x_w y_w z_w$ 的转动。

设给定的工件坐标系刀位数据 $\boldsymbol{T}=(x_w\ \ y_w\ \ z_w)^{\mathrm{T}}$，刀轴矢量 $\boldsymbol{l}=(i_w\ \ j_w\ \ k_w)^{\mathrm{T}}$，对应的机床 A、B 轴转角分别为 θ_A、θ_B，平动坐标位置矢量 $\boldsymbol{T}_m=(x_m\ \ y_m\ \ z_m)^{\mathrm{T}}$；在刀具坐标系中，刀位点位置矢量和刀轴矢量初始值分别为 $\boldsymbol{O}_t=(0\ \ 0\ \ 0)^{\mathrm{T}}$ 和 $\boldsymbol{l}_t=(0\ \ 0\ \ 1)^{\mathrm{T}}$，则机床的运动坐标可按如下方法计算。

7.1.1　标准结构机床的后置处理方法

对于标准结构的刀具摆动＋工作台旋转五轴数控机床，机床坐标系和工件坐标系是重合的，这就省去了后置过程中初始的坐标系平移和旋转工作[2]。在后置处理过程中的坐标变换可以分为以下两步进行。

1. 转动坐标的计算

如图 7-2 所示，为确定转动坐标 θ_A 的大小，将刀轴矢量 $\boldsymbol{l}$ 顺时针旋转至 $x_m z_m$ 平面，即刀轴矢量 $\boldsymbol{l}$ 在 $y_m z_m$ 平面上的投影绕 x_m 轴顺时针旋转至与 z_m 轴正向重合，该角度即为工作台的旋转坐标 θ_A。

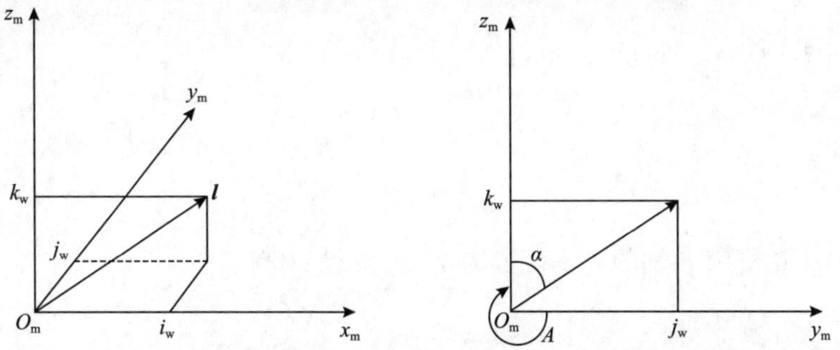

(a) 刀轴矢量$\boldsymbol{l}$　　(b) A角计算

图 7-2　机床旋转坐标 A 角的计算

下面分两种情况确定机床旋转坐标 A 角，即转动坐标 θ_A 的大小。

(1)若 $k_w = 0$，说明此时刀轴矢量位于 $x_m z_m$ 平面，则有

$$\begin{cases} j_w > 0, & \theta_A = \dfrac{3}{2}\pi \\ j_w = 0, & \theta_A = 0 \\ j_w < 0, & \theta_A = \dfrac{\pi}{2} \end{cases}$$

(2)若 $k_w \neq 0$，令 $\alpha = \arctan\left|\dfrac{j_w}{k_w}\right|$，则有

$$\begin{cases} j_w \geqslant 0, & k_w > 0, & \theta_A = 2\pi - \alpha \\ j_w < 0, & k_w > 0, & \theta_A = \alpha \\ j_w \geqslant 0, & k_w < 0, & \theta_A = \pi + \alpha \\ j_w < 0, & k_w < 0, & \theta_A = \pi - \alpha \end{cases}$$

然后进行转动坐标 θ_B 的计算。刀轴矢量 $\boldsymbol{l}$ 顺时针旋转 θ_A 之后位于 $x_m z_m$ 平面上，此时得到的中间矢量 $\boldsymbol{l}_A=(i_{wA}\quad j_{wA}\quad k_{wA})^T$，即

$$(i_{wA}\quad j_{wA}\quad k_{wA})^T = \boldsymbol{R}_x(\theta_A)\cdot(i_w\quad j_w\quad k_w)^T$$

其中，

$$\boldsymbol{R}_x(\theta_A) = \begin{pmatrix} 1 & 0 & 0 \\ 0 & \cos\theta_A & -\sin\theta_A \\ 0 & \sin\theta_A & \cos\theta_A \end{pmatrix}$$

中间矢量 $\boldsymbol{l}_A$ 位于 $x_m z_m$ 平面上，必然有 $j_{wA} = 0$，且满足 $k_{wA} > 0$。此时，θ_B 等于 $\boldsymbol{l}_A$ 绕 y_m 轴顺时针旋转至与 z_m 轴重合所需的角度。

如图 7-3 所示，令 $\beta = \arctan\left|\dfrac{i_{wA}}{k_{wA}}\right|$，则

$$\begin{cases} i_{wA} \geqslant 0, & \theta_B = \beta \\ i_{wA} < 0, & \theta_B = -\beta \end{cases}$$

此时必须注意机床 B 轴的允许范围为 $\theta_B \in [-75°, 110°]$。

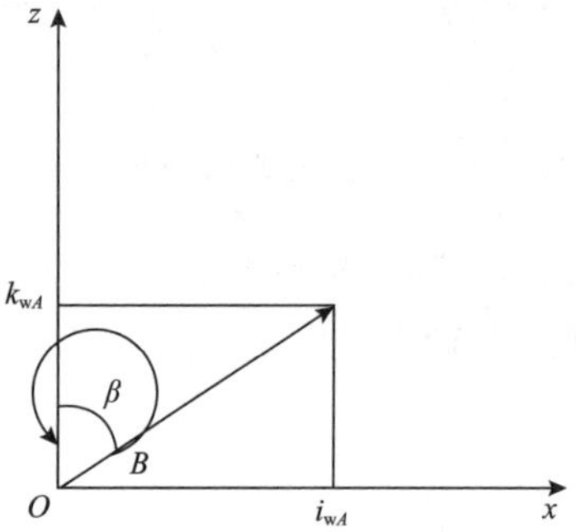

图 7-3　机床旋转坐标 B 角的计算

2. 平动坐标的计算

在确定转动坐标后，机床的运动状态如图 7-4 所示。令摆刀中心 C_0 到主轴端面的距离为 d_0，刀长为 d。对于刀具摆动的五轴机床，平动坐标的参考点均以摆刀中心为参照点，因此需先计算机床转动坐标 θ_A、θ_B，再计算摆刀中心 C_0 的坐标值。

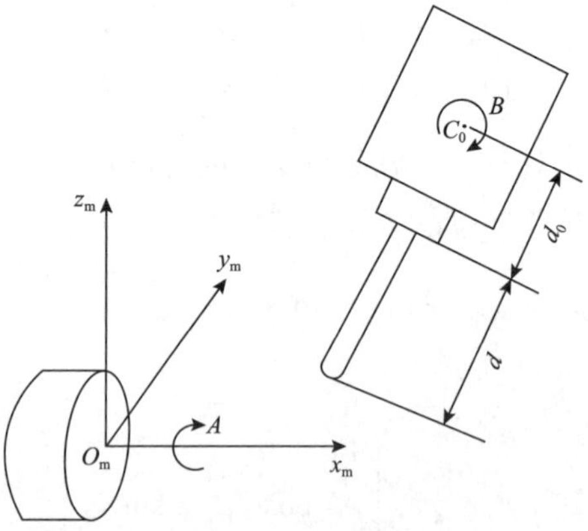

图 7-4　机床运动状态

在图 7-4 所示的机床坐标系中，根据机床运动坐标的规定，工作台相对于 x_m 轴顺时针方向旋转为正，因此在工件顺时针旋转 θ_A 后得到的坐标为

$$\boldsymbol{T}_A=(x_{wA}\quad y_{wA}\quad z_{wA})^{\mathrm{T}}=\boldsymbol{R}_x(-\theta_A)\cdot(x_w\quad y_w\quad z_w)^{\mathrm{T}}$$

此时刀具轴线对应的方向矢量为 $\boldsymbol{l}_A$，因此摆刀中心 C_0 为对应位置矢量：

$$\begin{aligned}\boldsymbol{r}_{C_0}&=(x_{C_0}\quad y_{C_0}\quad z_{C_0})^{\mathrm{T}}=\boldsymbol{T}_A+(d_0+d)\boldsymbol{l}_A\\&=(x_{wA}\quad y_{wA}\quad z_{wA})^{\mathrm{T}}+(d_0+d)(i_{wA}\quad j_{wA}\quad k_{wA})^{\mathrm{T}}\end{aligned}$$

在实际加工中，为了编程和操作方便，一般采用刀尖点描述刀具的位置。但值得注意的是，此时的刀尖点是主轴未作 B 轴旋转时的位置，即摆刀中心沿 z_m 轴移动一个有效刀长得到的坐标。因此，实际的机床平动坐标为

$$(x_m\quad y_m\quad z_m)^{\mathrm{T}}=(x_{C_0}\quad y_{C_0}\quad z_{C_0})^{\mathrm{T}}-(d_0+d)(0\quad 0\quad 1)^{\mathrm{T}}$$

7.1.2　偏心结构机床的后置处理方法

在实际应用中，安装或其他方面的原因可能造成主轴摆刀中心不在刀具轴线上，这就形成了偏心结构的刀具摆动+工作台旋转五轴机床，这种情况下机床运动坐标的求解与标准结构稍有不同。

如图 7-5(a)所示的机床结构，实际摆刀中心位于距刀具中心线 δ 处，当刀具长度为 d 时，有效刀长为 $d-d_0$。偏心结构对机床的转动坐标没有影响，仅改变机床的平动坐标。图 7-5(b)为对应这种结构机床的运动示意图，其平动坐标仍然对应摆刀中心的坐标。根据矢量计算关系可以得到摆刀中心 C_0 为

$$(x_{C_0}\quad y_{C_0}\quad z_{C_0})^{\mathrm{T}}=(x_{mA}\quad y_{mA}\quad z_{mA})^{\mathrm{T}}+L_e(i_{wA}\quad j_{wA}\quad k_{wA})^{\mathrm{T}}-\boldsymbol{R}_y(\theta_B)\left(\delta\quad 0\quad 0\right)^{\mathrm{T}}$$

其中，

$$\boldsymbol{R}_y(\theta_B)=\begin{pmatrix}\cos\theta_B & 0 & \sin\theta_B\\ 0 & 1 & 0\\ -\sin\theta_B & 0 & \cos\theta_B\end{pmatrix}$$

为绕 y_m 轴旋转 θ_B 的矩阵。

在获得摆刀中心的坐标之后，无论是采用刀尖点还是采用刀心点来描述刀具运动的处理方式，均与标准结构机床的处理方式相同。

从上面的推导过程可以看出，对于刀具摆动的五轴机床，刀长的改变会影响机床的平动坐标值。一般而言，刀具长度补偿对于两轴、三轴联动数控加工是有效的，但对于刀具摆动的四轴、五轴联动数控加工，刀具长度补偿则无效。因此，刀具摆动+工作台旋转这种结构的五轴机床在进行后置处理时必须给定与实际加工一致的刀具长度。

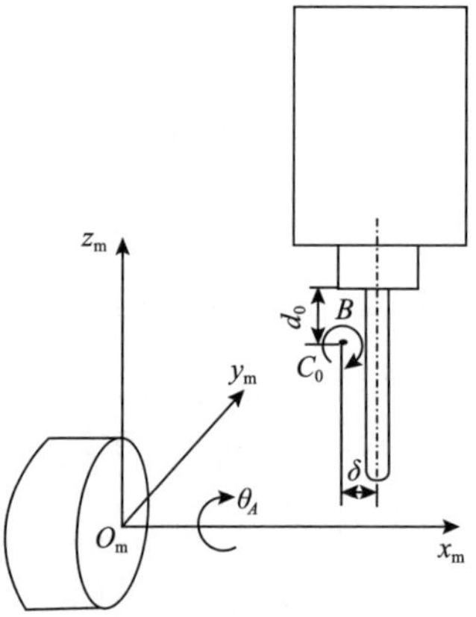

(a) 机床结构

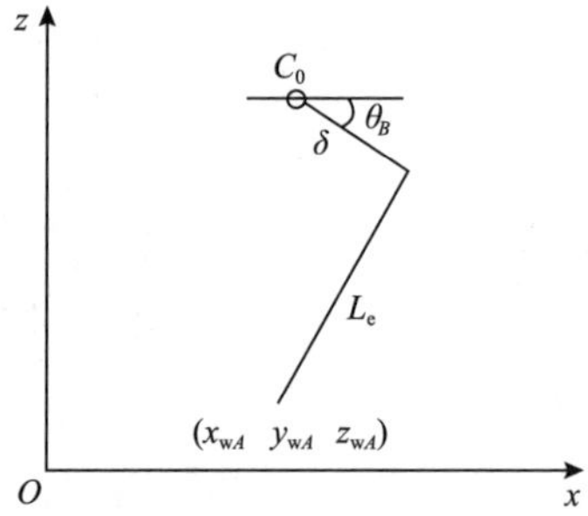

(b) 机床运动示意图

图 7-5　带安装误差的五轴机床

7.2　非正交刀具摆动+工作台旋转结构五轴机床后置处理方法

随着加工零件的复杂程度和应用领域的不断增加，非正交结构的五轴机床应用越来越多[13]。图 7-6 为典型的非正交刀具摆动+工作台旋转结构五轴机床示意图[5]，与图 7-1 所示的正交机床相比，相同之处为：三个平动坐标和转动坐标 B 均由主轴运动实现，工作台仅实现坐标 A 的旋转。不同之处为：此时 B 轴的旋转轴线为 $y_m z_m$ 平面中的 y_m^* 轴，其中，y_m^* 轴与 z_m 轴的夹角 $\alpha = 50°$。

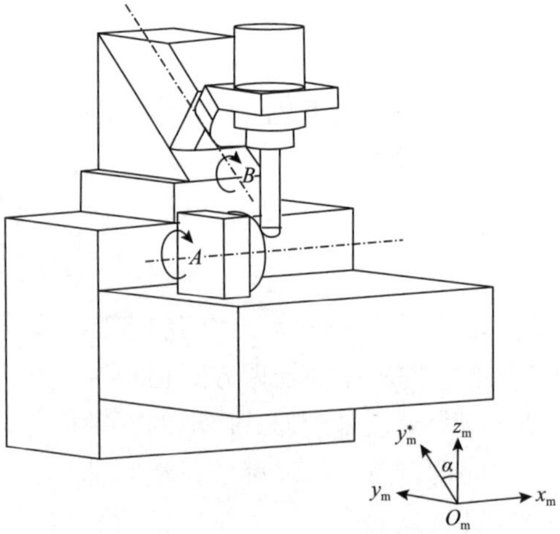

图 7-6　非正交刀具摆动+工作台旋转结构五轴机床示意图

后置处理的内在含义是机床运动传递关系的建立，并对于任意空间方位，实现机床各轴运动的有效分解。无论是何种类型的正交结构五轴机床，转动坐标的计算均相同[15]。但是，对于非正交结构机床，其旋转轴可能是任意空间直线，无法简单计算转动坐标，因此必须根据不同的机床结构，建立相应的运动传递关系，通过方程求解计算出机床转动坐标[1]。

1. 转动坐标的计算

相关坐标系及矢量定义与 7.1 节相同，首先建立非正交结构机床运动传递关系。如图 7-7 所示，刀具随机床主轴平动，并绕 y_m^* 轴旋转形成机床转动坐标 B，同时工作台绕 x_m 轴回转构成转动坐标 A，通过 A、B 的联动配合最终形成要求的刀具方位。

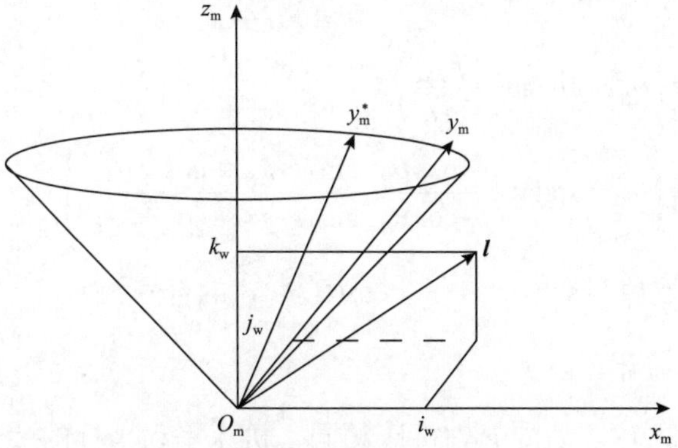

图 7-7　非正交结构机床运动模型

基于此，建立运动方程，求解机床各轴运动坐标。如图 7-7 所示，记锥面 $y_m^*O_mz_m$ 为 z_m 轴单位矢量绕 y_m^* 轴旋转 ±80° 所形成的曲面，根据机床运动传递关系，z_m 轴单位矢量绕 y_m^* 轴逆时针旋转 θ_B 得到中间单位矢量 $\boldsymbol{l}_A$，此时中间单位矢量 $\boldsymbol{l}_A$ 位于锥面 $y_m^*O_mz_m$ 上，再将 $\boldsymbol{l}_A$ 逆时针绕 x_m 轴旋转 θ_A 得到刀轴矢量 $\boldsymbol{l}$，即

$$\boldsymbol{R}_x(\theta_A)\cdot\boldsymbol{R}_{y^*}(\theta_B)\cdot(0\quad 0\quad 1)^{\mathrm{T}}=(i_w\quad j_w\quad k_w)^{\mathrm{T}} \tag{7-1}$$

式中，$\boldsymbol{R}_\Delta(\theta)$ 表示绕 Δ 轴逆时针旋转 θ 的变换矩阵。

根据计算机图形学中矢量绕空间任意轴的旋转变换计算方法[16]，z_m 轴单位矢量绕 y_m^* 轴逆时针旋转 θ_B 可进一步分解，即

$$\boldsymbol{R}_{y^*}(\theta_B)=\boldsymbol{R}_x(-\alpha)\cdot\boldsymbol{R}_z(\theta_B)\cdot\boldsymbol{R}_x(\alpha)$$

则式(7-1)可化为

$$\boldsymbol{R}_x(\theta_A)\cdot\boldsymbol{R}_x(-\alpha)\cdot\boldsymbol{R}_z(\theta_B)\cdot\boldsymbol{R}_x(\alpha)\cdot(0\quad 0\quad 1)^{\mathrm{T}}=(i_w\quad j_w\quad k_w)^{\mathrm{T}} \tag{7-2}$$

其中，

$$\boldsymbol{R}_x(\theta_A)=\begin{pmatrix}1 & 0 & 0\\ 0 & \cos\theta_A & -\sin\theta_A\\ 0 & \sin\theta_A & \cos\theta_A\end{pmatrix},\quad \boldsymbol{R}_z(\theta_B)=\begin{pmatrix}\cos\theta_B & -\sin\theta_B & 0\\ \sin\theta_B & \cos\theta_B & 0\\ 0 & 0 & 1\end{pmatrix}$$

而 $\boldsymbol{R}_x(\alpha)$、$\boldsymbol{R}_x(-\alpha)$ 与 $\boldsymbol{R}_x(\theta_A)$ 的定义类似，将其代入式(7-2)并展开可得到关于 θ_A、θ_B 的方程组：

$$\begin{cases}\sin\alpha\cdot\sin\theta_B=i_{\mathrm{w}}\\ -\sin\alpha\cdot\cos\theta_B\cdot\cos(\theta_A-\alpha)-\cos\alpha\cdot\sin(\theta_A-\alpha)=j_{\mathrm{w}}\\ -\sin\alpha\cdot\cos\theta_B\cdot\sin(\theta_A-\alpha)+\cos\alpha\cdot\cos(\theta_A-\alpha)=k_{\mathrm{w}}\end{cases}$$

解得

$$\begin{cases}\theta_B=\arcsin\left(\dfrac{i_{\mathrm{w}}}{\sin\alpha}\right)\\ \theta_A=\arctan\left(\dfrac{-\cos\theta_B\cdot\sin\alpha\cdot k_{\mathrm{w}}-\cos\alpha\cdot j_{\mathrm{w}}}{-\cos\theta_B\cdot\sin\alpha\cdot j_{\mathrm{w}}+\cos\alpha\cdot k_{\mathrm{w}}}\right)+\alpha\end{cases}\tag{7-3}$$

式中，$\theta_A-\alpha$ 的取值与 $\sin(\theta_A-\alpha)$、$\cos(\theta_A-\alpha)$ 的符号相关。

2. 平动坐标的计算

与正交结构主轴摆动的五轴机床相同，机床平动坐标的参考点以摆刀中心 C_0 作为参照点，设刀具有效刀长为 L，则在 A、B 轴转动后，机床的运动状态如图 7-8 所示。

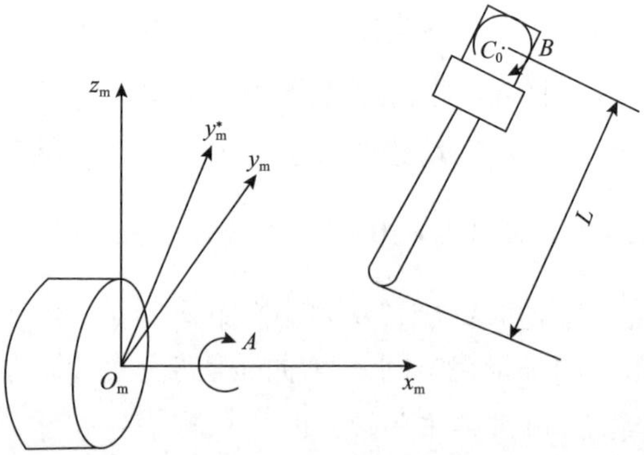

图 7-8　机床 A、B 轴转动后的运动状态

在如图 7-8 所示的机床坐标系中，工件顺时针旋转 θ_A 后得到平动坐标 $\boldsymbol{T}_A=\boldsymbol{R}_x(-\theta_A)\cdot\boldsymbol{T}$，而相应刀具轴线对应的方向矢量 $\boldsymbol{l}_A=\boldsymbol{R}_x(-\theta_A)\cdot\boldsymbol{l}$，则摆动中心 C_0 对应的位置矢量为

$$r_{C_0} = T_A + L \cdot R_x(-\theta_A) \cdot l = T_A + L \cdot R_{y^*}(\theta_B) \cdot (0 \quad 0 \quad 1)^{\mathrm{T}}$$

据此方法建立相应的机床运动模型，可实现多轴加工刀具轨迹生成中走刀步长、刀轴矢量的运动学优化[5]。

7.3　正交双转台结构五轴机床后置处理方法

正交双转台结构的五轴机床在航空发动机叶片加工中应用较少，但这种结构的机床刚性好，允许采用更大的主轴功率进行切削。因此，对于叶片加工这种弱刚性工艺系统，双转台机床具备其特有的优势。作为国际上叶片专用加工设备水平的典型代表，瑞士的 Starrag 公司开发了世界上唯一的卧式双转台结构的五轴叶片加工中心 Starrag 051B 系列，其运动结构示意图如图 7-9 所示。

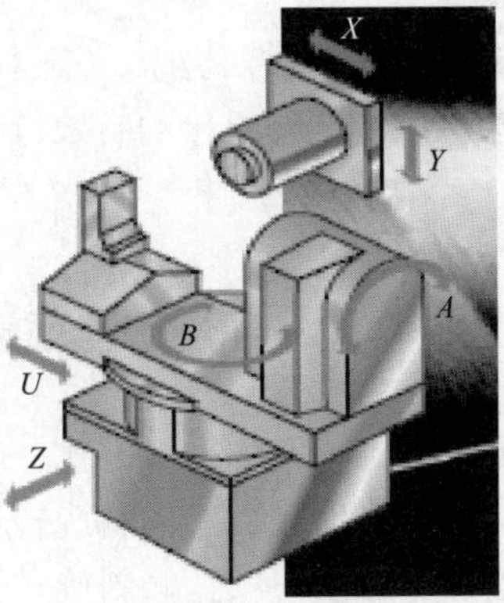

(a) 机床运动结构

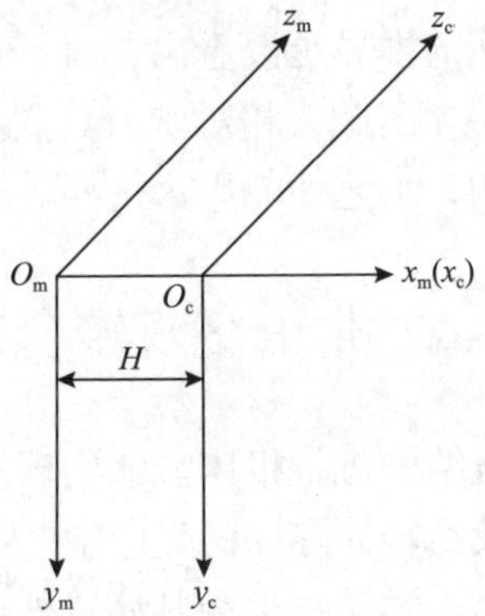

(b) 机床坐标系

图 7-9　Starrag 051B 叶片加工中心运动结构示意图

对于正交双转台结构的五轴机床，其转动坐标的计算与刀具摆动型机床的处理方式相同，平动坐标可按如下方法计算。

如图 7-9(b)所示，该机床的零点设置在 x_m 轴与回转工作台的交点位置，令机床零点至 B 轴回转中心的距离为 H，旋转坐标 A、B 回转轴线的交点为 O_c，将机床坐标系 O_m-$x_my_mz_m$ 的坐标原点平移至 O_c，得到一个新的转换坐标系 O_c-$x_cy_cz_c$。引入该坐标系的目的在于避免坐标原点不在 B 轴旋转轴线上导致的计算复杂性。其中，坐标系 O_c-$x_cy_cz_c$ 与机床坐标系 O_m-$x_my_mz_m$ 之间的映射关系为

$$(x_c \quad y_c \quad z_c)^{\mathrm{T}} = (x_m \quad y_m \quad z_m)^{\mathrm{T}} + (-H \quad 0 \quad 0)^{\mathrm{T}}$$

旋转坐标均由工作台完成，因此相对于图 7-9(b)所示的机床运动坐标系，工件先绕 y_c 轴顺时针旋转 θ_B，得到的坐标值为

$$\begin{pmatrix} x_B \\ y_B \\ z_B \end{pmatrix} = \begin{pmatrix} \cos\theta_B & 0 & -\sin\theta_B \\ 0 & 1 & 0 \\ \sin\theta_B & 0 & \cos\theta_B \end{pmatrix} \begin{pmatrix} x_c \\ y_c \\ z_c \end{pmatrix} = \begin{pmatrix} x_c\cos\theta_B - z_c\sin\theta_B \\ y_c \\ x_c\sin\theta_B + z_c\cos\theta_B \end{pmatrix}$$

然后，再绕 x_c 轴顺时针旋转 θ_A，得到的坐标值为

$$\begin{pmatrix} x_A \\ y_A \\ z_A \end{pmatrix} = \begin{pmatrix} 1 & 0 & 0 \\ 0 & \cos\theta_A & \sin\theta_A \\ 0 & -\sin\theta_A & \cos\theta_A \end{pmatrix} \begin{pmatrix} x_B \\ y_B \\ z_B \end{pmatrix} = \begin{pmatrix} x_B \\ y_B\cos\theta_A + z_B\sin\theta_A \\ -y_B\sin\theta_A + z_B\cos\theta_A \end{pmatrix}$$

上述得到的计算结果为坐标系 $O_c\text{-}x_cy_cz_c$ 中的值，需将其映射到机床坐标系 $O_m\text{-}x_my_mz_m$ 中，则平动坐标为

$$(x_m \quad y_m \quad z_m)^T = (x_A \quad y_A \quad z_A)^T + (H \quad 0 \quad 0)^T$$

从上面的推导可以看出，对于正交双转台结构的五轴机床，其运动坐标与刀具长度无关。因此，相对于刀具摆动的五轴机床，这种机床的有效行程不受刀具摆动的影响，工艺性能更为优异。

7.4 非正交双转台结构五轴机床后置处理方法

非正交结构五轴机床能够实现立式、卧式和倾斜三种加工方式，广泛应用于复杂壳体及回转体零件的生产中[12]。同时，此类机床独特的倾斜旋转轴结构和复杂的空间运动学关系也为其后置处理开发增加了难度。根据倾斜旋转轴的结构形式不同，可以将非正交双转台结构五轴机床分为平面旋转轴和空间旋转轴两种类型。现分别针对这两种类型五轴机床的后置处理方法进行介绍。

7.4.1 非正交双转台结构五轴机床——平面旋转轴

平面旋转轴结构是指工作台旋转轴位于机床坐标系的某个坐标平面内任意位置的机床结构形式，DMU 50V 为此种结构类型的五轴机床，如图 7-10 所示。不同于正交结构，B 轴的旋转轴线为 y_mz_m 平面中的 y_m^* 轴，其中，y_m^* 轴与 z_m 轴的夹角 $\alpha = 135°$。

1. 转动坐标的计算

如图 7-10 所示，机床工作台绕 y_m^* 轴旋转形成机床转动坐标 θ_B，同时绕 z_m 轴回转构成转动坐标 θ_C，通过 θ_B、θ_C 的联动配合最终形成要求的刀具方位，建立机床运动方程：

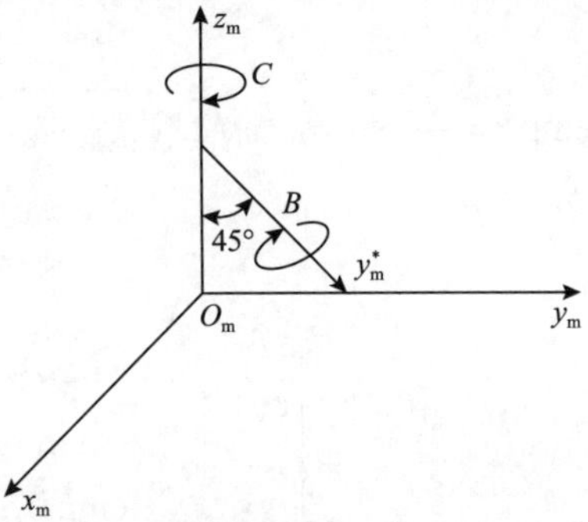

图 7-10　DMU 50V 非正交双转台机床结构图

$$\boldsymbol{R}_z(\theta_C)\cdot\boldsymbol{R}_{y^*}(\theta_B)\cdot(0\quad 0\quad 1)^{\mathrm{T}}=(i_{\mathrm{w}}\quad j_{\mathrm{w}}\quad k_{\mathrm{w}})^{\mathrm{T}} \tag{7-4}$$

式中，$\boldsymbol{R}_\Delta(\theta)$ 表示绕 Δ 轴逆时针旋转 θ 的变换矩阵。与 7.2 节方法类似，z_{m} 轴单位矢量绕 y_{m}^* 轴逆时针旋转 θ_B 可进一步分解得[16]

$$\boldsymbol{R}_{y^*}(\theta_B)=\boldsymbol{R}_x(-\alpha)\cdot\boldsymbol{R}_z(\theta_B)\cdot\boldsymbol{R}_x(\alpha),\quad \alpha=135^\circ$$

则式(7-4)可转化为

$$\boldsymbol{R}_z(\theta_C)\cdot\boldsymbol{R}_x(-\alpha)\cdot\boldsymbol{R}_z(\theta_B)\cdot\boldsymbol{R}_x(\alpha)\cdot(0\quad 0\quad 1)^{\mathrm{T}}=(i_{\mathrm{w}}\quad j_{\mathrm{w}}\quad k_{\mathrm{w}})^{\mathrm{T}} \tag{7-5}$$

其中，

$$\boldsymbol{R}_x(\alpha)=\begin{pmatrix}1 & 0 & 0\\ 0 & \cos\alpha & -\sin\alpha\\ 0 & \sin\alpha & \cos\alpha\end{pmatrix},\quad \boldsymbol{R}_z(\theta_B)=\begin{pmatrix}\cos\theta_B & -\sin\theta_B & 0\\ \sin\theta_B & \cos\theta_B & 0\\ 0 & 0 & 1\end{pmatrix}$$

将式(7-5)展开可得

$$\begin{cases}\dfrac{\sqrt{2}}{2}\sin\theta_B\cos\theta_C-\dfrac{1}{2}(\cos\theta_B-1)\sin\theta_C=i_{\mathrm{w}}\\ \dfrac{\sqrt{2}}{2}\sin\theta_B\sin\theta_C+\dfrac{1}{2}(\cos\theta_B-1)\cos\theta_C=j_{\mathrm{w}}\\ \dfrac{1}{2}(\cos\theta_B+1)=k_{\mathrm{w}}\end{cases}$$

所以，有

$$\theta_B=\arccos(2k_{\mathrm{w}}-1)$$

记

$$\mathrm{temp}P=\frac{\sqrt{2}}{2}\sin\theta_B=\sqrt{2}\cdot\sqrt{k_{\mathrm{w}}-k_{\mathrm{w}}^2}，\ \mathrm{temp}Q=\frac{1}{2}(\cos\theta_B-1)=k_{\mathrm{w}}-1$$

则有

$$\begin{cases}\cos\theta_C=\dfrac{\mathrm{temp}P\cdot i_{\mathrm{w}}+\mathrm{temp}Q\cdot j_{\mathrm{w}}}{\mathrm{temp}P^2+\mathrm{temp}Q^2}\\ \sin\theta_C=\dfrac{\mathrm{temp}P\cdot j_{\mathrm{w}}-\mathrm{temp}Q\cdot i_{\mathrm{w}}}{\mathrm{temp}P^2+\mathrm{temp}Q^2}\end{cases} \tag{7-6}$$

由此可得转动坐标 θ_C。

2. 平动坐标的计算

设 d_1 表示机床工作端面到 BC 交点的距离，d_2 表示夹具厚度，首先将工件坐标系移到机床坐标系 BC 轴交点，得

$$(x_{\mathrm{tw}}\quad y_{\mathrm{tw}}\quad z_{\mathrm{tw}})^{\mathrm{T}}=(x_{\mathrm{w}}\quad y_{\mathrm{w}}\quad z_{\mathrm{w}})^{\mathrm{T}}+(0\quad 0\quad d_2-d_1) \tag{7-7}$$

工作台顺时针旋转 θ_C 后得

$$\boldsymbol{R}_z(-\theta_C)\cdot(x_{\mathrm{tw}}\quad y_{\mathrm{tw}}\quad z_{\mathrm{tw}})^{\mathrm{T}}=(x_{\mathrm{w}C}\quad y_{\mathrm{w}C}\quad z_{\mathrm{w}C})^{\mathrm{T}} \tag{7-8}$$

则有

$$\begin{cases}x_{\mathrm{w}C}=x_{\mathrm{tw}}\cos\theta_C+y_{\mathrm{tw}}\sin\theta_C\\ y_{\mathrm{w}C}=-x_{\mathrm{tw}}\sin\theta_C+y_{\mathrm{tw}}\cos\theta_C\\ z_{\mathrm{w}C}=z_{\mathrm{tw}}\end{cases} \tag{7-9}$$

而在工作台顺时针旋转 θ_B 后得

$$\begin{cases}x_{\mathrm{w}B}=x_{\mathrm{w}C}\cos\theta_B+\dfrac{\sqrt{2}}{2}\sin\theta_B(-y_{\mathrm{w}C}-z_{\mathrm{w}C})\\ y_{\mathrm{w}B}=-\dfrac{\sqrt{2}}{2}\left[-x_{\mathrm{w}C}\sin\theta_B+\dfrac{\sqrt{2}}{2}\cos\theta_B(-y_{\mathrm{w}C}-z_{\mathrm{w}C})\right]+\dfrac{\sqrt{2}}{2}\cdot\dfrac{\sqrt{2}}{2}(y_{\mathrm{w}C}-z_{\mathrm{w}C})\\ z_{\mathrm{w}B}=-\dfrac{\sqrt{2}}{2}\left[-x_{\mathrm{w}C}\sin\theta_B+\dfrac{\sqrt{2}}{2}\cos\theta_B(-y_{\mathrm{w}C}-z_{\mathrm{w}C})\right]-\dfrac{\sqrt{2}}{2}\cdot\dfrac{\sqrt{2}}{2}(y_{\mathrm{w}C}-z_{\mathrm{w}C})\end{cases} \tag{7-10}$$

将上述平动坐标平移至工件坐标系得机床平动坐标：

$$(x_{\mathrm{m}} \quad y_{\mathrm{m}} \quad z_{\mathrm{m}})^{\mathrm{T}}=(x_{\mathrm{w}B} \quad y_{\mathrm{w}B} \quad z_{\mathrm{w}B})^{\mathrm{T}}+(0 \quad 0 \quad d_1-d_2)^{\mathrm{T}}$$

7.4.2　非正交双转台结构五轴机床——空间旋转轴

空间旋转轴结构是指工作台旋转轴位于机床坐标系的三维空间任意位置的机床结构形式，DMU 70eVo linear 为此种结构类型的五轴机床，如图 7-11 所示。不同于正交结构，B 轴的旋转轴线为空间中的 y_{m}^* 轴，y_{m}^* 轴朝向 $z_{\mathrm{m}}=0$ 平面之下且与 $z_{\mathrm{m}}=0$ 平面的夹角为 β，y_{m}^* 在 $z_{\mathrm{m}}=0$ 平面上的投影在第一象限且与 x_{m} 轴的夹角为 α；C 轴的旋转轴线为空间中的 z_{m}^* 轴，z_{m}^* 轴垂直于工作台平面且朝向外侧。

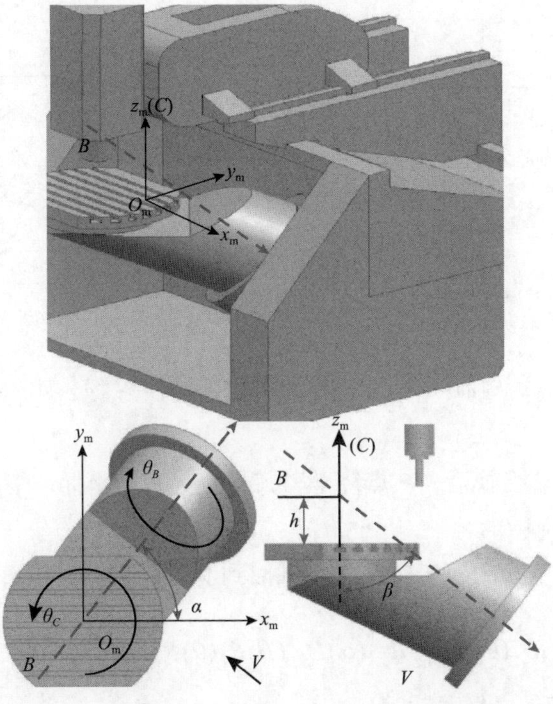

图 7-11　DMU 70eVo linear 非正交双转台机床结构图

1. 绕任意轴的旋转变换

设工件坐标系下任意一点 $\boldsymbol{P}=(x_P \quad y_P \quad z_P)^{\mathrm{T}}$ 绕 y^* 轴旋转 θ 后得到点 $\boldsymbol{P}^*=(x_P^* \quad y_P^* \quad z_P^*)^{\mathrm{T}}$，如图 7-12 所示，即需要满足：

$$(x_P^* \quad y_P^* \quad z_P^* \quad 1)^{\mathrm{T}} = \boldsymbol{R}_{y^*}(\theta) \cdot (x_P \quad y_P \quad z_P \quad 1)^{\mathrm{T}} \tag{7-11}$$

式中，$\boldsymbol{R}_{y^*}(\theta)$ 为待求的变换矩阵。与前面的分析不同，本节为简化表达，所有坐标变换均采用齐次矩阵表示。

变换矩阵 $\boldsymbol{R}_{y^*}(\theta)$ 的具体求解步骤如下。

(1)将工件坐标系原点平移到 O_{y^*} 点，平移矩阵为 $\boldsymbol{T}_{y^*}$。

(2)使平面 $y^* O_{y^*} y_{yz}^*$ 绕 x_{w} 轴旋转 α 与平面 $x_{\mathrm{w}} O_{y^*} z_{\mathrm{w}}$ 重合，得到 y_1^* 轴，如图 7-13 所示，旋转矩阵为 $\boldsymbol{R}_x(\alpha)$。

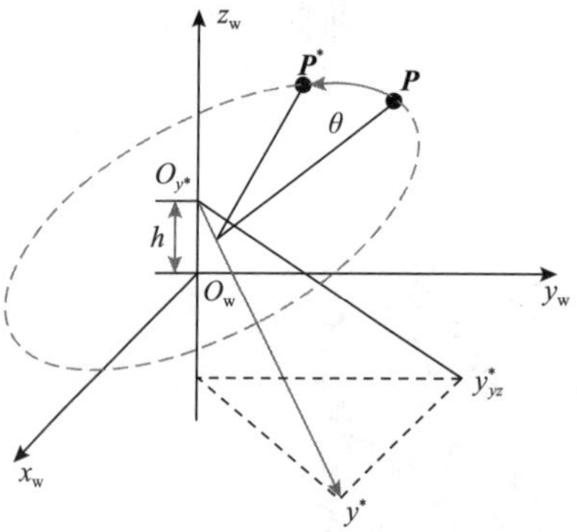

图 7-12　$\boldsymbol{P}$ 点绕 y^* 轴旋转

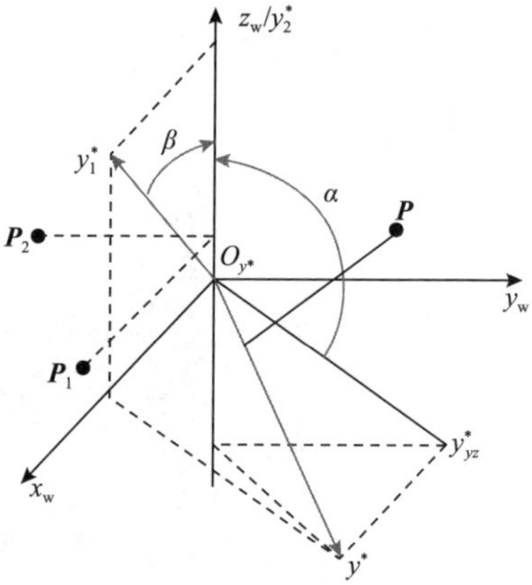

图 7-13　y^* 轴经两次旋转与 z_{w} 轴重合

(3)再使 y_1^* 轴绕 y_{w} 轴旋转 β 与 z_{w} 轴重合，得到 y_2^* 轴，如图 7-13 所示，旋转矩阵为 $\boldsymbol{R}_y(\beta)$。

(4)经以上三步变换后，$\boldsymbol{P}$ 点绕 y^* 轴旋转变为在新坐标系中 $\boldsymbol{P}_2$ 点绕 z_{w} 轴旋转 θ，旋转矩阵为 $\boldsymbol{R}_z(\theta)$。

(5)进行上述变换的逆变换，使 y_2^* 轴回到 y^* 轴位置，所以有

$$\boldsymbol{R}_{y^*}(\theta) = \boldsymbol{T}_{y^*}^{-1} \boldsymbol{R}_z^{-1}(\alpha) \boldsymbol{R}_y^{-1}(\beta) \boldsymbol{R}_z(\theta) \boldsymbol{R}_y(\beta) \boldsymbol{R}_x(\alpha) \boldsymbol{T}_{y^*} \tag{7-12}$$

其中，

$$\boldsymbol{T}_{y^*} = \begin{pmatrix} 1 & 0 & 0 & 0 \\ 0 & 1 & 0 & 0 \\ 0 & 0 & 1 & -h \\ 0 & 0 & 0 & 1 \end{pmatrix}, \quad \boldsymbol{R}_x(\alpha) = \begin{pmatrix} 1 & 0 & 0 & 0 \\ 0 & \cos\alpha & -\sin\alpha & 0 \\ 0 & \sin\alpha & \cos\alpha & 0 \\ 0 & 0 & 0 & 1 \end{pmatrix}$$

$$R_y(\beta)=\begin{pmatrix}\cos\beta & 0 & \sin\beta & 0\\ 0 & 1 & 0 & 0\\ -\sin\beta & 0 & \cos\beta & 0\\ 0 & 0 & 0 & 1\end{pmatrix},\quad R_z(\theta)=\begin{pmatrix}\cos\theta & -\sin\theta & 0 & 0\\ \sin\theta & \cos\theta & 0 & 0\\ 0 & 0 & 1 & 0\\ 0 & 0 & 0 & 1\end{pmatrix}$$

2. 机床运动坐标求解

根据机床的结构特点，刀具方向在加工过程中是保持不变的，恒定为$(0\quad 0\quad 1)^{\mathrm T}$。因此，后置处理过程可将工件加工程序中的刀位数据$\boldsymbol{T}=(x_{\mathrm w}\quad y_{\mathrm w}\quad z_{\mathrm w})^{\mathrm T}$和刀轴矢量$\boldsymbol{l}=(i_{\mathrm w}\quad j_{\mathrm w}\quad k_{\mathrm w})^{\mathrm T}$，由一个点旋转至机床坐标系的$z_{\mathrm m}$轴上，即得到$(0\quad 0\quad z_{\mathrm w})^{\mathrm T}$。

设工件坐标系下任意两点$\boldsymbol{T}=(x_{\mathrm w}\quad y_{\mathrm w}\quad z_{\mathrm w})^{\mathrm T}$、$\boldsymbol{N}=(x_N\quad y_N\quad z_N)^{\mathrm T}$绕$z_{\mathrm w}$轴旋转$\theta_C$、绕$y^*$轴旋转$\theta_B$后得到点$\boldsymbol{T}^*=(x_{\mathrm w}^*\quad y_{\mathrm w}^*\quad z_{\mathrm w}^*)^{\mathrm T}$和点$\boldsymbol{N}^*=(x_N^*\quad y_N^*\quad z_N^*)^{\mathrm T}$，如图 7-14 所示，即需要满足：

$$\begin{aligned}(x_{\mathrm w}^*\quad y_{\mathrm w}^*\quad z_{\mathrm w}^*\quad 1)^{\mathrm T}&=\boldsymbol{R}_z(\theta_C)\cdot\boldsymbol{R}_{y^*}(\theta_B)\cdot(x_{\mathrm w}\quad y_{\mathrm w}\quad z_{\mathrm w}\quad 1)^{\mathrm T}\\(x_N^*\quad y_N^*\quad z_N^*\quad 1)^{\mathrm T}&=\boldsymbol{R}_z(\theta_C)\cdot\boldsymbol{R}_{y^*}(\theta_B)\cdot(x_N\quad y_N\quad z_N\quad 1)^{\mathrm T}\end{aligned}\tag{7-13}$$

其中，$\boldsymbol{T}$点和$\boldsymbol{N}$点、$\boldsymbol{T}^*$点与$\boldsymbol{N}^*$点之间的关系分别为

$$(x_N\quad y_N\quad z_N\quad 1)^{\mathrm T}=(x_{\mathrm w}+i_{\mathrm w}\quad y_{\mathrm w}+j_{\mathrm w}\quad z_{\mathrm w}+k_{\mathrm w}\quad 1)^{\mathrm T}\tag{7-14}$$

$$(x_N^*\quad y_N^*\quad z_N^*\quad 1)^{\mathrm T}=(x_{\mathrm w}^*+0\quad y_{\mathrm w}^*+0\quad z_{\mathrm w}^*+1\quad 1)^{\mathrm T}\tag{7-15}$$

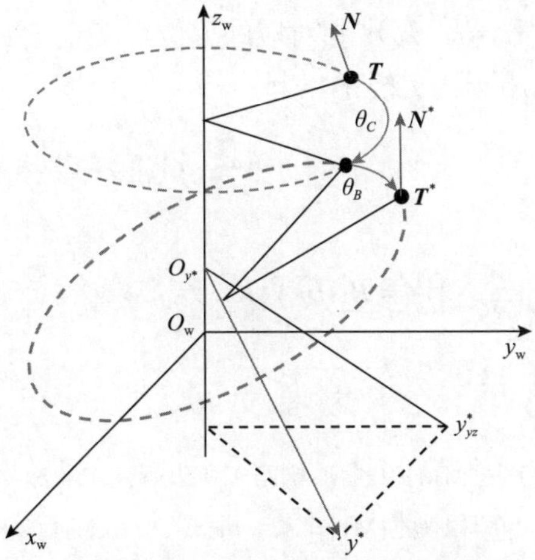

图 7-14　刀位数据坐标变化示意图

联立式(7-14)和式(7-15)可以得到

$$(0 \quad 0 \quad 1 \quad 0)^{\mathrm{T}}=\boldsymbol{R}_z(\theta_C)\cdot\boldsymbol{R}_{y^*}(\theta_B)\cdot(i_{\mathrm{w}} \quad j_{\mathrm{w}} \quad k_{\mathrm{w}} \quad 1)^{\mathrm{T}} \tag{7-16}$$

因此，可以得到

$$\begin{cases}\cos\theta_B=\dfrac{k_{\mathrm{w}}-\cos^2\alpha\cos^2\beta}{\cos^2\alpha\sin^2\beta+\sin^2\alpha}\\ \sin\theta_C=\dfrac{\lambda_1 i_{\mathrm{w}}-\lambda_2 j_{\mathrm{w}}}{\lambda_1^2+\lambda_2^2}=\mu_1\\ \cos\theta_C=\dfrac{\lambda_2 i_{\mathrm{w}}+\lambda_1 j_{\mathrm{w}}}{\lambda_1^2+\lambda_2^2}=\mu_2\end{cases} \tag{7-17}$$

进而可以求得 θ_B 和 θ_C：

$$\theta_B=\arccos\frac{k_{\mathrm{w}}-\cos^2\alpha\cos^2\beta}{\cos^2\alpha\sin^2\beta+\sin^2\alpha} \tag{7-18}$$

$$\begin{cases}\theta_C=\arcsin\mu_1, & \mu_1\geqslant 0,\quad \mu_2\geqslant 0\\ \theta_C=\arccos\mu_2, & \mu_1\geqslant 0,\quad \mu_2<0\\ \theta_C=180^\circ-\arcsin\mu_1, & \mu_1<0,\quad \mu_2<0\\ \theta_C=360^\circ+\arcsin\mu_1, & \mu_1<0,\quad \mu_2\geqslant 0\end{cases} \tag{7-19}$$

其中，

$$\begin{aligned}\lambda_1&=\sin\alpha\cos\alpha\cos^2\beta(1-\cos\theta_B)-\sin\beta\sin\theta_B\\ \lambda_2&=\cos\alpha\sin\beta\cos\beta(\cos\theta_B-1)-\sin\alpha\cos\beta\sin\theta_B\end{aligned} \tag{7-20}$$

因此，刀轴矢量 $\boldsymbol{l}=(i_{\mathrm{w}} \quad j_{\mathrm{w}} \quad k_{\mathrm{w}})^{\mathrm{T}}$ 相对应的刀位点 $\boldsymbol{T}=(x_{\mathrm{w}} \quad y_{\mathrm{w}} \quad z_{\mathrm{w}})^{\mathrm{T}}$ 经过坐标变换后的坐标即为变换后的机床平动坐标，即

$$(x_{\mathrm{m}} \quad y_{\mathrm{m}} \quad z_{\mathrm{m}})^{\mathrm{T}}=(x_{\mathrm{w}}^* \quad y_{\mathrm{w}}^* \quad z_{\mathrm{w}}^*)^{\mathrm{T}} \tag{7-21}$$

其中，

$$(x_{\mathrm{w}}^* \quad y_{\mathrm{w}}^* \quad z_{\mathrm{w}}^* \quad 1)^{\mathrm{T}}=\boldsymbol{R}_z(\theta_C)\cdot\boldsymbol{R}_{y^*}(\theta_B)\cdot(x_{\mathrm{w}} \quad y_{\mathrm{w}} \quad z_{\mathrm{w}} \quad 1)^{\mathrm{T}}$$

参 考 文 献

[1] 周济, 周艳红. 数控加工技术[M]. 北京: 国防工业出版社, 2002.

[2] 刘雄伟. 数控加工理论与编程技术[M]. 北京: 机械工业出版社, 2001.

[3] Wang N, Tang K. Automatic generation of gouge-free and angular-velocity-compliant five-axis toolpath[J]. Computer-Aided Design, 2007, 39(10): 841-852.

[4] Castagnetti C, Duc E, Ray P. The Domain of Admissible Orientation concept: A new method for five-axis tool path optimisation[J]. Computer-Aided Design, 2008, 40(9): 938-950.

[5] 张莹, 吴宝海, 张定华, 等. 基于机床运动模型的走刀步长计算方法[J]. 机械工程学报, 2009, 45(7): 183-187.

[6] She C H, Chang C C. Development of a five-axis postprocessor system with a nutating head[J]. Journal of Materials Processing Technology, 2007, 187/188: 60-64.

[7] Sørby K. Inverse kinematics of five-axis machines near singular configurations[J]. International Journal of Machine Tools and Manufacture, 2007, 47(2): 299-306.

[8] Tounsi N, Bailey T, Elbestawi M A. Identification of acceleration deceleration profile of feed drive systems in CNC machines[J]. International Journal of Machine Tools and Manufacture, 2003, 43(5): 441-451.

[9] Pateloup V, Duc E, Ray P. Corner optimization for pocket machining[J]. International Journal of Machine Tools and Manufacture, 2004, 44(12/13): 1343-1353.

[10] Lavernhe S, Tournier C, Lartigue C. Kinematical performance prediction in multi-axis machining for process planning optimization[J]. The International Journal of Advanced Manufacturing Technology, 2008, 37(5): 534-544.

[11] Wang J T, Zhang D H, Wu B H, et al. Kinematic analysis and feedrate optimization in six-axis NC abrasive belt grinding of blades[J]. The International Journal of Advanced Manufacturing Technology, 2015, 79(1): 405-414.

[12] 周续, 张定华, 吴宝海, 等. 非正交双转台五轴机床后置处理通用方法[J]. 机械工程学报, 2014, 50(15): 198-204.

[13] She C H, Chang C C. Design of a generic five-axis postprocessor based on generalized kinematics model of machine tool[J]. International Journal of Machine Tools and Manufacture, 2007, 47(3/4): 537-545.

[14] 吴宝海. 航空发动机叶片五坐标高效数控加工方法研究[D]. 西安: 西北工业大学, 2007.

[15] Lee R S, She C H. Developing a postprocessor for three types of five-axis machine tools[J]. The International Journal of Advanced Manufacturing Technology, 1997, 13(9): 658-665.

[16] 孙家广. 计算机图形学[M]. 3 版. 北京: 清华大学出版社, 2000.

第 8 章　多轴数控加工运动学优化方法

一般而言，五轴加工可以获得比传统三轴加工更高的加工质量和加工效率。但是，在自由曲面零件的多轴加工中，由于机床具有更多的自由度，刀具姿态的控制就更为复杂，加工过程中机床运行状态的稳定性对加工结果的影响越来越受到关注[1-5]。大量实际加工结果表明，加工过程中机床运动的不稳定会导致加工时间增加、加工质量下降，并会在工件表面留下明显的非正常加工痕迹[6]。多轴加工中的很多问题，如碰撞干涉、插补、轨迹规划等已有较多的研究，但目前实际加工中仍然存在很多导致表面加工质量差、加工周期长的因素，如加工过程中的加减速可能导致加工时间增加、加工表面破坏。因此，如何较好地解决多轴加工中机床的运动学问题是提高加工质量、缩短加工周期必须面对的关键技术[7,8]。

基于此，本章首先对实际加工过程中存在的加工现象和问题进行分析，引出数控加工中的运动学问题，并提出研究的主要内容。然后，分别通过对数控加工过程的走刀步长、刀轴矢量、加工轨迹以及进给速度等四个方面进行分析，建立相应的控制及优化方法，实现多轴数控加工中的运动学优化。

8.1　运动学优化主要内容

在自由曲面多轴数控加工的研究中，刀轴矢量的规划大多采用局部坐标系中后跟角和侧偏角的确定方式，这种处理方式仅在几何上满足刀具与被加工曲面具有良好的切触状态，未能充分考虑机床的运动学和动力学特性，容易导致机床各运动轴在速度、加速度方面可能会超出机床允许范围，尤其在高速加工中[1,7,8]。这种现象甚至影响了五轴联动在工程中的应用，五轴机床常被当成四轴或四轴半机床使用，造成设备加工能力的巨大浪费[7]。

随着研究的不断深入，多轴加工中的高性能刀轨逐渐被赋予以下三个方面的含义：精确、无干涉和光滑刀具运动，如图 8-1 所示。因此，为缩短加工时间，提高加工质量，在规划加工策略的同时，应充分考虑机床的运动特性，使刀位轨迹的规划结果不仅满足刀具和被加工曲面之间具有良好的切触状态，而且同时满足机床的运动学和动力学特性，实现机床的平稳、高效运行[9]。

如图 8-2 所示，在多轴数控加工的实施过程中，运动学优化的研究贯穿于从刀轨规划(走刀步长计算、刀轴矢量优化)、后置处理到实际加工的整个过程。因此，对多轴加工过程运动学优化的研究可分为下述四个主要部分。

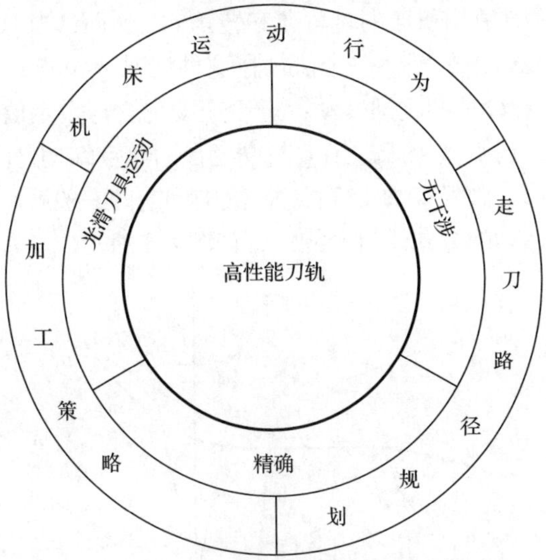

图 8-1　高性能刀轨包含的内容

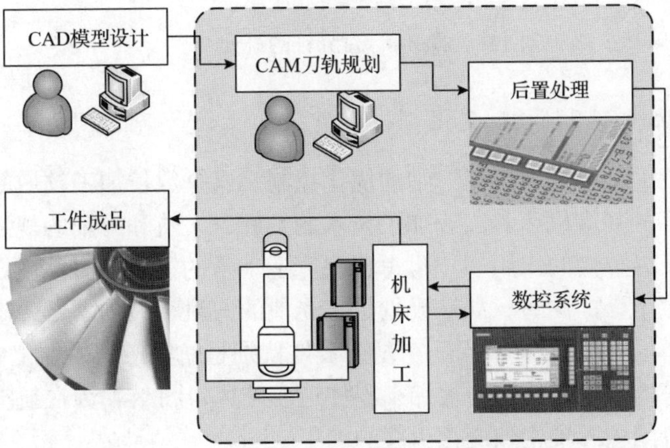

图 8-2　多轴数控加工的实施过程

1. 机床运动学特性

机床运动学特性的研究包括机床运动学模型的建立、运动学约束条件的建立、机床运动学行为导致的加工误差以及机床运动学行为预测等问题。其中，机床运动学模型的建立依赖于多轴加工中的后置处理方法(参见第 7 章)，其研究将有助于了解机床的结构选型、机床运动的传递以及运动误差的传递等。

2. 奇异锥问题

奇异锥问题主要是针对 AC 结构的五轴机床。这类机床后置处理时，需要根据

刀轴矢量 $\boldsymbol{l}=(i\ \ j\ \ k)^{\mathrm{T}}$ 计算出机床的转角 A 和转角 C。然而，当刀轴矢量 $\boldsymbol{l}=(0\ \ 0\ \ 1)^{\mathrm{T}}$ 时，C 角可以取 $(0,2\pi)$ 中的任何一个值。在这种情况下，若 C 角选取不当，则会导致实际加工中机床 C 角的剧烈转动，进给速度也会与设定值严重不符。这种情况通常在采用 AC 结构类型机床加工大曲率半径的航空结构件时出现，造成机床的加速度超过其限定值，破坏被加工表面[7]。这类问题的一般解决方法是，在规划刀轴矢量时，以平滑运动的方式避过奇异锥，如图 8-3 所示。

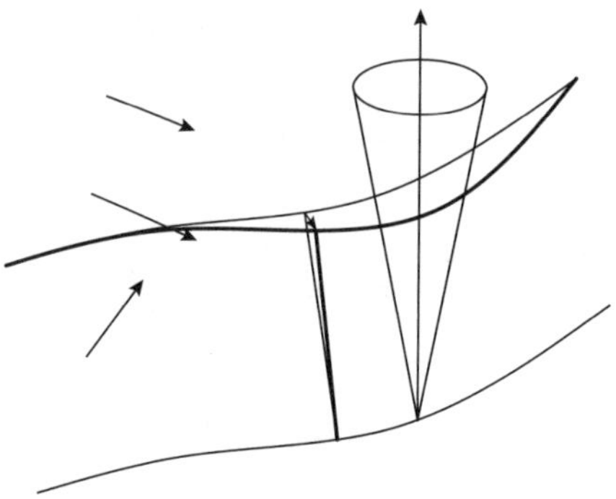

图 8-3 奇异锥的避让

3. 刀具轨迹与刀轴控制优化

多轴加工中的刀具轨迹与刀轴的优化控制一直是数控加工领域的研究热点，特别是随着各种高端机床和高速加工技术的发展，刀轨和刀轴的规划对加工质量与效率起着极为重要的作用[8,10,11]。考虑机床运动学的刀轨与刀轴规划主要是研究在满足无碰撞干涉的同时，如何规划足够光滑的刀轨和刀轴矢量，确保数控机床在加工过程中的光滑运动[7,12-14]。在复杂零件特别是航空产品的加工中，刀轨及刀轴矢量规划中的缺陷往往会对被加工零件造成破坏。图 8-4 为在航空发动机叶片加工中，小范围内刀轴剧烈变化引起的加工缺陷。

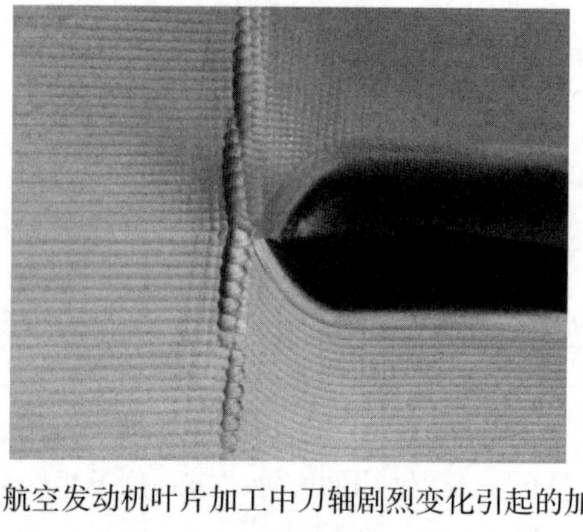

图 8-4 航空发动机叶片加工中刀轴剧烈变化引起的加工缺陷

在刀具轨迹规划方面，近几十年的研究成果已经发展出针对各类复杂结构与复杂曲面加工的光滑刀轨生成方法及刀轨的修正方法，如螺旋进刀、螺旋铣削轨迹生成、刀轨的光顺以及尖角位置消除等，这些方法都在多轴加工和高速加工中得到了应用[10,12]。

在刀轴矢量控制方面，随着各种高端机床和高速加工技术的发展，考虑机床运动以控制刀轴的研究越来越多[1,8,15-17]。从运动学的角度分析，多轴数控机床运动坐标的速度和加速度都有一定的限制范围，若规划的刀轴矢量剧烈变化，则会出现机床的伺服延迟，导致加工误差增大、工件表面不完整、刀具磨损严重以及机床运行精度不稳定等问题。目前考虑机床运动的刀轴矢量控制方法主要有刀轴插值法、曲面驱动法和可行域分析法等[7]。

4. 进给速度优化

多轴数控加工运动学优化领域的另一研究是进给速度的优化[8,18]。进给速度优化的基本思想是根据机床的运动特性及规划的刀轨和初始进给值，重新计算新的进给值，使分配到机床各运动轴上的速度、加速度等运动学参数不超过各运动轴的约束值[7,15,16]。

目前已有一些在线的优化控制方法对加工过程中的进给速度进行实时调整。例如，英国 NEE 控制有限公司开发的运动控制系统和运动控制器，可以通过预读大量的指令，实现对机床运动的平滑控制，通过误差范围内局部修改的方式消除可能导致大的加减速的位置。此外，对于已有的初始刀位文件，也可直接离线计算优化的进给速度[17,18]。

8.2　基于机床运动模型的走刀步长计算方法

走刀步长是数控编程中刀具轨迹规划的重要参数，保证理论刀具轨迹离散逼近引起的加工误差在允许的范围内，对曲面加工的效率和质量有着重要的影响[19]。传统的基于曲面几何性质的方法，即通过线性插值刀位点，利用弦弓高误差近似代替切削误差以控制走刀步长的计算，仅适用于三轴数控加工[20]。在五轴数控加工中，增加的两个转动坐标使直线插补过程中刀位点的运动轨迹不再是直线，而是一空间曲线，实际的加工误差可能会大于线性插值的逼近误差。众多研究也表明，转动坐标带来的运动误差导致多轴数控机床与三轴机床在计算走刀步长方面有着根本的不同[21,22]。因此，如何结合机床结构类型，合理计算走刀步长以实现切削误差的有效控制，成为刀具轨迹规划中的一个重要问题，同时也是多轴加工运动学优化的主要内容之一[23]。

目前，已有的误差分析研究仅限于正交结构的五轴机床。随着加工对象的复杂程度和应用领域的不断增加，非正交结构的五轴机床应用越来越多。为此，本节针对刀具摆动与工作台转动的五轴机床，通过建立机床运动模型，推导刀轴矢量与机床转动坐标的变换关系。在此基础上，分析机床运动误差关联因素，给出实际切削误差的计算方法，以确定满足精度要求的最大走刀步长[23]。

8.2.1 机床运动模型

在五轴加工中，走刀步长是保证实际切削误差在允许范围内的逼近线段最大值。其中，切削误差的有效估计是计算最大允许步长的前提，该误差不仅与曲面的几何性质有关，还与机床结构密切相关。通过建立机床运动模型，合理分解五轴机床各轴运动的变换关系，是切削误差准确计算的首要条件。

机床运动模型的内在含义是机床运动传递关系的建立，并对于任意空间方位，实现机床各轴运动的有效分解。不论是何种类型的正交结构五轴机床，转动坐标的计算均相同。但是，对于非正交结构机床，旋转轴可能是任意空间直线，无法简单计算转动坐标，因此必须根据不同的机床结构，建立相应的运动传递关系，通过方程求解计算出机床转动坐标。本节以 7.2 节中的非正交刀具摆动+工作台旋转结构五轴机床为例，建立相应的机床运动模型，实现转动坐标和平动坐标的计算，具体计算过程参见 7.2 节[23]。

8.2.2 切削误差估计

在曲面加工中，由于数控系统线性插补能力的限制，只能采用一系列的小直线段逼近理论刀具轨迹，再由机床做线性插补运动近似成型，不可避免地将会产生切削误差。

设 $e_{\max}$ 为最大允许误差，e_{T} 为实际最大切削误差，s 为走刀步长，$s_{\max}$ 为误差允许范围内的最大走刀步长。当采用三轴球头刀加工，相邻切触点 P_1、P_2 间的刀具轨迹，以圆心为 O_P，半径为 R_0，弧度为 θ 的圆弧逼近时[20]，有

$$e_{\mathrm{T}} = R_0\left(1-\cos\frac{\theta}{2}\right) \tag{8-1}$$

则 $s \leqslant \sqrt{4e_{\max}(2R_0 - e_{\max})}$，最大走刀步长 $s_{\max} = \sqrt{8R_0 e_{\max}}$。

采用五轴加工时，特别是非正交结构的刀具摆动与工作台转动机床，根据所建立的机床运动模型，直线插补对应的实际机床运动轨迹是由摆刀中心 C_0 的线性平动、主轴转动坐标 B 和工作台转动坐标 A 的线性转动的联动复合作用而成的。以环形刀加工为例，实际切削误差包含刀具的摆动和工作台转动误差的耦合，产生机理如图 8-5(a)为刀具参数示意图。

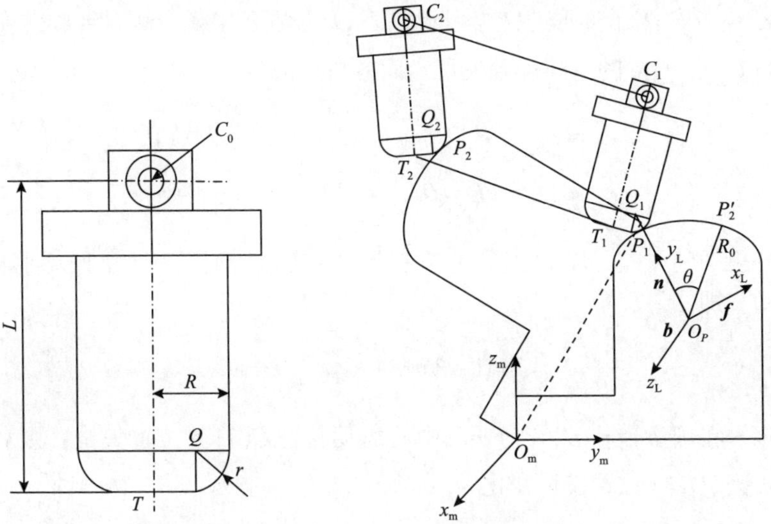

(a) 环形刀具参数示意图　　(b) 五轴加工误差产生示意图

图 8-5　切削误差产生机理

设 P_1、P_2 对应的刀位点及刀轴矢量分别为 T_1、T_2 和 $\boldsymbol{l}_1$、$\boldsymbol{l}_2$，Q_1、Q_2 分别为环形刀位参考点，根据机床运动模型计算两点对应的机床转角分别为 θ_{A1}、θ_{B1} 和 θ_{A2}、θ_{B2}。以圆心 O_P 为坐标原点建立局部坐标系，如图 8-5(b)所示，x_L 轴表示切削进给方向 $\boldsymbol{f}$，y_L 轴表示 P_1 点单位法矢方向 $\boldsymbol{n}$，令 $\boldsymbol{b}=\boldsymbol{f}\times\boldsymbol{n}$，以 z_L 轴表示，并设局部坐标系到工件坐标系的变换矩阵为 $\boldsymbol{M}$，则在局部坐标系中，有

$$\boldsymbol{r}_{P_1}=(0\quad R_0\quad 0)^{\mathrm{T}},\ \boldsymbol{r}_{Q_1}=(0\quad R_0+r\quad 0)^{\mathrm{T}}$$
$$\boldsymbol{r}_{P_2}=\boldsymbol{R}_z(\theta)\cdot\boldsymbol{r}_{P_1},\qquad \boldsymbol{r}_{Q_2}=\boldsymbol{R}_z(\theta)\cdot\boldsymbol{r}_{Q_1}$$

式中，$\boldsymbol{r}_{P_1}$、$\boldsymbol{r}_{P_2}$、$\boldsymbol{r}_{Q_1}$、$\boldsymbol{r}_{Q_2}$ 分别为点 P_1、P_2、Q_1、Q_2 对应的空间位置矢量，同时记 $\boldsymbol{r}_{O_P}$ 为圆心点 O_P 的位置矢量。

当机床工作台顺时针旋转 A 角时，工件随之旋转，则

$$\boldsymbol{r}_{O_{1A}}=\boldsymbol{R}_x(-\theta_{A1})\cdot\boldsymbol{r}_{O_P},\ \boldsymbol{r}_{O_{2A}}=\boldsymbol{R}_x(-\theta_{A2})\cdot\boldsymbol{r}_{O_P} \tag{8-2}$$

式中，$\boldsymbol{r}_{O_{1A}}$、$\boldsymbol{r}_{O_{2A}}$ 表示圆心 O_P 随工作台顺时针旋转 θ_{A1} 和 θ_{A2} 后对应点 O_{1A}、O_{2A} 的空间位置矢量。

相应地，有

$$\begin{cases}\boldsymbol{r}_{Q_{1A}}=\boldsymbol{r}_{O_{1A}}+\boldsymbol{R}_x(-\theta_{A1})\cdot\boldsymbol{M}\cdot\boldsymbol{r}_{Q_1}\\ \boldsymbol{r}_{Q_{2A}}=\boldsymbol{r}_{O_{2A}}+\boldsymbol{R}_x(-\theta_{A2})\cdot\boldsymbol{M}\cdot\boldsymbol{r}_{Q_2}\end{cases} \tag{8-3}$$

式中，$\boldsymbol{r}_{Q_{1A}}$、$\boldsymbol{r}_{Q_{2A}}$ 表示环形刀位参考点 Q_1、Q_2 分别随工作台顺时针旋转 θ_{A1} 和 θ_{A2} 后对应点 Q_{1A}、Q_{2A} 的空间位置矢量。而各自对应的摆动中心 C_1、C_2 位置矢量为

$$\begin{cases}\boldsymbol{r}_{C_1}=\boldsymbol{r}_{Q_{1A}}+\boldsymbol{R}_{y^*}(\theta_{B1})\cdot(-(R-r)\quad 0\quad L-r)^{\mathrm{T}}\\ \boldsymbol{r}_{C_2}=\boldsymbol{r}_{Q_{2A}}+\boldsymbol{R}_{y^*}(\theta_{B2})\cdot(-(R-r)\quad 0\quad L-r)^{\mathrm{T}}\end{cases}\tag{8-4}$$

为分析切削误差，以 Q 点作为参考点，在实际切削过程中，摆动中心做线性插值运动，即

$$\boldsymbol{r}_{C(\lambda)}=(1-\lambda)\boldsymbol{r}_{C_1}+\lambda\boldsymbol{r}_{C_2},\quad 0\leqslant\lambda\leqslant 1\tag{8-5}$$

式中，λ 为轨迹参数；$\boldsymbol{r}_{C(\lambda)}$ 为摆动中心运动轨迹 $C(\lambda)$ 的位置矢量，则对应 Q 点的运动轨迹 $Q_A(\lambda)$ 位置矢量变化为

$$\boldsymbol{r}_{Q_A(\lambda)}=\boldsymbol{r}_{C(\lambda)}-\boldsymbol{R}_{y^*}[\theta_B(\lambda)]\cdot(-(R-r)\quad 0\quad L-r)^{\mathrm{T}}\tag{8-6}$$

同时工件随工作台 x_{m} 轴做线性转动，即

$$\boldsymbol{r}_{O_A(\lambda)}=\boldsymbol{R}_x[-\theta_A(\lambda)]\cdot\boldsymbol{r}_{O_P}\tag{8-7}$$

式中，$\boldsymbol{r}_{O_A(\lambda)}$ 为圆心 O_P 随工作台顺时针转动 $\theta_A(\lambda)$ 后对应点 $O_A(\lambda)$ 的位置矢量，此时有

$$\begin{cases}\boldsymbol{R}_x[-\theta_A(\lambda)]=\boldsymbol{R}_x\{-[(1-\lambda)\theta_{A1}+\lambda\theta_{A2}]\}\\ \boldsymbol{R}_{y^*}[-\theta_B(\lambda)]=\boldsymbol{R}_{y^*}[(1-\lambda)\theta_{B1}+\lambda\theta_{B2}]\end{cases}\tag{8-8}$$

在理想情况下，$Q_A(\lambda)$ 与 $O_A(\lambda)$ 的距离应等于 R_0+r。因此，实际最大切削误差为

$$e_{\mathrm{T}}=\max_{0\leqslant\lambda\leqslant 1}\left|(R_0+r)-\left\|\boldsymbol{r}_{Q_A(\lambda)}-\boldsymbol{r}_{O_A(\lambda)}\right\|\right|\tag{8-9}$$

将式(8-2)～式(8-8)代入式(8-9)中，通过一次函数泰勒展开，并略去高阶无穷小量进行详细推导。当 $\lambda=1/2$ 时，切削误差 e_{T} 取得最大值，代入 λ 展开并化简得

$$e_{\mathrm{T}}=\left|(R_0+r)-\left\|\frac{1}{8}\Delta\theta_A{}^2\boldsymbol{m}_1+\left(\frac{R_0+r}{2}\right)\boldsymbol{m}_2+\frac{1}{8}\Delta\theta_B{}^2\boldsymbol{m}_3\right\|\right|\tag{8-10}$$

其中，

$$\Delta\theta_A = \theta_{A2} - \theta_{A1},\ \ \Delta\theta_B = \theta_{B2} - \theta_{B1} \tag{8-11}$$

$$\begin{cases} \boldsymbol{m}_1 = \boldsymbol{R}''_x(-\theta_{A1}) \cdot \boldsymbol{r}_{O_P} \\ \boldsymbol{m}_2 = \boldsymbol{R}_x(-\theta_{A1}) \cdot \boldsymbol{M} \cdot (0 \quad 1 \quad 0)^{\mathrm{T}} + \boldsymbol{R}_x(-\theta_{A2}) \cdot \boldsymbol{M} \cdot (\sin\theta \quad \cos\theta \quad 0)^{\mathrm{T}} \\ \boldsymbol{m}_3 = \boldsymbol{R}''_{y^*}(-\theta_{B1}) \cdot (-(R-r) \quad 0 \quad L-r)^{\mathrm{T}} \end{cases} \tag{8-12}$$

式中，$\boldsymbol{m}_1$ 为机床工作台转动坐标 A 影响切削误差的空间矢量；$\boldsymbol{m}_2$ 为刀具轨迹圆弧逼近和机床运动共同作用的误差影响矢量；$\boldsymbol{m}_3$ 为机床主轴转动坐标 B 及刀具参数对应的切削误差影响矢量。

可以看出，最大切削误差不但包含弦长逼近误差，还包含机床转动坐标误差，与曲面几何参数 (R_0,θ)、非正交结构机床运动参数 $(\alpha,\theta_A,\theta_B)$、刀具参数 (L,R,r) 均有关，对五轴数控编程中走刀步长的计算产生重要的影响。

8.2.3　走刀步长计算

走刀步长是满足精度要求的刀具轨迹曲线线性逼近线段距离。在给定最大允许误差的条件下，如何有效估计最大走刀步长是数控编程中刀具轨迹规划的重要问题。

由基于机床运动模型的切削误差分析可知，走刀步长 $s = R_0\theta$，但是由于式(8-10)过于复杂，无法推导步长 s 与切削误差 e_{T} 的简单关系表达式。因此，在实际计算中，通过近似迭代方法计算满足允许误差要求的最大走刀步长 $s_{\max}$。假设已知刀轴方位计算方法：

(1) 根据当前切触点 P_1 的几何性质，建立局部坐标系，并计算刀轴方位及对应的机床转动坐标；初始化走刀步长 $s_0 = \sqrt{8R_0 e_{\max}}$。

(2) 按步长 s_0 估计下一切触点 P_2，并计算相应的刀轴方位及机床转动坐标。

(3) 根据式(8-10)，计算实际切削误差 e_{T}。

(4) 若 $e_{\mathrm{T}} \leqslant e_{\max}$，则 $s_{\max} = s_0$，退出；否则 $s_0 = \left(1 - \dfrac{e_{\mathrm{T}} - e_{\max}}{e_{\max}}\right) s_0$，返回步骤(2)。

8.2.4　算例分析

针对某航空发动机自由曲面形式叶片的五轴加工，进行其中某段刀具轨迹的走刀步长计算。机床结构及参数如图 7-6 所示，刀具参数 R=25mm，r=4mm，L=200mm。给定最大允许误差 $e_{\max} = 0.01$，在变步长 $s_0 = \sqrt{8R_0 e_{\max}}$ 条件下刀轴倾角变化对实际切削误差的影响分布如图 8-6 所示。其中，线型 1～4 分别对应刀轴倾角 $(\lambda_0,\omega_0) = (15°,-5°)$、$(15°,-15°)$、$(25°,-5°)$、$(25°,-15°)$ 的误差分布。可以看出，刀轴倾角的变化引起机床转动坐标的变化，进而影响切削误差，是估计实际切削误差的重要因素。

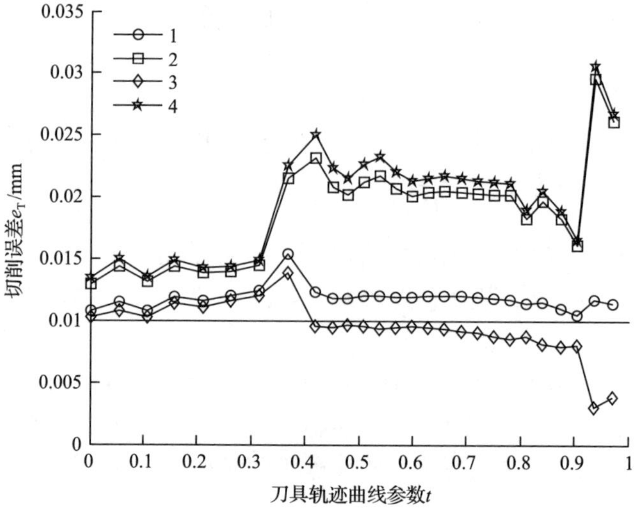

图 8-6　变步长 s_0 条件下实际切削误差分布

不同走刀步长计算方法估计的实际切削误差分布如图 8-7 所示。其中，线型 1 表示基于机床运动模型的步长计算方法，线型 2 和 3 表示等步长和传统变步长计算方法。

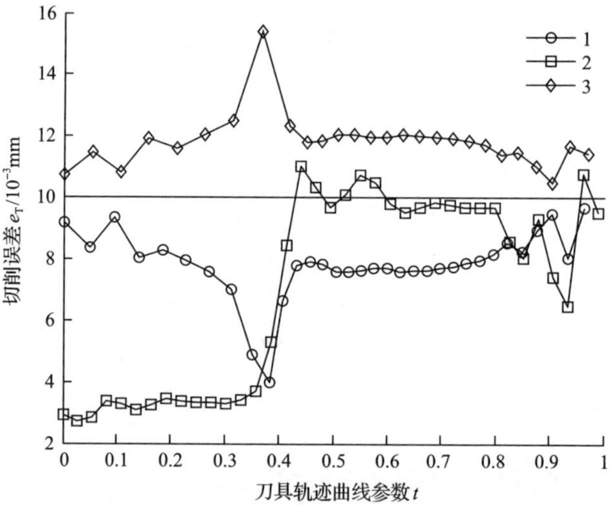

图 8-7　不同走刀步长计算方法估计的实际切削误差分布

可以看出，对于相同的刀具轨迹曲线，本节算法充分考虑了机床结构和运动传递关系，使实际切削误差均小于最大允许误差 $e_{\max}$，较之传统变步长计算方法最大误差降低了 37.01%。而与等步长计算方法相比，平均步长增加了 8.91%，意味着在曲面加工精度提高的同时，切削效率也得到了有效保证。

8.3　刀轴矢量的运动学控制及优化方法

刀轴矢量的控制是数控加工编程，尤其是多轴加工刀位规划的重要内容。本书第 6 章从几何学优化的角度探讨了多轴加工刀轴的控制及优化方法，而随着机床结构的变化和运动学特性的要求，越来越多的研究开始关注刀轴矢量的运动学控制及优化方法[7,8,12,24]。

为了合理控制及规划多轴加工刀轴矢量，本节首先介绍基于机床运动结构的碰撞干涉修正方法，然后针对非正交机床四轴加工，提出基于圆锥面求交和旋转插值的刀轴控制方法，并以自由曲面叶轮加工为例进行应用验证。最后，通过确定特定结构五轴加工的刀轴变化范围，给出考虑机床运动学的刀轴矢量单点优化方法。

8.3.1　基于机床运动结构的碰撞干涉修正方法

在实际应用中，防止刀具干涉，尤其是碰撞干涉的产生是刀轴控制及优化的前提条件。尽管碰撞干涉在计算机图形学中有着广泛的应用，但传统的碰撞检测算法并不执行碰撞干涉的修正，干涉现象的修正主要存在于工程应用领域。对于多轴数控加工，一个好的碰撞干涉分析系统(含碰撞干涉检测及修正)应该实现三方面的功能[14]：

(1) 快速确定刀具和工件之间是否发生碰撞。

(2) 若发生碰撞，则需要给出精确的碰撞点位置。

(3) 可以实现相应的碰撞修正，并且不会产生冗余的刀轴旋转。

结合本书第 6 章介绍的基于层次有向包围盒树的碰撞干涉检测方法，本节将对在碰撞检测阶段得到的刀具与曲面的交点数据，针对不同结构五轴、四轴机床加工中存在的碰撞干涉进行相应的修正，以实现无干涉的多轴加工[14]。

1. 五轴加工碰撞干涉修正

五轴加工中刀轴可以实现任意方位，它一方面给有效避免干涉带来了更大的灵活性和可能性，但同时也使干涉修正的方法多样化和复杂化，给通用的干涉修正算法的设计带来很大的困难。

如图 8-8 所示，当存在干涉时，碰撞干涉检查的结果实际上得到的是刀具和被加工曲面或相邻曲面的若干离散的交点 $\boldsymbol{P}_i(i=1,2,\cdots,n)$。干涉深度定义为刀具半径与曲面上碰撞区域的点到刀轴的距离之差。实际上，刀具与曲面在交点处的干涉深度为零，而具有最大干涉深度的干涉点是位于该交线区域内的某一点，相应的干涉修正应是针对具有最大干涉深度的点进行的。对于光滑连续的曲面，该点可近似取为交线的质心。

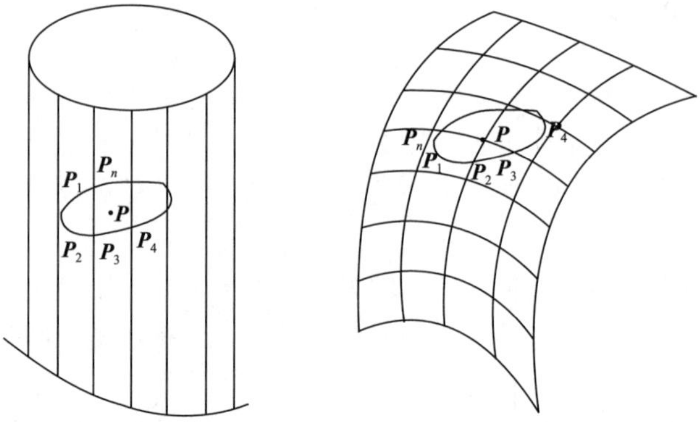

(a) 刀具表面　　(b) 障碍面

图 8-8　刀杆与被加工曲面的交线

假设当干涉发生时，刀具与被加工曲面的交点为 $\boldsymbol{P}_i(i=1,2,\cdots,n)$，则具有最大干涉深度的干涉点可近似取为

$$\boldsymbol{P}=\frac{\sum_{i=1}^{n}\boldsymbol{P}_i}{n} \tag{8-13}$$

在许多干涉修正算法中，采用修正后的刀轴矢量与干涉点处曲面外法矢垂直的方法，如图 8-9 所示，$\boldsymbol{P}$ 为干涉点，$\boldsymbol{n}$ 为干涉点处外法矢，刀轴矢量 $\boldsymbol{l}$ 与 $\boldsymbol{n}$ 的夹角为 θ，则刀轴需沿外法矢方向旋转角度 $\gamma=\dfrac{\pi}{2}-\theta$，使修正后的刀轴矢量 $\boldsymbol{l}_{\text{new}}$ 垂直于 $\boldsymbol{n}$。

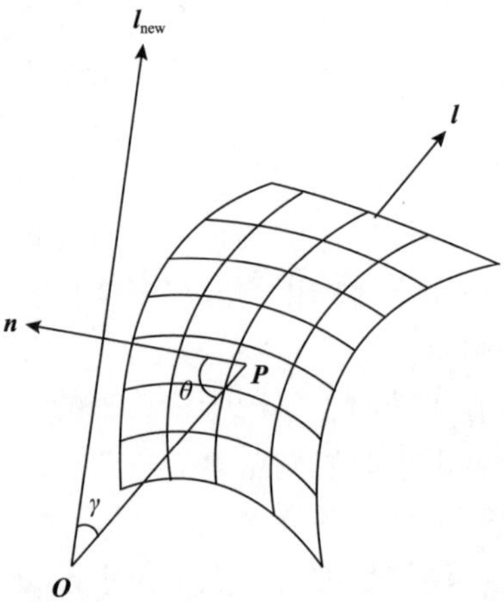

图 8-9　错误干涉修正算法图

显然，这个条件过于严格，尤其在叶轮加工中，由于叶片稠度很大，流道非常狭窄，这种方法可能导致修正后的刀具与相邻叶片发生碰撞。另外，在进行碰撞检测之前，刀轴矢量往往都是选择刀具轨迹生成中具有最大切削效率的刀具方位。因此，当存在碰撞干涉时，应选择最小的刀轴矢量改变程度，这样一方面不会导致刀具切削效率的过多改变，另一方面也减小了与相邻曲面发生碰撞的概率。为此，本节采用矢量叠加的方法对五轴加工的碰撞干涉进行修正。

如图 8-10 所示，假定 $\boldsymbol{P}$ 为干涉点，$\boldsymbol{T}$ 为点 $\boldsymbol{P}$ 在刀轴上的投影，刀杆半径为 r_{f}，则干涉深度为

$$|\boldsymbol{QP}| = r_{\mathrm{f}} - |\boldsymbol{PT}|$$

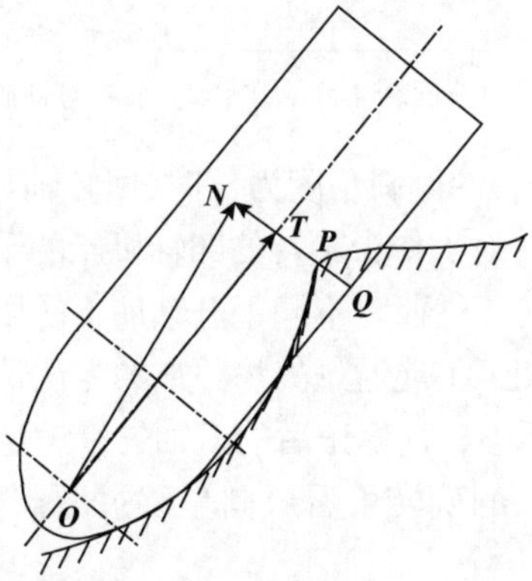

图 8-10　五轴加工干涉修正示意图

另外，为确保修正后的刀具表面不会与发生干涉的曲面相交，需附加一个安全距离 d_{s}，则修正后的刀轴矢量为

$$\boldsymbol{ON} = \boldsymbol{OT} + \frac{\boldsymbol{PT}}{|\boldsymbol{PT}|}(|\boldsymbol{QP}| + d_{\mathrm{s}})$$

然而，刀轴矢量 $\boldsymbol{ON}$ 不一定是单位矢量，需将其进行归一化处理。因此，新的刀轴矢量为

$$\boldsymbol{l}_{\mathrm{new}} = \frac{\boldsymbol{ON}}{|\boldsymbol{ON}|} \tag{8-14}$$

这样，对于五轴加工，修正后的刀轴矢量不会产生冗余的刀轴旋转而导致与相邻叶片的干涉，能够满足刀轴控制要求。

2. 四轴加工碰撞干涉修正

在五轴加工中，由于刀轴为自由矢量，可以实现任意的空间方位，干涉的修

正相对容易实现。而在图 8-11 所示的带倾斜回转工作台的四轴加工中，刀轴只能绕回转轴 $\boldsymbol{R}$ 旋转。因此，刀轴矢量被限制在以回转轴为中心轴，以 $\pi/2-\alpha$ 为半顶角的圆锥面上，其干涉修正的难度要比五轴加工大得多[25]。

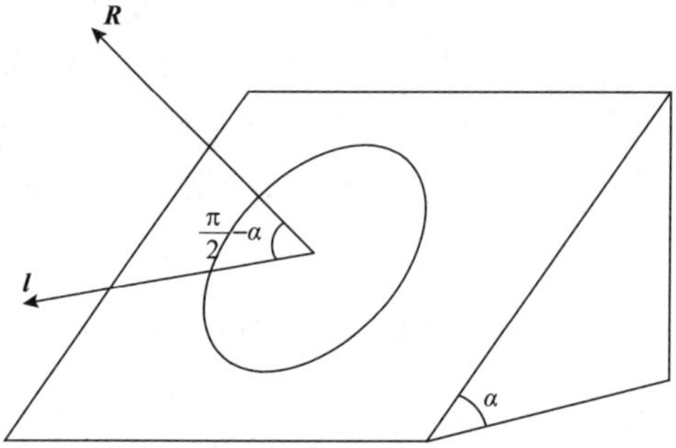

图 8-11　带倾斜回转工作台的四轴加工刀轴旋转示意图

如图 8-11 所示，当工作台的倾斜角度为 α 时，回转轴与刀轴矢量的夹角为 $\pi/2-\alpha$。同规划刀具轨迹一样，对工作台旋转的四轴机床的干涉修正也可看成工作台不动而刀轴矢量绕回转轴旋转。然而，不同于五轴加工的干涉修正，当存在干涉时，带倾斜回转工作台的四轴加工不能通过矢量叠加的方法消除干涉，只能通过刀轴矢量绕回转轴的旋转来消除干涉，使修正后的刀轴矢量满足机床运动结构的要求。

刀轴矢量绕回转轴 $\boldsymbol{R}$ 的旋转可看成向量绕过原点的任意一般轴线的旋转过程，下面对这一过程进行推导。

如图 8-12(a)所示，向量 $\boldsymbol{r}$ 绕过原点且方向为 $\boldsymbol{u}$ 的直线旋转角度 θ（符合右手定则，逆时针为正，顺时针为负）。在旋转过程中，向量 $\boldsymbol{r}$ 沿 $\boldsymbol{u}$ 的分量 $\boldsymbol{ON}$ 不发生变化，而分量 $\boldsymbol{NX}$ 转过 θ 至 $\boldsymbol{NX'}$。由于 $\boldsymbol{ON}=\boldsymbol{r}\cdot\boldsymbol{u}$，向量 $\boldsymbol{NX}$ 由 $\boldsymbol{r}-(\boldsymbol{r}\cdot\boldsymbol{u})\boldsymbol{u}$ 给出。

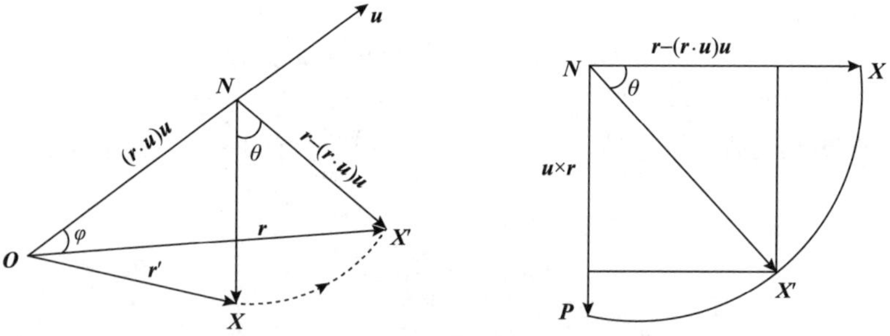

(a) 情况一　　(b) 情况二

图 8-12　向量绕过原点的任意一般轴线的旋转

图 8-12(b)表示沿 $\boldsymbol{u}$ 向的观察，向量 $\boldsymbol{u}\times\boldsymbol{r}$ 由 $\boldsymbol{NP}$ 表示。由于 $|\boldsymbol{r}-(\boldsymbol{r}\cdot\boldsymbol{u})\boldsymbol{u}|=|\boldsymbol{r}|\sin\phi=|\boldsymbol{u}\times\boldsymbol{r}|$，在图 8-12(b)中，有 $|\boldsymbol{NX}|=|\boldsymbol{NX'}|=|\boldsymbol{NP}|$。将 $\boldsymbol{NX'}$ 分解到 $\boldsymbol{NX}$ 和 $\boldsymbol{NP}$ 上，得

$$\boldsymbol{NX}'=[\boldsymbol{r}-(\boldsymbol{r}\cdot\boldsymbol{u})\boldsymbol{u}]\cos\theta+(\boldsymbol{u}\times\boldsymbol{r})\sin\theta$$

则旋转后的矢量 $\boldsymbol{r}'=\boldsymbol{ON}+\boldsymbol{NX}'$，可得

$$\boldsymbol{r}'=(\boldsymbol{r}\cdot\boldsymbol{u})\boldsymbol{u}+[\boldsymbol{r}-(\boldsymbol{r}\cdot\boldsymbol{u})\boldsymbol{u}]\cos\theta+(\boldsymbol{u}\times\boldsymbol{r})\sin\theta \tag{8-15}$$

在带倾斜回转工作台的四轴加工的干涉修正中，如图 8-13 所示，假定干涉点为 $\boldsymbol{P}$，过点 $\boldsymbol{P}$ 作一个垂直于回转轴 $\boldsymbol{R}$ 的平面 $\boldsymbol{\Gamma}$，该平面与刀具表面的截交线为椭圆 $\boldsymbol{E}$，碰撞干涉的修正实际上是通过刀轴矢量的合理旋转使点 $\boldsymbol{P}$ 位于刀具表面以外。在平面 $\boldsymbol{\Gamma}$ 内，刀轴矢量绕回转轴 $\boldsymbol{R}$ 的旋转相当于椭圆 $\boldsymbol{E}$ 绕回转轴 $\boldsymbol{R}$ 的旋转。当椭圆 $\boldsymbol{E}$ 旋转适当角度使点 $\boldsymbol{P}$ 位于该椭圆之外时，说明点 $\boldsymbol{P}$ 位于刀具表面之外，即干涉消除。

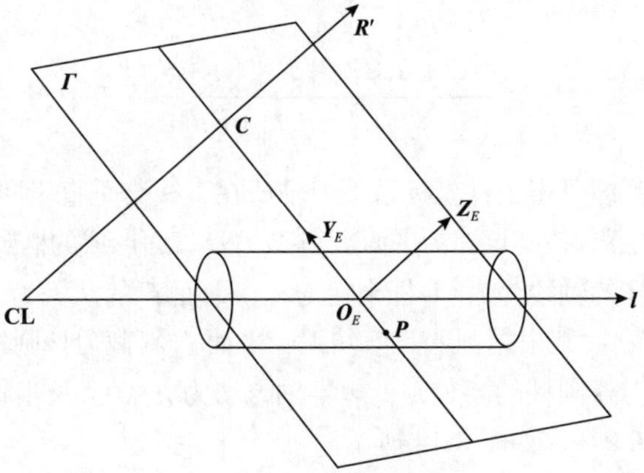

图 8-13　带倾斜回转工作台的四轴干涉修正示意图

如图 8-13 所示，在工件坐标系中，过点 $\boldsymbol{P}$ 且垂直于工作台回转轴 $\boldsymbol{R}$ 的平面 $\boldsymbol{\Gamma}$ 的方程为

$$R_x x+R_y y+R_z z+D=0 \tag{8-16}$$

其中，

$$D=-(R_xP_x+R_yP_y+R_zP_z)$$

令对应于当前切触点的刀位点(刀心点)为 $\mathbf{CL}(\mathrm{CL}_x,\mathrm{CL}_y,\mathrm{CL}_z)$，则过刀位点且平行于工作台回转轴 $\boldsymbol{R}$ 的直线 $\boldsymbol{R}'$ 的方程为

$$\frac{x-\mathrm{CL}_x}{R_x}=\frac{y-\mathrm{CL}_y}{R_y}=\frac{z-\mathrm{CL}_z}{R_z}=k_1 \tag{8-17}$$

联立式(8-16)和式(8-17)得

$$k_1 = -\frac{R_x \mathrm{CL}_x + R_y \mathrm{CL}_y + R_z \mathrm{CL}_z + D}{R_x^2 + R_y^2 + R_z^2}$$

将 k_1 代入式(8-17)可得工件坐标系下直线 $\boldsymbol{R}'$ 和平面 $\boldsymbol{\Gamma}$ 的交点 $\boldsymbol{C}(X_0, Y_0, Z_0)$，该点为干涉修正过程中椭圆 $\boldsymbol{E}$ 绕直线 $\boldsymbol{R}'$ 旋转时的旋转中心，称为刀具的摆动中心，如图 8-13 所示。

令刀轴矢量为 $\boldsymbol{l} = (l_x \quad l_y \quad l_z)^{\mathrm{T}}$，由于刀轴矢量所在直线经过刀位点 **CL**，则该直线的方程为

$$\frac{x - \mathrm{CL}_x}{l_x} = \frac{y - \mathrm{CL}_y}{l_y} = \frac{z - \mathrm{CL}_z}{l_z} = k_2 \tag{8-18}$$

联立式(8-16)和式(8-18)得

$$k_2 = \frac{-(D + R_x \mathrm{CL}_x + R_y \mathrm{CL}_y + R_z \mathrm{CL}_z)}{R_x l_x + R_y l_y + R_z l_z}$$

将 k_2 代入式(8-18)即可得工件坐标系下刀轴所在直线与垂直于回转轴的平面 $\boldsymbol{\Gamma}$ 的交点 $\boldsymbol{O}_E(X_E, Y_E, Z_E)$，该交点即为平面 $\boldsymbol{\Gamma}$ 斜截刀具表面形成的椭圆 $\boldsymbol{E}$ 的中心。

由于刀杆圆柱的轴线为 $\boldsymbol{l}$，刀杆半径为 r_{f}，平面 $\boldsymbol{\Gamma}$ 的法矢为 $\boldsymbol{R}$，$\boldsymbol{l}$ 和 $\boldsymbol{R}$ 之间的夹角为 $\theta = \pi/2 - \alpha$，则根据画法几何知识，平面 $\boldsymbol{\Gamma}$ 斜截刀杆圆柱形成椭圆 $\boldsymbol{E}$ 时，其短半轴始终为刀杆圆柱的半径 r_{f}，短半轴方向为 $\boldsymbol{R} \times \boldsymbol{l}$，长半轴为 $R/\cos\theta$，长半轴方向为 $\boldsymbol{R} \times (\boldsymbol{R} \times \boldsymbol{l})$，如图 8-14 所示。

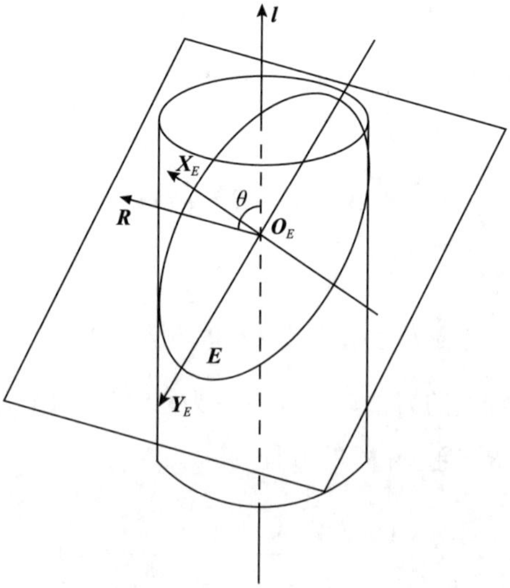

图 8-14　平面斜截圆柱形成的椭圆

在图 8-14 中，取 $\boldsymbol{X}_E=\boldsymbol{R}\times\boldsymbol{l}$，$\boldsymbol{Y}_E=\boldsymbol{R}\times(\boldsymbol{R}\times\boldsymbol{l})$，$\boldsymbol{Z}_E=\boldsymbol{R}$，以椭圆 $\boldsymbol{E}$ 的中心 $\boldsymbol{O}_E$ 为坐标原点，$\boldsymbol{X}_E$、$\boldsymbol{Y}_E$、$\boldsymbol{Z}_E$ 为基向量建立局部坐标系，称为椭圆坐标系。

令

$$a_1=\boldsymbol{O}_E(1),\ \ a_2=\boldsymbol{O}_E(2),\ \ a_3=\boldsymbol{O}_E(3)$$

$$a_{11}=\boldsymbol{X}_E(1),\ \ a_{21}=\boldsymbol{X}_E(2),\ \ a_{31}=\boldsymbol{X}_E(3)$$

$$a_{12}=\boldsymbol{Y}_E(1),\ \ a_{22}=\boldsymbol{Y}_E(2),\ \ a_{32}=\boldsymbol{Y}_E(3)$$

$$a_{13}=\boldsymbol{Z}_E(1),\ \ a_{23}=\boldsymbol{Z}_E(2),\ \ a_{33}=\boldsymbol{Z}_E(3)$$

则椭圆坐标系和工件坐标系的变换矩阵为

$$\boldsymbol{M}=\begin{pmatrix} a_{11} & a_{12} & a_{13} \\ a_{21} & a_{22} & a_{23} \\ a_{31} & a_{32} & a_{33} \end{pmatrix}$$

该矩阵为正交矩阵[26]，有 $\boldsymbol{M}^{-1}=\boldsymbol{M}'$。

在工件坐标系下，刀具摆动中心 $\boldsymbol{C}$ 的坐标为 (X_0,Y_0,Z_0)，则在椭圆坐标系下，$\boldsymbol{C}$ 的坐标为

$$(x_0,y_0,z_0)=[(X_0,Y_0,Z_0)-(a_1,a_2,a_3)]\boldsymbol{M}$$

显然，$z_0=0$。

图 8-15 为椭圆坐标系中沿工作台回转轴 $\boldsymbol{R}$ 方向带倾斜工作台的四轴加工存在干涉时的观察视图，即图 8-13 在 $\boldsymbol{X}_E\boldsymbol{O}_E\boldsymbol{Y}_E$ 平面上的投影。图 8-15 中，$\boldsymbol{C}$ 为垂直于

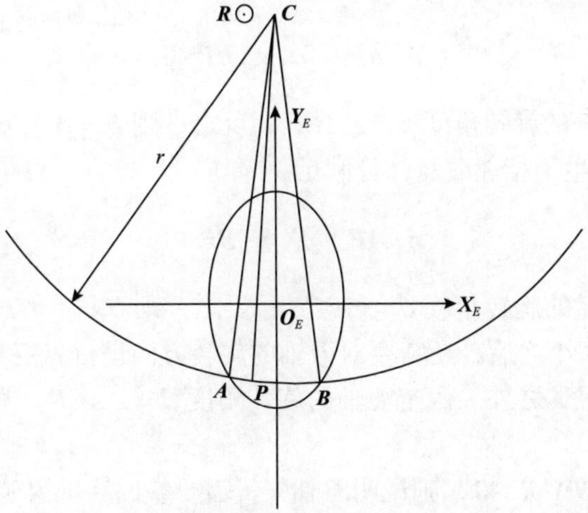

图 8-15　四轴加工干涉修正的平面视图

回转轴的平面 $\boldsymbol{\Gamma}$ 与回转轴 $\boldsymbol{R}'$ 的交点，$\boldsymbol{P}$ 为干涉点。在该平面视图上，刀轴的旋转即为椭圆绕点 $\boldsymbol{C}$ 的旋转，干涉的修正过程实际上就是通过该椭圆的旋转使干涉点 $\boldsymbol{P}$ 位于椭圆 $\boldsymbol{E}$ 之外。

下面讨论为消除干涉椭圆 $\boldsymbol{E}$ 需要旋转的角度。以 $\boldsymbol{C}$ 为圆心，$|\boldsymbol{CP}|$ 为半径作圆，该圆与椭圆 $\boldsymbol{E}$ 交于 $\boldsymbol{A}$、$\boldsymbol{B}$ 两点。在椭圆坐标系 $\boldsymbol{X_E O_E Y_E}$ 中，圆弧 $\widehat{\boldsymbol{AB}}$ 和椭圆 $\boldsymbol{E}$ 的方程分别为

$$(x-x_0)^2+(y-y_0)^2=r^2 \tag{8-19}$$

$$x^2+y^2\cos^2\alpha=r_{\mathrm{f}}^2 \tag{8-20}$$

式中，$r=|\boldsymbol{CP}|$；r_{f} 为刀杆半径。

联立式(8-19)和式(8-20)，通过求解一个四次多项式可以得到图 8-15 中圆弧和椭圆的交点 $\boldsymbol{A}$、$\boldsymbol{B}$，该四次多项式可通过数值方法进行求解或者通过 MATLAB 中的 roots 命令直接得到。$\angle\boldsymbol{ACP}$ 或者 $\angle\boldsymbol{PCB}$ 即为消除干涉所需刀轴旋转的最小角度。但实际上，在叶轮的整体加工中，刀轴矢量只有一个正确的旋转修正方向，朝向另外一个方向的旋转将导致刀具穿透叶片。因此，需要对刀轴旋转的方向和角度进行正确的选择。

当存在干涉时，刀轴的旋转应该使刀具远离存在干涉的区域。对于叶轮加工，当干涉发生于被加工曲面时，刀轴矢量应朝向被加工曲面的外法矢方向旋转；当干涉发生于相邻曲面时，刀轴矢量应朝向被加工曲面外法矢的反方向旋转。

在切触点处，被加工曲面的法矢为 $\boldsymbol{n}$，令 β 为实现干涉修正所需的刀轴绕回转轴 $\boldsymbol{R}$ 的旋转角度，有以下结论。

(1)若干涉发生于被加工曲面，且满足

$$\boldsymbol{n}\cdot\boldsymbol{AP}>0,\quad \boldsymbol{n}\cdot\boldsymbol{BP}<0$$

则刀轴绕回转轴 $\boldsymbol{R}$ 的旋转角度 $\beta=\angle\boldsymbol{ACP}$；反之，则 $\beta=\angle\boldsymbol{PCB}$。

(2)若干涉发生于相邻曲面，且满足

$$\boldsymbol{n}\cdot\boldsymbol{AP}>0,\quad \boldsymbol{n}\cdot\boldsymbol{BP}<0$$

则刀轴绕回转轴 $\boldsymbol{R}$ 的旋转角度 $\beta=\angle\boldsymbol{PCB}$；反之，则 $\beta=\angle\boldsymbol{ACP}$。

在确定 β 的大小之后，还需要对刀轴的旋转方向进行界定，以确保经过旋转之后干涉点位于刀具之外。假定刀轴的旋转角度 $\beta=\angle\boldsymbol{ACP}$，则刀轴旋转方向的确定准则如下：

(1)若 $(\boldsymbol{CA}\times\boldsymbol{CP})\cdot\boldsymbol{R}>0$，则说明刀轴矢量需要绕回转轴 $\boldsymbol{R}$ 逆时针旋转 β。

(2)若 $(\boldsymbol{CA}\times\boldsymbol{CP})\cdot\boldsymbol{R}<0$，则说明刀轴矢量需要绕回转轴 $\boldsymbol{R}$ 顺时针旋转 β。

另外，为保证精度和安全，刀轴在旋转 β 的基础上还应该沿修正方向再增加一个安全角度 β_{safe}（本节中该安全角度选为 2°），因此刀轴矢量旋转的角度 $\beta_{\mathrm{T}} = \mathrm{sign}(\beta)(|\beta| + \beta_{\mathrm{safe}})$。将 β_{T} 代入式(8-15)中，即可得到刀轴矢量经过旋转修正后的矢量位置。令修正后的刀轴矢量在工件坐标系中为 $\boldsymbol{l}_{\mathrm{new}}$，则

$$\boldsymbol{l}_{\mathrm{new}} = (\boldsymbol{l} \cdot \boldsymbol{R})\boldsymbol{R} + [\boldsymbol{l} - (\boldsymbol{l} \cdot \boldsymbol{R})\boldsymbol{R}]\cos\beta_{\mathrm{T}} + (\boldsymbol{R} \times \boldsymbol{l})\sin\beta_{\mathrm{T}}$$

刀具的碰撞干涉检查及修正是一个反复的过程，可能一次修正不能确保刀具与所有的曲面都不发生碰撞。另外，最大干涉深度是通过刀具与曲面交点的质心计算得到的，可能会导致其与实际的最大干涉深度有偏差，所以多轴加工中碰撞干涉的检查与修正是一个迭代的过程。若刀具半径选择过大，则可能找不到合适的无碰撞刀具方位，因此需要设定一个允许的迭代次数。当碰撞修正次数超过该允许迭代次数而碰撞仍不能消除时，说明选用刀具半径过大，应予以换刀。

8.3.2　非正交四轴加工的刀轴控制方法

在自由曲面的四轴加工中，为了增加加工的开敞性，减小刀具深入工件的长度，以减小碰撞干涉发生的可能性，需将工作台倾斜一个角度，使四轴机床成为非正交四轴机床，如图 8-16 所示。

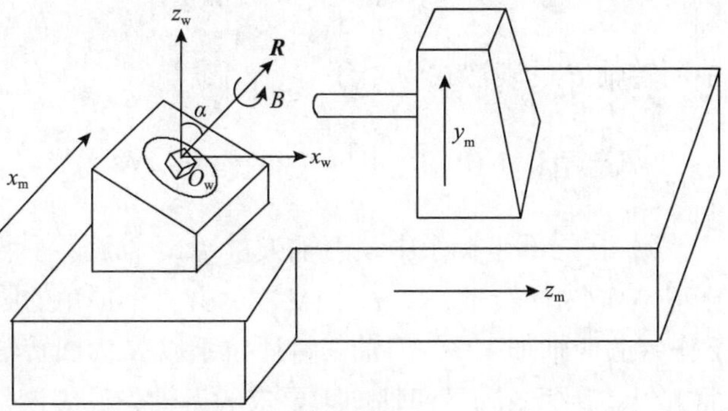

图 8-16　非正交四轴加工示意图

工作台绕 x_{m} 轴旋转一个角度 α，此时工作台的回转轴线变为 $\boldsymbol{R}$ 轴。在非正交四轴加工刀位轨迹的规划中，将工作台的转动看成刀轴绕回转轴 $\boldsymbol{R}$ 的摆动。此时，刀轴矢量被约束在以回转轴 $\boldsymbol{R}$ 为轴，半顶角为 $\pi/2-\alpha$ 的圆锥面上。当刀轴位于该圆锥面上时，四轴机床可以精确实现该矢量位置。

因此，对四轴加工的研究即是如何在该圆锥面上确定合适的刀轴矢量，以实现无干涉的曲面加工。下面以叶轮加工为例，介绍两种刀轴控制方法，即圆锥面求交方法和旋转插值方法[13]。

1. 基于圆锥面求交的刀轴控制方法

圆锥面求交方法是针对叶轮叶片非正交四轴加工提出的刀轴矢量确定方法。给定工作台倾斜角度和刀具后跟角，四轴加工的刀轴矢量必然位于这两个角度确定的两个圆锥面上。通过对两个圆锥面求交并结合叶轮加工的实际特点，按照下述方法实现四轴加工刀轴矢量的运动学约束控制。

1)圆锥面求交算法

在图 8-16 中，假定工件坐标系 $O_w\text{-}x_w y_w z_w$ 和机床坐标系 $O_m\text{-}x_m y_m z_m$ 都满足右手定则且原点重合，则有如下关系：

$$\begin{cases} x_w = z_m \\ y_w = x_m \\ z_w = y_m \end{cases} \tag{8-21}$$

因此，工作台绕机床坐标系的 x_m 轴旋转相当于绕工件坐标系的 y_w 轴旋转。在工件坐标系中，绕 y_w 轴的旋转矩阵为

$$\boldsymbol{R}_y(\alpha) = \begin{pmatrix} \cos\alpha & 0 & \sin\alpha \\ 0 & 1 & 0 \\ -\sin\alpha & 0 & \cos\alpha \end{pmatrix} \tag{8-22}$$

则工件坐标系中回转轴 $\boldsymbol{R}$ 的表达式为

$$\boldsymbol{R} = \boldsymbol{R}_y(\alpha)\cdot(0 \quad 0 \quad 1)^{\mathrm{T}} = (\sin\alpha \quad 0 \quad \cos\alpha)^{\mathrm{T}} \tag{8-23}$$

如图 8-17 所示，在局部坐标系中，刀轴矢量绕 x_L 轴旋转后再绕 y_L 轴旋转的过程中始终位于以 y_L 轴为回转轴，以 $\pi/2+\lambda\,(\lambda<0)$ 为半顶角的圆锥面 $\boldsymbol{\varGamma}_2$ 上。同时，在带倾斜工作台的四轴加工中，刀轴矢量还位于以 $\boldsymbol{R}$ 为回转轴，以 $\pi/2-\alpha$ 为半顶角的圆锥面 $\boldsymbol{\varGamma}_1$ 上。因此，满足四轴加工要求的刀轴矢量应该是两圆锥面 $\boldsymbol{\varGamma}_1$ 和 $\boldsymbol{\varGamma}_2$ 的交线 $\boldsymbol{l}_1$ 和 $\boldsymbol{l}_2$。将工件坐标系的原点平移至切触点 $\boldsymbol{C}$，使圆锥面 $\boldsymbol{\varGamma}_1$ 和 $\boldsymbol{\varGamma}_2$ 的顶点重合，如图 8-17 所示，则 $\boldsymbol{l}_1$ 和 $\boldsymbol{l}_2$ 的确定方法如下。

令刀轴矢量 $\boldsymbol{l}=(l_x \;\; l_y \;\; l_z)^{\mathrm{T}}$ 为单位矢量，工件坐标系中刀轴矢量 $\boldsymbol{l}$ 与回转轴 $\boldsymbol{R}$ 的夹角为 $\pi/2-\alpha$，结合式(8-23)，则有

$$\cos\left(\frac{\pi}{2}-\alpha\right) = l_x\sin\alpha + l_z\cos\alpha \tag{8-24}$$

而刀轴矢量 $\boldsymbol{l}$ 在局部坐标系 $C\text{-}x_L y_L z_L$ 中的表达式为

$$\begin{aligned} \boldsymbol{l}' &= \boldsymbol{M}\cdot(l_x \quad l_y \quad l_z)^{\mathrm{T}} \\ &= (a_{11}l_x + a_{12}l_y + a_{13}l_z \quad a_{21}l_x + a_{22}l_y + a_{23}l_z \quad a_{31}l_x + a_{32}l_y + a_{33}l_z)^{\mathrm{T}} \end{aligned} \tag{8-25}$$

式中，$\boldsymbol{M}$ 为刀轴矢量由工件坐标系向局部坐标系转换的坐标变换矩阵。

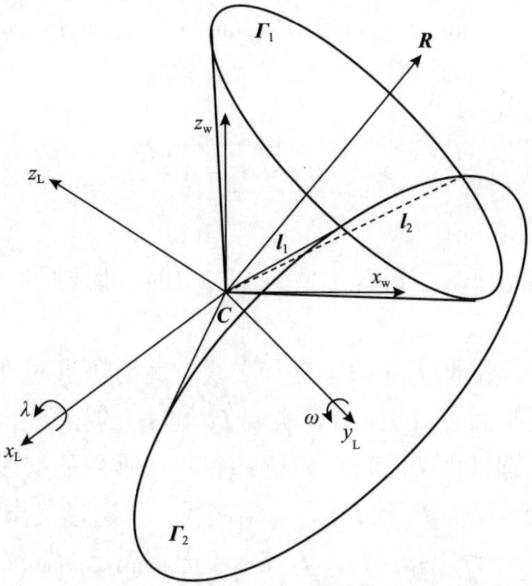

图 8-17　四轴加工刀轴矢量的确定

在局部坐标系中，刀轴矢量 $\boldsymbol{l}'$ 与 y_{L} 轴的夹角为 $\pi/2+\lambda$ ，因此有

$$\cos\left(\frac{\pi}{2}+\lambda\right) = a_{21}l_x + a_{22}l_y + a_{23}l_z \tag{8-26}$$

另外，由于刀轴矢量为单位矢量，即

$$l_x^2 + l_y^2 + l_z^2 = 1 \tag{8-27}$$

由式(8-24)可得

$$l_z = (1-l_x)\tan\alpha \tag{8-28}$$

将式(8-28)代入式(8-26)可得

$$l_y = \frac{-(\sin\lambda + a_{23}\tan\alpha)}{a_{22}} - \frac{(a_{21} - a_{23}\tan\alpha)l_x}{a_{22}} \tag{8-29}$$

将式(8-28)、式(8-29)代入式(8-27)可得

$$(1+b^2+\tan^2\alpha)l_x^2 + 2(ab-\tan^2\alpha)l_x + a^2 + \tan^2\alpha - 1 = 0 \tag{8-30}$$

其中，

$$a=-(\sin\lambda+a_{23}\tan\alpha)/a_{22},\quad b=-(a_{21}-a_{23}\tan\alpha)/a_{22}$$

令

$$A=1+b^2+\tan^2\alpha,\quad B=2(ab-\tan^2\alpha),\quad C=a^2+\tan^2\alpha-1$$

由式(8-30)可得

$$l_x=\frac{-B\pm\sqrt{B^2-4AC}}{2A}\tag{8-31}$$

由式(8-31)可知，只有当$\varDelta=B^2-4AC\geqslant 0$时，刀轴矢量才有解，具体情况如下。

(1)当$\varDelta<0$时，圆锥面$\boldsymbol{\varGamma}_1$和$\boldsymbol{\varGamma}_2$没有交线。此时可通过在λ的取值范围内减小$|\lambda|$的角度以增大圆锥面$\boldsymbol{\varGamma}_2$的顶角，实现$\boldsymbol{\varGamma}_2$与$\boldsymbol{\varGamma}_1$的相交。

(2)当$\varDelta=0$时，圆锥面$\boldsymbol{\varGamma}_1$和$\boldsymbol{\varGamma}_2$相切，有一条唯一的交线。

(3)当$\varDelta>0$时，圆锥面$\boldsymbol{\varGamma}_1$和$\boldsymbol{\varGamma}_2$有两条交线，可通过工作台倾斜角度的合理选取满足。此时获得的两个刀轴矢量$\boldsymbol{l}_1$、$\boldsymbol{l}_2$在数学上均满足四轴加工的条件，而在实际加工中仅有一个刀轴矢量是合理的，下面讨论如何在$\boldsymbol{l}_1$、$\boldsymbol{l}_2$中选取合理的刀轴矢量。

2)刀轴矢量选取

将l_x代入式(8-28)、式(8-29)可得相应的l_z、l_y，对应两组刀轴矢量。在三元叶轮的四轴加工中，这两组刀轴矢量一组指向流道外部空间，另一组指向流道内部空间。在实际加工中，指向流道内部空间的刀轴在四轴加工中是无法实现的，应将其舍弃，如图8-18所示。

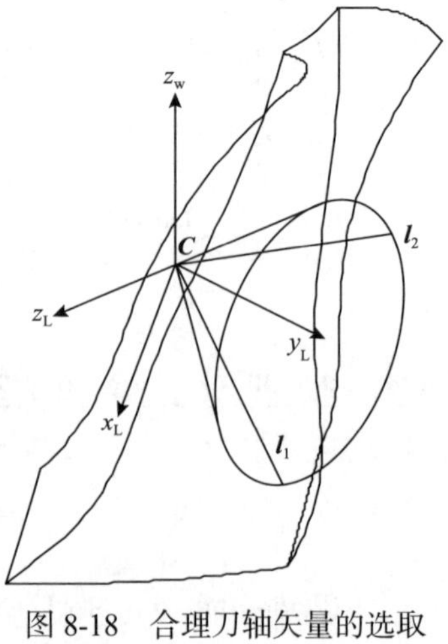

图8-18　合理刀轴矢量的选取

在切触点处，被加工叶片的外法矢和叶轮的回转轴 z_{w} 构成的平面将流道分为两部分，叶轮出口一侧为流道外部空间，叶轮进口一侧为流道内部空间。因此，对于刀轴矢量 $\boldsymbol{l}$，有以下情况。

(1) 若 $(\boldsymbol{l}\times\boldsymbol{y}_{\mathrm{L}})\cdot\boldsymbol{z}_{\mathrm{w}}>0$，则刀轴矢量指向流道外部空间(图 8-18 中的 $\boldsymbol{l}_1$)，予以保留。

(2) 若 $(\boldsymbol{l}\times\boldsymbol{y}_{\mathrm{L}})\cdot\boldsymbol{z}_{\mathrm{w}}<0$，则刀轴矢量指向流道内部空间(图 8-18 中的 $\boldsymbol{l}_2$)，予以舍弃。

此时所得到的刀轴矢量为工件坐标系中的方向矢量。为方便后续计算，需转换为刀轴矢量在局部坐标系中的表达式，并计算对应的刀具旋转角度 λ 和 ω。

设工件坐标系中的刀轴矢量 $\boldsymbol{l}=(l_x\quad l_y\quad l_z)^{\mathrm{T}}$，根据坐标变换关系可以得到其在局部坐标系中的表达形式为

$$\boldsymbol{l}'=(l'_x\quad l'_y\quad l'_z)^{\mathrm{T}}=\boldsymbol{M}\cdot\boldsymbol{l} \tag{8-32}$$

在局部坐标系 $C\text{-}x_{\mathrm{L}}y_{\mathrm{L}}z_{\mathrm{L}}$ 中，初始刀轴矢量 $(0\ \ 0\ \ 1)^{\mathrm{T}}$ 经过绕 x_{L}、y_{L} 轴旋转 λ 和 ω 之后，其表达式为

$$\boldsymbol{l}'=\boldsymbol{R}_y(\omega)\cdot\boldsymbol{R}_x(\lambda)\cdot(0\quad 0\quad 1)^{\mathrm{T}}=(\sin\omega\cos\lambda\quad -\sin\lambda\quad \cos\lambda\cos\omega)^{\mathrm{T}} \tag{8-33}$$

式中，$\boldsymbol{R}_x(\lambda)$ 为刀轴矢量绕 x_{L} 轴旋转 λ 的变换矩阵；$\boldsymbol{R}_y(\omega)$ 为刀轴矢量绕 y_{L} 轴旋转 ω 的变换矩阵。

由式(8-32)和式(8-33)两式可得

$$\lambda=-\arcsin(l'_y) \tag{8-34}$$

$$\begin{cases}\sin\omega=l'_x/\cos\lambda\\ \cos\omega=l'_z/\cos\lambda\end{cases} \tag{8-35}$$

实际上，按式(8-34)得到的 λ 即为开始设定的刀倾角角度。规定 $\omega\in(-\pi,\pi]$，则由式(8-35)可得以下结论。

(1) 当 $\sin\omega\geqslant 0$，$\cos\omega\geqslant 0$ 时，$\omega=\arcsin(l'_x/\cos\lambda)$。

(2) 当 $\sin\omega\geqslant 0$，$\cos\omega<0$ 时，$\omega=\arccos(l'_z/\cos\lambda)$。

(3) 当 $\sin\omega<0$，$\cos\omega<0$ 时，$\omega=-\pi-\arcsin(l'_x/\cos\lambda)$。

(4) 当 $\sin\omega<0$，$\cos\omega\geqslant 0$ 时，$\omega=\arcsin(l'_x/\cos\lambda)$。

因此，给定一个刀倾角 λ，可计算获得相应的刀摆角 ω，且满足工作台倾斜角度为 α 时的四轴加工条件。在此基础上，下面讨论自由曲面的多轴侧铣加工刀具轨迹的生成。

3) 应用实例

为验证上述方法的正确性与有效性，以图 8-19 所示的自由曲面叶轮叶片为研究对象，采用 ϕ16mm 球头刀，设计开发叶片加工刀轴控制算法。

图 8-19 自由曲面叶轮叶片

图 8-20 为采用本节方法生成的叶片一条切削轨迹上的刀轴分布图。由图可知，本节方法获得的叶轮叶片加工切削行轨迹上的刀轴是连续变化的，且满足非正交四轴机床运动学约束条件，可推广至一般曲面的四轴加工或五轴四联动加工。

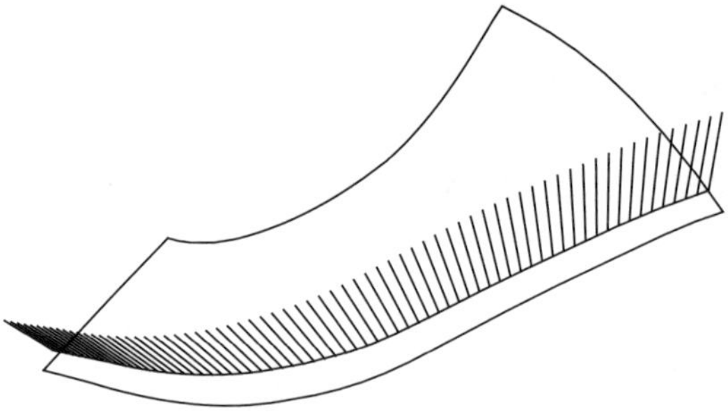

图 8-20 切削行内插值得到的刀轴

2. 基于旋转插值的刀轴控制方法

除了圆锥面求交，还可在刀轴约束圆锥面上利用旋转插值对叶轮流道加工刀轴进行控制。本节首先结合曲面信息及非正交四轴机床的运动特性，建立刀轴约束曲面，然后确定流道加工时的清根刀轴，最后基于流道加工轨迹实现流道加工刀轴的插值计算。

1) 刀轴约束面建立

根据图 8-16，满足四轴机床运动学约束条件的刀轴应位于一系列回转轴线平行于 $\boldsymbol{R}$，半顶角为 $\pi/2-\alpha$ 的圆锥面上。因此，非正交四轴加工的核心问题是如何在这一系列圆锥面上确定合适的刀轴矢量以实现对给定曲面的加工。

基于此，在工件坐标系下建立以原点 O_{w} 为顶点，以回转轴线 $\boldsymbol{R}$ 为轴，以 $\pi/2-\alpha$

为半顶角的单位圆锥作为刀轴约束面，如图 8-21 所示，从而将四轴机床加工的核心问题转化为如何在单位圆锥面上确定合适刀轴。

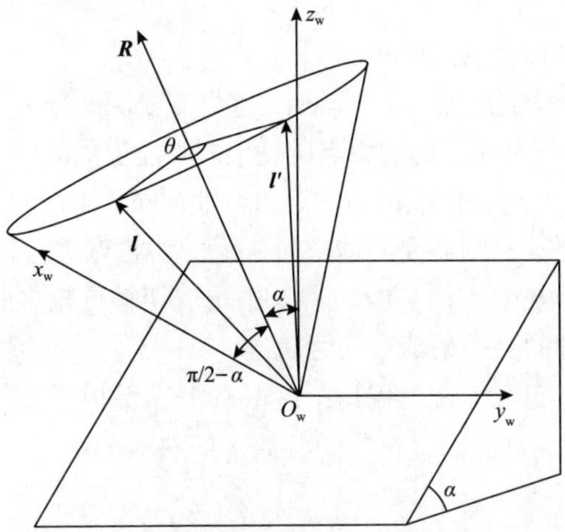

图 8-21　单位圆锥母线绕回转轴旋转示意图

在工件坐标系 O_w-$x_w y_w z_w$ 中，回转轴线的初始矢量 $\boldsymbol{R}=(0\ \ 0\ \ 1)^{\mathrm{T}}$，绕 y_w 轴旋转角度 α 后回转轴为

$$\boldsymbol{R}=(\sin\alpha\quad 0\quad \cos\alpha)^{\mathrm{T}} \tag{8-36}$$

而单位圆锥面 $\boldsymbol{S}$ 表达式为

$$\begin{cases} y^2+z^2\left(1-\cot^2\alpha\right)=2xz\cot\alpha \\ z\in\left(0,\sin 2\alpha\right] \end{cases} \tag{8-37}$$

2) 刀轴约束面旋转插值

刀轴约束面旋转插值原理是将刀轴矢量绕单位圆锥回转轴 $\boldsymbol{R}$ 沿插值方向旋转。其中，插值区域是刀轴矢量在圆锥面上确定的扇形曲面区域，插值方向和角度则根据切削行轨迹对应切触点处的刀轴矢量在单位圆锥面上的位置计算。

由图 8-21 可以看出，单位圆锥母线 $\boldsymbol{l}$ 绕回转轴 $\boldsymbol{R}$ 的旋转相当于满足约束条件的刀轴矢量平移至单位圆锥顶点后绕其回转轴 $\boldsymbol{R}$ 的旋转，可将此看成矢量绕过原点的空间任意轴线的旋转过程，详细推导过程参见 8.3.1 节。

因此，在单位圆锥面上绕其回转轴 $\boldsymbol{R}$ 旋转母线可计算该非正交四轴加工的刀轴矢量。旋转插值的区域是由初始刀轴在单位圆锥面上的投影矢量所确定的，所以该插值方法能够保证插值后的矢量均位于刀轴约束面上。

3) 流道加工刀轴控制

在叶轮流道两侧清根刀轴确定的情况下，可采用旋转插值的方法实现流道加工刀轴的控制。

(1) 流道清根轨迹对应处理。

采用旋转插值计算流道加工的刀轴时，首先需要保证流道两侧清根轨迹上的切触点数目相等，且序列号相同的切触点应处于同一流道周向回转圆周上。这样两条清根轨迹切触点一一对应，使插值后的周向刀轴在同一个回转圆周上连续变化。

若不满足上述要求，则需要对清根轨迹上的切触点进行相应处理。假设流道清根切触轨迹分别为 $\boldsymbol{C}_1$、$\boldsymbol{C}_2$，在 $\boldsymbol{C}_1$、$\boldsymbol{C}_2$ 中选取切触点较多的轨迹作为基准线，并计算与之一一对应的另一条清根切触轨迹。

设 $\boldsymbol{C}_1$ 为基准线，延长 $\boldsymbol{C}_2$。计算 $\boldsymbol{C}_1$ 上某一点 $\boldsymbol{C}_{1i}$ 到叶轮回转轴 $\boldsymbol{R}$ 的距离 d_i，建立 d_i、N、$\boldsymbol{C}_2$、$\boldsymbol{R}$ 与曲线 $\boldsymbol{C}_2$ 对应的参数 u_i 的映射关系：

$$u_i = u(d_i, N, \boldsymbol{C}_2, \boldsymbol{R}) \tag{8-38}$$

式中，N 为 $\boldsymbol{C}_2$ 的切触点数目；$\boldsymbol{R}$ 为叶轮回转轴。

根据 u_i 的大小，可在 $\boldsymbol{C}_2$ 中搜索与 $\boldsymbol{C}_{1i}$ 具有相同回转半径 d_i 的切触点 $\boldsymbol{C}_{2i}$。依次重新计算，获得与 $\boldsymbol{C}_1$ 一一对应的清根轨迹 $\boldsymbol{C}_2$，如图 8-22 所示。

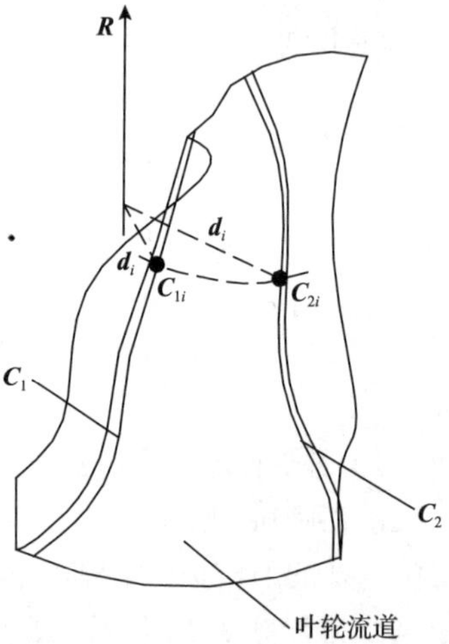

图 8-22　对应清根轨迹计算示意图

(2) 流道清根刀轴计算。

本节将依照对应处理后的清根切触轨迹，计算相应的清根刀轴。在流道加工中，初始刀轴的选取应尽量保证实际加工中刀具深入流道的长度最短，且在切削行轨迹上均匀变化。

根据上述原则，清根初始刀轴确定如图 8-23 所示。设清根切触轨迹为 $\boldsymbol{C}_1$，第 i 个切触点为 $\boldsymbol{C}_{1i}$，$\boldsymbol{L}$ 表示叶片压力面的叶顶线，处于流道进出口位置。为了保证获得合适的初始刀轴，将 $\boldsymbol{L}$ 沿其切向延长一段距离，按照点到曲线的距离计算垂足 $\boldsymbol{p}_{\mathrm{c}}$，连接垂足 $\boldsymbol{p}_{\mathrm{c}}$ 与切触点 $\boldsymbol{C}_{1i}$ 作为初始刀轴，即定义切触点 $\boldsymbol{C}_{1i}$ 处的初始刀轴 $\boldsymbol{l}_{0i}=\boldsymbol{p}_{\mathrm{c}}-\boldsymbol{C}_{1i}$，$\boldsymbol{l}_{01}$、$\boldsymbol{l}_{0n}$ 分别表示流道进出口处切触点的初始刀轴。

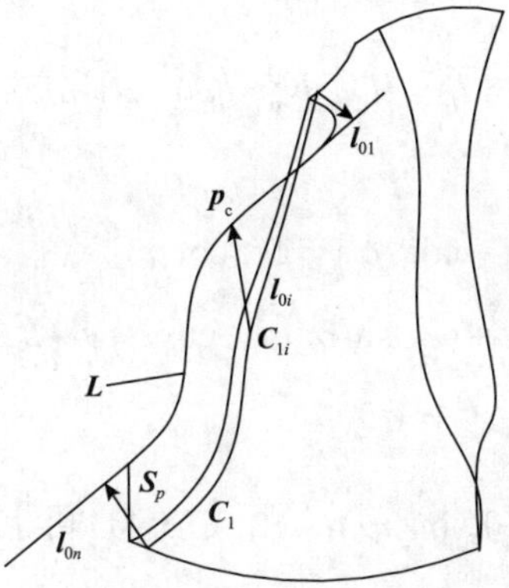

图 8-23　初始刀轴示意图

然而，此时的初始刀轴可能不满足非正交加工的刀轴约束条件，需要将初始刀轴平移至单位圆锥顶点后向圆锥表面 S 投影，并在圆锥面上进行碰撞干涉的检测与修正，使投影后的初始刀轴满足刀轴约束条件且无干涉产生。其中，初始刀轴平移至圆锥顶点将会出现三种情况：①平移后的矢量 $\boldsymbol{l}_0$ 位于圆锥外部(图 8-24(a))；②平移后的矢量 $\boldsymbol{l}_0$ 位于圆锥内部(图 8-24(b))；③平移后的矢量位于圆锥表面 $\boldsymbol{S}$ 上，这种情况无须计算。

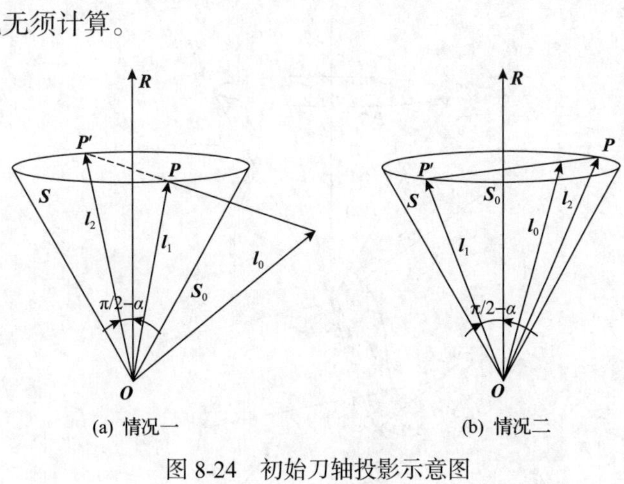

图 8-24　初始刀轴投影示意图

下面计算平移后的初始刀轴在圆锥内部和外部时向圆锥表面投影后得到的刀轴矢量。

分析可知，矢量 $\boldsymbol{l}_0$ 在单位圆锥面 $\boldsymbol{S}$ 上投影的刀轴矢量即为过矢量 $\boldsymbol{l}_0$ 与回转轴 $\boldsymbol{R}$ 构成的平面 $\boldsymbol{S}_0$ 与单位圆锥面 $\boldsymbol{S}$ 的交线 $\boldsymbol{OP}$ 与 $\boldsymbol{OP}'$，因此有

$$\boldsymbol{OP}\cdot(\boldsymbol{l}_0\times\boldsymbol{R})=0 \tag{8-39}$$

且 $\boldsymbol{P}$ 点位于单位圆锥圆周上，满足

$$|\boldsymbol{OP}|=1 \tag{8-40}$$

设 $\boldsymbol{OP}=(x\ \ y\ \ z)^{\mathrm{T}}$，矢量 $\boldsymbol{l}_0=(l_{0x}\ \ l_{0y}\ \ l_{0z})^{\mathrm{T}}$，则由式(8-37)、式(8-39)、式(8-40)联立方程组为

$$\begin{cases} y^2+z^2\left(1-\cot^2\alpha\right)=2xz\cot\alpha \\ l_{0y}x\cos\alpha+\left(l_{0z}\sin\alpha+l_{0x}\cos\alpha\right)y-l_{0y}z\sin\alpha=0 \\ x^2+y^2+z^2=1 \end{cases} \tag{8-41}$$

式中，$\boldsymbol{l}_0$ 和 α 已知，且 $z\in\left(0,\sin(2\alpha)\right]$。由式(8-41)可求得两组刀轴矢量 $\boldsymbol{l}_1=(x_1\ \ y_1\ \ z_1)^{\mathrm{T}}$，$\boldsymbol{l}_2=(x_2\ \ y_2\ \ z_2)^{\mathrm{T}}$。

与 8.3.1 节相同，两组刀轴矢量中仅有一组在实际加工中是合理的，需作进一步判断。同时，还需要对所选取的刀轴进行干涉检查及修正。其中，干涉检查可采用距离监视的方法，而刀轴的修正可通过调整刀轴在单位圆锥面上的位置来实现。

如图 8-25 所示，若选取的合理刀轴矢量发生干涉，则可将其绕单位圆锥回转轴朝向远离干涉曲面的方向旋转一合适的角度，具体的修正方法可参考 8.3.1 节。

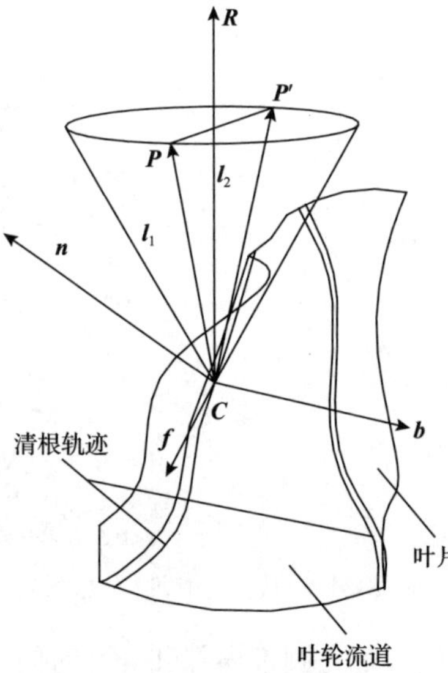

图 8-25　刀轴矢量的选取

(3)流道加工刀轴插值计算。

利用插值计算流道加工的刀轴时，首先需要根据清根刀轴矢量在单位圆锥面上的位置计算旋转插值的方向与角度。如图 8-26 所示，设 $\boldsymbol{T}_{i,1}$ 、$\boldsymbol{T}_{i,n}$ 分别为流道两侧清根轨迹 $\boldsymbol{C}_1$ 、$\boldsymbol{C}_n$ 上第 i 个切触点对应的清根刀轴，$\boldsymbol{M}$、$\boldsymbol{N}$ 分别为刀轴 $\boldsymbol{T}_{i,1}$ 、$\boldsymbol{T}_{i,n}$ 与单位圆锥圆周线的交点，因此在圆锥顶面上定义 $\boldsymbol{MN}$ 所对应的圆心角 θ_i 为两刀轴之间旋转插值总角度。

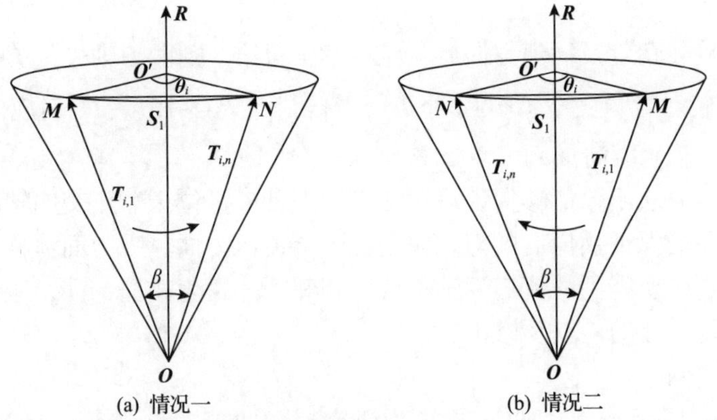

图 8-26　插值方向示意图

对于△ $\boldsymbol{OMN}$ ，$\boldsymbol{OM}$ 、$\boldsymbol{ON}$ 已知，则

$$\cos\beta = (\boldsymbol{ON}\cdot\boldsymbol{OM})/(|\boldsymbol{ON}|\cdot|\boldsymbol{OM}|)$$

而对于△ $\boldsymbol{O'MN}$ ，$|\boldsymbol{O'M}| = \cos\alpha$ 、$|\boldsymbol{O'N}| = \cos\alpha$ ，则

$$|\boldsymbol{MN}| = \sqrt{|\boldsymbol{ON}|^2 + |\boldsymbol{OM}|^2 - 2\cdot|\boldsymbol{ON}|\cdot|\boldsymbol{OM}|\cdot\cos\beta}$$

由三角形边角公式可求得清根刀轴 $\boldsymbol{T}_{i,1}$ 、$\boldsymbol{T}_{i,n}$ 在单位圆锥上对应的圆心角为

$$\theta_i = 2\arcsin\left(|\boldsymbol{MN}|/2\cdot\cos\alpha\right) \tag{8-42}$$

因此，第 i 行第 j 列的叶轮周向刀轴 $\boldsymbol{T}_{i,j}$ 对应的旋转插值角度为

$$\begin{gathered}\theta_{i,j} = (\theta_i / n)\cdot\operatorname{sign}(\theta)\cdot j \\ \operatorname{sign}(\theta) = \begin{cases}-1, & \text{顺时针}\\ 1, & \text{逆时针}\end{cases}\end{gathered} \tag{8-43}$$

式中，$j\in[1,n], i\in[1,m]$ ；$\operatorname{sign}(\theta)$ 为与刀轴旋转方向有关的系数；n 为流道加工切

削行数目；m 为一条切削行轨迹上的切触点数目。

在叶轮流道加工中，定义清根刀轴 $\boldsymbol{T}_{i,1}$ 、$\boldsymbol{T}_{i,n}$ 之间的插值方向为由 $\boldsymbol{T}_{i,1}$ 变换到 $\boldsymbol{T}_{i,n}$ 时的旋转方向，因此有以下结论。

若 $(\boldsymbol{T}_{i,1}\times\boldsymbol{T}_{i,n})\cdot\boldsymbol{R}>0$，则说明 $\boldsymbol{T}_{i,1}$ 在 $\boldsymbol{T}_{i,n}$ 左侧(图 8-26(a))，插值方向为由 $\boldsymbol{T}_{i,1}$ 顺时针旋转到 $\boldsymbol{T}_{i,n}$。

若 $(\boldsymbol{T}_{i,1}\times\boldsymbol{T}_{i,n})\cdot\boldsymbol{R}<0$，则说明 $\boldsymbol{T}_{i,1}$ 在 $\boldsymbol{T}_{i,n}$ 右侧(图 8-26(b))，插值方向为由 $\boldsymbol{T}_{i,1}$ 逆时针旋转到 $\boldsymbol{T}_{i,n}$。

在确定旋转角度及插值方向后，流道第 i 行第 j 列的刀轴矢量 $\boldsymbol{T}_{i,j}$ 可由 $\boldsymbol{T}_{i,1}$ 绕回转轴 $\boldsymbol{R}$ 旋转对应角度 $\theta_{i,j}$ 获得。将 $\boldsymbol{T}_{i,1}$ 、$\theta_{i,j}$ 代入式(8-15)，$\boldsymbol{T}_{i,1}$ 对应向量 $\boldsymbol{u}$，$\theta_{i,j}$ 对应变量 θ，$\boldsymbol{R}$ 对应向量 $\boldsymbol{r}$。

旋转插值方法不仅能够保证流道加工的刀轴矢量位于非正交四轴机床的刀轴约束面上，还能保证插值后的刀轴完全位于流道压力面、吸力面清根刀轴所围成的空间中。这样所得到的流道刀轴不会与相邻叶片发生碰撞干涉，避免了对流道加工刀具碰撞干涉的检查及修正。

4)应用实例

以图8-27所示的自由曲面叶轮为研究对象进行算法验证。该叶轮高度为250mm，内径为 372mm，外径为 1130mm，具有 22 个等长叶片，流道最窄处宽度为49.775mm，叶片型面为空间扭曲自由曲面且最高高度为 275mm。

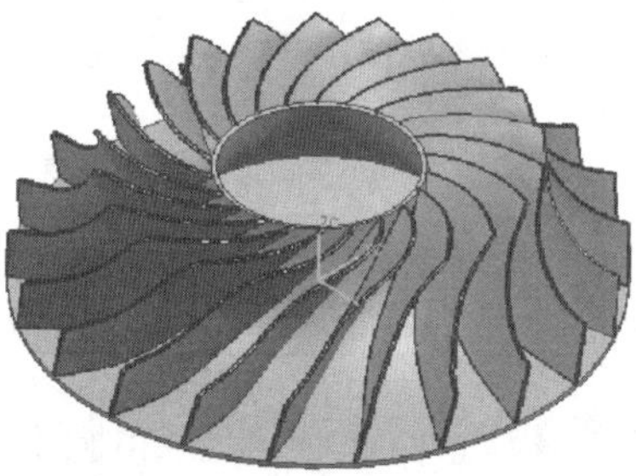

图 8-27　自由曲面叶轮示意图

图 8-28 和图 8-29 分别为采用本节方法生成的清根轨迹与流道一条切削轨迹上的刀轴分布图，图 8-30 为流道周向插值的刀轴分布。由图可知，流道加工切削行轨迹上的刀轴及其周向插值的刀轴都是连续变化的，满足运动学控制要求。

旋转插值刀轴控制方法适用于流道开敞性相对较好的自由曲面、直纹面类型离心叶轮的加工，包括长叶片和长短叶片两种形式。对于流道开敞性较差的离心叶轮，可通过旋转工作台倾斜角度的优化和调整实现其四轴加工，也可通过增加分度机构进一步增强四轴机床加工离心叶轮的能力。对于叶片稠度大且扭曲严重的离心叶轮，仍需采用五轴联动加工设备进行加工。

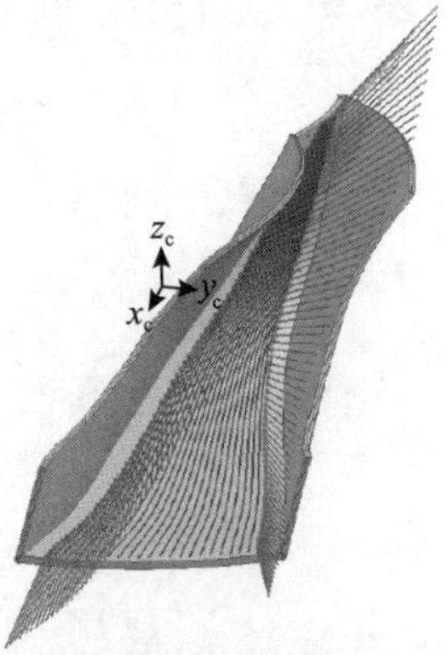

图 8-28　流道清根轨迹刀轴

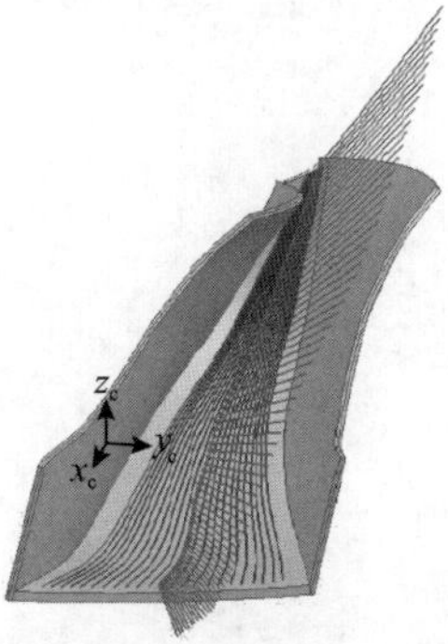

图 8-29　流道一条切削轨迹刀轴

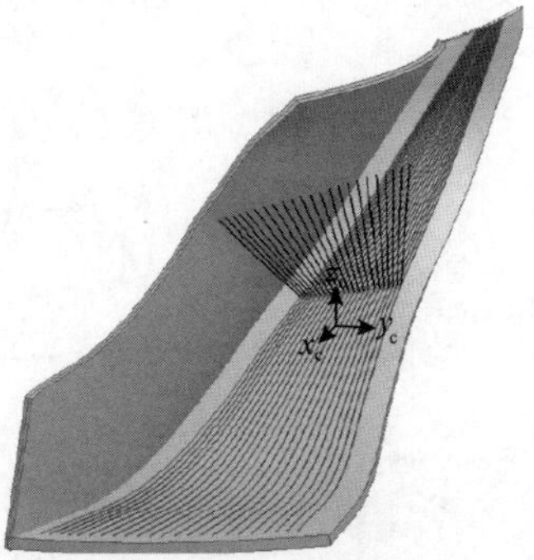

图 8-30　流道周向刀轴

8.3.3　考虑机床运动学的刀轴优化方法

对于多轴数控加工，在刀轴控制的基础上，还可进一步实现刀轴的运动学优化。其中，刀轴单点优化是指在一个刀位点上考虑各种约束因素，确定一最佳的刀轴方向或刀轴方向的取值范围。在考虑机床运动学的优化中，除了要考虑加工过程中的碰撞干涉问题，还要考虑刀轴变化的连续性[7]。在一给定切触点处，假设刀轴的无碰撞干涉范围为 Π，考虑机床运动连续性时允许的变化范围为 Θ，则刀轴变化的取值范围为

$$\Phi = \Pi \cap \Theta$$

此外，对于非球头刀具，一般可得到刀轴变化与有效切削行宽 $W(\boldsymbol{T})$ 的关系，由此可转化为一优化问题，即在满足无碰撞干涉和刀轴变化连续的同时，最大化加工行宽：

$$\max W(\boldsymbol{T}),\quad \boldsymbol{T} \in \Phi$$

本节首先介绍刀轴连续变化范围的确定，然后以航空复杂结构零件为例，讨论刀轴单点优化方法的应用。

1. 刀轴变化范围的确定

如图 8-31 所示，S 为 G^1 连续的曲面，刀具和曲面 S 在 C 点接触，刀轴矢量为 $\boldsymbol{T}$，$\boldsymbol{n}_C$ 为曲面 S 上切触点 C 处的单位法矢。当给定 C 点、$\boldsymbol{n}_C$ 和 $\boldsymbol{T}$ 时，就可以完全确定刀具的姿态。如图 8-32 所示，在全局坐标系 $O\text{-}xyz$ 中，每个切触点 C 处的刀轴矢量 $\boldsymbol{T}$ 可以分解为两个对应的角度 α 和 β，刀轴矢量 $\boldsymbol{T}$ 的约束可通过 α 和 β 来表示。对于每个切触点 C_i 处的刀轴矢量 $\boldsymbol{T}_i$，在 α、β 所确定的平面上都可以

找到一个对应的坐标 $\boldsymbol{T}_i(\alpha,\beta)$ 。因此，优化刀轴的选取可直接在 $\alpha\beta$ 平面上进行。

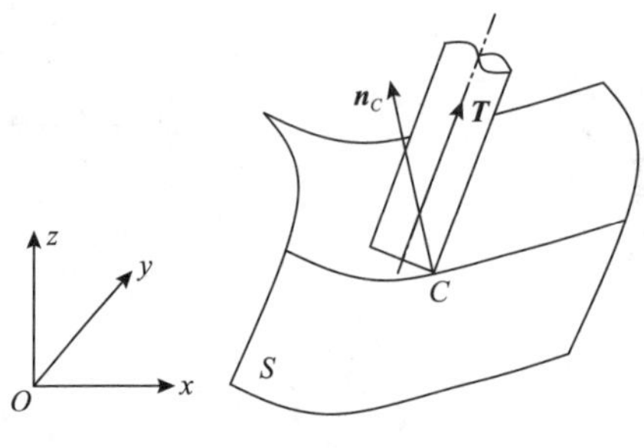

图 8-31　刀具与曲面的接触关系

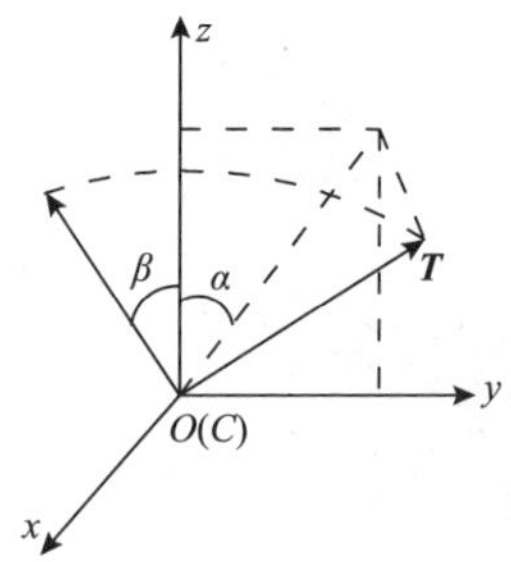

图 8-32　刀轴矢量所对应的两个角度

下面以图 8-33 所示的机床为例，若不考虑转角走向的问题，当全局坐标系 $O\text{-}x_o y_o z_o$ 的设置与机床坐标系一致时，机床 A 角与 B 角的转动分别用 α 和 β 表示，α 和 β 取值范围分别为[0, 2π]和[−π/2, π/2]。

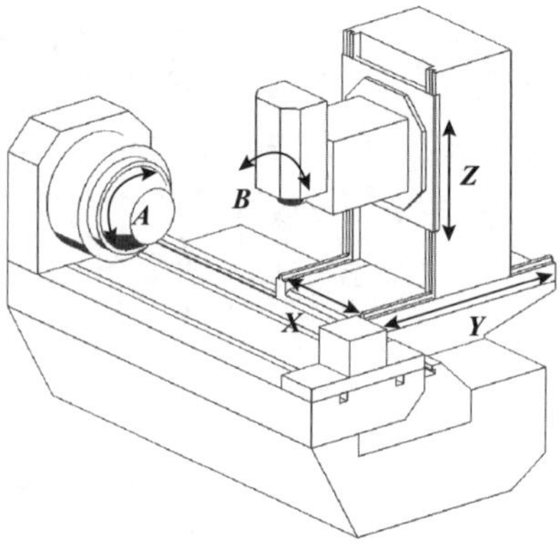

图 8-33　AB 结构五轴机床

对于给定的自由曲面 S ，当刀具从切触点 C_i 沿切触点轨迹线运动到下一个切触点 C_{i+1} 时，刀轴也从当前的 $\boldsymbol{T}_i(\alpha_i,\beta_i)$ 变换为 $\boldsymbol{T}_{i+1}(\alpha_{i+1},\beta_{i+1})$ 。在规划切触点时，相邻切触点之间的走刀步长不一定总是均匀的。因此，刀轴矢量的变化应与走刀步长结合起来。此时，刀轴矢量所对应的两个角度变化量分别为

$$\begin{cases} \delta_\alpha = \dfrac{F_i\left|\alpha_{i+1}-\alpha_i\right|}{\left|C_{i+1}-C_i\right|} \\ \delta_\beta = \dfrac{F_i\left|\beta_{i+1}-\beta_i\right|}{\left|C_{i+1}-C_i\right|} \end{cases},\quad i=1,2,\cdots,n-1 \tag{8-44}$$

式中，F_i 为当前切触点处指定的进给速度。在本节计算中，假定加工时刀具的进

给速度不变，则式(8-44)中的分子可写成$|\alpha_{i+1}-\alpha_i|$和$|\beta_{i+1}-\beta_i|$。此时，可将式(8-44)中的δ_α和δ_β分别作为机床运动时α的角速度和β的角速度。

设图 8-33 中所示机床在运动时α与β的角速度物理约束值分别为λ_α和λ_β，则对于给定切触点轨迹上的有序切触点集$\Psi=\{C_1,C_2,\cdots,C_n\}$，需要找到$n$个刀轴矢量$\boldsymbol{T}_i(\alpha_i,\beta_i)(i=1,2,\cdots,n)$，使其满足机床运动角速度物理约束条件：

$$\begin{cases}\dfrac{|\alpha_{i+1}-\alpha_i|}{|C_{i+1}-C_i|}<\lambda_\alpha \\ \\ \dfrac{|\beta_{i+1}-\beta_i|}{|C_{i+1}-C_i|}<\lambda_\beta\end{cases},\quad i=1,2,\cdots,n-1 \tag{8-45}$$

若对于$\alpha\beta$平面上的一点$\boldsymbol{P}(P_\alpha,P_\beta)$满足：

$$\frac{|P_\alpha-\alpha_i|}{|C_{i+1}-C_i|}<\lambda_\alpha \quad 且 \quad \frac{|P_\beta-\beta_i|}{|C_{i+1}-C_i|}<\lambda_\beta \tag{8-46}$$

则说明从位置$\boldsymbol{P}$到C_i满足机床运动角速度约束条件。切触点C_i处由式(8-46)确定的区域称为切触点C_i的角速度可达区域，记为$\Theta(C_i)$，如图 8-34 所示。在计算过程中，对于$i>1$的每一切触点C_i，它在$\alpha\beta$平面上的$R(C_i)$都可以计算出来。对于第一个切触点C_1，$R(C_1)$在$\alpha\beta$平面上的定义是一个点。

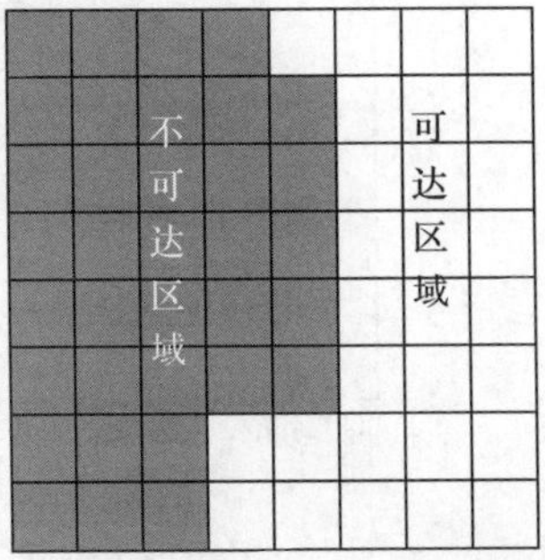

图 8-34　刀轴矢量的可达与不可达区域示意图

在规划刀轴矢量时，除了角速度约束，还应考虑无碰撞干涉的约束条件。对于每一个切触点，可以根据刀具信息、曲面局部几何信息及零件的结构判断出是否会发生碰撞干涉，计算出不发生碰撞干涉时刀轴矢量应满足的条件，本书前面章节也给出了很多计算方法[7,12,27]。定义切触点C_i处满足局部无干涉约束条件的

区域为切触点 C_i 的无碰撞干涉区域，记为 $\varPi(C_i)$。

理想的刀轴应既能满足局部无干涉的要求，又能满足机床运动的角速度约束条件。由前面的论述可知，切触点 C_i 处的无干涉区域与角速度可达区域的交集所确定区域中的刀具姿态即可满足上述要求。该区域称为切触点 C_i 处刀轴矢量的可达区域，记为 $\varPhi(C_i)$，其定义如下：

$$\varPhi(C_i)=\varPi(C_i)\bigcap\varTheta(C_{i-1}),\quad i>1 \tag{8-47}$$

2. 单点刀轴矢量的确定

如图 8-35(a)所示，在工件坐标系中可确定当前切触点不发生碰撞干涉的刀轴矢量可达区域，转化至加工坐标系，如图 8-35(b)所示。分别以机床的转角 A、B 和刀轨弧长 s 为坐标轴，建立三维坐标系 (A,B,s)，则沿刀轨弧长刀轴可达区域在三维空间中的分布如图 8-36 所示。每个切触点处对应的刀轴矢量都从该区域中选取，在 (A,B,s) 坐标系中连接选定的刀轴矢量对应的点可得一条曲线，该曲线的曲率能反映机床转动角度的变化。

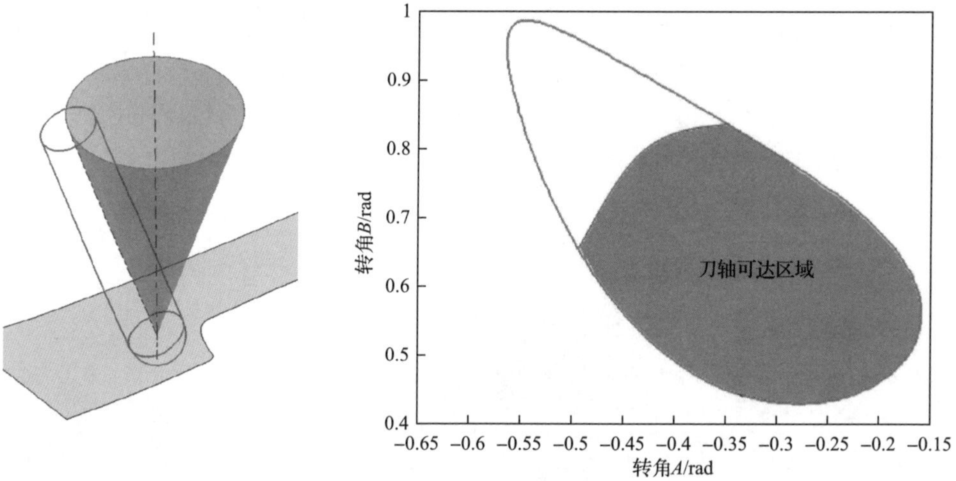

(a) 工件坐标系　　(b) 加工坐标系

图 8-35　单个切触点处加工坐标系中的无干涉区域

对于第一个切触点，其刀轴矢量可达区域 $\varPhi(C_1)$ 就是其无干涉区域 $\varPi(C_1)$ 中的一个点。由上述定义可以看出，若 i 从 1 到 k 所对应的所有 $\varPhi(C_k)$ 都不为空，则对于每一个 $i(i=2,3,\cdots,k)$，在 $\varPhi(C_i)$ 中选取的刀轴矢量既满足局部无干涉的要求，又满足机床运动角速度的约束条件。

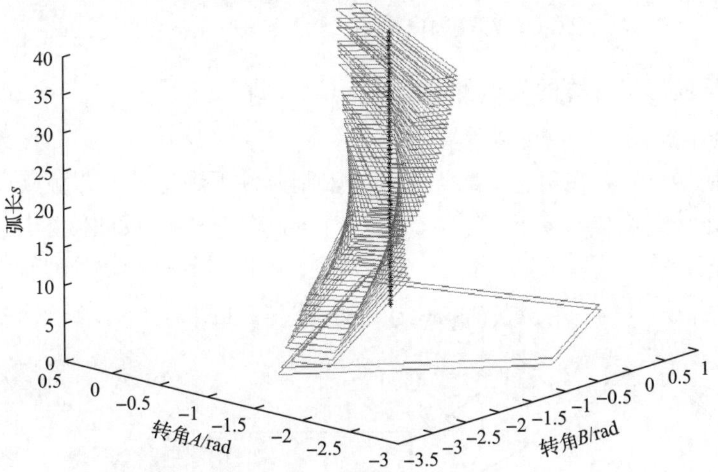

图 8-36　沿刀轨弧长刀轴可达区域的变化

从 $\Phi(C_i)$ 中选取的刀轴矢量 $\psi_i \in \Phi(C_i)$ 可以组成与刀轨上切触点集对应的刀轴矢量的集合 $\Omega = \{R(C_1), \psi_2, \cdots, \psi_k\}$。对于式(8-47)，当存在 $i < n$ 使 $\Phi(C_i)$ 为空时，说明切触点 C_i 的无干涉区域与上一切触点的角速度可达区域之间没有交集，如图 8-37 所示，此时应依据切触点 C_i 的刀轴矢量对该切触点之前切触点对应的刀轴矢量进行修正，以得到非空的 $\Phi(C_i)$。

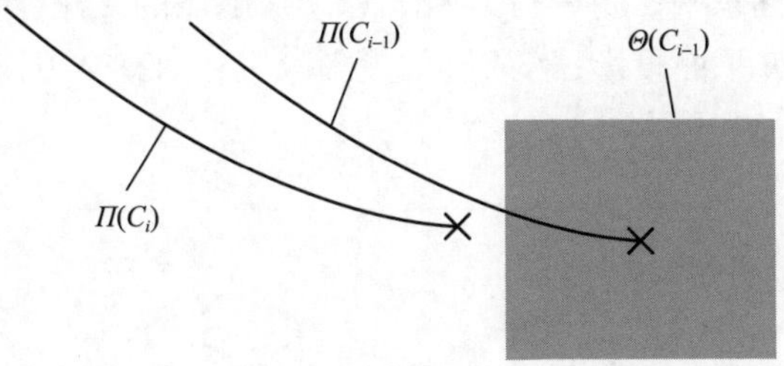

图 8-37　切触点 C_i 处 $\Phi(C_i)$ 为空的情况

若对于所有的 $1 < t < i$，$\Phi(C_t)$ 不为空，而切触点 C_i 的 $\Phi(C_i)$ 为空，则当前切触点的无干涉区域与上一切触点的角速度可达区域之间没有交集。由于当前切触点的无干涉区域不可能改变，而前面的 $\Phi(C_t)$ 和 $\Theta(C_t)$ 又都是一个区域，从而可以通过重新选择 $\Phi(C_t)$ 中的刀轴得到一个新的不为空的 $\Phi^*(C_t)$。

反向修正计算时，切触点 C_i 的刀轴矢量取为 $\alpha\beta$ 平面上距离 $\Theta(C_{i-1})$ 最近的一点，重新计算其角速度可达区域，得到一个新的 $\Theta^*(C_i)$。此时，需要计算一个反向刀轴矢量的可达区域 $\Gamma(C_t)$，它是当前切触点 C_t 的无干涉区域与下一切触点已修正的角速度可达区域的交集，即

$$\Gamma(C_t)=\Pi(C_t)\cap\Theta^*(C_{t+1}),\quad t=i-1,i-2,\cdots \tag{8-48}$$

根据反向修正计算的起点得到切触点 C_{i-1}，即计算 $\Pi(C_{i-1})$ 和 $\Theta^*(C_i)$ 的交集，在 $\Gamma(C_{i-1})$ 中选择一个点可以计算出一个新的非空的 $\Phi^*(C_i)$，此时的刀具姿态可以确保从切触点 C_{i-1} 在角速度与无干涉的限制条件下到达下一切触点 C_i。

对于切触点 $C_t(1<t<i)$，当 $\Phi(C_t)$ 和 $\Gamma(C_t)$ 都非空时，反向修正计算结束。经过反向修正计算，选取刀轴矢量 $\psi_t^*\in\Phi^*(C_t)$，可以得到一组新的刀轴矢量的集合 $\Omega^*=\{R(C_1),\psi_2,\cdots,\psi_t^*,\cdots,\psi_i^*\}(1\leqslant t<i)$，修正过程如图 8-38 所示。

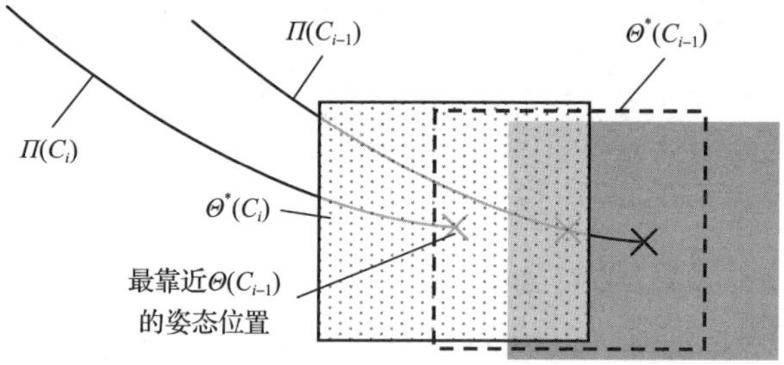

图 8-38　对 $\Theta(C_i)$ 的修正

3. 分行定轴加工

在 (A,B,s) 坐标系中，将一行刀轨上每个切触点的无碰撞干涉刀轴可达区域 $\Pi(C_i)$ 沿 s 轴向 AB 平面投影，若所有的投影区域之间有交集，则刀轴矢量可从交集中选取，如图 8-39 所示。

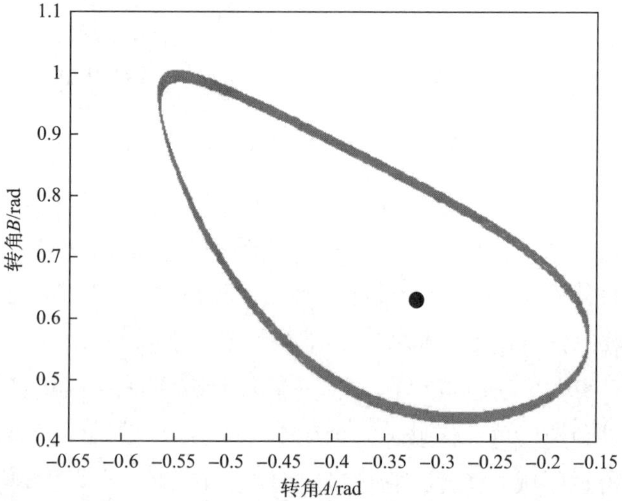

图 8-39　无碰撞干涉区域在 AB 平面上的投影

在投影区域的交集中任取一点，对应于(A,B,s)坐标系中一条平行于s轴的直线。由该直线确定的刀轴矢量意味着在该切削行内，机床的转角A和B都保持不变，此时机床的平动轴可以以较高的速度运动。对于不同的切削行，AB平面上该点的选择是不同的，刀轴矢量的变换是在切削行与切削行之间完成的。这一方法称为分行定轴。

采用分行定轴加工时，由于在切削行内刀轴矢量不发生变化，刀具与工件之间的相对状态稳定，表面加工质量较好。这种加工方法通常应用于叶轮、叶片类复杂曲面结构零件的多轴加工中，如图 8-40 所示。

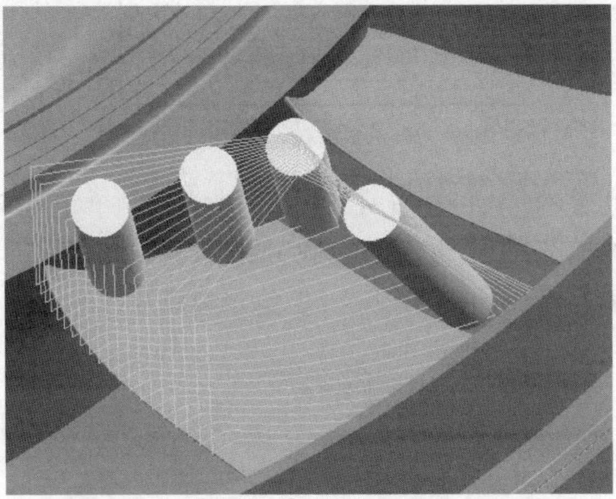

图 8-40　闭式整体叶盘叶片五轴分行定轴刀轨

8.4　多轴加工刀位轨迹的区间优化方法

刀位轨迹区间优化是指通过相关处理，避免轨迹上小曲率半径或曲率不连续等情形的产生，防止加工过程中造成欠切或过切，影响加工质量。在实际加工中，小曲率半径或曲率不连续轨迹处机床的进给速度变化较快，可能超出机床的允许值，造成机床无法在规定的时间内达到相应的速度，从而在工件表面产生欠切和过切。本节首先分析这一现象的产生机理，然后给出相应的处理方法，最后以叶片前后缘加工为例介绍相关的轨迹区间优化方法。

8.4.1　刀轨的光顺处理

1. 刀轨几何对加工的影响分析

刀位轨迹中最容易对加工过程产生影响而造成较大加工误差的位置是小曲率半径的圆角位置。如图 8-41 所示，在 FANUC 16i 数控系统中，加工圆角时若进给速度较高，不减速时造成的加工误差要比减速时造成的加工误差偏大。下面详细分析刀具在经过直角等切矢不连续情况下的运行状态。

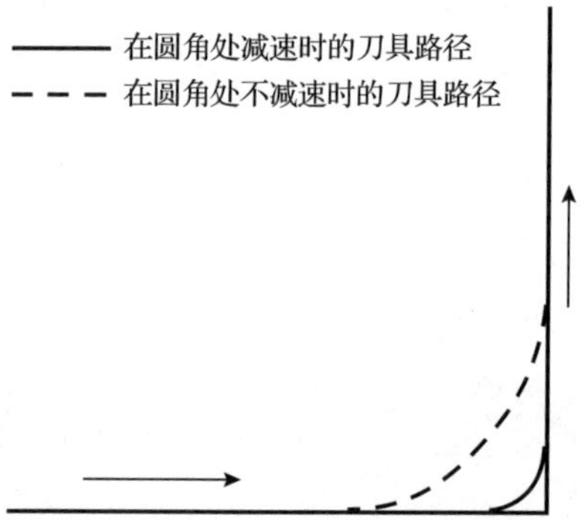

图 8-41　在圆角处减速与不减速时实际刀具路径对比

当刀具经过切矢不连续的位置时，机床的数字控制单元会降低瞬时的进给速度，以减少机床的动态失稳。沿刀位轨迹 Frenet 框架中切线方向 $\boldsymbol{t}$ 研究加速度，可以获得如下参数方程：

$$\begin{cases} \boldsymbol{V} = V \cdot \boldsymbol{t} \\ \boldsymbol{A} = \dfrac{\mathrm{d}\boldsymbol{V}}{\mathrm{d}t} \\ V = \dfrac{\mathrm{d}s}{\mathrm{d}t} \end{cases} \tag{8-49}$$

$$\boldsymbol{A} = \frac{\mathrm{d}^2 s}{\mathrm{d}t^2} \cdot \boldsymbol{t} + V\left(V \cdot \frac{\mathrm{d}\boldsymbol{t}}{\mathrm{d}s}\right) \tag{8-50}$$

由于 $\mathrm{d}\boldsymbol{t}/\mathrm{d}s$ 在直角处没有定义，当速度 V 非零时意味着加速度无限大。

下面考虑刀位轨迹曲率不连续的情况。如图 8-42 所示，在半径为 R_1 的圆弧和半径为 R_2 的圆弧相接处，曲率不连续。当刀具沿单个圆弧以恒定速度 V 运动时，其向心加速度为

$$A = V^2 / R \tag{8-51}$$

当刀具经过曲率不连续的位置时，加速度将产生一突变：

$$\left| A\left(t + \frac{\delta t}{2}\right) - A\left(t - \frac{\delta t}{2}\right) \right| = \mathrm{jerk} \cdot \delta t \tag{8-52}$$

式中，jerk 为加速度的变化率。假设刀具在很短的时间内经过曲率不连续位置，

即在 $t+\delta t$ 时刻和 $t-\delta t$ 时刻速度几乎不变，则有

$$\begin{cases} \left|A\left(t-\dfrac{\delta t}{2}\right)\right| = \dfrac{V^2}{R_1} \\ \left|A\left(t+\dfrac{\delta t}{2}\right)\right| = \dfrac{V^2}{R_2} \end{cases} \tag{8-53}$$

所以，有

$$V = \sqrt{\frac{R_1 R_2}{|R_1 - R_2| \cdot \text{jerk} \cdot \delta t}} \tag{8-54}$$

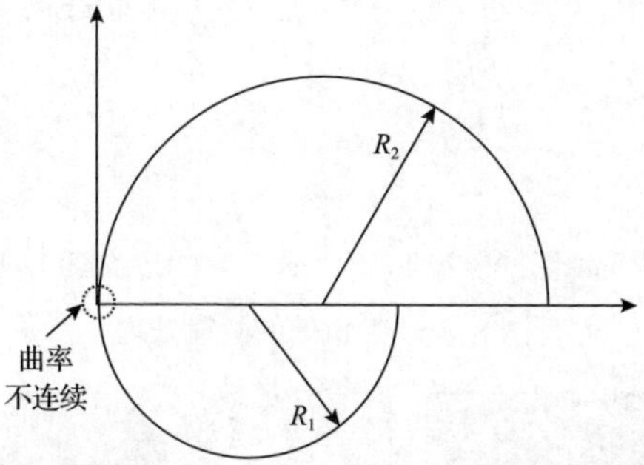

图 8-42　曲率不连续的情况

对于选定的机床，其允许的最大加速度变化率 jerk 是固定的，所以由式(8-54)可以看出，当曲率半径 R 增大时，允许的刀具速度 V 会变大；当 $|R_1-R_2|$ 减小时，允许的刀具速度 V 也会变大。

由此可见，高质量刀轨生成方法之一是无论何种类型的机床，都应尽量去除导致减速情况发生的位置。因此，在进行刀位轨迹规划时，应尽量避免切矢和曲率不连续，以及刀位轨迹变化过大的情况，采用圆滑处理模型的尖角位置。此外，螺旋轨迹也在多轴加工中获得了广泛的应用[7]。

2. *刀轨光顺处理方法*

1)尖角处理

在模具型腔加工或外形加工中，通常会出现尖角，为获得平滑的机床运动，常在尖角位置采用圆滑处理，如图 8-43 所示。对于由此留下的残留区域，可增加光滑刀轨加工，如图 8-43(b)所示。

2)螺旋轨迹

在模具、航空航天复杂产品的高速加工中，为获得数控机床的平稳高效运行，

各种螺旋轨迹的应用较多，如图 8-44 所示。对于复杂的型面加工，采用螺旋铣削代替分层铣削可以获得更加连续的机床运动，同时不产生进刀痕，既保护了刀具，又缩短了加工时间。

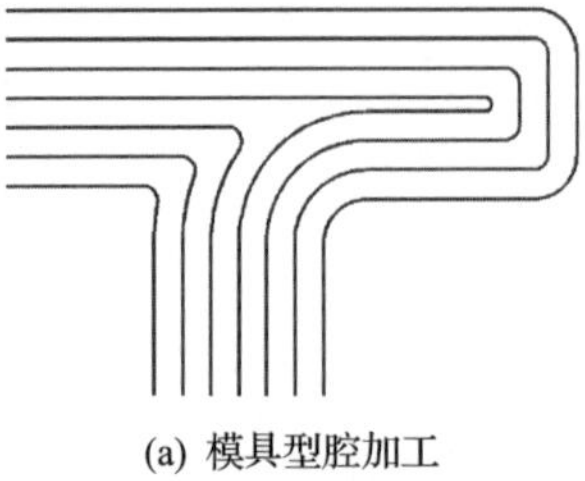

(a) 模具型腔加工

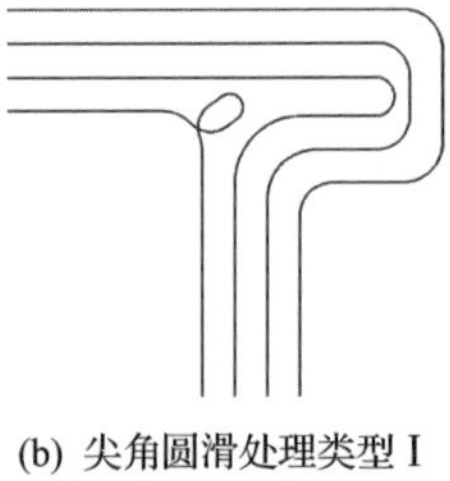

(b) 尖角圆滑处理类型 I

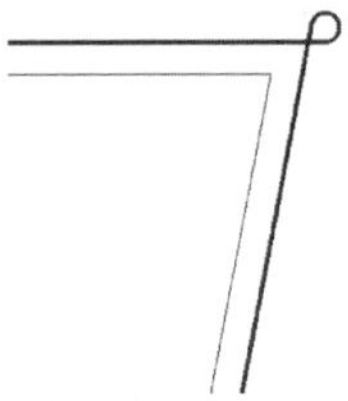

(c) 尖角圆滑处理类型 II

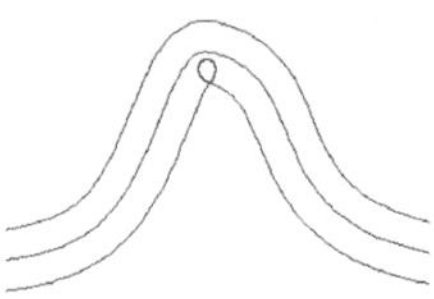

(d) 尖角圆滑处理类型 III

图 8-43　尖角处的圆滑处理

(a) 型面螺旋加工

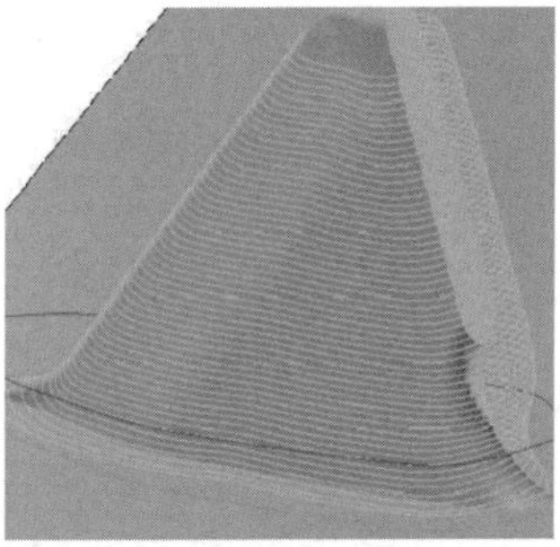

(b) 复杂曲面体螺旋加工

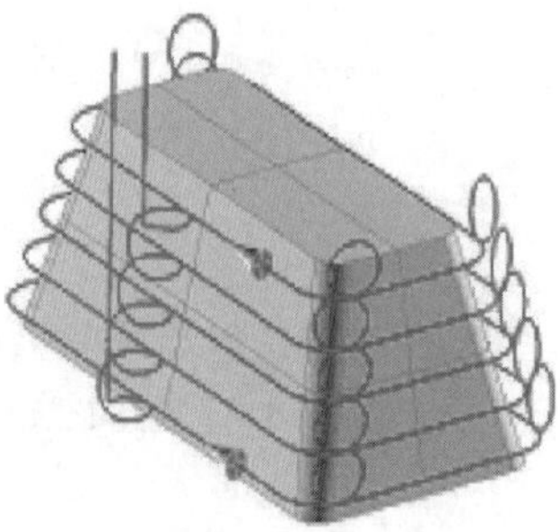

(c) 螺旋线进退刀

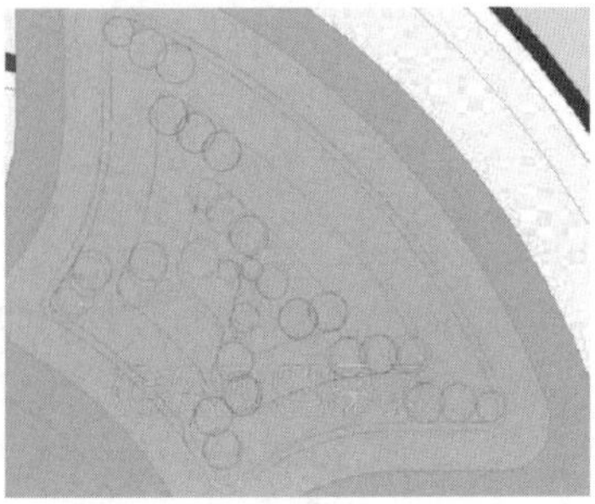

(d) 摆线加工

图 8-44　螺旋轨迹的应用

此外，在高速加工中，摆线加工方法的应用也较多，如图 8-44(d)所示。摆线加工刀具轨迹可根据刀具负载的情况调整刀具路径，有效地避免刀具超负荷切削状态，提高切削的进给速度，延长刀具的使用寿命。

3)轨迹光滑连接

在不同的切削行之间，为保证数控机床的光滑连续运动，减少不同切削行之间的接刀痕迹，常采用光滑接刀的方式，如图 8-45 所示。

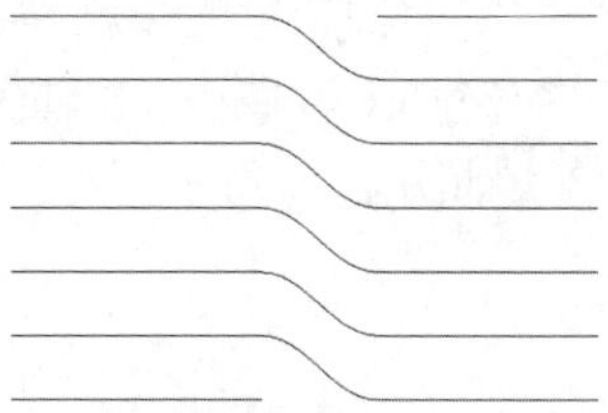

图 8-45　切削行轨迹之间的光滑连接

8.4.2　叶片曲面加工中的轨迹优化

在数控加工中，常见叶片的典型结构如图 8-46 所示。叶片加工一般采用四轴或五轴机床加工。叶片螺旋铣是指，当刀具沿 x、y、z 三个方向连续进给时，刀位轨迹呈现一条环绕叶身的螺旋线。螺旋加工能够避免叶片加工中横向进刀的不利影响，保证机床沿叶片叶高方向匀速进给，在减少加工余量的同时，提高加工效率，这是叶片曲面加工中轨迹优化的重要方法之一。

通常根据需要将叶身曲面划分为叶盆曲面、叶背曲面、前缘曲面和后缘曲面(其中，前缘曲面和后缘曲面统称为缘头曲面)。叶盆曲面和叶背曲面部分加工区域大，曲率变化小，加工质量相对比较容易保证，各种轨迹优化方法可参考本书前述章节。叶片的前后缘是叶片加工中较难保证质量的部位。

叶片本身的气动外形，决定了叶片前后缘具有如下结构特点：

(1)前后缘处比较薄，最薄处仅有 0.2mm。

(2)曲率半径小，扭转大，形状变化剧烈，如图 8-47 所示。

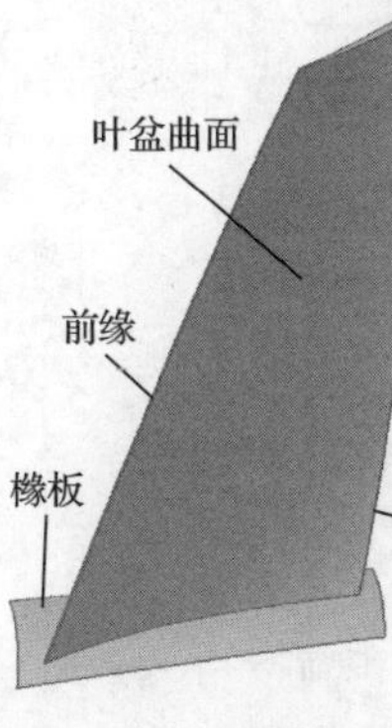

图 8-46　叶片结构示意图

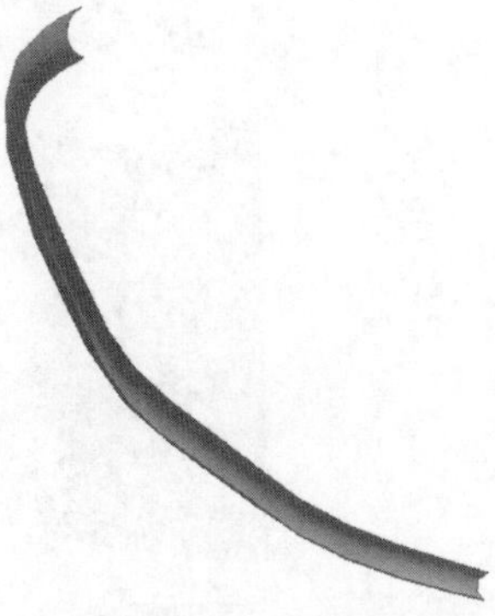

图 8-47　叶片前缘曲面

由此导致叶片缘头区域在螺旋加工过程中容易产生以下问题：

(1)加工轨迹的刀位点密集，机床转动坐标运动速度较低，刀具进给速度小，滞留时间过长。

(2)刀轴矢量变化剧烈，在较小空间内刀轴改变将近 180°，如图 8-48 所示。

(3)加工区域小，刀轴矢量规划困难，若处理不当，则容易造成过切，产生“切坑”，如图 8-49 所示。

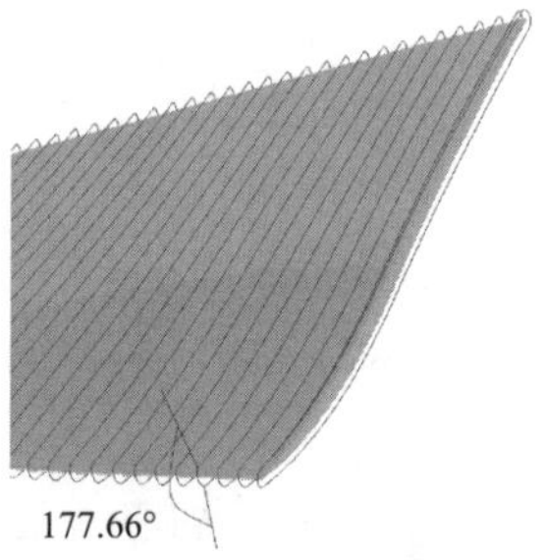

图 8-48　不带避让的螺旋铣轨迹

图 8-49　缘头处的切坑

(4)缘头加工时预留余量大，造成后续手工抛光工作量大。

为解决上述存在的问题，可采用带缘头避让的叶片螺旋加工方法，即在叶片螺旋加工过程中，缘头区域不参与切削，从而在非切削状态下实现该区域刀轴矢量的转变。这种处理方式更加充分地发挥了叶片螺旋加工的优势，同时避免了常规加工缘头区域造成的缺陷，具体实现过程如下。

(1)从叶片模型中分别提取叶盆曲面、叶背曲面和前缘曲面、后缘曲面(前缘、后缘统称为缘头)，并划分有效的加工区域，如图 8-50 所示。

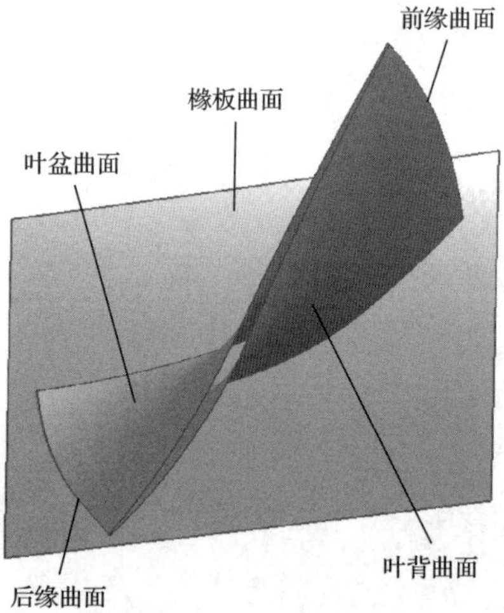

图 8-50　叶片加工区域划分

(2)分别生成叶盆曲面、叶背曲面的切触点轨迹，获得覆盖整个加工区域的切触点轨迹线。

(3)对于叶盆曲面、叶背曲面上对应的切触点轨迹线，在叶片的缘头处构造连接叶盆切触点轨迹线和叶背切触点轨迹线的避让曲线。

(4)分别生成前缘和后缘的切触点轨迹线，并计算相应的刀轴矢量与刀位点。

1. 叶身表面螺旋铣切触点轨迹生成

叶片螺旋铣加工方法的首要步骤是生成刀具沿叶身型面的切触点轨迹。设叶盆曲面、叶背曲面分别表示为 S_{P} 和 S_{B}，沿叶片截面线的方向定义为 u 参数方向，沿叶片径向线的方向定义为 v 参数方向，参数 u 、v 在 S_{P} 和 S_{B} 内的取值范围均规范化为[0,1]。如图 8-51 所示，设叶盆曲面 S_{P} 和叶背曲面 S_{B} 与叶尖端面的交线分别为 c_{P0} 和 c_{B0}。为避免加工时刀具与橼板产生碰撞干涉，将橼板内表面沿叶身方向偏置一安全距离获得一新曲面，设该曲面与叶盆、叶背的交线分别为 c_{P1} 和 c_{B1}。设叶盆曲面、叶背曲面有效加工区域为 S_{P1} 、S_{B1} ，则 S_{P1} 由 c_{P0} 、c_{P1} 两条交线确定，S_{B1} 由 c_{B0} 、c_{B1} 两条交线确定。其中，有效区域需按照叶身原来的 u 、v 方向重新参数化，使 u 、v 参数在 S_{P1} 和 S_{B1} 内取值范围均为[0,1]。

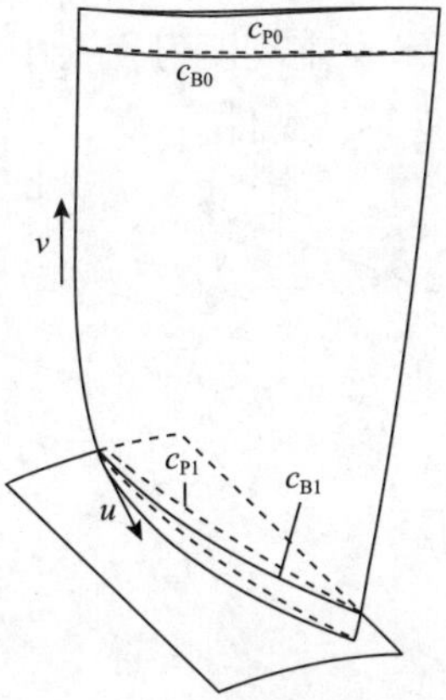

图 8-51　叶片模型示意图

分别选取叶盆曲面、叶背曲面的边界线为初始切触点轨迹，采用自由曲面切触点轨迹和行距计算方法计算新的切削行切触点[28,29]，将这些新的切触点拟合成一条新的切触点轨迹，并优化新轨迹上的切触点，从而可以获得覆盖整个叶盆曲面、叶背曲面的切触点轨迹。

2. 缘头避让曲线构造

避让曲线是指叶片螺旋加工时缘头区域刀具在非切削状态下的运动轨迹。避让曲线的构造可以使刀具切出叶身区域后在非切削状态下快速完成刀具姿态的转换。这也是实现叶片曲面螺旋铣加工的关键，其几何特性决定了缘头区域切入、切出以及空行程过程中刀具与叶片之间的相对运动状态。为保证避让曲线满足螺旋加工高效性和平稳性的要求，约束准则如下。

(1)连续条件：避让曲线必须通过对应叶身切触点轨迹线的端点。

(2)边界条件：避让曲线在端点处应与对应叶身切触点轨迹线端点切矢相同。

(3)安全性要求：避让曲线需满足切削过程中在刀具离开叶身面后能迅速抬起，且在避让前缘曲面和后缘曲面的过程中刀具距离缘头保有一定的安全距离。

为此，本节分别采用非均匀 B 样条技术和包容圆柱面技术实现避让曲线的构造，下面详细介绍相关方法[6,7]。

1)非均匀 B 样条技术构造避让曲线

设 $\boldsymbol{S}_u$ 、$\boldsymbol{S}_v$ 分别为曲面沿 u 、v 参数方向的切矢，$\boldsymbol{n}$ 为曲面的法矢，考虑 B 样条曲线本身的保凸性等性质，本节采用三次非均匀 B 样条曲线进行避让曲线构造。首先构造控制点。如图 8-52 所示，设需要连接的叶盆曲面、叶背曲面的切触点轨迹线分别为 $c_{\mathrm{P}i}$ 和 $c_{\mathrm{B}i}$，在曲线端点处沿曲面走刀方向的单位切矢和法矢分别记为 $\boldsymbol{S}_{\mathrm{P}u}$ 、$\boldsymbol{S}_{\mathrm{B}u}$ 和 $\boldsymbol{n}_{\mathrm{P}}$ 、$\boldsymbol{n}_{\mathrm{B}}$，前缘处的走刀方向由 $c_{\mathrm{P}i}$ 到 $c_{\mathrm{B}i}$，则空间三次非均匀 B 样条曲线的第一个点 $\boldsymbol{P}_0$ 取为 $c_{\mathrm{P}i}$ 曲线的端点，最后一个点 $\boldsymbol{P}_{10}$ 取为 $c_{\mathrm{B}i}$ 曲线的端点。设三次非均匀 B 样条曲线两端点节点重复度为 4，则可实现构造的 B 样条曲线过端点 $\boldsymbol{P}_0$ 和 $\boldsymbol{P}_{10}$，满足避让曲线的连续性条件。

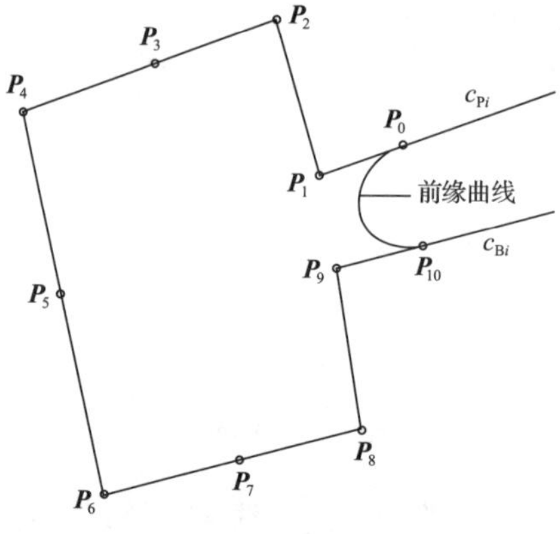

图 8-52　构造控制点

为使避让曲线满足边界条件，设计 $\boldsymbol{P}_1 = r_s\boldsymbol{S}_{\mathrm{P}u} + \boldsymbol{P}_0$，$\boldsymbol{P}_9 = \boldsymbol{P}_{10} - r_s\boldsymbol{S}_{\mathrm{B}u}$，其中，$r_s$ 通常小于刀具半径，构造的三次非均匀 B 样条曲线在端点处的切矢为

$$\begin{cases} \dot{\boldsymbol{p}}(u_3) = \dfrac{3}{u_4 - u_1}(\boldsymbol{P}_1 - \boldsymbol{P}_0) \\ \dot{\boldsymbol{p}}(u_{11}) = \dfrac{3}{u_{13} - u_{10}}(\boldsymbol{P}_{10} - \boldsymbol{P}_9) \end{cases}$$

式中，$\boldsymbol{U}=[u_0,u_1,\cdots,u_{14}]$为节点矢量。

另外，为了保证刀具在切出叶身面之后快速抬起以避免避让过程中啃切缘头曲面，设计样条曲线分别从$\boldsymbol{P}_1$和$\boldsymbol{P}_9$出发，沿着曲线$c_{\mathrm{P}i}$和$c_{\mathrm{B}i}$端点处叶片曲面的法矢方向抬高一定的安全距离h_s（根据毛坯情况和切削量确定），于是有

$$\boldsymbol{P}_2=\boldsymbol{P}_1+h_s\boldsymbol{n}_{\mathrm{P}}=\boldsymbol{P}_0+r_s\boldsymbol{S}_{\mathrm{P}u}+h_s\boldsymbol{n}_{\mathrm{P}}$$

$$\boldsymbol{P}_8=\boldsymbol{P}_9+h_s\boldsymbol{n}_{\mathrm{B}}=\boldsymbol{P}_{10}-r_s\boldsymbol{S}_{\mathrm{B}u}+h_s\boldsymbol{n}_{\mathrm{B}}$$

非均匀 B 样条曲线的作用在于刀具以空行程的方式由叶盆面绕至叶背面。因此，其余五点可以按照如下方式设计：

$$\boldsymbol{P}_4=\boldsymbol{P}_2+d_s\boldsymbol{S}_{\mathrm{P}u}=\boldsymbol{P}_0+h_s\boldsymbol{n}_{\mathrm{P}}+(r_s+d_s)\boldsymbol{S}_{\mathrm{P}u}$$

$$\boldsymbol{P}_6=\boldsymbol{P}_8-d_s\boldsymbol{S}_{\mathrm{B}u}=\boldsymbol{P}_{10}+h_s\boldsymbol{n}_{\mathrm{B}}-(r_s+d_s)\boldsymbol{S}_{\mathrm{B}u}$$

$$\boldsymbol{P}_3=\boldsymbol{P}_0+h_s\boldsymbol{n}_{\mathrm{P}}+\left(r_s+\frac{1}{2}d_s\right)\boldsymbol{S}_{\mathrm{P}u},\quad \boldsymbol{P}_7=\boldsymbol{P}_{10}+h_s\boldsymbol{n}_{\mathrm{B}}-\left(r_s+\frac{1}{2}d_s\right)\boldsymbol{S}_{\mathrm{B}u}$$

$$\boldsymbol{P}_5=\frac{1}{2}(\boldsymbol{P}_4+\boldsymbol{P}_6)=\frac{1}{2}\left[\boldsymbol{P}_0+\boldsymbol{P}_{10}+h_s(\boldsymbol{n}_{\mathrm{P}}+\boldsymbol{n}_{\mathrm{B}})+(r_s+d_s)(\boldsymbol{S}_{\mathrm{P}u}-\boldsymbol{S}_{\mathrm{B}u})\right]$$

式中，d_s为刀具在空走刀时距离缘头曲面的安全距离。

在确定所有的控制顶点之后，构造三次非均匀 B 样条曲线：

$$\begin{cases}\boldsymbol{c}(u)=\sum_{j=0}^{10}\boldsymbol{P}_jN_{j,3}(u)=\sum_{j=i-3}^{i}\boldsymbol{P}_jN_{j,3}(u)\\ u\in[u_i,u_{i+1}]\subset[u_k,u_{11}],\ i=0,1,\cdots,10\end{cases}\tag{8-55}$$

最终构造的三次非均匀 B 样条曲线如图 8-53 所示。

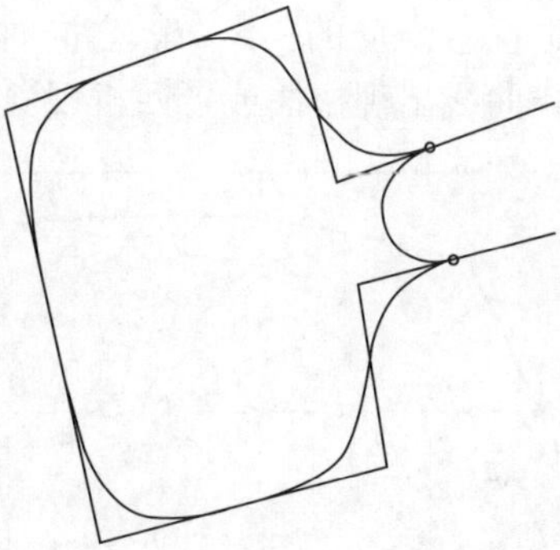

图 8-53　构造的三次非均匀 B 样条曲线

对于安全性要求，可以证明，构造的 B 样条曲线应过控制边$\overline{\boldsymbol{P}_2\boldsymbol{P}_4}$、$\overline{\boldsymbol{P}_4\boldsymbol{P}_6}$和

$\overline{P_6P_8}$，且与这三边相切，这样样条曲线能够保证刀具在离开叶身曲面之后快速离开，并在避让缘头曲面的空行程中完成刀轴矢量的变换。图 8-54 是优化后的叶片螺旋铣刀位轨迹，图 8-55 是叶片在普通五轴机床实际加工的结果。

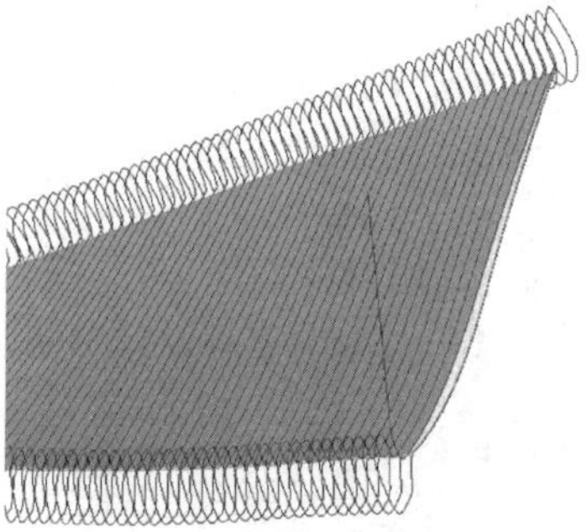

图 8-54　叶片螺旋铣刀位轨迹

图 8-55　带避让的缘头加工结果

2)包容圆柱面技术构造避让曲线

包容圆柱面是从叶片整体角度出发设计避让曲线的方法。首先构造包容圆柱面，然后基于该面构造缘头避让曲线，下面详细介绍其构造方式。

(1)包容圆柱面构造。

包容圆柱面是指能够包容整个叶片曲面的圆柱外表面。首先提取叶盆曲面、叶背曲面，并分别对它们进行参数化，使叶尖处边界曲线 v=0，叶根处边界曲线 v=1；分别计算叶盆曲面、叶背曲面上 u=0, 0.5, 1.0，v=0 的对应点 $\boldsymbol{C}_{P1}$、$\boldsymbol{C}_{P2}$、$\boldsymbol{C}_{P3}$、$\boldsymbol{C}_{P4}$、$\boldsymbol{C}_{P5}$、$\boldsymbol{C}_{P6}$，则可确定底圆圆心为

$$\boldsymbol{O}_1=(\boldsymbol{C}_{P1}+\boldsymbol{C}_{P2}+\boldsymbol{C}_{P3}+\boldsymbol{C}_{P4}+\boldsymbol{C}_{P5}+\boldsymbol{C}_{P6})/6$$

同理，可计算获得顶圆圆心 $\boldsymbol{O}_2$。

如图 8-56 所示，包容圆柱的轴线设为 $\boldsymbol{O}_1\boldsymbol{O}_2$，之后在叶盆曲面和叶背曲面上寻找与 $\boldsymbol{O}_1\boldsymbol{O}_2$ 距离最远的点 $\boldsymbol{Q}_{max}$ 对应的距离 d_{max}。同时，为了使后面生成的避让曲线存有足够的空间，防止曲线出现扭曲或者回折现象，以 $R=d_{max}+4r$ 作为包容

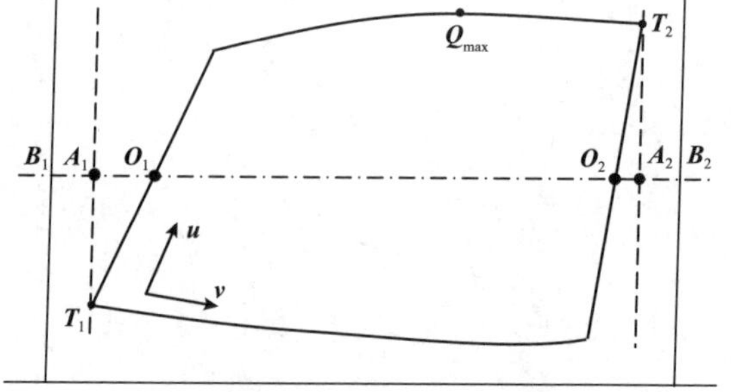

图 8-56　包容圆柱面的构造

圆柱半径，其中，r 表示加工刀具半径。

作垂直于圆柱轴线 $\boldsymbol{O}_1\boldsymbol{O}_2$ 的平面与叶身曲面相切于 $\boldsymbol{T}_1$、$\boldsymbol{T}_2$，并将这两个点映射至轴线上，得到点 $\boldsymbol{A}_1$、$\boldsymbol{A}_2$ 之后分别将 $\boldsymbol{A}_1$、$\boldsymbol{A}_2$ 沿轴线向两边移动 $4r$ 距离，得到 $\boldsymbol{B}_1$、$\boldsymbol{B}_2$，则包容圆柱的高 $h=|\boldsymbol{B}_2-\boldsymbol{B}_1|$，如图 8-56 所示。

(2)避让曲线构造。

如图 8-57 所示，设 $\boldsymbol{P}_1$ 为叶盆面切削轨迹端点，$\boldsymbol{P}_2$ 为进退刀圆弧 $\boldsymbol{C}_1$(半径为 r_1，角度为 θ)终点，将 $\boldsymbol{P}_2$ 沿圆弧 $\boldsymbol{C}_1$ 切线方向延长直至与包容圆柱面相交，计算交点 $\boldsymbol{P}_3$；同理，计算叶背面圆弧 $\boldsymbol{C}_2$ 切线方向延长与包容圆柱面的交点 $\boldsymbol{P}_4$。

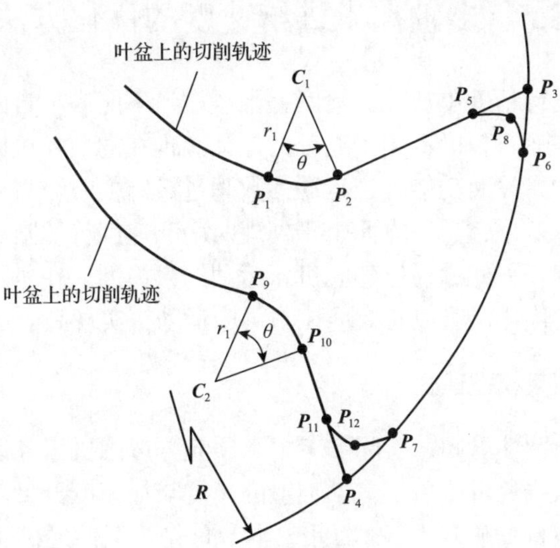

图 8-57　避让曲线构造

基于圆柱面，构造 $\boldsymbol{P}_3$、$\boldsymbol{P}_4$ 两点间的最短路径曲线 l；将 $\boldsymbol{P}_3$ 沿 $\boldsymbol{P}_3\boldsymbol{P}_2$ 切线方向移动刀具半径 r 获得点 $\boldsymbol{P}_5$，同时在曲线 l 上取参数 u=0.25 的点 $\boldsymbol{P}_6$，令 $\boldsymbol{P}_8=(\boldsymbol{P}_3+\boldsymbol{P}_5+\boldsymbol{P}_6)/3$，则可由 $\boldsymbol{P}_5$、$\boldsymbol{P}_8$、$\boldsymbol{P}_6$ 点构造一条样条曲线，作为直线段 $\boldsymbol{P}_2\boldsymbol{P}_5$ 到最短路径曲线 l 的平滑过渡曲线。同理，可计算叶背曲面上直线段到最短距离曲线 l 的平滑过渡曲线，连接上述生成的七段曲线，即组成了前后缘加工的避让曲线。图 8-58 为实际生成的加工轨迹。

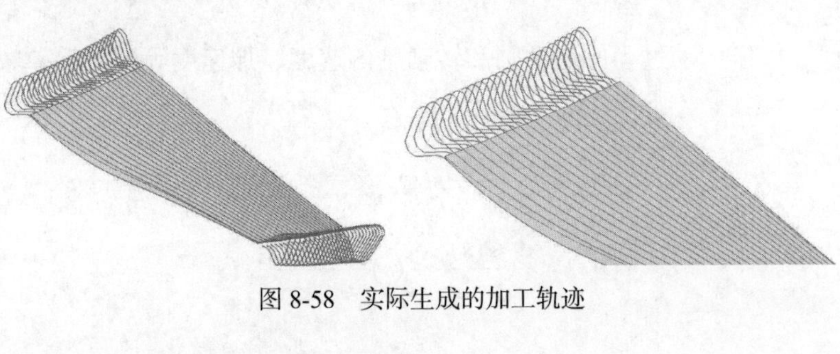

图 8-58　实际生成的加工轨迹

(3) 刀轴控制。

假设叶盆进退刀曲线端点 $\boldsymbol{P}_1$ 刀轴矢量为 $\boldsymbol{V}_1$，圆柱面避让曲线 $\boldsymbol{P}_6$ 刀轴矢量为 $\boldsymbol{V}_2$，$\boldsymbol{V}_2$ 为圆柱面向外法矢，则避让曲线点 $\boldsymbol{P}_1$、$\boldsymbol{P}_6$ 之间的曲线上刀轴矢量可通过四元数插值方法获取[7]。同理，可插值获得另一侧避让曲线的刀轴矢量。

可以看出，与非均匀 B 样条技术构造避让曲线不同的是，除平滑连接曲线外，每一截面刀具的实际避让曲线均位于包容圆柱面上，具有更高的一致性，使刀具运动最大限度地满足了运动学要求。

8.5　多轴加工进给速度的优化方法

数控机床的运行精度单从几何精度上来考虑已不能满足自由曲面多轴加工的要求，必须同时在运行精度上给予充分的保证。现在的数控机床已经具备一定的自由化、自监控和自诊断功能，当运动参数超过设定值时会自动处理与报警。这一方面降低了加工效率，另一方面由于处理时间和速度等的限制，只能在有限代码范围内进行处理。因此，通过建立机床运动约束模型，在实际加工之前对加工代码进行进给速度优化，可以有效地控制机床运动，实现高效加工[8,18]。

8.5.1　机床运动约束模型建立

分析机床运动特性可知，实际加工中必须充分考虑机床各运动轴的允许运动学参数值限制，以避免机床单个运动轴上的速度与加速度分量过大而造成机床伺服系统及被加工零件的破坏[7,18]。因此，本节首先根据前述机床运动特性分析建立机床的运动约束模型，然后基于该模型研究机床运动学约束条件下的进给速度优化方法。

1. 机床各运动轴速度约束条件

在图 8-33 所示的五轴机床加工中，刀具在工件坐标系中的姿态 $(x,y,z,i,j,k)^{\mathrm{T}}$ 经过逆运动学变换可以表示为沿刀轨方向弧长 (s) 的函数，即

$$\boldsymbol{Q}(s)=[X(s),Y(s),Z(s),A(s),B(s)]^{\mathrm{T}} \tag{8-56}$$

从而，机床运动过程中移动轴和转动轴的速度、加速度等运动学参数可以表示为

$$\begin{cases}\dot{\boldsymbol{Q}}(s)=\dfrac{\mathrm{d}\boldsymbol{Q}(s)}{\mathrm{d}s}\cdot\dot{s}(s)\\[2ex]\ddot{\boldsymbol{Q}}(s)=\dfrac{\mathrm{d}^2\boldsymbol{Q}(s)}{\mathrm{d}s^2}\cdot\dot{s}^2(s)+\dfrac{\mathrm{d}\boldsymbol{Q}(s)}{\mathrm{d}s}\cdot\ddot{s}(s)\end{cases} \tag{8-57}$$

式中，$\ddot{s}(s)=\frac{\mathrm{d}\dot{s}(s)}{\mathrm{d}s}\frac{\mathrm{d}s}{\mathrm{d}t}=\frac{\mathrm{d}\dot{s}(s)}{\mathrm{d}s}\dot{s}(s)$；$\dot{s}$ 为沿刀轨切向的进给；$\ddot{s}$ 为沿刀轨切向进给的加速度；$\frac{\mathrm{d}\boldsymbol{Q}(s)}{\mathrm{d}s}$ 为单位切矢；$\frac{\mathrm{d}^2\boldsymbol{Q}(s)}{\mathrm{d}s^2}$ 为曲线的曲率向量。

假定数控机床沿规划刀轨运动时各移动轴和转动轴的最大允许速度为 $(v_{X\max}, v_{Y\max}, v_{Z\max}, v_{A\max}, v_{B\max})$，则在加工过程中机床各运动轴上的速度分量都不应超过此值，结合式(8-56)和式(8-57)，可得数控机床每个运动轴的速度约束条件如下：

$$\begin{bmatrix} -v_{X\max} \\ -v_{Y\max} \\ -v_{Z\max} \\ -v_{A\max} \\ -v_{B\max} \end{bmatrix} \leqslant \begin{bmatrix} \mathrm{d}X(s)/\mathrm{d}s \\ \mathrm{d}Y(s)/\mathrm{d}s \\ \mathrm{d}Z(s)/\mathrm{d}s \\ \mathrm{d}A(s)/\mathrm{d}s \\ \mathrm{d}B(s)/\mathrm{d}s \end{bmatrix} \cdot \dot{s}(s) \leqslant \begin{bmatrix} v_{X\max} \\ v_{Y\max} \\ v_{Z\max} \\ v_{A\max} \\ v_{B\max} \end{bmatrix} \tag{8-58}$$

根据式(8-58)可以计算出各轴最大速度限制下的允许进给 $\dot{s}_{i,v\max}(i=1,2,\cdots,5)$：

$$\begin{cases} \dot{s}_{1,v\max}(s) \leqslant \left|\dfrac{v_{X\max}}{X_s(s)}\right| \\ \dot{s}_{2,v\max}(s) \leqslant \left|\dfrac{v_{Y\max}}{Y_s(s)}\right| \\ \dot{s}_{3,v\max}(s) \leqslant \left|\dfrac{v_{Z\max}}{Z_s(s)}\right| \\ \dot{s}_{4,v\max}(s) \leqslant \left|\dfrac{v_{A\max}}{A_s(s)}\right| \\ \dot{s}_{5,v\max}(s) \leqslant \left|\dfrac{v_{B\max}}{B_s(s)}\right| \end{cases} \tag{8-59}$$

其中，

$$X_s(s)=\frac{\mathrm{d}X(s)}{\mathrm{d}s},\quad Y_s(s)=\frac{\mathrm{d}Y(s)}{\mathrm{d}s},\quad Z_s(s)=\frac{\mathrm{d}Z(s)}{\mathrm{d}s}$$

$$A_s(s)=\frac{\mathrm{d}A(s)}{\mathrm{d}s},\quad B_s(s)=\frac{\mathrm{d}B(s)}{\mathrm{d}s}$$

从而可得各轴速度约束下的最大允许进给：

$$\dot{s}_{v\max}(s)=\min\{\dot{s}_{i,v\max}(s)\},\quad i=1,2,\cdots,5 \tag{8-60}$$

即机床在运行过程中分配到各轴的速度不应超过其允许的最大值。

2. 机床各运动轴加速度约束条件

五轴加工中，加速度的大小与机床运行是否平稳，以及施加在机床运动轴上的驱动力或转矩有关。减小加工过程中机床各轴的加速度可以有效地抑制机床运动中的冲击，使机床运行更加平稳。设五轴加工中机床沿规划刀轨运动时各移动轴和转动轴的最大允许加速度为$(a_{X\max},a_{Y\max},a_{Z\max},a_{A\max},a_{B\max})$，则有

$$\begin{bmatrix}-a_{X\max}\\-a_{Y\max}\\-a_{Z\max}\\-a_{A\max}\\-a_{B\max}\end{bmatrix}\leqslant\begin{bmatrix}\mathrm{d}^2X(s)/\mathrm{d}s^2\\\mathrm{d}^2Y(s)/\mathrm{d}s^2\\\mathrm{d}^2Z(s)/\mathrm{d}s^2\\\mathrm{d}^2A(s)/\mathrm{d}s^2\\\mathrm{d}^2B(s)/\mathrm{d}s^2\end{bmatrix}\cdot\dot{s}^2(s)+\begin{bmatrix}\mathrm{d}X(s)/\mathrm{d}s\\\mathrm{d}Y(s)/\mathrm{d}s\\\mathrm{d}Z(s)/\mathrm{d}s\\\mathrm{d}A(s)/\mathrm{d}s\\\mathrm{d}B(s)/\mathrm{d}s\end{bmatrix}\cdot\ddot{s}(s)\leqslant\begin{bmatrix}a_{X\max}\\a_{Y\max}\\a_{Z\max}\\a_{A\max}\\a_{B\max}\end{bmatrix} \tag{8-61}$$

记

$$\boldsymbol{Q}_{ss}^{q}(s)=\left[\frac{\mathrm{d}^2X(s)/\mathrm{d}s^2}{a_{X\max}},\frac{\mathrm{d}^2Y(s)/\mathrm{d}s^2}{a_{Y\max}},\frac{\mathrm{d}^2Z(s)/\mathrm{d}s^2}{a_{Z\max}},\frac{\mathrm{d}^2A(s)/\mathrm{d}s^2}{a_{A\max}},\frac{\mathrm{d}^2B(s)/\mathrm{d}s^2}{a_{B\max}}\right]^{\mathrm{T}} \tag{8-62}$$

$$\boldsymbol{Q}_{s}^{a}(s)=\left[\frac{\mathrm{d}X(s)/\mathrm{d}s}{a_{X\max}},\frac{\mathrm{d}Y(s)/\mathrm{d}s}{a_{Y\max}},\frac{\mathrm{d}Z(s)/\mathrm{d}s}{a_{Z\max}},\frac{\mathrm{d}A(s)/\mathrm{d}s}{a_{A\max}},\frac{\mathrm{d}B(s)/\mathrm{d}s}{a_{B\max}}\right]^{\mathrm{T}} \tag{8-63}$$

则式(8-61)可变为

$$\boldsymbol{Q}_{ss,i}^{q}(s)|\cdot\dot{s}^2(s)+|\boldsymbol{Q}_{s,i}^{a}(s)|\cdot|\ddot{s}(s)|\leqslant 1,\quad i=1,2,\cdots,5 \tag{8-64}$$

由式(8-64)可以看出，对于机床每个运动轴，进给的平方$(\dot{s}^2)$和加速度$(\ddot{s})$之间是线性关系。在$\dot{s}^2$-$\ddot{s}$图中，机床的每个运动轴都有一个如式(8-64)所确定的可行区域，五个轴确定的公共区域即是优化过程中进给速度可选择的区域。对于不同的机床，移动轴和转动轴上速度和加速度的限制值都是不同的。一般来说，机床刚性越好，其允许的速度、加速度的限定值越高，可承载的扭矩也就越大，机床在运行中也更为平稳，零件被加工表面质量也就越好。

在上述分析的基础上，建立数控机床在各运动轴速度与加速度限制条件下的

运动约束模型：

$$\begin{cases} \dot{s}_{v\max}(s) = \min\{\dot{s}_{i,v\max}(s)\} \\ |\boldsymbol{Q}_{ss,i}^{q}(s)|\cdot\dot{s}^2(s)+|\boldsymbol{Q}_{s,i}^{a}(s)|\cdot|\ddot{s}(s)|\leqslant 1 \end{cases},\quad i=1,2,\cdots,5 \tag{8-65}$$

8.5.2　进给速度离线优化方法

通常在进行高速加工，以及在高端数控机床上加工自由曲面复杂零件时，现代数控系统常采用五次样条进行实时插补，以获取平滑的速度和加速度。在前面分析机床运动特性的基础上，本节借助五次样条插补的相关技术，将其应用于离线进给速度的优化中。这种优化结果可以应用于普通机床复杂自由曲面零件的加工中，从而获得较好的加工质量与较高的加工效率[30]。

在样条插值时，若数据点较少、分布不均匀，并且其原始几何形状具有较大的曲率变化，由于缺少足够的数据点信息，可能会出现形状失真，不能满足曲线保形的要求。在五次样条插值中，为了避免曲线振荡和扭摆，并尽可能地逼近原始曲线，常采用能够保形的导数值计算方法或二级样条插值方法。

五次样条插补中，以平滑过渡的方式将一系列点 $\boldsymbol{P}_1,\boldsymbol{P}_2,\cdots,\boldsymbol{P}_n$ 沿刀轨连接起来。其中，连接两个节点 $\boldsymbol{P}_i$ 和 $\boldsymbol{P}_{i+1}$ 间的样条段可以用五次多项式表示：

$$\boldsymbol{S}_i = \boldsymbol{A}_i u^5 + \boldsymbol{B}_i u^4 + \boldsymbol{C}_i u^3 + \boldsymbol{D}_i u^2 + \boldsymbol{E}_i u + \boldsymbol{F}_i \tag{8-66}$$

式中，$u \in [0,l_i]$，$l_i = |\boldsymbol{P}_i - \boldsymbol{P}_{i+1}|$，六个系数的计算可参考文献[31]。计算过程中用到点 $\boldsymbol{P}_i$ 和点 $\boldsymbol{P}_{i+1}$ 的一阶导数和二阶导数，其计算可采用三次样条近似法求解。

假设经过点 $\boldsymbol{P}_i$ 、$\boldsymbol{P}_{i+1}$ 、$\boldsymbol{P}_{i+2}$ 的三次样条为

$$\boldsymbol{S}_i = \boldsymbol{a}_i u^3 + \boldsymbol{b}_i u^2 + \boldsymbol{c}_i u + \boldsymbol{d}_i,\quad u = [0, L_i + L_{i+1} + L_{i+2}] \tag{8-67}$$

式中，L_i 为 $\boldsymbol{P}_i$ 与 $\boldsymbol{P}_{i+1}$ 之间的弦长。在每个点 $\boldsymbol{P}_i$ 处的边界条件为

$$\boldsymbol{S}_i = \begin{cases} \boldsymbol{P}_i, & u_0 = 0 \\ \boldsymbol{P}_{i+1}, & u_1 = L_i \\ \boldsymbol{P}_{i+2}, & u_2 = L_i + L_{i+1} \\ \boldsymbol{P}_{i+3}, & u_3 = L_i + L_{i+1} + L_{i+2} \end{cases} \tag{8-68}$$

将上述边界条件代入式(8-67)可求得样条参数：

$$
\begin{bmatrix} u_0^3 & u_0^2 & u_0 & 1 \\ u_1^3 & u_1^2 & u_1 & 1 \\ u_2^3 & u_2^2 & u_2 & 1 \\ u_3^3 & u_3^2 & u_3 & 1 \end{bmatrix} \begin{bmatrix} \boldsymbol{a}_i \\ \boldsymbol{b}_i \\ \boldsymbol{c}_i \\ \boldsymbol{d}_i \end{bmatrix} = \begin{bmatrix} \boldsymbol{P}_i \\ \boldsymbol{P}_{i+1} \\ \boldsymbol{P}_{i+2} \\ \boldsymbol{P}_{i+3} \end{bmatrix} \tag{8-69}
$$

求导可得

$$
\begin{cases} \boldsymbol{a}_i = \dfrac{(\boldsymbol{P}_{i+1} - \boldsymbol{P}_i)u_2u_3(u_2 - u_3) + (\boldsymbol{P}_{i+2} - \boldsymbol{P}_i)u_3u_1(u_3 - u_1) + (\boldsymbol{P}_{i+3} - \boldsymbol{P}_i)u_1u_2(u_1 - u_2)}{\Delta c} \\ \boldsymbol{b}_i = \dfrac{(\boldsymbol{P}_{i+1} - \boldsymbol{P}_i)u_2u_3(u_3^2 - u_2^2) + (\boldsymbol{P}_{i+2} - \boldsymbol{P}_i)u_3u_1(u_1^2 - u_3^2) + (\boldsymbol{P}_{i+3} - \boldsymbol{P}_i)u_1u_2(u_2^2 - u_1^2)}{\Delta c} \\ \boldsymbol{c}_i = \dfrac{(\boldsymbol{P}_{i+1} - \boldsymbol{P}_i)u_2^2u_3^2(u_2 - u_3) + (\boldsymbol{P}_{i+2} - \boldsymbol{P}_i)u_3^2u_1^2(u_3 - u_1) + (\boldsymbol{P}_{i+3} - \boldsymbol{P}_i)u_1^2u_2^2(u_1 - u_2)}{\Delta c} \\ \boldsymbol{d}_i = \boldsymbol{P}_i \end{cases} \tag{8-70}
$$

其中，

$$
\Delta c = u_1u_2u_3[u_1^2(u_2 - u_3) + u_2^2(u_3 - u_1) + u_3^2(u_1 - u_2)]
$$

则样条在各点的导数为

$$
\begin{cases} \dfrac{\mathrm{d}\boldsymbol{S}_i}{\mathrm{d}u} = 3\boldsymbol{a}_i u^2 + 2\boldsymbol{b}_i u + \boldsymbol{c}_i \\ \dfrac{\mathrm{d}^2\boldsymbol{S}_i}{\mathrm{d}u^2} = 6\boldsymbol{a}_i u + 2\boldsymbol{b}_i \end{cases}, \quad u \in [0, u_3] \tag{8-71}
$$

若样条上有 n 个节点，则前两点 $\boldsymbol{P}_1$ 与 $\boldsymbol{P}_2$ 和最后两点 $\boldsymbol{P}_{n-1}$ 与 $\boldsymbol{P}_n$ 的导数分别利用前四个点和最后四个点计算。其余点的导数采用四个点求得中间两个点导数的方法计算。这样，中间点的每个导数将从连续的两个样条段获得两个导数值，在使用时采用其平均值。

关于五次样条插值和导数的求法，更为详细地介绍可参考文献[32]。将式(8-71)代入运动约束模型(8-65)中进行求解，即可求出多轴机床各轴运动参数限制下的最大允许进给值 $\dot{s}$ ，从而实现进给速度的离线优化。

8.5.3　进给速度在线优化方法

进给速度在线优化是指在机床上连接相关的硬件与软件设备，通过软件和硬件功能进行实时优化。现有的高端数控系统中一般都具备“预读”功能，数控系统通过预读加工代码进行加减速控制，以调整机床的运行，使之尽可能地平稳。但是一般数控系统在预读时都只能预读不超过 10 行的指令，因此其运行控制也只能在很小的范围内进行，往往对提高机床运行效率作用不大。此外，数控系统的加减速控制产生的合成运动会导致刀具和机床硬件产生一定的应变，并激发机床本身的低频振动。

英国 NEE 控制有限公司针对机床的运动控制开发了一系列的运动控制系统和运动控制器，将这些控制系统和控制器与机床相连接实现机床运动的实时控制。与数控系统的预读功能相比，英国 NEE 控制有限公司开发的运动控制系统可以预读多至 100 行的指令，从而可以有效地在更大的范围内对机床的运动进行控制和优化。除了更强的预读功能之外，该系统还可以在误差范围内对运动轨迹进行平滑处理，消除可能导致较大加减速的尖角位置，以尽可能地保证机床在较大的切削效率下平稳运行。同时，英国 NEE 控制有限公司在开发中还充分考虑了机床速度、加速度的约束，以及运行过程中机床惯性的影响，通过调整加速度的变化率来调整实际运行的进给率。

参 考 文 献

[1] Wang N, Tang K. Automatic generation of gouge-free and angular-velocity-compliant five-axis toolpath[J]. Computer-Aided Design, 2007, 39(10): 841-852.

[2] Ye T, Xiong C H. Geometric parameter optimization in multi-axis machining[J]. Computer-Aided Design, 2008, 40(8): 879-890.

[3] Hu P C, Tang K. Improving the dynamics of five-axis machining through optimization of workpiece setup and tool orientations[J]. Computer-Aided Design, 2011, 43(12): 1693-1706.

[4] Hu P C, Tang K, Lee C H. Global obstacle avoidance and minimum workpiece setups in five-axis machining[J]. Computer-Aided Design, 2013, 45(10): 1222-1237.

[5] Zhu Y, Chen Z T, Ning T, et al. Tool orientation optimization for 3+2-axis CNC machining of sculptured surface[J]. Computer-Aided Design, 2016, 77: 60-72.

[6] Luo M, Zhang D H, Wu B H, et al. Optimisation of spiral tool path for five-axis milling of freeform surface blade[J]. International Journal of Machining and Machinability of Materials, 2010, 8(3/4): 266.

[7] 罗明. 叶片多轴加工刀位轨迹运动学优化方法研究[D]. 西安: 西北工业大学, 2008.

[8] Sun Y W, Jia J J, Xu J T, et al. Path, feedrate and trajectory planning for free-form surface machining: A state-of-the-art review[J]. Chinese Journal of Aeronautics, 2022, 35(8): 12-29.

[9] Hu P C, Chen L F, Tang K. Efficiency-optimal iso-planar tool path generation for five-axis finishing machining of freeform surfaces[J]. Computer-Aided Design, 2017, 83: 33-50.

[10] Tang T D. Algorithms for collision detection and avoidance for five-axis NC machining: A state of the art review[J]. Computer-Aided Design, 2014, 51: 1-17.

[11] Lasemi A, Xue D Y, Gu P H. Recent development in CNC machining of freeform surfaces: A state-of-the-art review[J]. Computer-Aided Design, 2010, 42(7): 641-654.

[12] 吴宝海, 罗明, 张莹, 等. 自由曲面五轴加工刀具轨迹规划技术的研究进展[J]. 机械工程学报, 2008, 44(10): 9-18.

[13] 韩飞燕. 自由曲面叶轮非正交机床四轴加工刀轴控制方法[D]. 西安: 西北工业大学, 2012.

[14] 吴宝海. 自由曲面离心式叶轮多坐标数控加工若干关键技术的研究与实现[D]. 西安: 西安交通大学, 2005.

[15] Sun Y W, Bao Y R, Kang K X, et al. A cutter orientation modification method for five-axis ball-end machining with kinematic constraints[J]. The International Journal of Advanced Manufacturing Technology, 2013, 67(9): 2863-2874.

[16] Shen H Y, Fu J Z, Lin Z W. Five-axis trajectory generation based on kinematic constraints and optimisation[J]. International Journal of Computer Integrated Manufacturing, 2015, 28(3): 266-277.

[17] Liu H A, Liu Q A, Sun P P, et al. The optimal feedrate planning on five-axis parametric tool path with geometric and kinematic constraints for CNC machine tools[J]. International Journal of Production Research, 2017, 55(13): 3715-3731.

[18] 吴宝海, 张阳, 郑志阳, 等. 数控加工进给速度参数优化研究现状与展望[J]. 航空学报, 2022, 43(4): 86-105.

[19] 周济, 周艳红. 数控加工技术[M]. 北京: 国防工业出版社, 2002.

[20] Hwang Y R, Liang C S. Cutting errors analysis for spindle-tilting type 5-axis NC machines[J]. The International Journal of Advanced Manufacturing Technology, 1998, 14(6): 399-405.

[21] Ho M C, Hwang Y R, Hu C H. Five-axis tool orientation smoothing using quaternion interpolation algorithm[J]. International Journal of Machine Tools and Manufacture, 2003, 43(12): 1259-1267.

[22] Ho M C, Hwang Y R. Machine codes modification algorithm for five-axis machining[J]. Journal of Materials Processing Technology, 2003, 142(2): 452-460.

[23] 张莹, 吴宝海, 张定华, 等. 基于机床运动模型的走刀步长计算方法[J]. 机械工程学报, 2009, 45(7): 183-187.

[24] 王晶. 复杂零件多轴加工的刀具约束建模及 GPU 计算[D]. 西安: 西北工业大学, 2014.

[25] Wu B H, Zhang D H, Luo M, et al. Collision and interference correction for impeller machining with non-orthogonal four-axis machine tool[J]. The International Journal of Advanced Manufacturing Technology, 2013, 68(1): 693-700.

[26] 孙家广. 计算机图形学[M]. 3 版. 北京: 清华大学出版社, 2000.

[27] 张莹. 叶片类零件自适应数控加工关键技术研究[D]. 西安: 西北工业大学, 2011.

[28] 刘雄伟. 数控加工理论与编程技术[M]. 北京: 机械工业出版社, 2001.

[29] 张莹, 张定华, 吴宝海, 等. 复杂曲面环形刀五轴加工的自适应刀轴矢量优化方法[J]. 中国机械工程, 2008, 19(8): 945-948.

[30] 田锡天. 五次样条在数控加工中的全过程应用技术[D]. 西安: 西北工业大学, 2003.

[31] Altintas Y. 数控技术与制造自动化[M]. 罗学科, 译. 北京: 化学工业出版社, 2002.

[32] Fleisig R V, Spence A D. A constant feed and reduced angular acceleration interpolation algorithm for multi-axis machining[J]. Computer-Aided Design, 2001, 33(1): 1-15.

第 9 章　多轴数控加工优化技术应用

在航空航天、能源动力等行业中，为提高产品的工作效率与服役性能，大量采用复杂曲面结构零件，如自由曲面叶片、叶轮、整体叶盘等。这类零件的结构与工艺特点主要是：①采用自由曲面设计，工件表面复杂且精度要求高；②采用复杂整体结构，材料去除率较大；③零件结构相互遮掩情况严重，需要采用五轴数控加工技术；④采用薄壁结构设计，加工过程中的变形现象明显[1-3]。复杂曲面结构零件的加工一直是学术界和工业界研究的热点与难点，目前主流的 CAM 软件都以具备这些零件的数控加工编程能力作为其软件编程能力的重要标志[4-6]。

在几何学单点优化技术的基础上，本章作为集成开发和应用实例，分别以航空发动机典型结构零件叶片、叶轮、整体叶盘为例，对其加工工艺进行分析和介绍。结合这类零件的结构与工艺特点，以及本书前述研究的各类优化算法与经验知识，开发相应的专用数控加工编程软件，并对其功能进行简要介绍。

9.1　叶片多轴加工优化技术与应用

叶片是航空发动机中典型、关键的一类零件，具有种类多、数量大、型面复杂、几何精度要求高等特点。在航空发动机各类零部件中，叶片的制造品质直接影响着发动机的使用性能和寿命。叶片形状复杂、尺度跨度大、受力恶劣、承载最大，因此叶片的加工必须保证具有精确的尺寸、准确的形状和严格的表面完整性[1,7,8]。

9.1.1　叶片加工工艺分析

如图 9-1 所示，航空发动机叶片是由叶身和榫头等组成的，有些叶片叶身部分还带有阻尼台，叶片工作表面是叶身，通常是直纹面或自由曲面；靠近榫头部分是叶根，一般相对较厚，另一端是叶尖，相对较薄[8]。

叶片高效精密数控加工一般以锻造毛坯为基础，采用数控铣削方式经过粗加工、半精加工、精加工等多道加工工序将叶型加工至最终的尺寸[9]。叶片精密数控加工技术以实现叶身曲面的“无余量”加工为目的，对多轴数控加工工艺和编程技术提出了更高的要求。

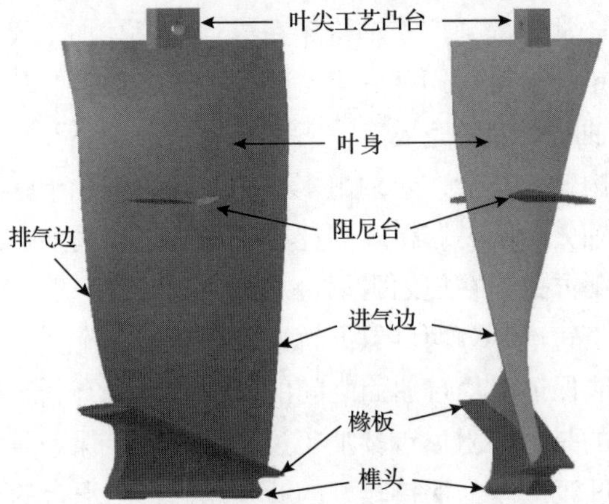

图 9-1　航空发动机叶片

1. 叶片的精确定位

榫头是叶片精度最高的部分，是叶片的安装基准，通常被选作叶片的加工基准。为增加加工时叶片的刚性，叶尖部位通常预留叶尖工艺凸台并采用顶紧或拉紧的方式进行固定，如图 9-2 所示。这种装夹方案定位精度高、系统刚性好，有利于保证叶片多轴加工的精度。

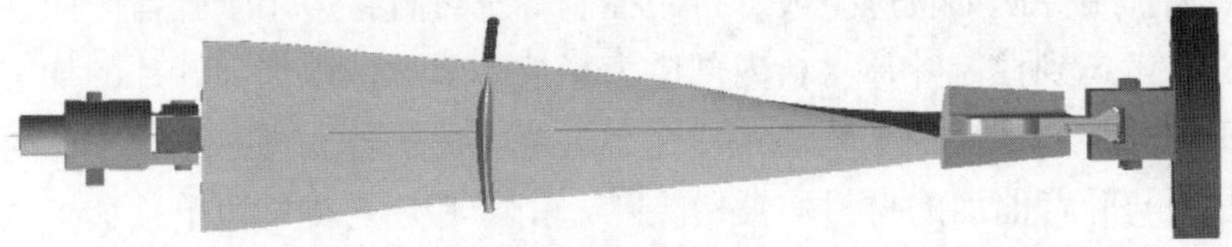

图 9-2　航空发动机叶片的精确装夹定位

2. 叶片加工工艺方案

航空发动机叶片的加工通常分为粗加工、半精加工以及精加工三个阶段。加工特征包括阻尼台、叶身、进排气边(也称为前后缘或缘头)、橼板以及清根区域等。航空发动机叶片数控加工的基本工艺流程如图 9-3 所示。

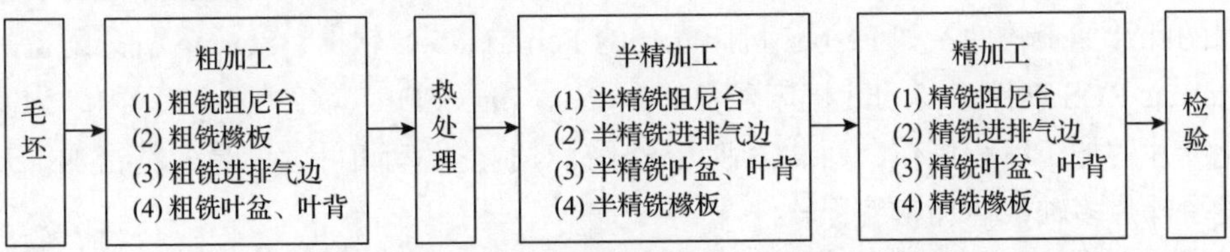

图 9-3　航空发动机叶片数控加工的基本工艺流程

叶片的粗加工通常可以采用三轴机床完成。为提高加工效率，叶片阻尼台、橼板和进排气边的粗加工可采用平底刀侧铣的加工方法；叶片叶身的叶盆曲面和叶背曲面则采用多轴端铣加工完成。

叶片阻尼台结构较为复杂，通常由多达十几张甚至几十张曲面构成，且在靠近叶身处内凹，刀轴矢量不易获得，因此在半精加工与精加工过程中需要采用自由度较大的五轴加工方式。在规划阻尼台加工轨迹时，一般采用从上到下的螺旋加工轨迹。这种加工轨迹一方面可保证轨迹的连续性，有利于五轴机床的连续光顺运动；另一方面能保证阻尼台曲面之间的光滑过渡，有利于提高阻尼台的加工精度[10]。值得注意的是，在阻尼台精加工过程中，需要保证阻尼台根部与自由曲面叶身之间的光滑过渡[11]。为保持较好的叶片刚性，阻尼台的半精加工和精加工可以放在叶身曲面加工工序之前。

航空发动机叶片的进气边与排气边一般较薄，其半径最小仅为 0.2mm 左右。由于进排气边的加工质量对叶片的服役性能与寿命具有重要影响，叶片加工过程中一般对进排气边的加工精度与表面质量要求较高。为达到上述要求，通常将进排气边曲面从叶身曲面中分离出来单独进行加工。在规划加工轨迹时，采用沿叶高方向的刀具路径，减少残留高度对进排气边表面质量的影响[12,13]。

叶盆曲面和叶背曲面是叶片的主要工作曲面，一般采用自由曲面表示。现有的自由曲面加工算法如轨迹生成、行距控制等都可直接应用于叶盆曲面、叶背曲面的加工。考虑到控制叶片材料内部应力释放的对称性以保证叶片的加工精度，通常采用绕叶片的螺旋加工轨迹，即在刀具绕叶片旋转一周的过程中，对应位置处叶盆曲面与叶背曲面的材料均被切除[14]。由于叶片进排气边单独加工，叶身曲面的螺旋加工轨迹一般在进排气边处需要增加避让轨迹，这样可避免刀轴在进排气边处剧烈变化而引起过切[12,13]。另外，叶盆曲面和叶背曲面的精加工中还可选用环形刀宽行加工，以提高叶片表面的加工质量与效率[1,15]。

9.1.2 叶片多轴数控加工编程软件及应用

目前的大型商业软件如 Siemens NX、hyperMILL、PowerMILL 等都可用于生产叶片的多轴加工轨迹。另外，一些机床制造商也为叶片加工专用机床配备了专用的叶片加工软件，如 Ferrari 机床配备的 Ferrari 85-C 软件、Starrag 机床配备的 Starrag RCS 软件、Liechti 机床配备的 Liechti TurboSOFT 软件等。在国内，为简化叶片的加工编程操作，西北工业大学还针对航空发动机叶片的高效精密加工开发了叶片多轴数控加工编程软件。

叶片多轴数控加工编程软件的体系结构设计如图 9-4 所示。

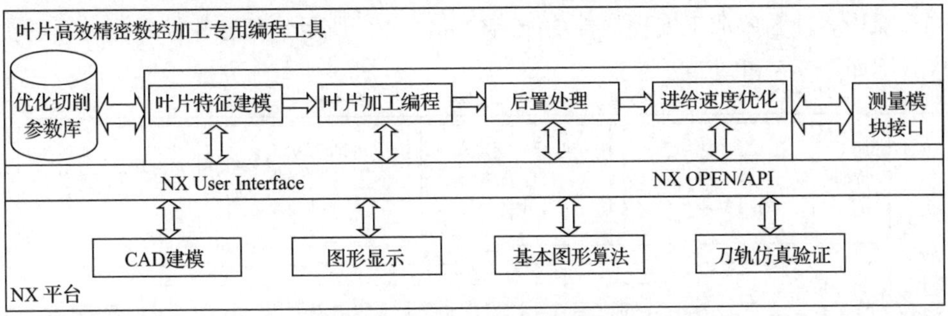

图 9-4　叶片多轴数控加工编程软件的体系结构

叶片特征建模模块主要实现“面向叶片加工的建模”功能，用于叶片各加工特征的定义，如叶身曲面、橼板曲面、缘头曲面等的定义，以及加工区域边界的定义、特征点的定义等。同时，根据加工编程的需要生成各种辅助加工特征，如复杂驱动体、刀具引导曲线等。

叶片加工编程模块主要集成了实际生产中积累的常用工艺知识和流程，以及一些新的加工算法，提供了面向叶片的粗加工—半精加工—精加工过程的多轴加工解决方案。针对叶片的每一个加工特征，该模块都提供了多种加工解决方案，以满足实际应用中数控编程的需要。例如，叶身曲面的加工，精加工既可以采用单面加工，也可以采用螺旋对称加工，每一种方案可以根据需要选择采用球头刀或者环形刀进行加工。该模块在螺旋加工功能上提供了四轴和五轴螺旋加工两种方法。同时，针对叶身曲面的粗加工和精加工分别提供了不同的加工解决方案。通过集成 NX 的部分功能及几何优化算法，可以实现用户在最少交互操作下的自动加工编程与刀具轨迹生成，大大提高了加工编程的效率。

后置处理模块包含叶片加工常用结构机床的后置处理器，包括 AB 正交的刀具摆动+工作台旋转结构五轴机床、AB 正交双旋转工作台结构五轴机床及非正交的双旋转工作台结构五轴机床。该模块既可以处理专用编程工具生成的刀位数据文件，也可以处理 NX 软件生成的 CLS 文件，即刀位文件。

进给速度优化模块基于所选用的机床运动特性及优化切削参数数据库，对实际加工过程中的进给速度进行优化，控制实际加工中机床的平滑运行，从而获得更好的叶片表面加工质量与更高的加工效率。

其中，为把工程实际生产中获得的工艺知识与经验进行不断有效地积累，从而更好地指导现有产品的生产与新产品的研制，该工具中专门开发了优化切削参数数据库，为叶片的数控加工编程提供基础数据支持。该数据库录入了常用的切削参数数据，同时为用户提供了更改数据的权限，方便用户把在工程实践中获得的新数据添加到该数据库中。

叶片多轴数控加工编程软件功能结构如图 9-5 所示，部分软件界面及刀具轨迹分别如图 9-6 和图 9-7 所示。

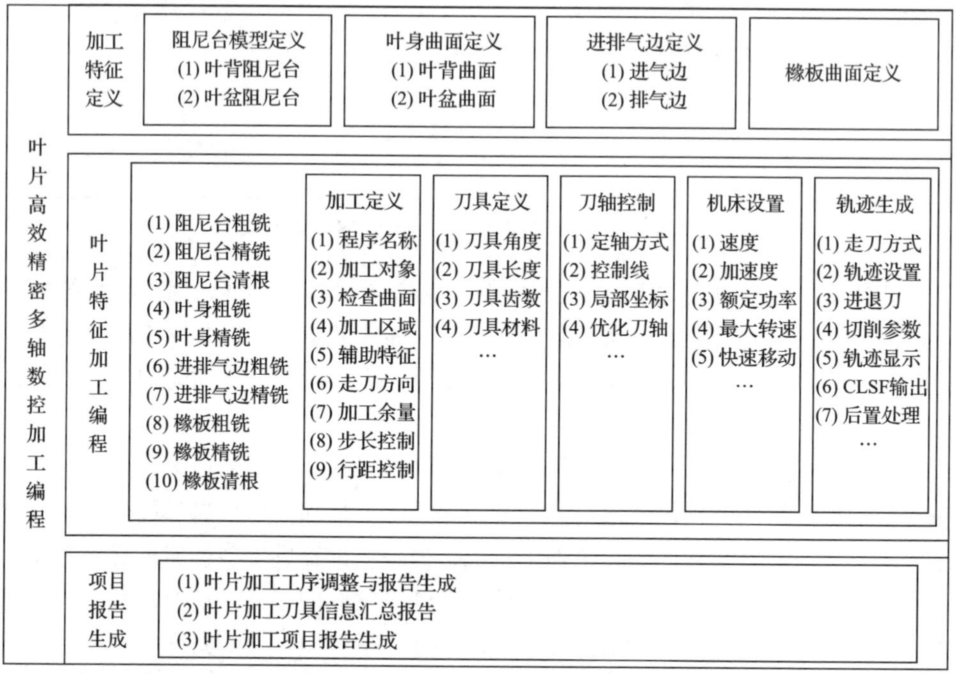

图 9-5　叶片多轴数控加工编程软件功能结构

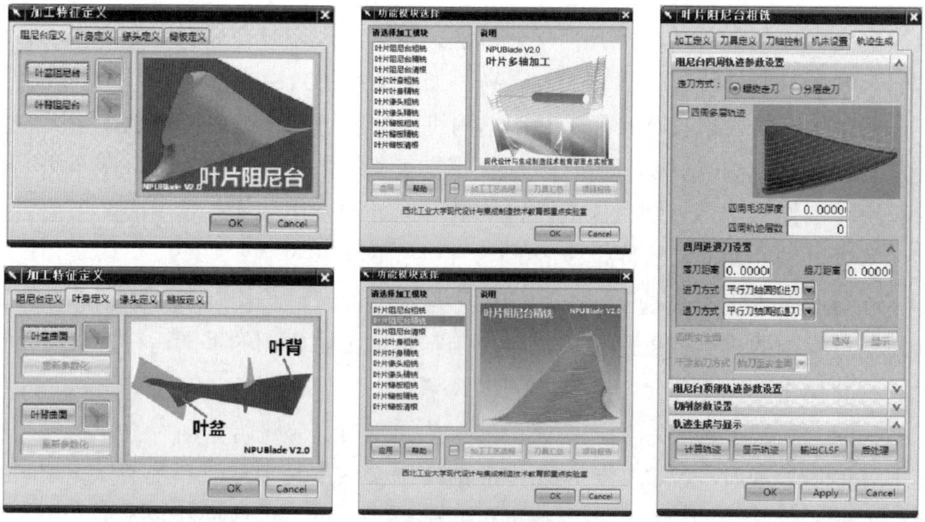

(a) 加工特征定义界面　　(b) 功能模块选择界面　　(c) 轨迹生成界面

图 9-6　叶片多轴数控加工编程软件界面

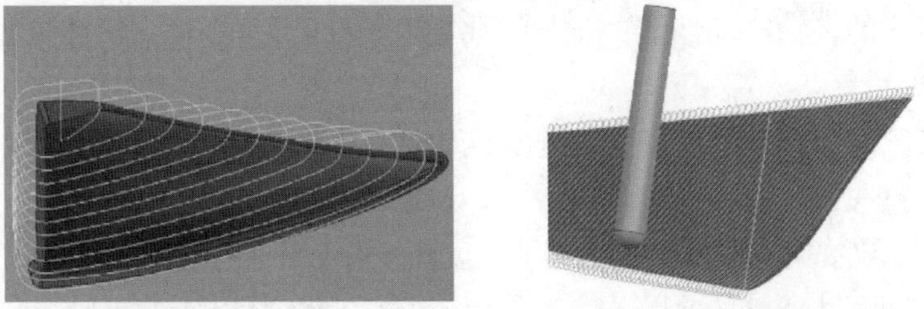

(a) 阻尼台螺旋加工轨迹　　(b) 叶身精加工螺旋加工轨迹

图 9-7　叶片加工刀具轨迹

9.2　叶轮多轴加工优化技术与应用

叶轮是机械装备行业中重要的典型零件，在航空航天、能源动力、石油化工等领域中应用广泛[3]。航空发动机常用的典型叶轮如图 9-8 所示，其主要特点是结构复杂、数量种类繁多、对发动机性能影响大、设计研制周期长、制造工作量大。叶轮零件的叶片型面复杂，通常是由非可展直纹面或自由曲面构成的，其 CAD 几何建模相对于一般的实体造型更为复杂。根据叶轮零件的结构特点也可看出，加工叶轮时刀具轨迹规划的约束条件较多，相邻叶片空间狭小，极易产生碰撞干涉，自动生成无干涉的刀位轨迹较为困难。

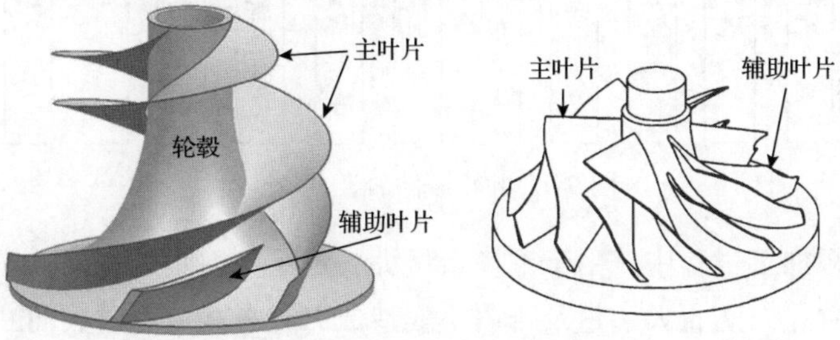

图 9-8　航空发动机典型叶轮

9.2.1　叶轮加工工艺分析

目前，实际应用中叶轮零件的加工难点主要有[16]：①材料去除余量大，开槽后留均匀余量难度大；②叶片相互遮掩情况严重，刀轴矢量确定困难；③叶片高度高且壁厚薄，加工中易在切削力的作用下发生变形；④叶轮流道较深，刀具夹持长度较长，导致刀具刚性差；⑤完整加工时刀轴摆角大，对机床要求高。鉴于存在的上述问题，在选择数控机床时一般应考虑以下条件。

(1) 机床的结构：叶轮零件的加工一般采用 BC 结构或 AB 结构刀具摆动的机床，这类机床运动灵活，适用于复杂曲面结构零件的加工。

(2) 机床的多轴联动性能：机床必须能够多轴联动，以满足流体机械精加工的要求。

(3) 机床的行程：叶片相互遮掩多，刀轴矢量变化大，机床的工作空间特别是转动轴的行程必须满足叶轮可加工性及刀具长径比的要求。

在叶轮零件的粗加工中，可选用平底立铣刀去除流道的大部分余量。在保证刀具不与叶轮型面发生干涉的前提下，宜采用较大直径的刀具以 4+1(五轴四联动) 的方式进行主叶片之间流道的开槽加工，快速去除流道余量，并在叶轮流道表面留下均匀的加工余量[16,17]。

9.2.2　叶轮加工工艺规划

叶轮零件毛坯一般采用锻压件，先根据盖板型线车削为叶轮回转体的基本形状，然后在多轴数控加工中心上完成加工。根据叶轮的几何结构特征和使用要求，其基本加工工艺流程如图 9-9 所示。其中，在进行流道开槽和粗加工去余量之后，安排一次热处理。

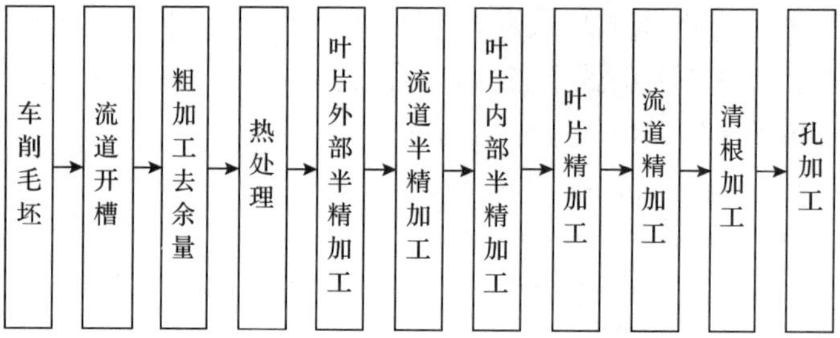

图 9-9　叶轮零件加工工艺流程

叶轮的粗加工过程中，由于毛坯余量大，加工中刀具的切入、切出位置一般选在开敞位置，以防止大余量及排屑不畅造成刀具承载应力过大而断刀。粗加工过程中，为提高机床刚性以获得较高的材料去除率，优先选择 3+2 方式(五轴三联动)或者 4+1 方式(五轴四联动)进行加工。此外，由于插铣加工可以用较高的材料去除率去除大量材料，可在叶轮的开槽加工中进行应用[17]。

在加工叶轮的叶片时，对于较平坦的叶片曲面，加工时可采用侧铣加工方式；对于扭曲较大的叶片曲面，则可采用球头刀点铣的加工方式。若叶轮叶片高度较高，为防止加工时叶片在切削力的作用下发生变形，可将叶片由叶尖到叶根部位进行分段加工，利用未切除部分的材料提供支撑，增强叶片刚度。

在加工叶轮的流道时，通常采用球头刀点铣加工。由于叶轮流道通常比较狭窄，加工时需要防止刀具与流道两侧叶片曲面间的碰撞；同时，深而窄的流道通常需要较大长径比的刀具进行加工。为提高刀具刚性，在加工叶轮流道时可采用锥杆刀具[3,16]。此外，在叶轮流道的半精加工与精加工过程中，为保证流道表面的加工质量，还可采用流线型的刀具轨迹[18,19]。

叶轮清根加工时的主要难点在于：区域狭小，碰撞干涉情况严重；清根区域加工余量分布不均匀，加工中刀具负载波动较大。针对上述问题，在叶轮零件的清根加工中，可采用球头锥刀进行多刀清根，以增强刀具刚度并减少余量分布不均导致的刀具负载变化过大，从而有效保护刀具[20]。

9.2.3　叶轮多轴数控加工编程软件及应用

叶轮多轴数控加工编程软件主要集成了实际生产中积累的常用工艺知识和工艺流程，以及一些新的几何优化算法，提供了面向叶轮的开槽/粗加工—半精加工—精加工—清根过程的多轴加工解决方案。针对叶轮的每一个加工特征，该软件都提供了多种加工解决方案，以满足实际应用中数控编程的需要。

叶轮多轴数控加工编程软件的部分界面如图 9-10 所示，叶轮多轴加工的部分刀具轨迹如图 9-11 所示。

(a) 界面一　　(b) 界面二　　(c) 界面三

图 9-10　叶轮多轴数控加工编程软件的部分界面

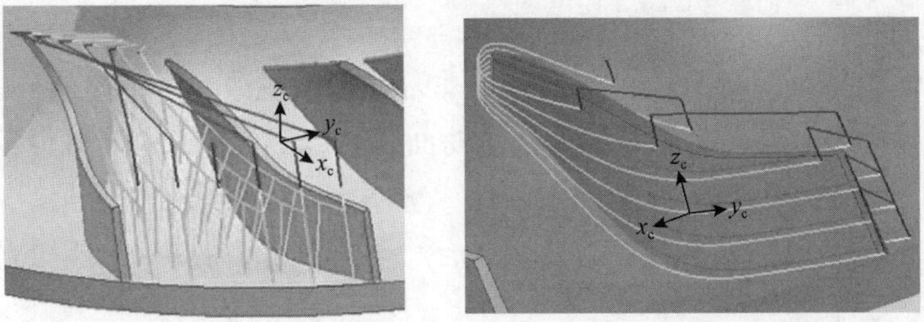

(a) 插铣加工　　(b) 叶片侧铣加工

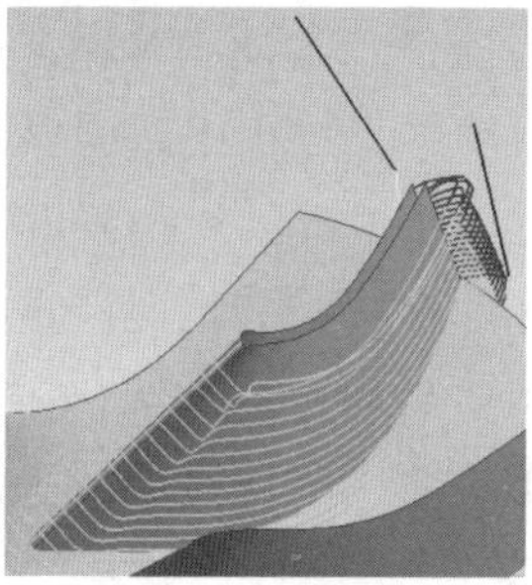

(c) 叶片螺旋加工

(d) 流道加工

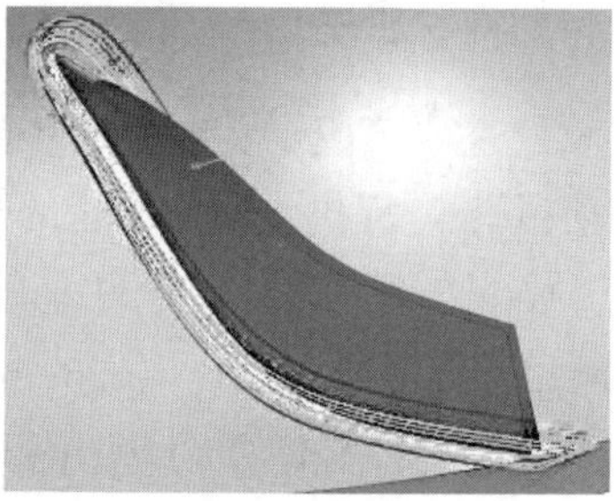

(e) 清根加工

图 9-11　叶轮多轴数控加工刀具轨迹

9.3　整体叶盘多轴加工优化技术与应用

整体叶盘是 20 世纪 80 年代中期西方发达国家在航空发动机设计中采用的最新的结构和气动布局形式。它将叶片和轮盘设计成一个整体的结构，省去了传统连接需要的榫头、榫槽和锁紧装置，减小了结构质量，减少了零件数量，还避免了榫头气流损失，使发动机结构大为简化。同时，整体叶盘在气动布局上采用新的宽弦、弯掠叶片和窄流道，进一步提高了气动效率。据国外报道，采用整体叶盘结构可使发动机质量减轻 20%～30%，效率提高 5%～10%，零件数量减少 50%以上[21]，因此，整体叶盘在先进发动机上获得了广泛应用。典型的整体叶盘结构如图 9-12 所示。

然而，整体叶盘的制造工艺面临着非常严峻的挑战。由于整体叶盘结构复杂，加工精度要求高，叶片型面为自由曲面，形状复杂且通道开敞性差。此外，为适应高温、高压、高转速的工作条件，整体叶盘广泛采用钛合金、粉末高温合金等高性能金属材料和钛基、钛铝化合物等先进复合材料，材料的可加工性差[21]。

(a) 闭式整体叶盘

(b) 开式整体叶盘

图 9-12　典型的整体叶盘结构形式

9.3.1　整体叶盘加工工艺分析

目前，整体叶盘制造主要采用复合制造工艺：①精锻毛坯+精密数控加工；②焊接毛坯+精密数控加工；③高温合金整体精铸毛坯+热等静压处理等[21]。利用五轴数控加工中心实现整体叶盘的加工是目前航空发动机风扇及压气机整体叶盘研制的主要方法之一，其关键是解决五轴加工编程中通道加工方式的确定、多约束加工干涉和复杂的刀轴矢量计算等技术问题，以及加工过程中的切削参数确定、颤振抑制、弱刚性系统变形控制等工艺问题。整体叶盘数控加工涉及的关键技术如下[21]。

1. 叶盘通道的高效粗加工

整体叶盘从毛坯到成品的加工过程中，大约有 90%的材料被切除，其中绝大部分是在叶盘通道的粗加工阶段完成的。因此，高效粗加工是提高整体叶盘加工效率、缩短制造周期的关键。由于插铣加工方式加工效率高且可减少加工过程中的振动现象，整体叶盘的粗加工大量采用插铣加工[5]，如图 9-13 所示。

(a) 整体叶盘毛坯

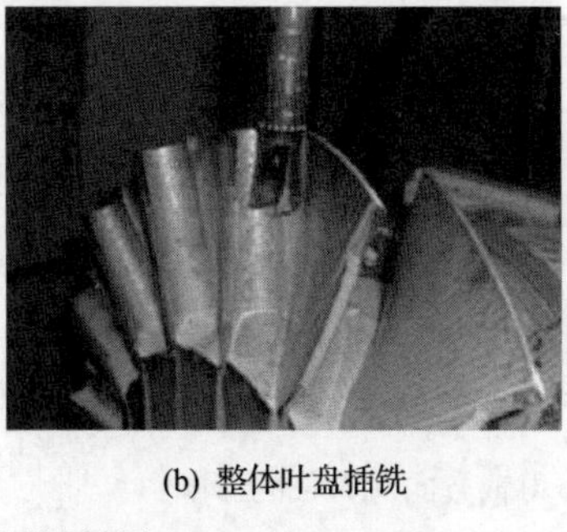

(b) 整体叶盘插铣

图 9-13　整体叶盘的插铣加工

2. 叶盘通道分析与加工区域划分

为了判定整体叶盘数控加工的工艺性和刀具的可达性，必须首先对通道特征进行分析，其结果可为工艺人员确定数控加工刀具参数、制定加工工艺提供必备的信息，或反馈给设计部门作为可制造性评价依据。通道分析的内容包括：通道的最窄宽度、约束状态；叶片的性质(直纹面或自由曲面)、叶片的扭曲度、各截面的厚度、前后缘大小及变化情况、过渡圆角半径及其是否变化；加工可行性等。图 9-14(a)所示的叶盘通道刀具是可达的，即该叶盘是可加工的；而图 9-14(b)所示的通道刀具是不可达的，即该零件不可采用数控加工完成。

(a) 刀具可达

(b) 刀具不可达

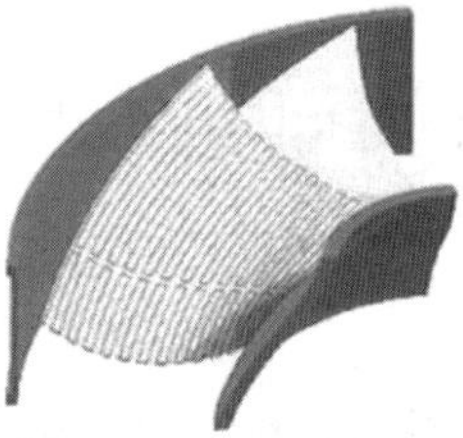
(c) 对接加工

图 9-14　通道加工可行性分析与对接区域划分

对于闭式整体叶盘，由于其受相邻叶片及内环和外环的约束，或受刀具长度和刚度等的限制，五轴联动数控加工设备通常无法从一端完成整个通道和叶片的加工，而必须采用从进排气边双侧对接方式。合理地划分对接加工区域，如图 9-14(c)所示，既可缩短加工刀具长度，又可增加切削刀具刚性，提高加工效率。通常加工区域划分的准则是：在分界处从两端加工的刀具长度相近，使叶盘加工从整体考虑刀具长度控制到最短[1]。

3. 最佳刀轴方向的确定与光顺处理

整体叶盘的叶型曲率变化大，其加工处在多约束状态下。在刀具轨迹计算中，刀轴方向的确定是实现无干涉及高效加工的关键和难点。如图 9-15 所示，对于通道内部叶片上的同一点，所需加工刀具长度随刀轴方向的变化而变化，且相差很大。若采用固定刀轴侧铣，则需很长的刀具，刀具的刚性和切削效率将严重降低。采用变刀轴点切触加工时，刀轴方向与叶盘轴向的夹角越小，所需刀具长度越短。因此，可通过确定最佳刀轴方向，从而获得最短的刀具长度、最大的刀具刚性和加工效率。一般确定最佳刀轴方向的准则为：在与通道

图 9-15　刀轴方向对刀长的影响

四周不产生干涉的条件下，刀轴与叶盘轴向的夹角应为最小。

在实际计算中，按最佳刀轴方向准则计算得到的每个刀位点的刀轴方向，由于受通道多约束的影响，相邻的刀位点之间的刀轴方向可能会产生不连续变化。在加工过程中，刀轴方向的这种突变会使五轴数控机床工作台的回转或主轴的摆动突然变快或变慢，导致刀具的切削力产生突变，轻则造成被加工零件表面质量降低或啃伤，重则导致刀具的刃部损坏甚至刀具折断。因此，必须在最佳刀轴方向初始矢量的基础上，进一步进行光顺处理，但该光顺必须在通道多约束条件下进行，以防止调整后的刀具与通道发生干涉。为了确保叶盘在加工过程中不产生干涉和碰撞现象，必须对刀具轨迹进行验证和干涉碰撞检查，以确定刀位点计算的正确性，判断刀杆是否与通道四周发生干涉，刀柄和主轴头是否与工件和夹具发生碰撞。

4. 整体叶盘型面的精加工

整体叶盘的精加工涉及内环、外环、叶片型面、前后缘(进排气边)、叶根过渡区等加工特征。整体叶盘的加工工艺和加工顺序一般采用基于与或树的向导图表示，它是描述各个加工特征的工艺特点、确定加工顺序的必要条件或充分条件，以及每个加工特征对应的加工工艺和刀具轨迹生成方法的集合。例如，内环、外环属于回转面，采用数控车削加工方法；闭式结构叶盘的叶片表面是带实约束面的腔槽侧面，采用基于临界约束面的专用五轴数控精加工方案；开式结构叶盘的叶片表面是带相邻面约束的沟槽侧面，采用基于临界线的专用五轴数控精加工方案，或直纹面侧铣加工方案；叶根过渡区是自由曲面交线，采用“半径递减”的清根方案[20]。

9.3.2　整体叶盘多轴数控加工编程软件及应用

在总结与集成现有整体叶盘加工经验与优化算法的基础上，作者所在实验室开发了整体叶盘多轴数控加工编程软件。该软件包含开式叶盘和闭式叶盘的多轴加工编程模块，详细功能如图 9-16 所示。

<table>
<tr><th colspan="2">整体叶盘多轴数控加工</th></tr>
<tr><td>开式叶盘
(1) 通道开槽加工
(2) 叶背、叶盆面加工
(3) 轮毂面加工
(4) 前后缘(进排气边)加工
(5) 叶背、叶盆面清根
(6) 缘头(进排气边)清根</td><td>闭式叶盘
(1) 区域划分
(2) 通道插铣加工
(3) 叶片、轮毂曲面加工
(4) 前后缘(进排气边)加工
(5) 叶片轮毂面清根
(6) 缘头(进排气边)清根</td></tr>
</table>

图 9-16　整体叶盘多轴数控加工编程软件功能

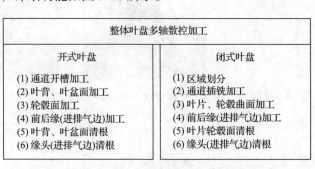

整体叶盘多轴数控加工编程软件的部分界面如图 9-17 所示，生成的整体叶盘加工刀具轨迹如图 9-18 所示。

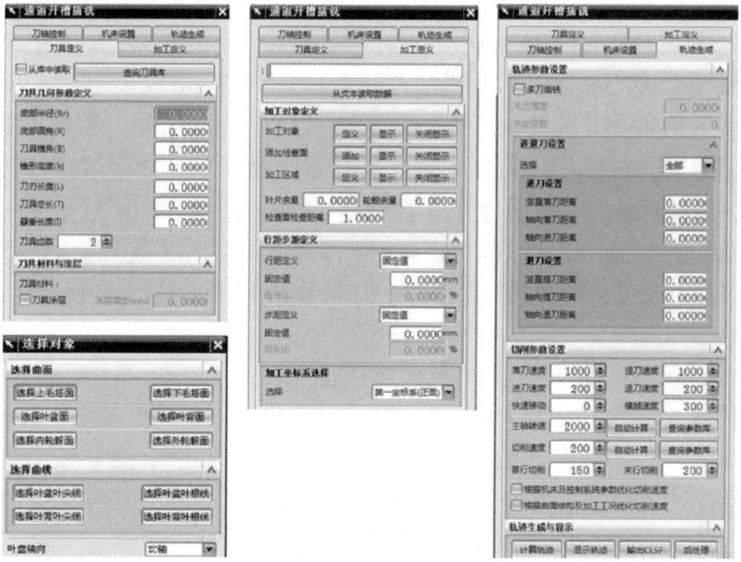

(a) 界面一　　(b) 界面二　　(c) 界面三

图 9-17　整体叶盘多轴数控加工编程软件界面

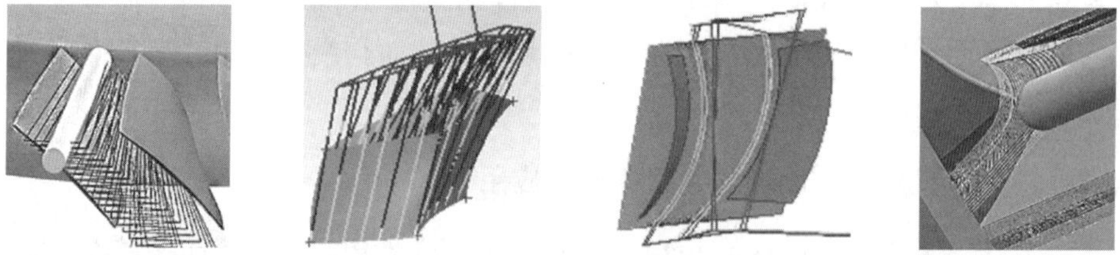

(a) 开式叶盘插铣轨迹　　(b) 闭式叶盘插铣轨迹　　(c) 叶片清根轨迹　　(d) 缘头清根轨迹

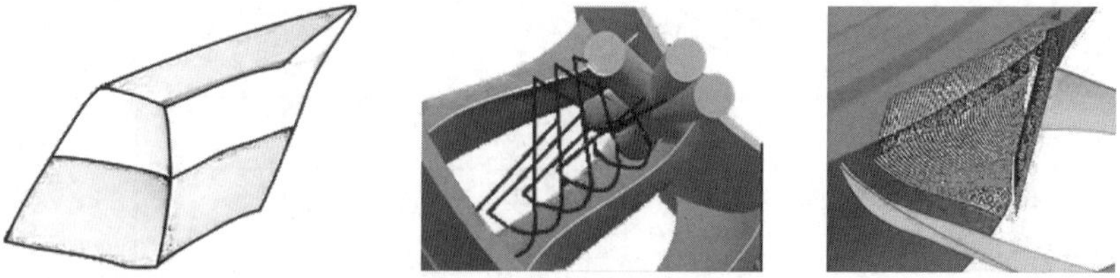

(e) 闭式叶盘加工区域划分　　(f) 闭式叶盘叶片加工轨迹　　(g) 叶盘轮毂加工轨迹

图 9-18　整体叶盘多轴数控加工轨迹

参 考 文 献

[1] 张莹. 叶片类零件自适应数控加工关键技术研究[D]. 西安: 西北工业大学, 2011.

[2] 宫虎. 五坐标数控加工运动几何学基础及刀位规划原理与方法的研究[D]. 大连: 大连理工大学, 2005.

[3] 吴宝海. 自由曲面离心式叶轮多坐标数控加工若干关键技术的研究与实现[D]. 西安: 西安交通大学, 2005.

[4] Lasemi A, Xue D Y, Gu P H. Recent development in CNC machining of freeform surfaces: A state-of-the-art review[J]. Computer-Aided Design, 2010, 42(7): 641-654.

[5] Liang Y S, Zhang D H, Chen Z C, et al. Tool orientation optimization and location determination for four-axis plunge milling of open blisks[J]. The International Journal of Advanced Manufacturing Technology, 2014, 70(9): 2249-2261.

[6] 吴宝海, 罗明, 张莹, 等. 自由曲面五轴加工刀具轨迹规划技术的研究进展[J]. 机械工程学报, 2008, 44(10): 9-18.

[7] 《透平机械现代制造技术丛书》编委会. 叶片制造技术[M]. 北京: 科学出版社, 2002.

[8] 白瑀. 叶片类零件高质高效数控加工编程技术研究[D]. 西安: 西北工业大学, 2004.

[9] 吴宝海. 航空发动机叶片五坐标高效数控加工方法研究[D]. 西安: 西北工业大学, 2007.

[10] 张莹, 吴宝海, 李山, 等. 多曲面岛屿五轴螺旋刀位轨迹规划[J]. 航空学报, 2009, 30(1): 153-158.

[11] 李山, 罗明, 吴宝海, 等. 一种利用点搜索的多曲面体清根轨迹生成方法[J]. 西北工业大学学报, 2009, 27(3): 351-356.

[12] Luo M, Zhang D H, Wu B H, et al. Optimisation of spiral tool path for five-axis milling of freeform surface blade[J]. International Journal of Machining and Machinability of Materials, 2010, 8(3/4): 266.

[13] 罗明, 吴宝海, 张定华, 等. 一种带缘头避让的叶片高效螺旋加工方法[J]. 机械科学与技术, 2008, 27(7): 917-921.

[14] Shan C W, Zhang D H, Liu W W, et al. A novel spiral machining approach for blades modeled with four patches[J]. The International Journal of Advanced Manufacturing Technology, 2009, 43(5): 563-572.

[15] 吴宝海, 张莹, 张定华. 基于广域空间的自由曲面宽行加工方法[J]. 机械工程学报, 2011, 47(15): 181-187.

[16] Wu B H, Zhang D H, Luo M, et al. Collision and interference correction for impeller machining with non-orthogonal four-axis machine tool[J]. The International Journal of Advanced Manufacturing Technology, 2013, 68(1): 693-700.

[17] Han F Y, Zhang D H, Luo M, et al. Optimal CNC plunge cutter selection and tool path generation for multi-axis roughing free-form surface impeller channel[J]. The International Journal of Advanced Manufacturing Technology, 2014, 71(9): 1801-1810.

[18] Yang D C H, Chuang J J, OuLee T H. Boundary-conformed toolpath generation for trimmed free-form surfaces[J]. Computer-Aided Design, 2003, 35(2): 127-139.

[19] Ding S L, Yang D C H, Han Z L. Flow line machining of turbine blades[C]. 2004 International Conference on Intelligent Mechatronics and Automation, 2004, Chengdu: 140-145.

[20] 张定华. 多轴 NC 编程系统的理论、方法和接口研究[D]. 西安: 西北工业大学, 1989.

[21] 任军学, 张定华, 王增强, 等. 整体叶盘数控加工技术研究[J]. 航空学报, 2004, 25(2): 205-208.